“十三五”国家重点出版物出版规划项目

可靠性新技术丛书

功率器件热可靠性检测与分析技术

Thermal Reliability Testing and Analysis Techniques for Power Electronic Devices

万 博 付桂翠 编著

国防工業出版社

·北京·

内 容 简 介

本书主要围绕功率器件在高温和温度变化下的热可靠性这一主题，对功率器件基本概念、热相关可靠性检测、试验和分析进行了介绍。在功率器件基本概念部分主要介绍了功率器件的分类、功能结构、工艺，并引出了现有功率器件可能存在的热可靠性问题。功率器件热可靠性检测、试验部分主要介绍了功率器件的缺陷检测方法、可靠性试验方法和状态监测方法。最后在功率器件热可靠性分析方面，介绍了功率器件的电热耦合及封装结构仿真分析方法。本书在编写过程中结合了状态监测和健康管理、物理基仿真和失效物理等可靠性新技术，研究建立了具有一定创新性的功率器件检测、试验和分析方法。同时，本书还特别强调了理论与工程的结合、试验与仿真的结合，具有较强的工程实用性。

本书是作者及其科研团队总结多年的研究成果编著而成，可供功率器件可靠性检测和分析人员学习和参考。

图书在版编目（CIP）数据

功率器件热可靠性检测与分析技术 / 万博，付桂翠编著. —北京：国防工业出版社，2024.1
（可靠性新技术丛书）
ISBN 978-7-118-13085-0

Ⅰ. ①功…　Ⅱ. ①万…　Ⅲ. ①功率半导体器件-可靠性-研究　Ⅳ. ①TN303

中国国家版本馆 CIP 数据核字（2023）第 248321 号

※

国防工业出版社 出版发行
（北京市海淀区紫竹院南路 23 号　邮政编码 100048）
北京龙世杰印刷有限公司印刷
新华书店经售

*

开本 710×1000　1/16　**插页** 2　**印张** 18½　**字数** 384 千字
2024 年 1 月第 1 版第 1 次印刷　**印数** 1—2000 册　**定价** 118.00 元

国防书店：（010）88540777　书店传真：（010）88540776
发行业务：（010）88540717　发行传真：（010）88540762

可靠性新技术丛书

编审委员会

丛书序

可靠性理论与技术发源于20世纪50年代，在西方工业化先进国家得到了学术界、工业界广泛持续的关注，在理论、技术和实践上均取得了显著的成就。20世纪60年代，我国开始在学术界和电子、航天等工业领域关注可靠性理论研究和技术应用，但是由于众所周知的原因，这一时期进展并不顺利。直到20世纪80年代，国内才开始系统化地研究和应用可靠性理论与技术，但在发展初期，主要以引进吸收国外的成熟理论与技术进行转化应用为主，原创性的研究成果不多，这一局面直到20世纪90年代才开始逐渐转变。1995年以来，在航空航天及国防工业领域开始设立可靠性技术的国家级专项研究计划，标志着国内可靠性理论与技术研究的起步；2005年，以国家“863”计划为代表，开始在非军工领域设立可靠性技术专项研究计划；2010年以来，在国家自然科学基金的资助项目中，各领域的可靠性基础研究项目数量也大幅增加。同时，进入21世纪以来，在国内若干单位先后建立了国家级、省部级的可靠性技术重点实验室。上述工作全方位地推动了国内可靠性理论与技术研究工作。当然，随着中国制造业的快速发展，特别是《中国制造2025》的颁布，中国正从制造大国向制造强国的目标迈进，在这一进程中，中国工业界对可靠性理论与技术的迫切需求也越来越强烈。工业界的需求与学术界的研究相互促进，使得国内可靠性理论与技术自主成果层出不穷，极大地丰富和充实了已有的可靠性理论与技术体系。

在上述背景下，我们组织撰写了这套可靠性新技术丛书，以集中展示近5年国内可靠性技术领域最新的原创性研究和应用成果。在组织撰写丛书过程中，坚持了以下几个原则:

一是**坚持原创**。丛书选题的征集，要求每一本图书反映的成果都要依托国家级科研项目或重大工程实践，确保图书内容反映理论、技术和应用创新成果，力求做到每一本图书达到专著或编著水平。

二是**体系科学**。丛书框架的设计，按照可靠性系统工程管理、可靠性设计与试验、故障诊断预测与维修决策、可靠性物理与失效分析4个板块组织丛书的选题，基本上反映了可靠性技术作为一门新兴交叉学科的主要内容，也能在一定时期内保证本套丛书的开放性。

三是**保证权威**。丛书作者的遴选，汇聚了一支由国内可靠性技术领域长江学者特聘教授、千人计划专家、国家杰出青年基金获得者、973 项目首席科学家、国家级奖获得者、大型企业质量总师、首席可靠性专家等领衔的高水平作者队伍，这些高层次专家的加盟奠定了丛书的权威性地位。

四是**覆盖全面**。丛书选题内容不仅覆盖了航空航天、国防军工行业，还涉及了轨道交通、装备制造、通信网络等非军工行业。

本套丛书成功入选“十三五”国家重点出版物出版规划项目，主要著作同时获得国家科学技术学术著作出版基金、国防科技图书出版基金以及其他专项基金等的资助。为了保证本套丛书的出版质量，国防工业出版社专门成立了由总编辑挂帅的丛书出版工作领导小组和由可靠性领域权威专家组成的丛书编审委员会，从选题征集、大纲审定、初稿协调、终稿审查等若干环节设置评审点，依托领域专家逐一对入选丛书的创新性、实用性、协调性进行审查把关。

我们相信，本套丛书的出版将推动我国可靠性理论与技术的学术研究跃上一个新台阶，引领我国工业界可靠性技术应用的新方向，并最终为“中国制造2025”目标的实现做出积极的贡献。

康锐

2018 年 5 月 20 日

前言

功率器件是用作开关或整流器的半导体器件，又称功率器件或功率集成电路。相较于其他半导体器件，功率器件能够精确地控制和处理在大功率应用环境下的电流、电压和频率等参数，因此大量应用于不间断电源、手机、汽车电子、等离子电视、液晶等产品领域，是现代电力电子技术的基础和核心。

随着全球能源需求的增长以及环境保护意识的逐步提升，高效、节能的产品日益成为市场发展的趋势，功率器件的工作温度和工作电压不断提升。同时对电子设备小型化的要求，也促使功率器件的热流密度逐渐升高。日渐严苛的环境条件以及功率器件自身具有的大电流工作特点促使器件的内部温度和热应力急剧增加，进而引发了包括高温烧毁、热载流子注入、芯片机械变形、焊接层和键合疲劳失效等热可靠性问题。因此，分析和解决功率器件热可靠性问题是提高功率器件可靠性的重要课题。

现有针对功率器件热可靠性分析的方法主要包括试验和仿真分析两类。在试验方面，各大厂商针对功率器件均建立了较为完善的封装检验体系和可靠性试验方法。现有研究的重点主要集中在试验方法优化和功率器件实际使用的状态监测方面，这两部分也是本书研究和介绍的重点。随着计算机仿真技术和失效物理理论的发展，针对半导体器件的工艺和封装仿真技术也逐渐成熟。在已有研究和现有软件的基础上，针对功率器件热电耦合、封装退化和可靠性评价也逐渐成为研究热点。由于在成本和周期上的优势，仿真分析逐渐成为产品设计改进和后期状态监测、维护计划制定的重要依据。因此，本书将对结合这些新技术取得的研究成果进行重点介绍。

本书共分为 9 章，主要围绕功率器件在高温和温度变化下的可靠性这一主题，对功率器件的基本概念、热可靠性问题和检测、试验/仿真分析方法进行介绍，并对研究团队取得的研究成果进行了梳理和展示。在功率器件基本概念部分主要介绍了功率器件的分类、功能结构、工艺，并引出了现有功率器件遇到的热可靠性问题。功率器件热可靠性检测和试验部分主要介绍了功率器件的缺陷检测方法、可靠性试验方法和状态监测方法。最后在功率器件热可靠性仿真分析方面，介绍了功率器件的电热耦合及封装结构仿真分析方法。本书在编写过程中特别强调了理论与工程的结合、试验与仿真的结合，具有较强的理论指导性和工程实用性。

全书由万博、付桂翠编著。感谢苏昱太、姜贸公、李颜若玥、裴淳、程禹等在读博士和硕士期间的论文研究工作。在编写过程中，参考了大量的国内外文献，已在参考文献中列出，在此一并感谢。

作者

2023 年 1 月

目录

第1章

功率器件发展及分类

1.1 功率器件简介及发展历程

1.1.1 功率器件简介

功率器件是用作电力电子设备中的开关或整流器的半导体器件，又称功率集成电路。功率器件通常用于控制电路的换向模式（即开通或关断）。

1948 年，William Shockley 发明第一只具有实质功率处理能力的双极晶体管，随着金属氧化物半导体技术的不断改进，功率金属氧化物半导体场效应晶体管（metal oxide semiconductor filed effect transistor，MOSFET）在 20 世纪 70 年代出现并应用于实际生产。1978 年，生产出一只 25A、400V 的功率 MOSFET，该器件可以在低电压、高频率下工作。

1952 年，R.N.Hall 发明了第一只功率二极管，这只二极管使用锗作为衬底，可承受 200V 的反向电压，并具有 35A 的额定电流，以此作为功率器件的开端。1957 年，第一只晶闸管出现，它能够承受很高的反向击穿电压和额定电流，但是，开关电路中的晶闸管有个缺点，一旦在导通状态下变为“锁定”状态，不能通过外部来控制关断，必须断开设备的电源才能进行关断。1960 年出现了门极关断晶闸管，也称为栅极截止晶闸管（gate turn-off thyristor，GTO），通过施加外部信号接通和关断，克服了普通晶闸管的关断缺陷。

20 世纪 80 年代绝缘栅双极型晶体管（insulated gate bipolar transistor，IGBT）出现，并在 20 世纪 90 年代广泛应用。IGBT 具有双极晶体管的功率处理能力和功率 MOSFET 隔离栅极驱动的优势。功率器件的发展历程如图 1-1 所示。

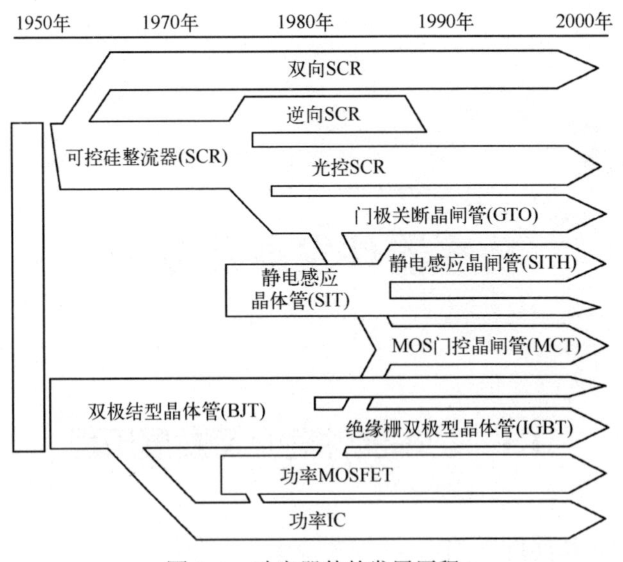

图 1-1　功率器件的发展历程

1.1.2　晶闸管发展历程

1957 年晶闸管的问世[由美国无线电（Radio Corporation of America，RCA）实验室开发，后被美国通用电气（General Electric Company，GE）公司收购]标志电力电子器件的诞生，从此电力电子技术得到了迅速发展。新器件的不断出现，也给功率 IC 的发展带来契机。

晶闸管是具有 4 层交替的 N 型和 P 型材料，即一个 PNP 管和一个 NPN 管组成的固态半导体器件，如图 1-2 所示。作为双稳态开关，当晶闸管被控制极 G 触发导通时，NPN 管和 PNP 管同时导通并构成正反馈循环，此时即使控制极 G 的电流消失，晶闸管仍能维持导通状态而不会关断，因而这种晶闸管是不可关断的。三引脚晶闸管用于通过将该电流与其他引线的较小电流（称为控制引线）组合来控制较大电流。相比之下，如果双极引线晶闸管的引线之间的击穿电压足够大，则双引线晶闸管就导通。

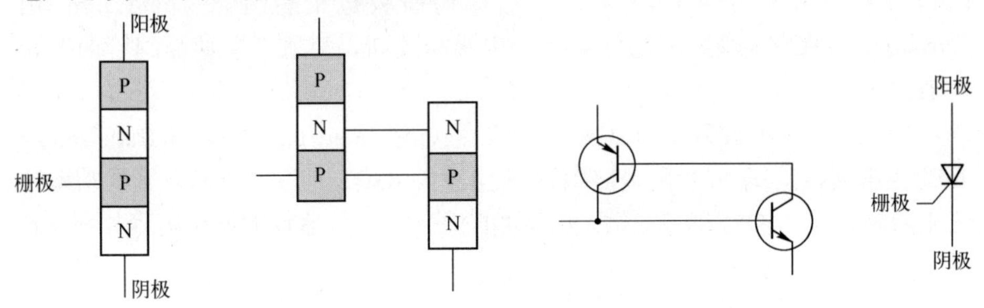

图 1-2　晶闸管示意图

由于晶闸管可以通过小型器件来控制大功率和大电压，因此被广泛应用于电力控制，从调光器、电机速度控制到高电压直流输电均有应用。晶闸管可用于功率开关电路、继电器更换电路、逆变器电路、振荡器电路、电平检测器电路、斩波电路、调光电路、低成本定时器电路、逻辑电路、速度控制电路、控制电路等。20 世纪 60—70 年代，晶闸管的派生器件如双向晶闸管、快速晶闸管、逆导晶闸管、非对称晶闸管等半控型器件相继问世。由于晶闸管本身工作频率低（400Hz 以下），主要应用于 AC/DC 调速、调光和调温等低频领域，同时晶闸管只能依靠电流反转关断的不可关断性也直接影响器件的应用范围。另外，双极功率晶体管的电流电压容量小、电流控制和驱动功率大等缺点也直接制约着双极功率晶体管的应用范围。

20 世纪 60 年代，GTO 的研制成功，实现了门极可关断功能，并使斩波工作频率扩展到 1kHz 以上。70 年代中期，GTO 又在电流电压容量方面取得突破。GTO 容量很大，但工作频率较低（1～2kHz）。70 年代，巨型功率晶体管（giant transistor，GTR）和功率 MOSFET 也开始出现。双极型功率三极管是电流控制的双极双结电力电子器件，功率容量较大，最初应用于电源、电机控制等中等容量和频率的电路中。

1.1.3　功率 MOSFET 发展历程

功率 MOSFET 是一种电压控制的金属氧化物半导体场效应器件，该功率器件实现了场控功能，从而打开了高频应用的大门。与其他功率器件相比，例如 IGBT 或晶闸管，功率 MOSFET 的主要优点是开关速度高，低电压时效率较高。功率 MOSFET 是最广泛使用的低电压（小于 200V）开关，它可以在大多数电源、DC-DC 转换器和低压电机控制器中找到。根据结构的不同，功率 MOSFET 又分为两种：一种是横向结构，即横向双扩散 MOS 管（lateral double-diffused MOSFET，LDMOS）；另一种是纵向结构，包括纵向双扩散 MOS 管（vertical double diffused MOSFET，VDMOS）、V 形槽 VMOS 管（vertical V-groove MOSFET，VVMOS）和 U 形槽 VMOS 管（vertical U-groove MOSFET，VUMOS），各类功率 MOSFET 基本结构如图 1-3 所示。功率 MOSFET 是在集成电路工艺基础上发展起来的新一代电力电子开关器件。

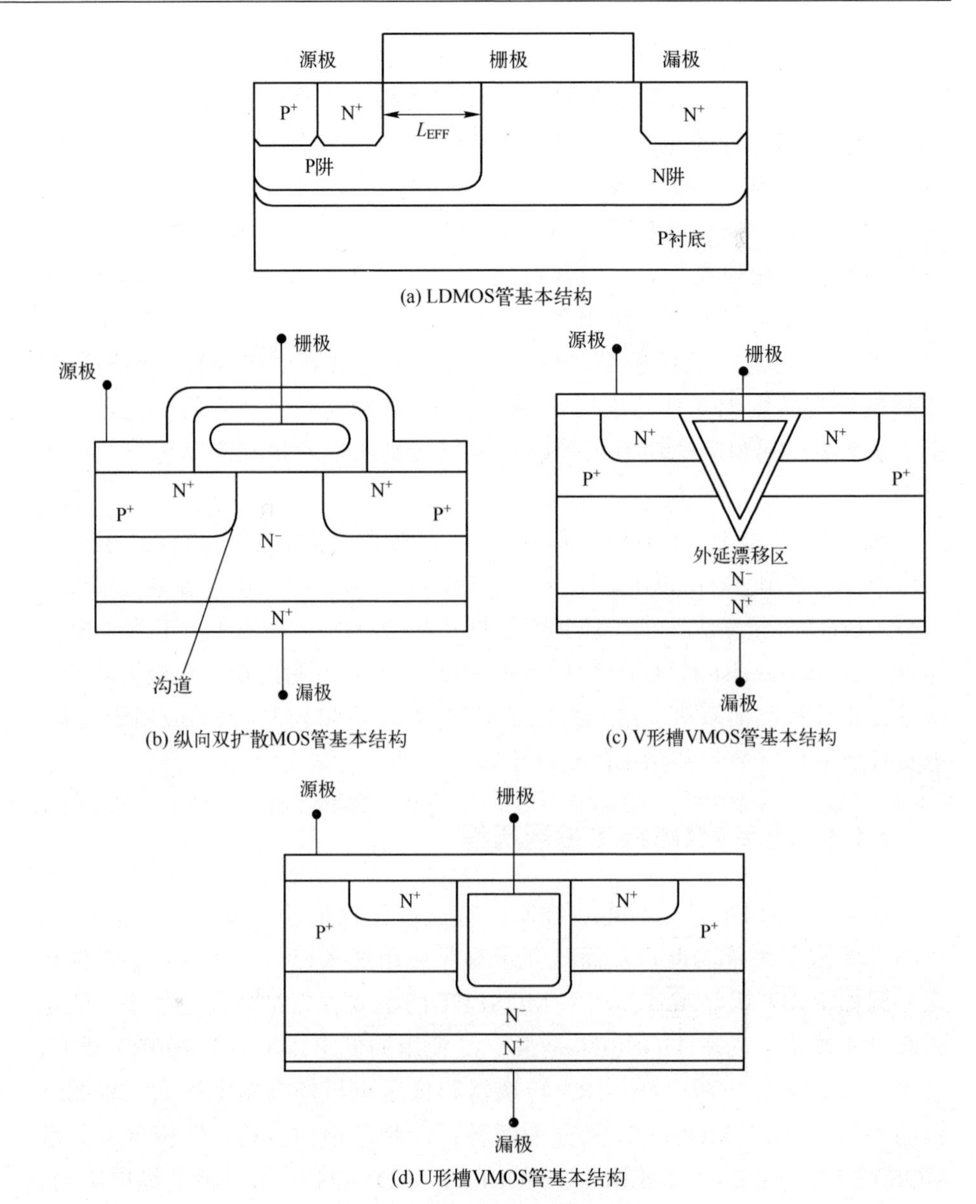

图 1-3　各类功率 MOSFET 结构

1976 年 M.J.Declercq 和 J.D.Plummer 在基于 Y.Tarui 等提出的设想结构上，成功地做出高压大电流功率 LDMOS。1979 年 H.W.Collins 等在保留和发挥早期平面型功率 MOSFET 本身优点的基础上提出了 VDMOS 结构。VVMOS 则是利用各向异性腐蚀工艺形成一个 V 形沟道，V 形沟道的两侧作为器件的沟道。VVMOS 的频率特性较好，开关速度较快，是一种较好的功率 MOS 器件，但是

VVMOS 需要刻槽，工艺难度较大，而且这样不易与互补金属氧化物半导体（complementary metal oxide semiconductor，CMOS）或 Bipolar 集成电路工艺相兼容。VUMOS 结构与 VVMOS 结构较为类似，不同之处在于它形成的是 U 形沟道。由于 LDMOS 和 VDMOS 的工艺较为简单，且极易与 CMOS 或 Bipolar 集成电路工艺相兼容，因而成为功率器件技术研究和实现的主流器件。

功率 MOSFET 从诞生起就有着与双极型功率器件截然不同的优势。它通过栅极电压控制电流，因而具有输入阻抗高、驱动电路简单、开关速度快等优点，工作频率更是高达几百千赫范围，适合于开关电源、高频电子镇流器等场合，取代了双极型功率器件所占据的部分应用领域。

1.1.4　IGBT 发展历程

1983 年，美国 GE 公司和 RCA 实验室首次研制出 IGBT 功率器件。它利用 MOSFET 驱动双极型晶体管，既有双极型器件的高电流密度和低导通电阻特点，又具有功率 MOSFET 的栅控能力和高输入阻抗。图 1-4 给出 IGBT 的基本结构和符号。IGBT 电流容量较大，开关速度比功率 MOSFET 稍慢，驱动简单，广泛应用于电机控制、中大功率开关电源和逆变器、家用电器等快速低损耗的领域。随着技术的进步，IGBT 于 1986 年开始正式生产并逐渐系列化，商品化的 IGBT 单片水平达到 50A/1000V。发展到 20 世纪 90 年代初，IGBT 模块电流已达到几千安的水平，耐压也远远超过了 1000V。目前 IGBT 已发展到第六代，其饱和压降相比第一代已大大降低，开关特性也已得到很大改善。

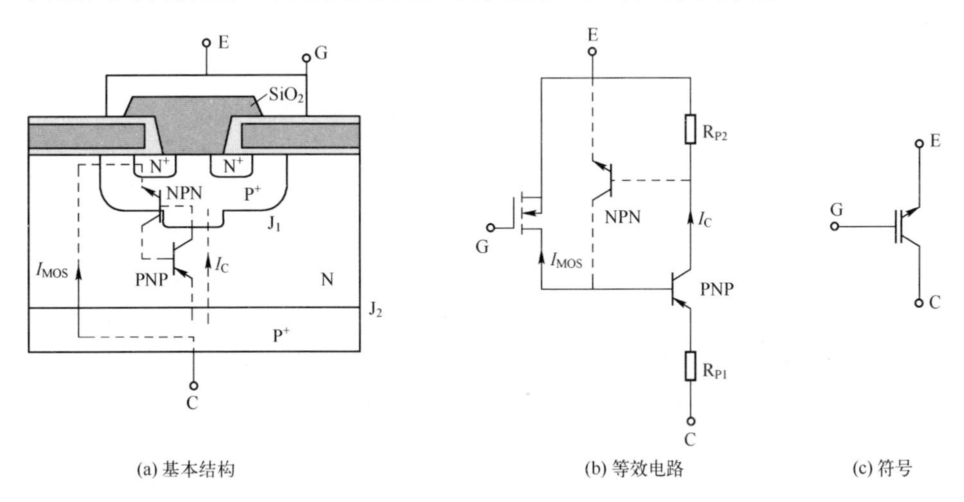

(a) 基本结构　(b) 等效电路　(c) 符号

图 1-4　IGBT 的基本结构和符号

20世纪80年代和90年代初的第一代IGBT具有闭锁（器件在电流流动时无法关断）和二次击穿（器件局部过热产生热失控，大电流烧坏设备）等缺陷；这些缺陷在第二代器件中得到大大改善；目前的第三代IGBT具有更加优越的性能，较高的速度、出色的耐久性和过载容限。第二代和第三代设备的极高脉冲额定值使它们在包括粒子和等离子体物理学在内的领域，以及大功率脉冲中可以发挥作用，以取代闸流管和触发火花隙等老式设备。另外，高脉冲额定值和低成本的市场竞争力也吸引了高压爱好者使用它来控制驱动，诸如固态特斯拉线圈和线圈枪等设备。

IGBT的工作原理首先是由Yamagami在1968年日本专利S47-21739提出。1978年B.W.Scharf和J.D.Plummer在可控硅整流器（silicon controlled rectifier，SCR）领域首次针对这种工作原理做了报告。1979年B.Jayant Baliga在垂直设备实验中发现该器件的结构，并命名为“P型阳极区域取代漏极区域的V形沟道MOSFET”，也有文献中称为“绝缘栅极整流器”、“栅极晶体管”、“导电调制场效应晶体管”或“双极型MOSFET”。

1978年，Plummer在SCR领域提交了IGBT工作原理的专利申请。美国专利No.4199774于1980年发布，B1 Re33209在1995年重新对SCR领域中的IGBT做了规定。1980年，Hans W.Becke和Carl F.Wheatley发明了一种类似IGBT的器件，并提交专利申请，该专利被称为“绝缘栅双极晶体管的创新专利”，声称“在任何器件工作条件下不发生闩锁动作”，实际上，这就是非闩锁IGBT。

随后，结合功率MOSFET和晶闸管两者功能的新型功率器件MOSFET门控晶闸管MCT也首先被美国GE公司研制出来，它利用MOSFET控制PNPN结构晶闸管的导通和关断。MCT的基本结构和符号如图1-5所示。MCT主要利用一对MOS管来控制晶闸管的关断和开启，其中一只控制晶闸管的导通，另一只控制晶闸管的关断。它具有晶闸管的高电压、大电流和低导通电阻等优点，同时又兼有功率MOSFET输入阻抗高、驱动功率低和驱动简单等优点，因而是大功率应用的理想元件之一。

比较而言，IGBT的开关速度虽稍慢于功率MOSFET，但通态压降比功率MOSFET低得多，而且电流、电压等级也比功率MOSFET高。由于IGBT具有上述特点，在中等功率容量（600V）以上的不间断电源（uninterruptible power supply，UPS）、电机控制、开关电源和逆变器、家用电器等领域中，IGBT已逐步成为核心元件。目前，部分国外公司已设计出开关频率高达几百千赫的IGBT，其开关特性与功率MOSFET接近，而导通损耗却比功率MOSFET低得多。为了更好地发挥IGBT的优势且与CMOS工艺相兼容，横向IGBT结构（即LIGBT）也走入了人们的视野，极大地丰富了功率器件的选择范围。

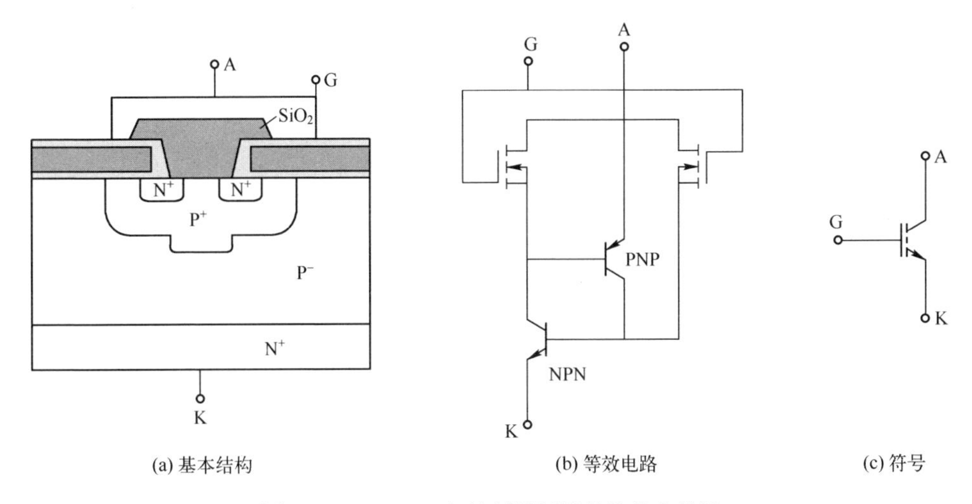

(a) 基本结构　　(b) 等效电路　　(c) 符号

图 1-5　MOSFET 门控制晶闸管的结构和符号

与具有较高阻断电压额定值的传统 MOSFET 相比，IGBT 具有更低的正向压降，IGBT 输出 BJT 中不存在二极管正向压降 V_f，因此在较低电流密度下 MOSFET 显示出更低的正向电压，功率晶闸管、功率 MOSFET 和 IGBT 的性能参数对比详见表 1-1。

表 1-1　功率器件性能参数比较表

设备特性	功率晶闸管	功率 MOSFET	IGBT
额定电压	高，<1kV	高，<1kV	非常高，> 1kV
额定电流	高，<500A	高，<500A	高，> 500A
输入驱动	当前共发射极低频小信号输出交流短路电流放大系数 h_{FE} 20～200	栅极-源极电压 V_{GS} 3～10V	栅极-发射极电压 V_{GE} 4～8V
输入阻抗	低	高	高
输出阻抗	低	中	低
切换速度	慢（μs）	快速（ns）	中
成本	低	中	高

随着 MOSFET 和 IGBT 的阻断电压额定值增加，N 型漂移区域的深度增加，掺杂浓度减小，使器件的正向导通与阻断电压的平方减小。通过在正向传导期间将少数载流子（空穴）从集电极 P^+区域注入到 N 型漂移区域中，N 型漂移区域的电阻显著降低。因此，导通状态正向电压降低可带来以下弊端：

附加的 PN 结阻止电流逆流。与 MOSFET 不同，IGBT 不能反向导通。在需要反向电流流动的桥式电路中，续流二极管与 IGBT 并联（实际上是反并联）与 IGBT 传导相反的电流。IGBT 电压较高占主导地位，分立二极管的性能明显高于 MOSFET 型二极管。

N 型漂移区对集电极 P^+二极管的反向偏置额定值通常只有几十伏，因此如果电路对 IGBT 施加反向电压，则必须串联二极管。

注入 N 型漂移区的少数载流子在开启和关闭时会有延时，这导致需要比功率 MOSFET 更长的开关时间，产生更大的开关损耗。

IGBT 导通状态的正向压降与功率 MOSFET 有很大的不同。MOSFET 压降可以模拟为电阻，电压降与电流成比例。相比之下，IGBT 的二极管压降（典型值为 2V）仅随着电流的对数增加。另外，对于较小的阻断电压，MOSFET 电阻通常较低，因此在选择 IGBT 和功率 MOSFET 时取决于特定条件下的阻断电压和电流。

通常，高电压、高电流和低开关频率使用 IGBT 更好，而低电压、低电流和高开关频率则选择 MOSFET 更好。

1.2 功率器件的主要类型

1.2.1 功率器件的分类方式

表 1-2 列出了功率器件的一些结构和原理上的特征，依据表 1-2 可以对功率器件进行不同的分类。

表 1-2 功率器件结构和原理特征

英文名称	中文名称	PN 结数	层数	端子数	控制方法	导电载流子种类
PN junction diode	PN 结二极管	1	4	2	—	双极
BJT	双极结型晶体管	2	4	3	电流	双极
Thyristor	晶闸管	3	4/5	3	电流	双极
MOSFET	金属氧化物半导体场效应晶体管	2	4	3	电压	单极
IGBT	绝缘栅双极型晶体管	3	4/5	3	电压	混合

1. 按原理分类

首先，按照功率半导体工作原理的不同，可分为功率二极管、BJT、晶闸管、MOSFET 和 IGBT 等几大类，而这些大的类别下面又发展出很多衍生的类别。

2．按端子数分类

功率器件按照与半导体相连的电极的数目，可分为二端器件和三端器件。典型的二端器件的两个电极分别是阴极和阳极，两者电势的高低变化控制着器件的关闭和导通，如二极管。而在三端器件中，其中两个端子之间导通与否的特性取决于第三个端子的电压或者电流，第三个端子被称为控制极，在有些器件中控制极直接与半导体层相连，而有些器件中控制极与半导体层被绝缘层隔开，这类器件有 BJT（基极、发射极和集电极）、MOSFET（栅极、源极和漏极）、晶闸管（门极、阳极和阴极）等。

3．按层数分类

半导体层数指的是半导体中不同掺杂浓度和掺杂粒子种类的层的数目，半导体层数对器件的性能（通态压降、阻断电压、电导率等）有着十分重要的影响，同时不同的层数也代表着制造工艺的复杂程度，通常层数越多的器件制造工艺越难，造价也越高。

4．按 PN 结数分类

表 1-2 中给出的 PN 结数指的是导通时电流通路流经的 PN 结数目。在肖特基二极管中，由于只有一种掺杂的材料，因此不存在 PN 结；在 MOSFET 中，导通时，在栅氧化层下形成导电通路可以将其两端 PN 结有效短路，故其流经的 PN 结数也为 0。

PN 结的数目会对器件性能上的特征有重大影响。例如，那些仅靠多子导电的器件，如肖特基二极管和 MOSFET，能够在通态和断态之间非常迅速地切换，但这类器件的高压型结构，在给定的器件面积下却可能有很大的通态电阻。在双极器件中，如 PN 结二极管、BJT 和 IGBT，电流在某种程度上由少子承载。这些少子降低了正向压降，但它们必须向有源区扩散以促使器件导通，而在导通结束时又不得不被释放掉。因此，少子的出现延缓了导通和关断的过程，限制了这类器件的工作频率。

5．按控制方法分类

按照能否用控制信号控制器件的导通和关断以及控制的程度可分为不可控、半可控、全可控型器件。

不可控型器件。不能用控制信号控制其导通与关断的功率器件称为不可控型器件。这类器件主要就是功率二极管，其导通与关断是无法通过控制信号进行控制的，完全由其在电路中承受的电压、电流情况决定，称为自然导通和自然关断。

半可控型器件。能用控制信号控制其导通，但不能控制其关断的功率器件称为半可控型器件。这类器件主要有晶闸管。半可控型器件的导通由触发电路的触发脉冲控制。当触发脉冲加在半可控型器件的控制极上时，其产生控制电流使器件导通。一旦半可控型器件进入导通状态，即使撤掉控制信号，器件也可自行维持导通状态。半可控型器件的关断只能由其在主电路中承受的电压、电流情况决定，属于自然关断。

全可控型器件。能用控制信号控制其导通，又能以控制信号控制其关断的功率器件称为全可控型器件。主要有 GTR、场效应晶体管、可关断晶闸管等，除此之外，还有 MOS 门控晶闸管（MOS-controlled thyristor，MCT）、静电感应晶体管（static induction transistor，SIT）、集成门极换流晶闸管（intergrated gate commutated thyristor，IGCT）等复合型全可控型器件。

全可控型器件可分为电流控制型与电压控制型两种。

电流控制型器件是通过从控制极注入电流驱动其导通的，而使其截止时，则不注入电流，甚至要抽出电流。这类器件主要有 GTR、GTO 等。电压控制型器件是通过在控制极上施加一定的电压信号驱动其导通与关断的，这类器件主要有 MOSFET、IGBT 等。原理上讲，电压控制型器件的导通与关断是不需要电流的，但实际上由于此类器件的控制极上往往存在相当大的电容，在高速工作时，其控制极上仍会存在较大的充电、放电电流。

6. 按参与导电的载流子种类分类

半导体器件导通时，参与导电的载流子可能是单一的（多子或者少子），也有可能是多子和少子同时参与导电，前者称为单极器件，后者称为双极器件。而有些器件则是混合了单极和双极的特点。

单极型晶体管也称场效应管（field effect transistor，FET）。它是一种电压控制型器件，由输入电压产生的电场效应来控制输出电流的大小。它工作时只有一种载流子（多数载流子）参与导电。单极型器件包括：功率 MOSFET 和肖特基势垒二极管。

双极型晶体管也称晶体三极管，它是一种电流控制型器件，由输入电流控制输出电流，其本身具有电流放大作用。它工作时有电子和空穴两种载流子参与导电过程。双极型器件包括整流二极管、晶闸管、GTR 和 GTO。

混合型器件主要包括 IGBT。

1.2.2 功率二极管的主要类型

二极管是具有阳极端子（A）和阴极端子（K）的双端子 PN 结半导体器件。图 1-6 给出了二极管在电路中的标准符号以及典型的电流电压特性。功率二极管相比于信息电子电路中的普通二极管，要承受更大的导通电流和电流变化率，用于电路的整流、钳位和续流。功率二极管主要包括普通功率二极管、快恢复功率二极管、肖特基二极管。

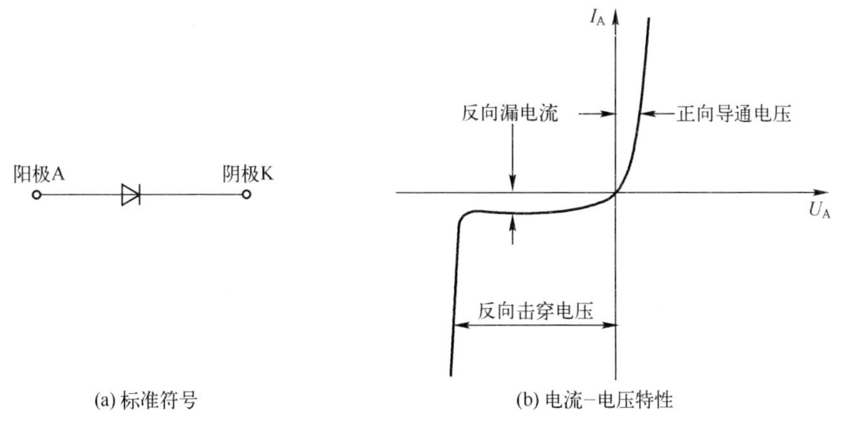

(a) 标准符号　　(b) 电流–电压特性

图 1–6　功率二极管在电路中的标准符号以及电流–电压特性

普通功率二极管结构如图 1–7 所示，在低掺杂的 N^- 区上有掺杂浓度较高的 P 区，N^- 区和 P 区构成一个能承受一定反向击穿电压 V_{BR} 的 PN 结。在这个 PN 结两端还有高掺杂浓度的 P^+区和 N^+区与金属两极接触，使得金属–半导体界面处有一个低接触电阻。普通功率二极管具有漏电流小、反向恢复时间长、导通压降高的特点。

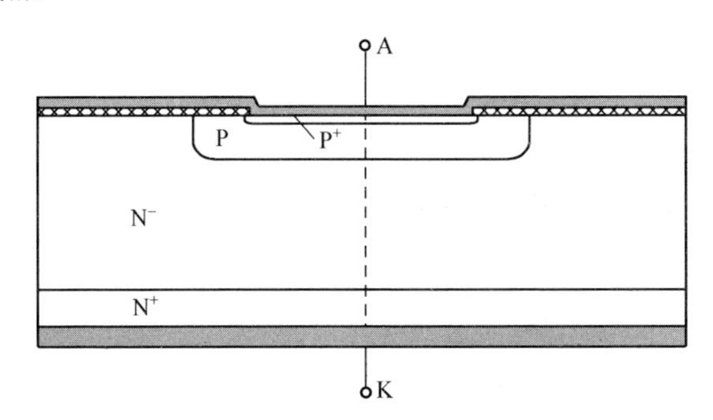

图 1–7　普通功率二极管结构

快恢复功率二极管的结构如图 1–8 所示，其结构特点是在重掺杂的 N^+衬底片，外延生长一个很薄的、低掺杂浓度的 N^- 区，在 N^- 区的上方有掺杂浓度很高的 P^+区。因为 N^- 区很薄，反向恢复电荷小，使得在二极管施加反向电压时，恢复时间 t_{RR} 较短，同时也降低了瞬态正向压降。

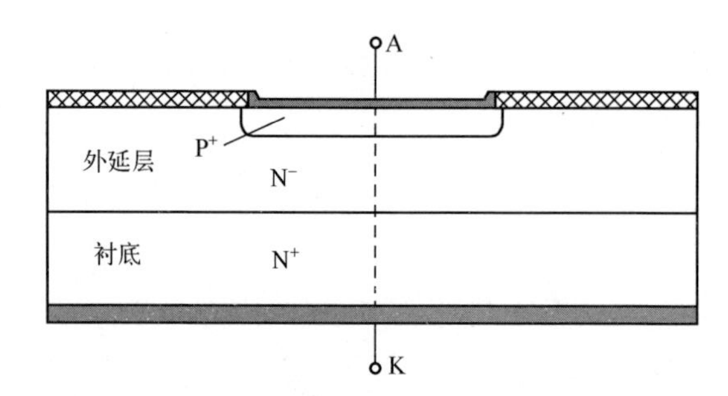

图 1-8　快恢复功率二极管结构

肖特基二极管适用于低输出电压电路中需要低正向压降的场合。其结构如图 1-9 所示，肖特基二极管是以金属为正极 A，以 N 型半导体为负极 K，利用金属与半导体之间的势垒制成的二极管。肖特基二极管多数载流子导电，属于单极型器件，不存在少数载流子和电荷的存储问题，具有导通压降低、开关时间短的特点。但由于反向势垒薄，其反向耐压值较低，多在 200V 以下。

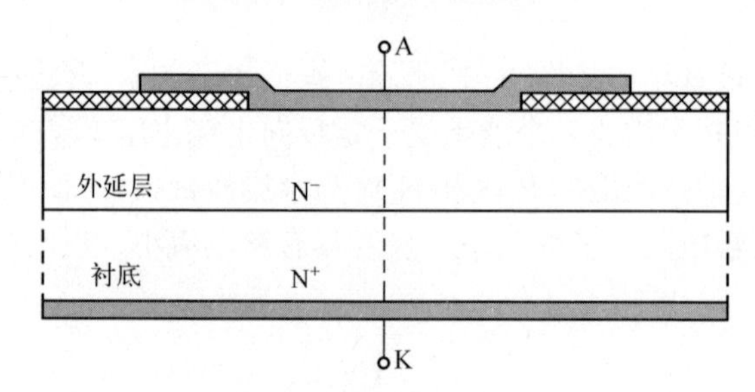

图 1-9　肖特基二极管结构

1.2.3　功率晶闸管的主要类型

为了在不同的应用电路中实现不同的功能，晶闸管基本结构衍生出了很多类型的变体，主要有可控硅整流器（SCR）、阳极门晶闸管（anode gate thyristor，AGT）、非对称晶闸管（asymmetric thyristor，ASCR）、双向控制晶闸管（bidirectional control thyristor，BCT）、发射极关断晶闸管（emitter turn-off thyristor，ETO）、GTO、集成门极 IGCT、逆导晶闸管（reverse conducting thyristor，RCT）。其中，SCR 是晶闸管。ASCR 无反向阻断能力，但正向压降很低，主要用于高频逆变器和高频电源；GTO 在门极施加反偏电压时可将器件关断，因此既可以用作开通开关又可以用作关断开关；RCT 是在晶闸管的阳极与阴极之间反向并联一只二极管，使其具有关断时间短、通态电压低等优点，主要用于牵引用斩波器、逆变器。

晶闸管分类方式有很多，按照其引脚的个数和极性，可以分为二极晶闸管、三极晶闸管和四极晶闸管，其中三极晶闸管是最常用也是最重要的一类。按关断速度可分为普通晶闸管和高速晶闸管，还有其他的分类方式，如按照封装形式、功率大小分类。

1.2.4　功率 BJT 的主要类型

BJT 是电子和空穴两种载流子同时参与导电的晶体管。双极结型晶体管按结构分为两类：PNP 型和 NPN 型，图 1-10 是其电路符号，图 1-11 是 NPN 型双极结型晶体管的基本结构。从图 1-11 中可以看出，NPN 型 BJT 由 3 个不同的掺杂区域组成：发射极（E）区域、基极（B）区域和集电极（C）区域，分别对应 N 型基区、P 型基区、N 型基区，而 PNP 型 BJT 掺杂区域正好与之相反。

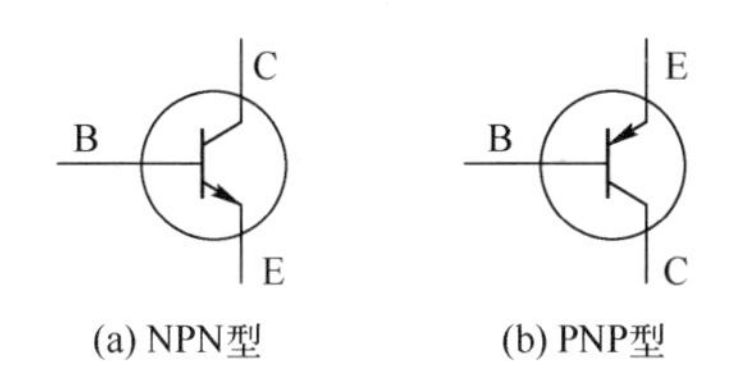

图 1-10　BJT 电路符号

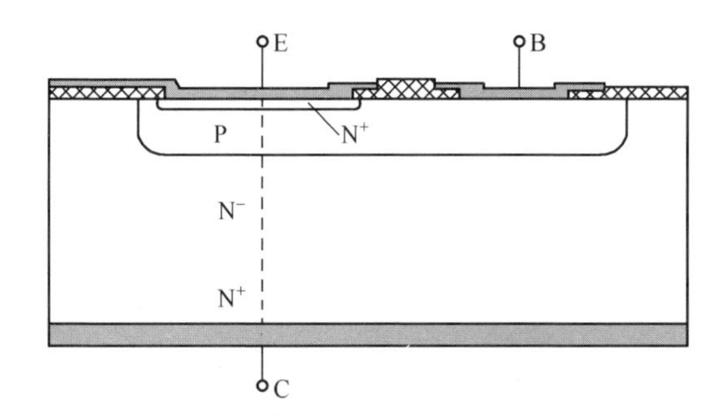

图 1-11　NPN 型双极结型晶体管的基本结构

双极结型晶体管由两个相距很近的 PN 结组成，这两个结均可以正偏或反偏，因此 NPN 型双极结型晶体管的 4 种工作模式如下：

$V_E<V_B<V_C$ 时，BE 结正偏，BC 结反偏，处于正向放大状态；

$V_E<V_B>V_C$ 时，BE 结正偏，BC 结正偏，处于饱和状态；

$V_E>V_B<V_C$ 时，BE 结反偏，BC 结反偏，处于截止状态；

$V_E>V_B>V_C$ 时，BE 结反偏，BC 结正偏，处于反向放大状态；

处于这几种工作模式时，I_C、V_{CE}和I_B之间的关系如图 1-12 所示。

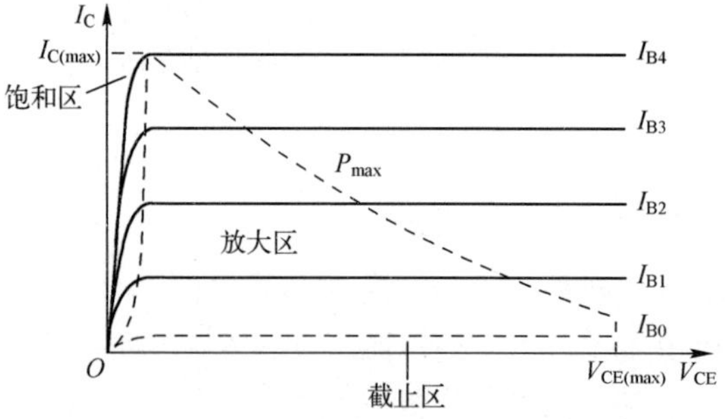

图 1-12　I_C、V_{CE}和I_B之间的关系

处于正向放大状态时，集电极-发射极电流大小与基极电流大小成正比，并且基极电流控制集电极-发射极电流；处于饱和状态时，晶体管具有很强的导电能力；处于截止状态时，只有很小的漏电流；反向放大状态一般很少使用。当 BJT 在饱和和截止之间切换时，其作用相当于一个开关。

1.2.5　MOSFET 的主要类型

MOSFET 导电沟道的类型有 P 沟道和 N 沟道两种，工作模式有耗尽模式和增强模式，因此共有 4 种 MOSEFET 类型：P 沟道增强型、P 沟道耗尽型、N 沟道增强型、N 沟道耗尽型。4 种类型的 MOSFET 结构如图 1-13 所示，图中还给出了它们的电路符号以及转移特性和输出特性曲线。

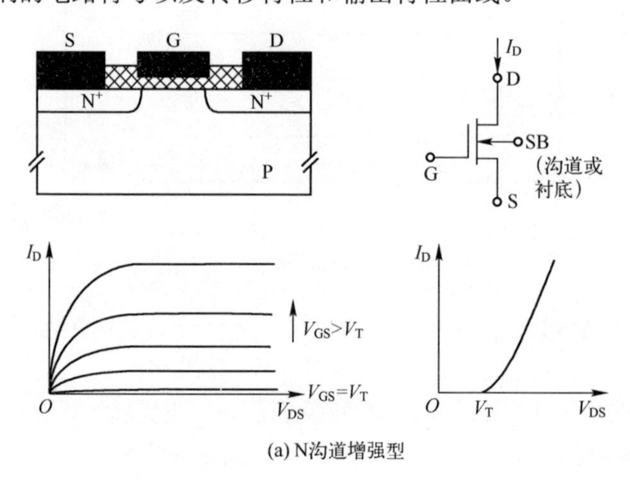

(a) N沟道增强型

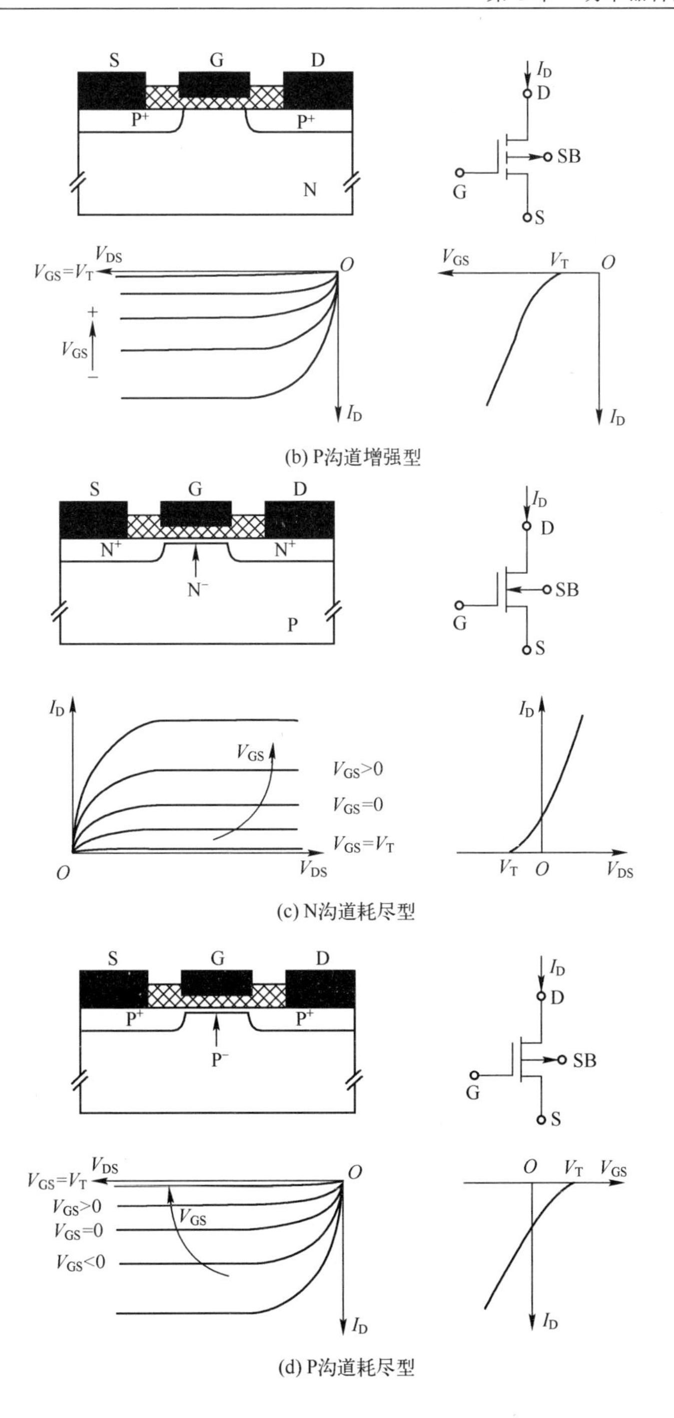

(b) P沟道增强型

(c) N沟道耗尽型

(d) P沟道耗尽型

图 1-13　横向小信号 MOSFET 的 4 种类型

以N沟道增强型MOSFET为例，典型的MOSFET由一块P型硅半导体材料作为衬底，在其表面扩散两个N^+区分别作为源区和漏区，再在半导体的表面生长一层SiO_2作为绝缘层，并将两个N^+区上方的绝缘层腐蚀去除，最后用金属化的方法在绝缘层以及两个N^+区上做出3个电极，形成S（源极）、G（栅极）、D（漏极）。

对于N沟道增强型MOSFET，P型区衬底表面有一层SiO_2绝缘层，当在栅极G与源极S之间加一正电压V_{GS}时，在P型区表面一个较小的区域会形成一定厚度的反型层，在反型层中电子是多数载流子，紧挨着反型层的是耗尽层，耗尽层将反型层和P型区分隔开。因此当栅极上有足够大的电压V_T（栅源阈值电压）时，两个N^+区通过反型层连接导通。而对于耗尽型MOSFET，在制造时，SiO_2绝缘层中有大量的正离子，会在P型区的表面感应出较多的负电荷，即使在$V_{GS}=0$时，也会形成反型层使源极和漏极导通。因此，对于耗尽型，$V_T<0$，对于增强型$V_T>0$。

由于图1-13的结构承受不了很高的漏源电压，发展出了双扩散的DMOS结构，如图1-14和图1-15所示，图1-14是横向DMOS（LDMOS），图1-15是纵向DMOS（VDMOS）。DMOS与普通MOSFET的主要区别在于双扩散形成沟道短以及在漏极和源极之间加入了低掺杂的N型漂移区用来承受大部分的漏源电压。而LDMOS和VDMOS主要区别在于VDMOS的纵向结构提高了集成度，使半导体的体容得到利用。

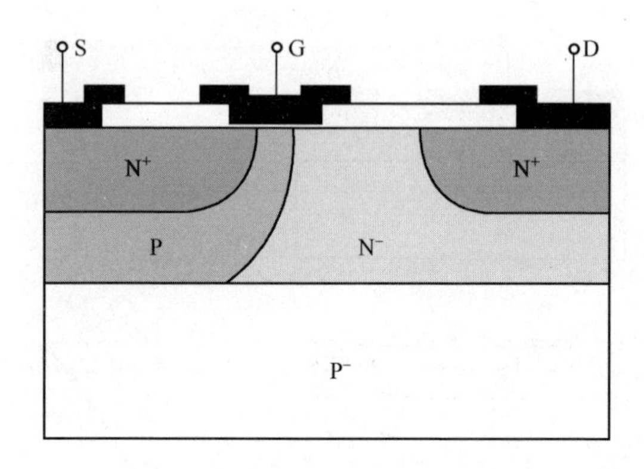

图1-14　横向具有漏漂移区N沟道DMOS晶体管示意图

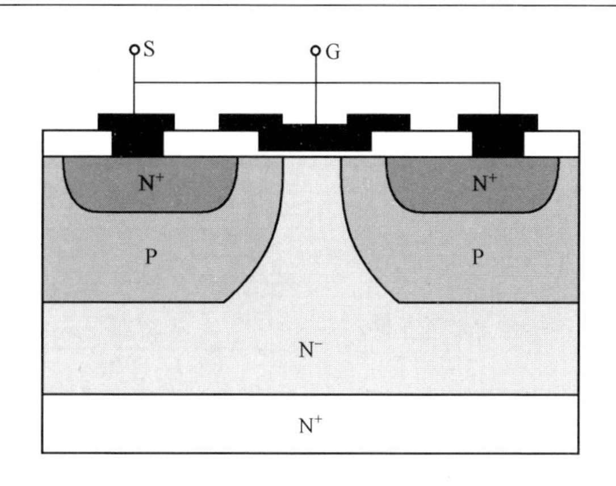

图 1-15　纵向 DMOS 晶体管示意图

图 1-16 给出一个更为先进的沟道型设计，主要应用在低压领域。从图中可以看出，在给定的芯片体积内，沟道栅 MOSFET 可以实现更大的栅宽，能够得到较低的通态电阻。

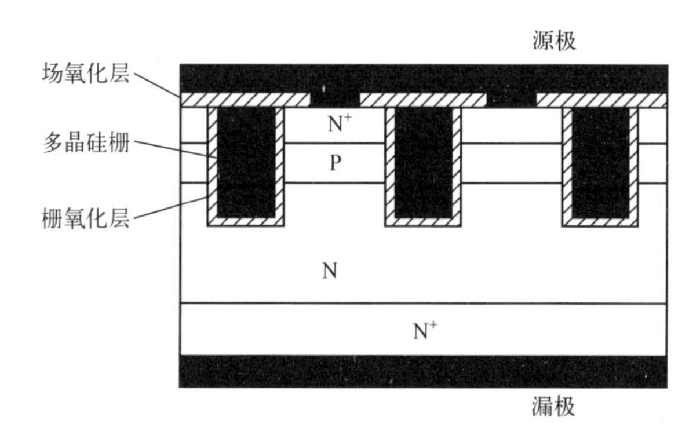

图 1-16　沟道 MOSFET 剖面图

1.2.6　IGBT 的主要类型

IGBT 有两种基本类型：PT-IGBT（穿通型）和 NPT-IGBT（非穿通型），两者结构如图 1-17 所示。PT-IGBT 是在 P^+衬底和 N 型漂移区之间加入了一个中等掺杂的 N 缓冲层，以改善寄生晶闸管的闩锁效应，称之为穿通型的原因是电场可以穿透到 N 缓冲层中，形成梯形电场。NPT-IGBT 没带 N 缓冲层则称为 NPT-IGBT，NPT 型相较于 PT 型对闩锁效应有着很强的抑制作用，且关断时间更短。

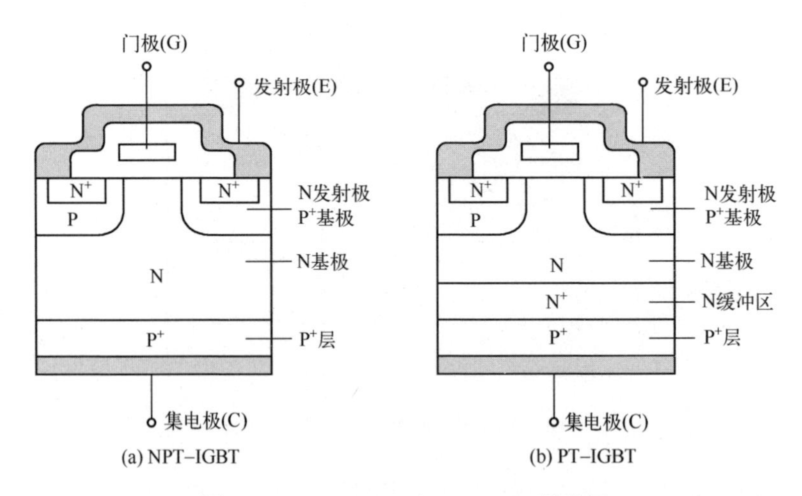

图 1-17 NPT-IGBT 与 PT-IGBT 结构图

1.3 新材料功率器件发展趋势

1.3.1 整体发展趋势

目前，传统的硅基功率器件的要求已达到硅材料的极限。随着功率半导体器件技术的发展，各种新的器件结构与宽禁带半导体材料不断涌现。以碳化硅（SiC）和氮化镓（GaN）为代表的第三代半导体材料，性能优势显著并受到广泛好评。第三代半导体具有高击穿电场、高饱和电子速度、高热导率、高电子密度、高迁移率等特点，被业界誉为电力电子、微波射频器件的“核芯”及电力电子产业的“新发动机”。

常用半导体材料特性，如表 1-3 所列。其中，SiC 和 GaN 具有宽禁带宽度、高临界场强、高热导率、高载流子饱和速率、抗辐照等特性。GaN 具有比 SiC 更高的迁移率，更重要的是 GaN 可以形成调制掺杂的铝镓氮（AlGaN）/GaN 结构，该结构可以在室温下获得更高的电子迁移率、极高的峰值电子速度（3×10^7cm/s）和饱和电子速度（2.7×10^7cm/s），并获得比 GaAs、InP 异质结器件中更高的二维电子气浓度（2×10^{13}/cm^2）。因此，以 SiC 和 GaN 为代表的宽禁带半导体成为制造大功率/高频电子器件、短波长光电子器件、高温器件和抗辐照器件最重要的半导体材料，其高频大功率应用的品质因数远远超过了 Si 和 GaAs 材料。

表1-3　几种半导体材料的性能参数

材料特性	Si	GaAs	4H-SiC	GaN
禁带宽度/eV	1.1	1.42	3.26	3.49
电子迁移率/（cm^2/（V·s））	1500	8500	800	2000
饱和漂移速度/（10^7cm/s）	1	2.1	2	2.7
临界击穿场强/（MV/cm）	0.3	0.4	2	3.3
热导率/（W/（cm·K））	1.5	0.5	4.9	1.7
功率密度/（W/mm）	1.5	0.5	4.9	1.3
工作温度/℃	175	175	650	600
抗辐射能力/rad	10^4～10^5	10^6	10^9～10^{10}	10^{10}

据功率器件市场预计数据，表明SiC及GaN器件的市场销售额在未来几年内将大幅增长，如图1-18所示。相较2014年统计结果，SiC器件在2020年的市场份额将提升22%，GaN器件在2020年的市场份额将提升95%。

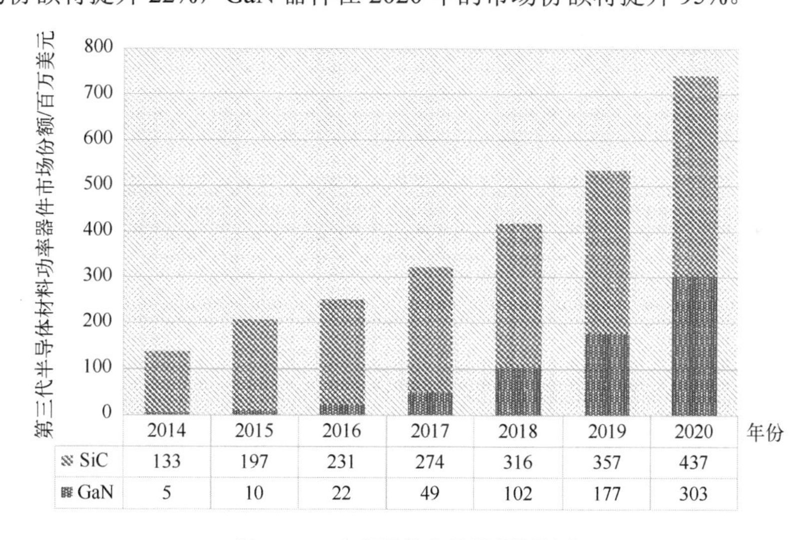

图1-18　功率器件市场份额预计表

1.3.2　碳化硅（SiC）功率器件发展趋势

SiC材料相比于Si材料来说具有许多重要的特性，如更高的击穿电场强度2～4MV/cm、最高结温可达6000℃等。众所周知，半导体材料的特性对其构成的电子器件表现起着至关重要的作用。利用适当的优良指数可以对SiC和Si以及其他的普通半导体的理论特性进行比较。图 1-19 所示为以 Si 材料为归一基准的各种半导体材料的各种优良指数比较：其中 Johnson 优良指数（JFM）表示器件高功率、高频率性能的基本限制；KFM 表示基于晶体管开关速度的优良指数；质量因子 1（QF_1）表示功率器件中有源器件面积和散热材料的优良指数；质量因子 2（QF_2）表示理想散热器下的优良指数；质量因子 3（QF_3）表示对散热器及其几何形态不加任何假设状况下的优良指数；Baliga 优良指数表示器件高频应用时的优良指数。图 1-19 表明，SiC 材料具有比 Si 材料优良的综合特性。高压 Si 器件通常用于结温在 200℃以下的情况，阻断电压限制在几千伏。由于较宽的能带隙，SiC 拥有较高的击穿电场和较低的本征载流子浓度，这都使得 SiC 器件能在高电压、高温下工作。SiC 还由于有较高的饱和迁移速度和较低的介电系数，使得 SiC 器件具有良好的高频特性。

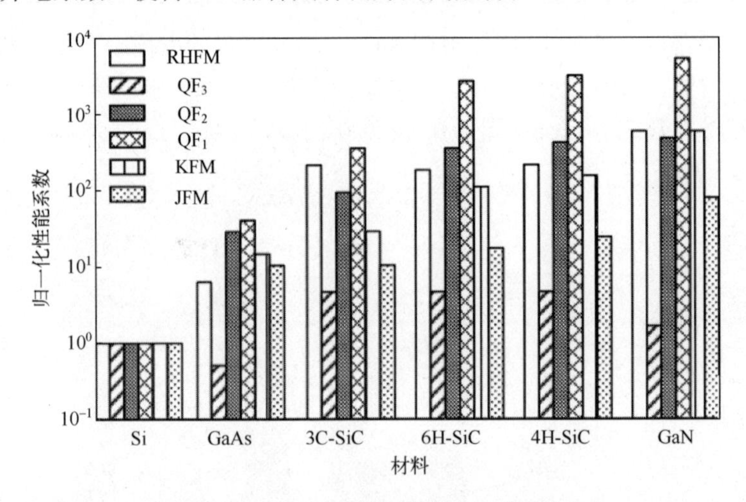

图 1-19　不同半导体材料的各种优良指数比较

近年来，作为一种新型的宽禁带半导体材料，SiC 因其出色的物理及电特性，越来越受到产业界的广泛关注。SiC 功率器件的重要系统优势在于具有高压（达数十千伏）高温（大于 500℃）特性，突破了硅基功率器件电压（数千伏）和温度（小于 150℃）限制所导致的严重系统局限性。随着 SiC 材料技术的进步，各种 SiC 功率器件被研发出来，由于受成本、产量以及可靠性的影响，SiC 功率器件率先在低压领域实现了产业化，目前的商业产品电压等级在 600～1700V。随着技术的进步，高压 SiC 器件已经问世，并持续在替代传统硅器件的道路上取得进步，如图 1-20 所示。目前已经研发出了 19.5kV 的 SiC 二极管，3.1kV 和 4.5kV 的 GTO；10kV 的 SiC MOSFET 和 13～15kV 的碳化硅 IGBT 等。SiC 器件已经在诸如高电压整流器以及射频功率放大器等领域有了商业应用。

它们的研发成功以及未来可能的产业化，将在高压领域开辟全新的应用。在过去的 15 年中，SiC 器件在材料和器件质量方面均取得了令未来应用市场瞩目的飞速发展。然而，目前 SiC 晶体缺陷和 SiC 晶片的高昂成本是其在功率器件上应用的一个主要制约因素，要生产电流和电压范围适用于中压驱动应用场合的器件的 SiC 材料和器件目前还相当困难。尽管如此，SiC 还是将来代替硅材料的最有前途的材料。

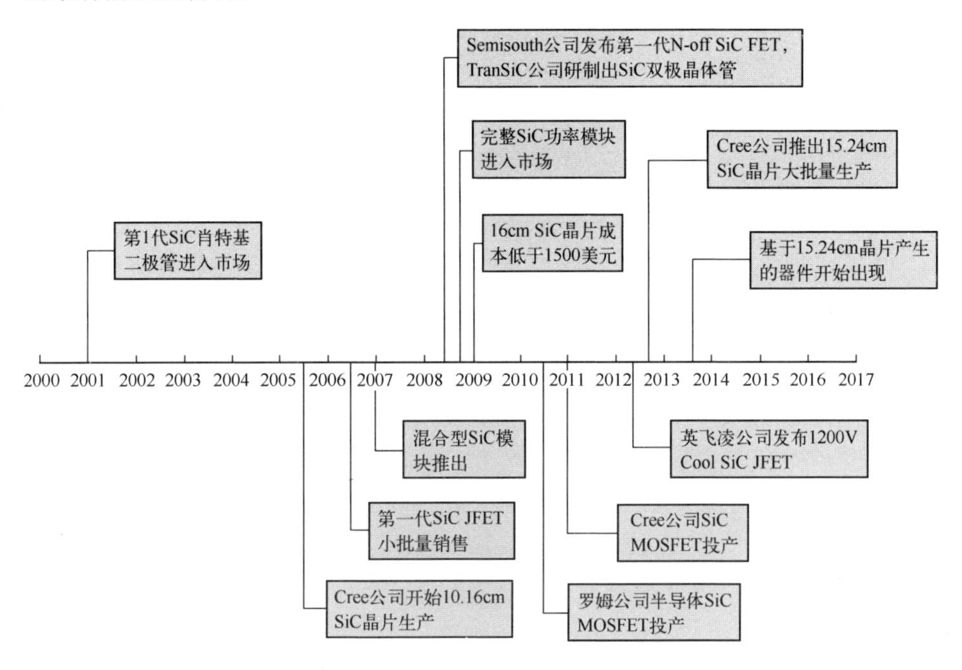

图 1-20　SiC 半导体材料和器件的发展过程

如前所述，SiC 具有高的击穿电场强度，因此，即使在比 Si 或 GaAs 更加薄（约为它们的 1/10）的漂移层，SiC 也能承受较高的电压，因而具有较低的导通电阻。SiC 肖特基二极管已接近于 4H-SiC 单极性器件的极限，耐压已达到 600V，目前这类产品正被 Infineon 和 Cree 等公司投入商业生产。SiC 肖特基二极管能有效避免反向恢复问题，从而降低了二极管的开关功率损耗，使得该器件能应用在开关频率较高的电路中。

在 600～3300V 阻断电压范围，SiC 肖特基势垒二极管是较好的选择。JBS 二极管结合了肖特基二极管所拥有的出色的开关特性和 PN 结二极管所拥有的低漏电流的特点。但是，SiC JBS 二极管的处理工艺技术比 SiC 肖特基二极管要更加复杂。表 1-4 和图 1-21 列出了近来各类 SiC 二极管的各项性能比较。

表 1-4　SiC 二极管的通态电阻及阻断电压

器件	V_{BD}/kV	R_{on}/（mΩ·cm³）	$\frac{V_{BD}}{R_{on}}$/（MW·cm⁻²）
PIN 二极管	19.5	65.0	5850
	4.5	42.0	482
	2.9	8.0	1.51
肖特基势垒二极管	4.9	43.0	558
	10.0	97.5	1025
	4.2	9.1	1938
结型势垒二极管	2.8	8.0	980
	1.0	3.0	333

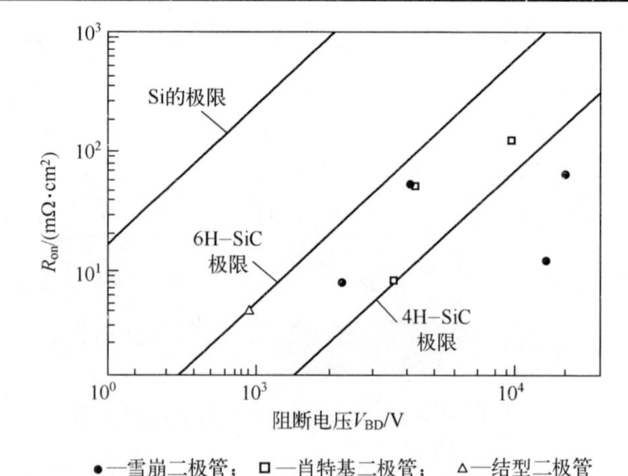

●—雪崩二极管；□—肖特基二极管；△—结型二极管

图 1-21　各类 SiC 二极管的通态电阻与阻断电压关系

PN 结二极管在 3～4kV 以上的电压范围具有优势，其由于内部的电导调制作用而呈现出较低的导通电阻。Cree 公司曾报道过一种电流密度为 100A/cm²，阻断电压为 19.5kV 的 PN 结二极管，其正向压降仅为 4.9V，这显然都得益于电导调制作用。这种超高压二极管在诸如高直流电压输电等众多场合中具有潜在的应用价值。然而，甚高压二极管一般主要应用于电流在 100A 以上的情况。这就要求芯片面积在 1cm² 等级范围内。考虑到 SiC 晶片衬底存在的诸如微管、螺旋、边缘位错和低角度晶界等晶体缺陷问题，此类甚高压二极管的商业化生产必须在解决了前述这些晶体缺陷问题后才有可能。

1.3.3　氮化镓（GaN）功率器件发展趋势

图 1-19 关于不同半导体材料的各种优良指数比较表明，GaN 与 SiC 一样，

与 Si 材料相比具有许多优良特性，但是由于它最初必须用蓝宝石或 SiC 晶片作衬底材料制备，限制了其快速发展。后来，在 LED 照明应用市场的有力推动下，GaN 异质结外延工艺技术的发展产生了质的飞跃，2012 年 GaN-on-Si 外延片问世，为 GaN 材料及器件大幅度降低成本开辟了广阔的道路，随之 GaN 功率器件也得到业界热捧。图 1-22 所示为 GaN 半导体材料和器件发展过程。图 1-23 所示为 GaN-on-Si 功率器件的市场预测。

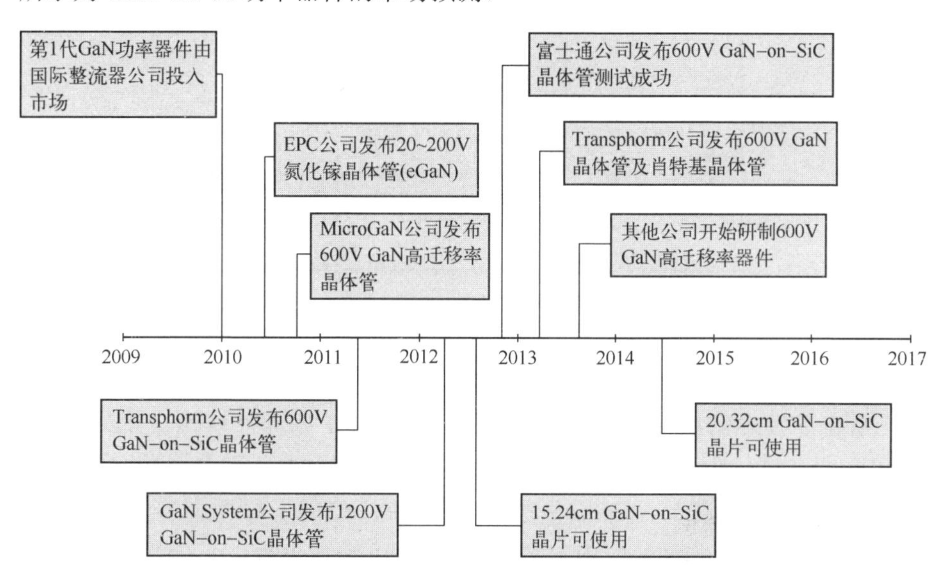

图 1-22　GaN 半导体材料和器件发展过程

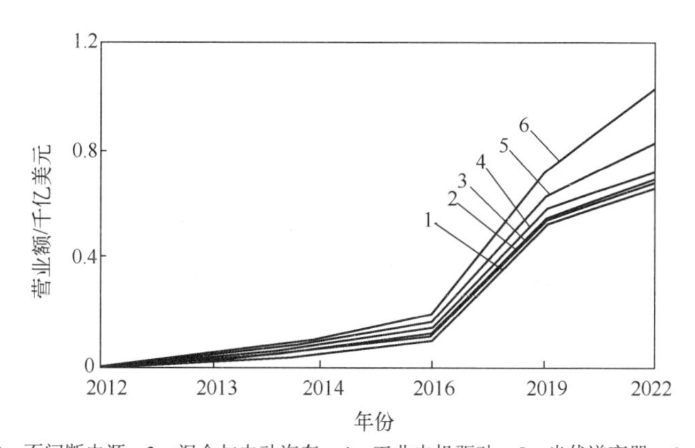

1—电源；2—不间断电源；3—混合与电动汽车；4—工业电机驱动；5—光伏逆变器；6—其他应用。

图 1-23　GaN-on-Si 功率器件市场预测

由于 GaN 器件只能在异质结材料上制造，所以其只能制作横向结构的功率器件，耐压很难超过 1kV，因此在低压应用要求较苛刻的场合可能会与硅基功率器件形成竞争态势。图 1-24 所示为从 GaN 器件研发人士的角度出发对未来 GaN 功率器件发展的预测。

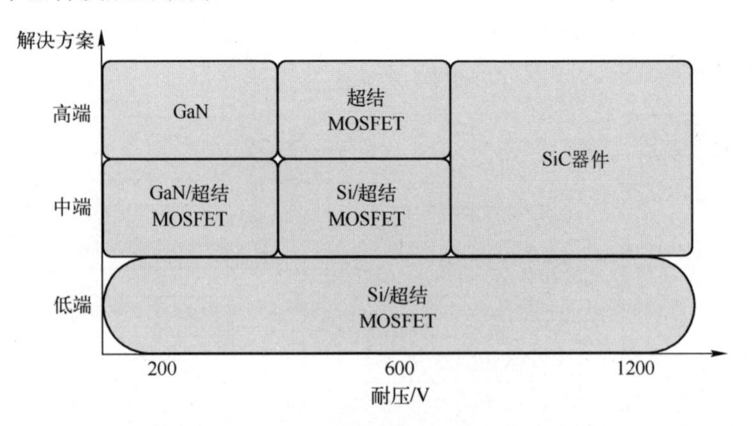

图 1-24　对未来 GaN 功率器件发展的预测

从目前发展情况来看，最有前途的 GaN 功率器件是增强型 GaN 功率 MOSFET（enhancement-mode GaN（eGaN）MOSFET）。它的结构如图 1-25 所示，可见其与横向 Si MOSFET 结构完全相同，但由于 GaN 具有更加优异的电气特性，可望在中高端应用中对 Si COOLMS 造成挑战。在 48V 供电电压、300～800kHz 频率范围用 eGaN MOSFET DC/DC 变流器效率可以提升 6%～8%。

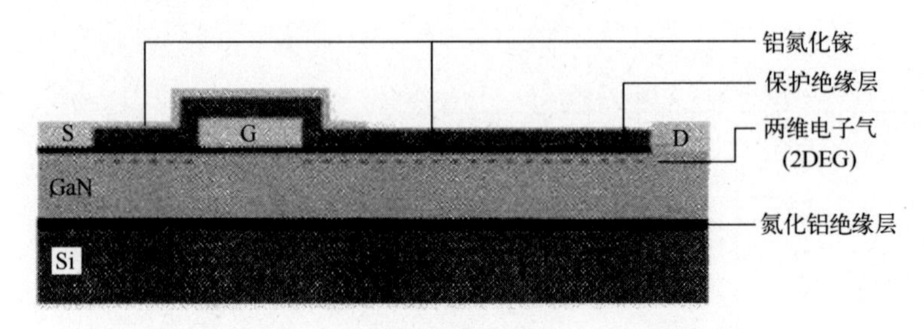

图 1-25　GaN-on-Si 增强型 GaN 功率 MOSFET 结构

参考文献

[1] RASHID M H. Power electronics handbook: devices, circuits, and applications handbook[M].

Oxford: Butterworth-Heinemann, 2011.

[2] THOMPSON M T. Notes 01 Introduction to Power Electronics[R/OL].（2005-1-12）[2023-8-9]. https://www.thompsonrd.com/NOTES%2001%20INTRODUCTION%20TO%20POWER%20ELECTRONICS.pdf.

[3] TRZYNADLOWSKI A M. Introduction to modern power electronics[M]. Hoboken: John Wiley & Sons, 2015.

[4] 袁寿财. IGBT 场效应半导体功率器件导论[M]. 北京: 科学出版社, 2008.

[5] 宋昌才. 电力电子器件及其应用[M]. 北京: 化学工业出版社, 2010.

第2章

功率器件功能结构

2.1　PIN 二极管

2.1.1　PIN 二极管的工艺结构和工作原理

1. PIN 二极管的工艺结构

1）PIN 二极管结构

PIN 二极管是多 PN 结的半导体元器件，PN 结是指半导体 P 型基区和 N 型基区的结合处，在 PN 结的 P 型基区和 N 型基区之间夹一层电阻率很高的本征半导体 I 层，即形成了 P^+N 和 NN^+ 两个结的 PIN 二极管，如图 2-1 所示。但是，实际受材料和工艺的牵制，本征层（I 层）会存在少量 P 型或 N 型杂质，称为 PπN 管或 PνN 管。

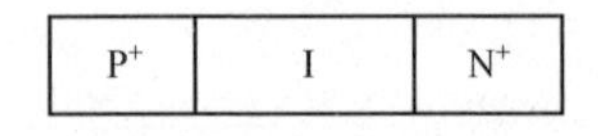

图 2-1　PIN 二极管结构

2）PIN 二极管的制备工艺

扩散法是利用固体中的原子扩散原理，通过氧化、光刻、扩散等工艺在 N 型硅材料两边分别用硼和磷扩散，最终形成 P^+N 结和 NN^+ 结，如图 2-2 所示。用此方法制备的 PIN 二极管，成本低，工艺简单，并且能够实现高反向击穿电压；但是，扩散过程中，其浓度总是表面高，体内低，造成杂质分布不均匀，影响 PIN 二极管的伏安特性，甚至会增加体内的缺陷。

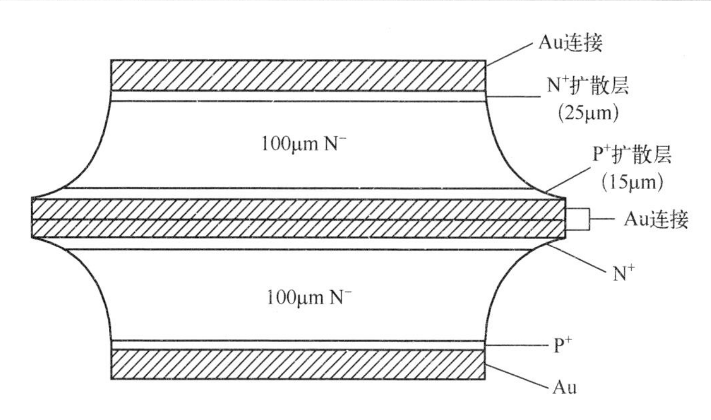

图 2-2　多层 PIN 二极管结构示意

离子注入方法是将硼和磷元素的原子，经过离子化变成带电的硼离子和磷离子，然后用强电场加速，获得高能量的硼离子和磷离子分别从两边直接轰击到半导体 N 型硅片内，经过退火激活，从而形成 N^+和 P^+，即 PIN 二极管，如图 2-3 所示。此方法是目前较为理想的掺杂方法之一，与扩散方法相比，离子注入制备更能保持界面的均匀性；但是，所用设备比较复杂，离子注入过程中由于电学反应会造成半导体晶体的损伤，造成体内出现空位、间隙原子和少量杂质等缺陷，很大地影响了二极管的反向击穿电压。

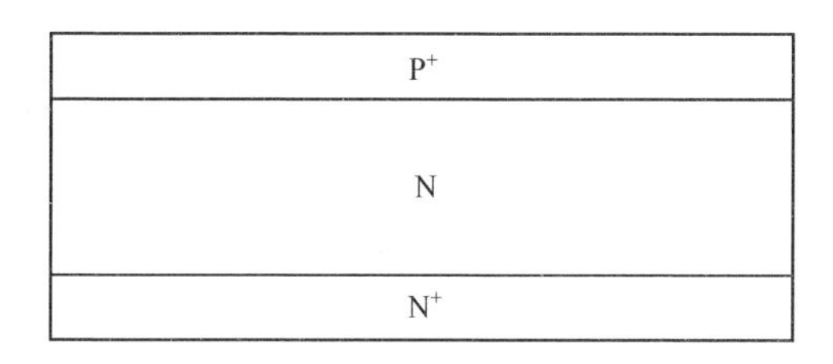

图 2-3　离子注入法示意图

外延法是在一块半导体片的表面延续一层异型掺杂薄膜，用 GaAs/Si 材料作 PIN 二极管的 I 层，以闭管 Zn 扩散形成 P^+区，如图 2-4 所示。此方法显示出有较高的反向恢复时间和正向电压降，但是制备工艺较复杂，制造成本较高。

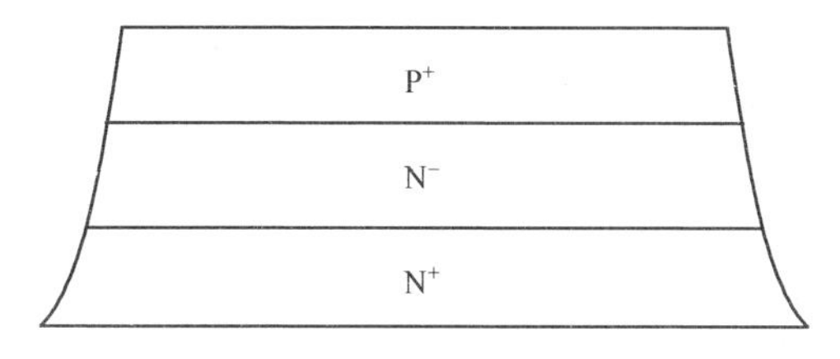

图 2-4　外延法示意图

键合法是通过化学和物理作用将硅片和硅片，硅片和玻璃或其他材料紧密结合起来的方法，如图 2-5 所示。硅片键合技术主要有静电键合和热键合。静电键合技术可将金属和玻璃，合金或半导体键合在一起，而不用任何黏结剂，键合界面有良好的气密性和长期稳定性。热键合是将两硅片可通过高温处理直接键合在一起，中间不需用任何黏结剂，也不需外加电场，工艺简单。

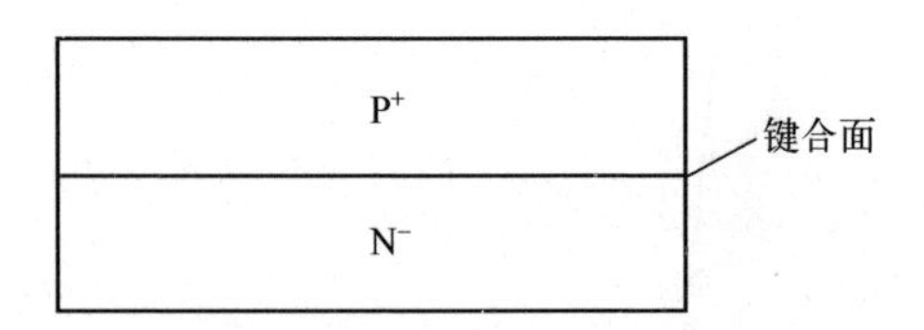

图 2-5　键合面作 PN 结制备 PIN 二极管示意图

总之，国内外目前制备 PIN 二极管的主要方法有扩散法、离子注入法、外延法和键合法，各种方法都有各自的优缺点。可见，采用不同的制作工艺，就会得到不同的杂质分布，所以应根据不同的情况选择适合的制备方法。

2. PIN 二极管的工作原理

PIN 二极管是一个在射频和微波频段受偏置电流控制的可变阻抗器，其直流伏安特性与 PN 结二极管相同，但是在微波频段却有根本的差别。如上一节所述，PIN 二极管是三层两结结构，具有 P^+N 和 NN^+两个结，当 PIN 正向偏置时，P^+区空穴和 N^+区的电子分别被注入到本征层（I 层），可以认为两个结都是正偏置；当 PIN 管处于零偏（反向电流为零）或反偏的时候，在 I 层不会存储到电荷，这样二极管就表现为一个电容并联一个电阻。因此，PIN 二极管应用十分广泛，从低频到高频的应用都有，主要应用在射频领域，用作射频开关和射频保护电路，也用作光电二极管等。

PIN 二极管应用的电路不同，所处的工作环境可大致分为直流电压、交流电压和交直流电压 3 种，在这 3 种工作环境中 PIN 二极管的工作状况如下：

1）直流电压作用下

PIN 二极管实际受材料和工艺的牵制，本征层（I 层）会存在少量 P 型或 N 型杂质，其中，PπN 管是在 I 层存在少量的 P 型杂质，电子过多，所以当 PIN 管处于零偏时，扩散作用使 N 层的电子向 I 层扩散，而 I 层中的空穴向 N 层扩散，最终形成一个空间电荷区——I-N 结。但是，N 层中的电子浓度远远高于 I 层的空穴浓度，所以 N 区的宽度要小于 I 层的空间电荷层宽度。同时，P-I 层也有少量载流子扩散，可以忽略。所以 I 层主要是 I-N 结起作用，电阻率很高，即 PIN 管表现为高阻抗态。

PIN 管外加反向偏压时，因为 π 层含有少量的 P 型杂质，所以 I-N 结实际是个PN结，内建电场增加，I–N结的空间电荷区变宽。当反向偏压增大时，I–N结的空间电荷区不断向I层扩展，直到空间电荷区扩展至整个I层区域，呈现穿通状态，即称为穿通电压。此时，I层的载流子全部被消除，电阻率比零偏时还要大，即PIN管表现为高阻抗态。

PIN管外加正向偏压时，电子和空穴分别从N区和P区向I层注入，载流子在电场的作用下逐渐增加至稳定。此时，I层充满了大量的载流子，电阻率很低，即PIN管表现为低阻抗态。

可见，PIN二极管在直流状态下的工作状况与普通二极管具有相同的正反向特性，因为I层的存在使PIN管可以承受更大额击穿电压，即可承受更大的功率。

2）交流电压作用下

PIN管对交流信号所呈现的特性与信号的频率和幅度有关。低频段时，由于交流信号周期很大，载流子进出I层的渡越时间与之相比可以忽略。这时，交流信号正半周的管特性与加正向直流偏压时相同，呈低阻抗特性；负半周的特性与加反向直流偏压时相同，呈高阻抗的特性。所以，PIN管在低频段与普通的结二极管相似，具有单向导电性，可做整流元件。

随着信号频率的增高，载流子进出I层的渡越时间与交流信号周期相比不可忽略时，PIN管的整流作用就逐渐变弱。例如，当信号从负半周变为正半周时，正负载流子从I层两侧注入，但扩散需要一定时间，在载流子尚未扩散到层中间时，外加信号已由正变负。因此，在正半周I层尚未真正导通，而当信号由正半周变为负半周时，载流子向层注入立刻停止，I层中正负载流子由于复合作用而减少。但由于载流子寿命比交流信号半周期长，留在I层中正负载流子还未全部复合，外加信号又转到正半周了，所以在负半周内I层中始终存在一定数量的正负载流子，二极管并未达到真正截止。因此，在频率上升时，特别是在微波频率下，PIN管根本不能用作整流检波元件，即它对微波频率的正半周和负半周的响应已经没有显著区别，可以近似作为线性元件来使用。

2.1.2　PIN二极管的电学特性

1. PIN二极管的稳态特性

当外加零偏压时，PIN中的I层由于完全没有杂质，因而是耗尽的，N区中有一层正的空间电荷，P区中有一层负的空间电荷，N区中正空间电荷和P区中负空间电荷在数量上相等，I层中并无空间电荷。

当外加反向偏压时，即P区（阳极）接负电压，N区（阴极）接正电压，称为反向偏置。此时，本征层（I层）只存在极少量的载流子，电阻率很高，电场是均匀分布的，PIN 管等效为电容和电阻组成的平行板电容器，类似于一个简单的 PN 结，存在反向饱和电流。反向偏置情况下，电子和空穴将背离 I 层移动，N 区和 P 区中正和负的空间电荷区变宽，内电场被增强，I 层中电场分布是均匀的，电场在 N 区和 P 区耗尽层中分别是直线下降到零。

当外加正向偏压时，即 P 区接电源的正极，N 区接电源的负极，称正向偏置。此时，I 区中载流子浓度增高，电阻率明显降低，PIN 二极管处于导通状态，电子和空穴被注入到 I 区，N 区和 P 区中正和负的空间电荷区变窄，内电场被削弱，I 区中各处的空穴和电子浓度几乎等同。若假设正向偏置 PIN 二极管内本征区内的载流子浓度是均匀的（即本征区的宽度比载流子的扩散长度小得多），同时认为两侧高掺杂区的杂质原子浓度相等（N_A 和 N_D 相等），外加的偏置电压也被两个结均分。则可以推导出 PIN 二极管正向偏置时电压和电流密度的关系为

$$J = \frac{qn_iW_i}{\tau}\left(e^{\frac{qV_F}{2kT}} - 1\right) = J_0\left(e^{\frac{qV_F}{2kT}} - 1\right) \tag{2-1}$$

式中：n_i 为本征载流子浓度；W_i 为本征区宽度；τ 为载流子寿命；J 为电流密度；q 为单位电荷；V_F 为器件所加偏压；k 为玻耳兹曼常数；T 为绝对温度；J_0 为反向电流密度。

实际上，PIN 二极管伏安特性的计算要复杂得多，需要考虑的因素也有很多，比如外加的偏置电压在两个结上的比例并不相等，还有一部分加在中间的本征区；本征区内的载流子分布不是均匀相等。一般来说，一般的 PIN 二极管（即功率二极管）的正向电流-电压特性可以表示为

$$V_F = k_0 + k_1 \ln J + k_2 J^m \tag{2-2}$$

其中，系数 m 的典型值在 0.6～0.8 之间，系数 k_0、k_1 和 k_2 依赖于温度和二极管结构的特征参数，如载流子寿命、掺杂浓度和各层的厚度等。

2. PIN 二极管的瞬态特性

1）恢复特性

当 PIN 二极管外加正向偏压时，处于低阻抗态状态，I 区中充满电子和空穴，载流子浓度增高，电流稳定；当 PIN 二极管外加负向偏压时，处于高阻抗态，电子和空穴背离 I 区移动，载流子浓度降低，漏电流非常小，阻抗变化情况如图 2-6 所示。这两种状态都是稳态，当 PIN 二极管从低阻抗态变到高阻抗态时，两种稳态发生切换，就有瞬态的变化，即二极管的正向恢复特性（开通）和反向恢复特性（关断）。

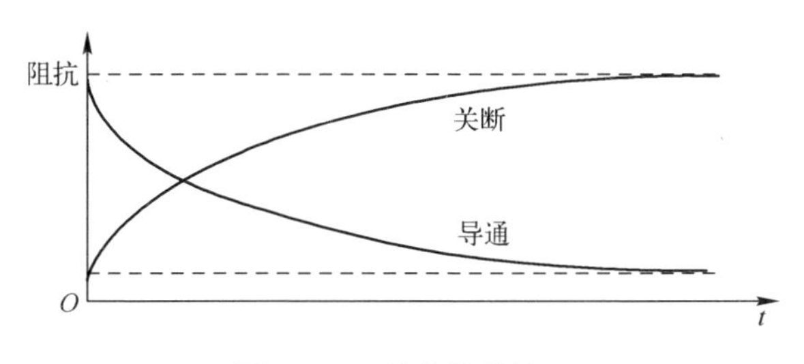

图 2-6　阻抗变化的情况

（1）正向恢复特性。

当 PIN 二极管从高阻抗态到低阻抗态，电子和空穴需要从 P 区和 N 区移动至 I 区，即少量载流子注入，其正向电压会随着电流的上升先出现一个电压峰值，再逐渐趋于稳定。在这个变化的过程中，一方面是因为阻性机制，二极管的管压降会随着电流的上升而升高，当电流上升到一定数值时，本征区（I 区）中的载流子数量不断增加，电导调制作用逐渐增强，使二极管的管压降随着电流的上升而下降；另一方面是因为感性机制，电流变化率在器件的内部杂散电感上产生的压降，此部分压降只存于电流变化的过程中，当电流趋于稳定后趋于零。一般的开通恢复过程中的电压峰值大部分为电感电压，开通电流变化率越大，该电压峰值越大，而阻性分量只有在电流变化率较小时才起主要作用。

（2）反向恢复特性。

当 PIN 二极管从低阻抗态变到高阻抗态时，需要将 I 区中的电子和空穴分别移动至 P 区和 N 区，即清除存储电荷。在二极管外加正向偏压时，正向电流使二极管内部存在大量的载流子；若此时外加反向偏压，正向电流下降至零，但是 I 区中有大量的电子和空穴需要通过复合作用或反向电流的抽出作用，逐渐恢复至截止状态。

2）PIN 二极管的击穿

二极管的击穿是指空间电荷区的电场随着反向偏压的升高而增强到某一临界值时，晶体原子的电离直接成为少数载流子的抽出源而使反向电流急剧升高的现象。PN 结击穿主要是因为空间电荷区中的晶体原子电离产生大量额外电子和空穴，而晶体原子的电离有两种不同的机制：一是雪崩击穿；二是齐纳击穿。

PIN 二极管的击穿是雪崩击穿，这与强电场中半导体载流子的倍增效应有关。雪崩击穿发生在掺杂浓度很高的 I 区中，因为掺杂浓度高的空间电荷区电荷集中，I 区宽度很小，故很小的反向电压即可产生很强的电场。当 PIN 二极管外加的反向偏压增加时，本征区（I 区）电场强度增大，此时 I 区中的电子和空穴的漂移运动被加速，动能增大。这些电子和空穴在高速运动过程中，载流子不断与晶体原子相碰撞，电子被激发形成自由电子空穴对，然后新产生的载流子在被增大的电场中，产生新的碰撞电离，导致载流子迅速成倍地增加，故称为雪崩倍增效应，如图 2-7 所示。

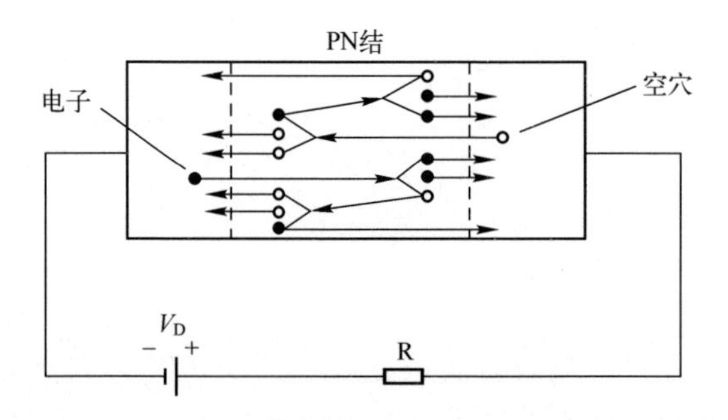

图 2-7　PN 结的雪崩击穿示意图

因为 I 区电场基本上是均匀的，因此电离率 a 近似为一个常数，I 区的雪崩击穿条件为

$$\int_0^{V_B} a\mathrm{d}x = 1 \approx aW \tag{2-3}$$

式中：W 为本征厚度。

I 区的击穿电压 $V_B \propto W$，即 I 区越厚，击穿电压 V_B 越高。

2.2 晶 闸 管

2.2.1 晶闸管的工艺结构和工作原理

晶闸管是晶体闸流管的简称，又被称作可控硅整流器。图 2-8（a）是一个晶闸管结构的简化示意图。整个器件由 4 层 3 个 PN 结组成。P 型掺杂的阳极层位于底端，接着是 N 型基区，P 型基区，最后是 N^+ 阴极层，其中的 PN 结构如图 2-8（b）所示。

图 2-8 中，由 4 个交替掺杂层形成的 3 个 PN 结分别用二极管符号 J_1、J_2、J_3 标注。如果在正向阻断方向加一个电压，只要器件处于正向阻断状态，J_1、J_3 结会正偏，而 J_2 结为反偏，因此在 J_2 结处将建立一个具有强电场的空间电荷区，如图 2-8（c）所示，这个空间电荷区在轻掺杂 N^- 层扩展得很宽。

如果沿晶闸管的反向阻断方向加一个电压，使得 J_2 结正偏，J_1、J_3 结反偏，因为 J_3 结两侧都是重掺杂，所以 J_3 结的雪崩击穿电压一般比较低（约 20V），则外加电压主要由 J_1 结承担。电场分布形状如图 2-8（d）所示。因为电场是由低掺杂的N^-层承担，而且由于上下两个 P 层一般是经过一次扩散步骤后在器件两侧同时形成的，所以晶闸管两侧的阻断特性几乎相同。晶闸管是一种对称阻断器件。

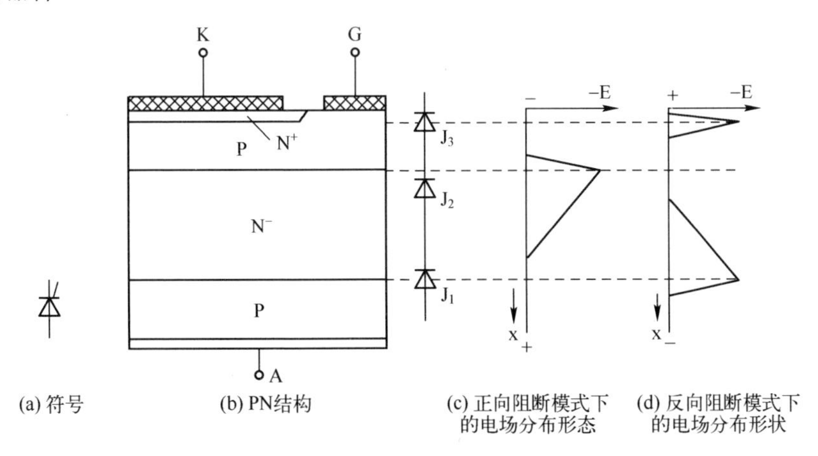

图 2-8　晶闸管

晶闸管可分成两个子晶体管，一个 PNP 晶体管和一个 NPN 晶体管。这两个晶体管的共基极电流增益分别为α_1和α_2（图 2-9）。

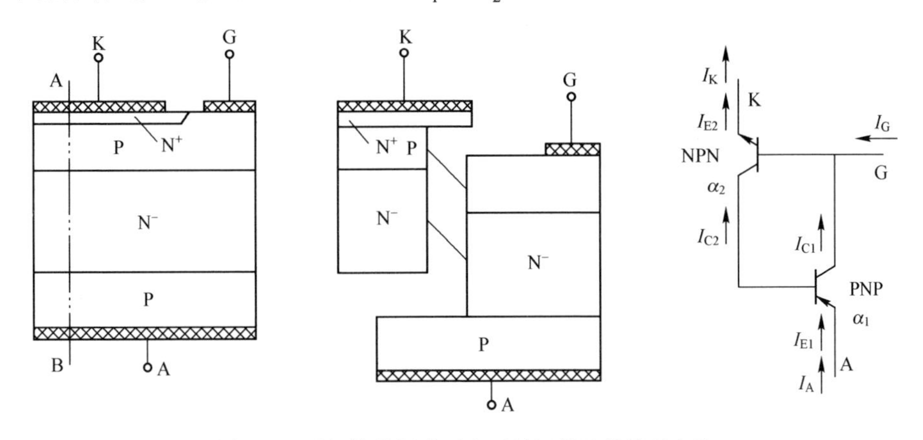

图 2-9　晶闸管分解成两个子晶闸管及其等效电路

共基极电路中的电流增益α定义为

$$I_C = \alpha \cdot I_E + I_{CBO} \tag{2-4}$$

式中：I_{CBO}为发射极开路时，基极和集电极之间的漏电流。

于是，由式（2-4）可以算出 PNP 子晶体管的集电极电流：

$$I_{C1} = \alpha_1 \cdot I_{E1} + I_{P0} = \alpha_1 \cdot I_A + I_{P0} \tag{2-5}$$

式中：I_{P0}为来自中间轻掺杂的N^-层的扩散漏电流，同理可以得到NPN子晶体管的集电极电流：

$$I_{C2} = \alpha_2 \cdot I_{E2} + I_{N0} = \alpha_2 \cdot I_K + I_{N0} \tag{2-6}$$

式中：I_{N0}为来自P型基区的扩散漏电流。阳极电流I_A为两部分电流I_{C1}和I_{C2}的和：

$$I_A = I_{C1} + I_{C2} = \alpha_1 \cdot I_A + \alpha_2 \cdot I_K + I_{P0} + I_{N0} \tag{2-7}$$

根据流入和流出总电流守恒，得到另一个公式：

$$I_K = I_A + I_G \tag{2-8}$$

把式（2-8）代入式（2-7）可导出：

$$I_A = \alpha_1 \cdot I_A + \alpha_2 \cdot I_A + \alpha_2 \cdot I_G + I_{P0} + I_{N0} \tag{2-9}$$

式（2-9）解出的I_A电流为阳极电流表达式：

$$I_A = \frac{\alpha_2 \cdot I_G + I_{P0} + I_{N0}}{1-(\alpha_1 + \alpha_2)} \tag{2-10}$$

只要可以忽略雪崩倍增，上式就适用。从式（2-10）可以看出，当式（2-10）中的分母接近于零时I_A电流增加到无穷大。电流增益α_1和α_2反过来又依赖于电流，电流很小时两者均趋于零，并且随着电流的增大而增大，如图2-10所示的双极型晶体管。因此晶闸管的触发条件为

$$\alpha_1 + \alpha_2 \geqslant 1 \tag{2-11}$$

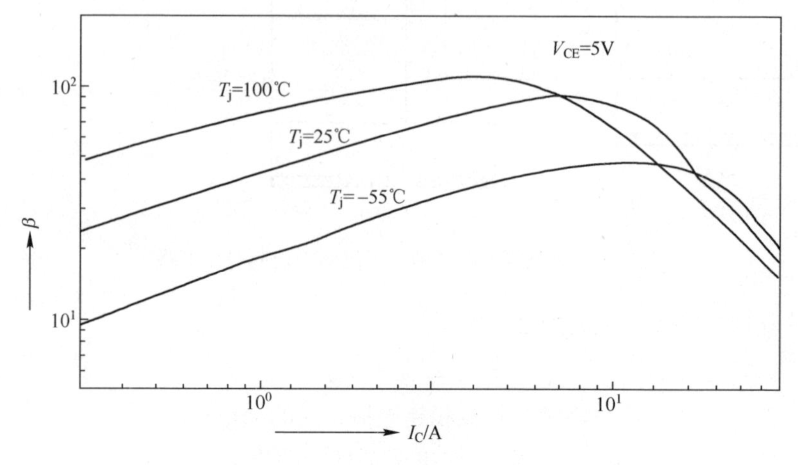

图2-10　电流增益β与集电极电流I_C和温度I_j的关系

如果触发条件得到满足，阳极电流就有可能增至无穷大。即使式（2-10）中的 $I_G=0$，也会出现这种情况，此时晶闸管处于正向导通模式。在正向导通模式中，由于两个子晶体管的电流放大，会建立一个内部正反馈环。这时两个晶体管都处于饱和导通状态，这样就产生一个比正偏二极管两端压降还低的正向压降。

与式（2-11）等效的条件是 $\beta_1\beta_2 \geqslant 1$。在小电流下，$\alpha$ 和 β 都随电流增加而增加（图 2-10）。尤其是，通过用小电流下大于 α 和 β 的小信号电流增益 $\alpha' = \Delta I_C / \Delta I_E$ 或者 $\beta' = \Delta I_C / \Delta I_B$，上述条件也可以满足。现今制造的晶闸管，$\alpha_2$ 和 β_2 主要由阴极发射极短路点决定，并在很低的门极电流下为零。

2.2.2　晶闸管的电学特性

1. 晶闸管的 *I*-*V* 特性

晶闸管正向 $I-V$ 特性有两个分支：正向阻断模式和正向导通模式。$I-V$ 特性简图如图 2-11 所示。在正向阻断模式中，漏电流 $I_{DD,max}$ 处对应的电压定义为正向阻断最大电压 V_{DRM}；在反向中最大允许电压 V_{RRM} 是指最大反向电流 $I_{RD,max}$ 对应的电压。

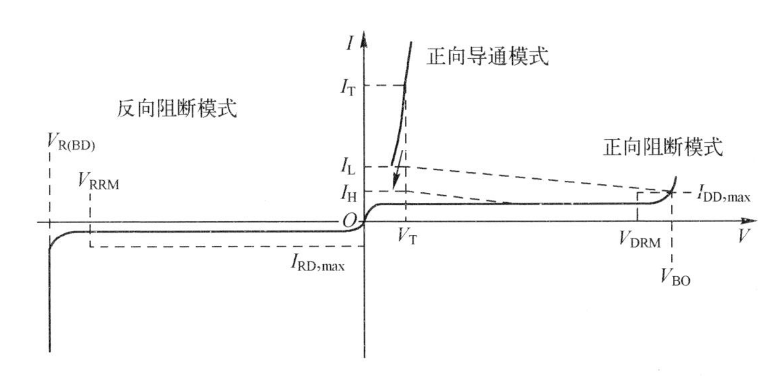

图 2-11　晶闸管的简化 *I*-*V* 特性和一些重要的晶闸管参数

产品数据手册中，V_{DRM} 和 V_{RRM} 的值与实际器件的测量值相比有可能存在差异，这正和前面提到二极管的 $I-V$ 特性相同。在反向特性中，反向阻断能力受 $V_{R(BD)}$ 限制。在正向特性中，正向阻断能力是由转折电压 V_{BO} 定义的。当外加电压高于 V_{BO} 时，器件被触发，切换至正向导通状态。这种触发模式，即转折触发，通常在晶闸管中是要避免出现的。一般晶闸管由门极触发。在转折触发的情况下，尤其对大面积晶闸管来说，器件会因失控的局部电流密度集中而局部过载，从而有可能损坏。

在正向导通模式中，电流I_T对应的压降为V_T。对于大电流的情况，$I-V$特性曲线类似于功率二极管的正向特性。若中间层充满了自由载流子，则有可能得到和功率二极管相同的电流密度。如前所述，产品数据手册中功率二极管的$I-V$特性最大允许正向压降$V_{T,max}$高于器件的实际值V_T，这是因为在器件的电气测试过程中存在一些不可避免的变化因素。因此制造商一般是标定一个具有安全余量的值。

正向特性的专用参数：

擎住电流I_L：在一个10μs触发脉冲的末尾能使晶闸管安全转入导通模式，并在门极信号归零后还能安全地维持住导通状态所需的最小电流。

维持电流I_H：保持晶闸管在无门极电流时处于导通模式所需最小的阳极电流，该电流确保导通的晶闸管不会关断。电流降至I_H以下会导致晶闸管关断。

因为在开通过程的初期，载流子并没有完全涌入整个器件，所以应该有$I_L > I_H$，擎住电流一般是维持电流的两倍。

2. 晶闸管的阻断特性

从功率二极管、晶体管的章节中，已经知道雪崩击穿是晶闸管阻断能力的极限。晶闸管的阻断性能中还有第二个极限条件，即穿通效应：随外加电压升高，空间电荷区逐渐扩展过整个N^-层，到达相邻的相反掺杂层（P层），这使有空穴在电场中加速，阻断能力消失。

为了简化起见，在以下的讨论中假设整个N^-层中的电场为三角形分布，并对穿通进入反向阻断PN结的P层的空间电荷忽略不计。雪崩击穿电压及其与本底掺杂浓度的关系，对三角形电场分布，上述关系由

$$V_B = \frac{1}{2}\left(\frac{8}{B}\right)^{\frac{1}{4}}\left(\frac{\varepsilon}{qN_D}\right)^{\frac{3}{4}} = 563\text{V} \times \left(\frac{4\times10^{14}/\text{cm}^2}{N_D}\right)^{\frac{3}{4}} \tag{2-12}$$

计算。其关系曲线如图2-12线（1）所示，它等效于图2-13所示的关系。

除此之外，空间电荷区的宽度由

$$w = \sqrt{\frac{2\varepsilon(V_{bi}+V_r)}{qN_D}} \tag{2-13}$$

计算。由式（2-13）求解电压，并忽略较小的V_{bi}得到

$$V_{PT} = \frac{1}{2}\frac{qN_D}{\varepsilon}w_B^2 \tag{2-14}$$

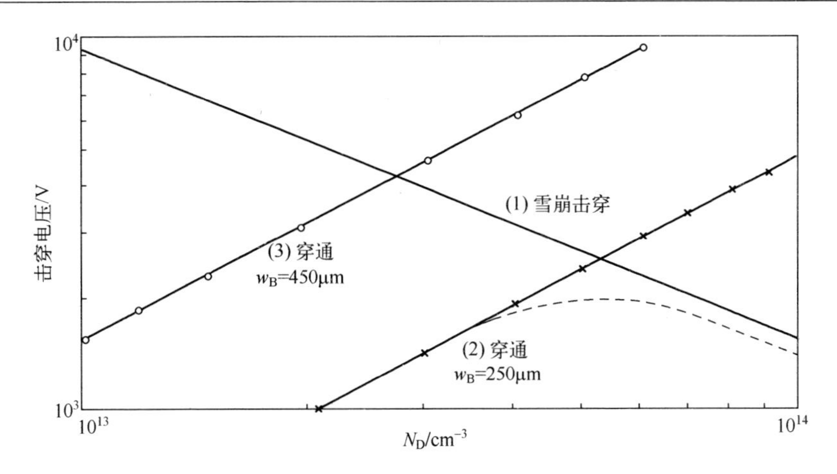

图 2-12　一个晶闸管的阻断能力：雪崩击穿电压作为 N_D 的函数和两个不同宽度 N^- 层对应的穿通电压

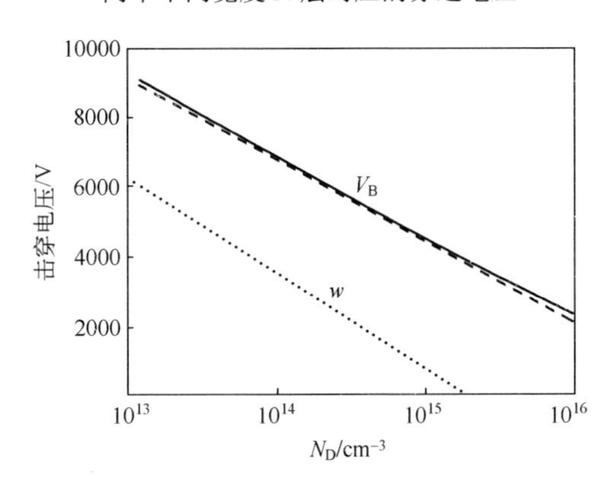

图 2-13　在 Si 中，300K 时，突变的 P^+N 结的临界电场强度、击穿电压和击穿时的耗尽层宽度随掺杂浓度 N_D 的变化

在式（2-14）中电压设为 $V_r = V_{PT}$，这个电压使空间电荷区扩展到相反掺杂区，即 $w = w_B$ 处的电压。对 w_B=250μm 和 450μm，V_{PT} 的计算值分别为如图 2-12 中线（2）和线（3）所示。

利用图 2-12 中线（1）和线（2）的交点可以估算出阻断电压约为 1600V 的晶闸管基区宽度 w_B 和掺杂浓度 N_D 的最佳设计参数。如果掺杂浓度降至交叉点处对应的浓度以下，雪崩击穿电压将会提高，但是在外加电压还低于雪崩击穿电压时，空间电荷区就会扩展到相反掺杂的 P 层。这时穿通效应就会限制晶闸管的阻断能力。

接下来将要研究怎样达到雪崩击穿和穿通给出的极限条件。在反向条件下，

可以忽略 J_3 结上面的小压降，阻断 J_1 的特性可以等效为一个基极开路配置的双极型 PNP 晶体管。由于对一个 PNP 晶体管倍增因子 $M_P=1/\alpha$ 时，会发生雪崩击穿。由于 $M_P < M_N$，PNP 晶体管的 V_{CEO} 与 V_{CBO} 之间的差比较小，该结（J_1 结）的阻断能力低于一个 PN 二极管的阻断能力。如果 $M_P\alpha_1=1$ 成立，即

$$M_P=\frac{1}{\alpha_1} \tag{2-15}$$

雪崩击穿就会开始。只有当 $\alpha_1=0$，该 PN 结的雪崩击穿电压才可以达到针对二极管退出的雪崩电压击穿电压值。因为 $M_P \ll M_N$（见图 2-14），该效应不像 NPN 晶体管中那样强烈，其雪崩击穿起始电压会更低，如图 2-12 中的点划线所示，击穿电压下降到接近于线（1）和线（2）的交点。

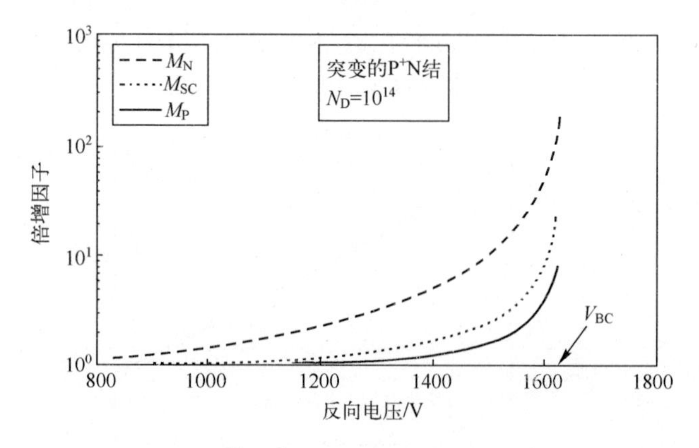

图 2-14　T=300K，$N_D=1\times10^{14}\text{cm}^{-3}$ 时，突变的 P^+N 结电压与倍增因子的关系曲线

器件处于正向时 J_2 是阻断结。其阻断能力由转折电压 V_{BO} 决定。利用触发条件式（2-10），设 $I_G=0$，并对 PNP 晶体管考虑空穴电流的倍增因子，对 NPN 晶体管考虑电子电流的倍增因子。当阳极电流为

$$I_A=\frac{M_{SC}I_{SC}+M_PI_{P0}+M_NI_{N0}}{1-(M_P\alpha_1+M_N\alpha_2)} \tag{2-16}$$

时，达到转折电压。

对于式（2-16）中定义的 α_1 和 α_2，必须采用小信号电流增益。在 $M_P\alpha_1+M_N\alpha_2=1$ 时将达到转折电压。因为总有 $M_N < M_P$，所以正向转折电压将对 α_2 十分敏感。只有在 $\alpha_2=0$ 时，晶闸管的阻断能力才与反向相同。

两个电流增益都与温度有关，并在小电流下随温度升高而增加。为了保证晶闸管在高温下的阻断特性，对于小电流 α_2 必须减小；因为阻断能力要求对称，所以 α_2 在小电流下必须为零，通过发射极短路点可以实现这一点。

3. 发射极短路点的作用

晶体管的电流增益不仅与电流有关，还与结温有关。低温下电流增益低，并随结温升高而增大（见图 2-10），这就导致了基区开路情况下，当结温升高时，在低压下器件就能被击穿。对晶闸管来说，其转折电压 V_{BO} 急剧下降。对一个不带发射极短路点的晶闸管来说，上述特性如图 2-15 虚线所示。

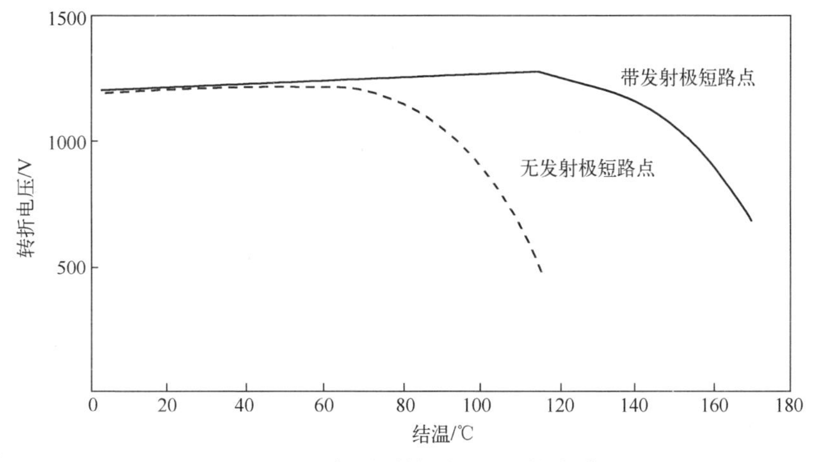

图 2-15　结温与转折电压 V_{BO} 的关系

通过在阴极侧实现发射极短路点（见图 2-16），相当于在 NPN 子晶体管的发射极与基极之间的 PN 结上并联一个分流电阻。从 PNP 晶体管流入 NPN 晶体管基极的电流通过这个分流电阻进入阴极。分流电阻的大小由其横向间隔距离和 P 型基区的掺杂浓度决定。如果电流足够高，发射极短路点上的压降就足够高，那么 NPN 子晶体管的电流增益就会明显升高。

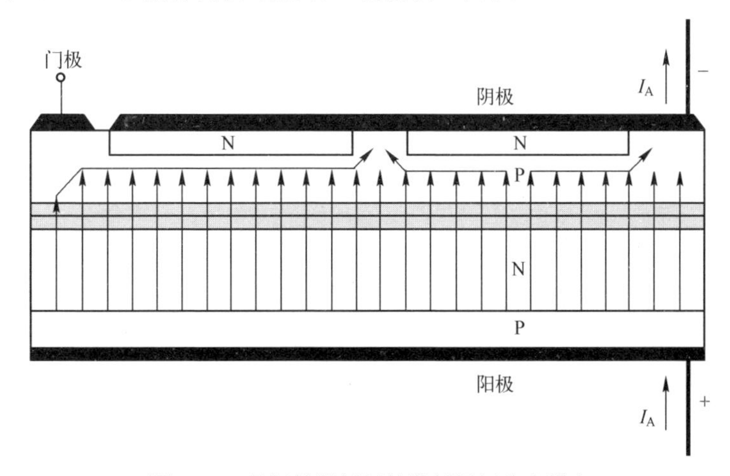

图 2-16　晶闸管阴极侧的发射极短路点排布

阴极发射极短路点决定了有效电流增益α_2，并且使晶闸管的动态和静态特性更宽。带发射极短路点的晶闸管的正向阻断能力与温度的关系如图 2-15 中实线所示。通过对发射极短路点的恰当设计，晶闸管正向和反向的阻断能力相同，甚至在高温下也具有对称的阻断能力。

即使一个晶闸管采用了发射极短路点设计，但是其阻断能力仍然受温度的影响。这是因为局部晶体管的电流增益对温度有依赖性。在大部分晶闸管中，最高允许工作温度上限为 125℃，对于一些特种晶闸管，温度会略高一些。随着温度上升，相比二极管，晶闸管漏电流会明显增大。

4. 门极关断晶闸管（GTO）的电学特性

要实现晶闸管有源关断，必须采用一些特殊的方法。20 世纪 80 年代提出了 GTO。在电压高于 1400V 的范围，GTO 明显优于当时很有竞争力的器件——BJT。但是随着专门为高压而设计的 IGBT 的产生，GTO 又被 IGBT 取代，这是因为 GTO 在关断时需要一个很大的负门极电流，并且驱动单元功耗也大。现在 GTO 用在一些 IGBT 功率无法达到的范围。现在已经有了用单片直径 150mm 硅片制造的高达 6kA、6kV 的 GTO。从 GTO 结构还衍生出一种新器件——门极换流晶体管（gate-commutated thyristor，GCT），这种器件更不易损坏，安全工作区更大。

式（2-10）推导了晶闸管的触发条件，描述了触发条件与两个并联晶体管电流增益的关系。从该公式，也可以得到关断条件，如果式（2-10）中并联晶体管的漏电流可以忽略，可以得到

$$I_{\mathrm{A}}=\frac{-\alpha_2\cdot I_{\mathrm{G}}}{\alpha_1+\alpha_2-1} \tag{2-17}$$

对于关断必须有一个负门极电流$-I_{\mathrm{G}}$。类似于双向晶体管的电流增益β，一个 GTO 关断过程的关断增益β_{off}可以定义为

$$\beta_{\mathrm{off}}=\frac{I_{\mathrm{A}}}{-I_{\mathrm{G}}} \tag{2-18}$$

带入式（2-17）得到关断增益：

$$\beta_{\mathrm{off}}=\frac{\alpha_2}{\alpha_1+\alpha_2-1} \tag{2-19}$$

高关断增益要求一方面 NPN 子晶体管的电流增益α_2高，另一方面分母$\alpha_1+\alpha_2-1$要小，理想情况趋于零。换句话说，电流增益因子的$\alpha_1+\alpha_2$应该只能略大于 1。然而这样会使触发电流I_{GT}增大，擎住电流I_{L}增大，最终使晶闸管的正向压降V_{T}增高。高电流增益的要求与低导通损耗的要求互相矛盾。GTO 典

型的关断增益 β_{off} 在 3～5 之间。因此要关断一个 3000A 的 GTO，晶闸管驱动单元必须提供 1000A 的电流。

实际上对于具有高关断能力的 GTO 的设计，式（2-19）参考价值不大，最重要的是保证大电流 GTO 中大部分地方能均匀同时工作。

而且式（2-17）、式（2-18）和式（2-19）只有当关断电流在发射区下面产生的横向压降可以忽略时才成立。GTO 与传统晶闸管的差别在于其门极结构由分离的发射极叉指构成（见图 2-17）。叉指宽度 b 必须很小，这是因为发射极叉指下面的带电载流子在关断时必须通过门极解除抽取。在现代 GTO 中，宽度 b 一般在 100～300 μm之间。GTO 由大量叉指电极构成。它们主要用于控制大电流，因此器件面积必须很大，通常一个 GTO 就是由一个完整的晶圆制造的。

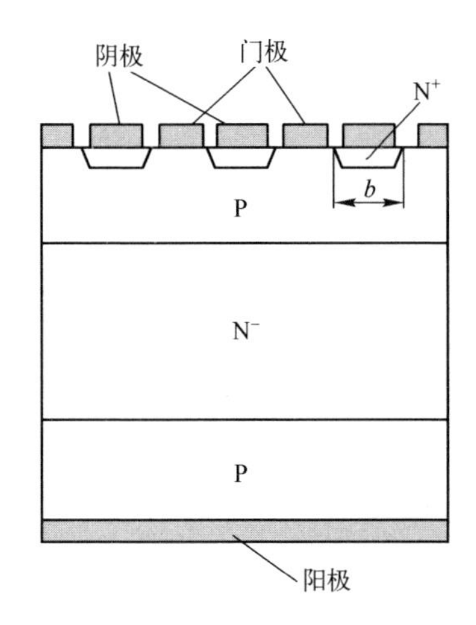

图 2-17　门极关断晶闸管（GTO）

在关断期间，P 型基区的空穴被负门极电压抽取流入门极接触，运载阳极电流的电荷等离子体首先被从发射极叉指边缘抽取，剩余的等离子体位于叉指中心处（见图 2-18），空穴电流必须在发射极叉指下横向流动。在阳极电流最终中断之前，发射极叉指中心处的小区域或者只有极个别的发射极叉指，将要承担所有阳极电流。这是 GTO 的一个弱点。为了达到大电流关断能力，有一点很重要，就是发射极叉指下 P 型基区的电阻不能太高。

GTO 可关断的最大电流 $I_{A\max}$ 主要由阳极和门极之间的 $N^{+}P$ 结的击穿电压 $V_{GK(BD)}$ 和发射极叉指下的 P 型基区的横向电阻 R_p 决定：

$$I_{A\max} = \beta_{off}\frac{V_{GK(BD)}}{R_p} \tag{2-20}$$

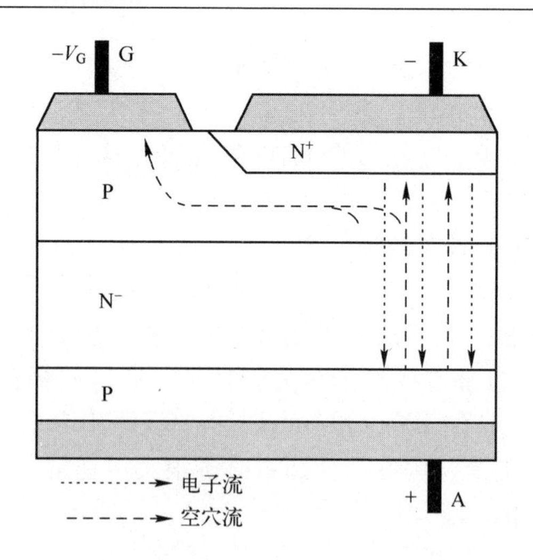

图 2-18　关断时 GTO 单个叉指的电流流动

式中

$$R_p \sim \rho \cdot b \tag{2-21}$$

ρ 为发射极叉指下 P 型基区的精确电阻率。在叉指宽 b=300μm 的 GTO 中，发射集下的电阻率 ρ 必须比传统晶闸管小 4 倍。这就要求 P 型基区掺杂浓度 N_A 足够高。同时，还要求阴极和门极之间的 N^+P 结的阻断电压 $V_{GK(BD)}$ 足够高。该阻断电压由式（2-12）决定。然而，决定 GTO 中发射极-门极结的击穿电压的掺杂浓度是指 P 型基区掺杂浓度 N_A。因此 N_A 不能太高，典型的掺杂浓度在 $10^{17}cm^{-3}$ 数量级。对应的击穿电压 $V_{GK(BD)}$ 大约为 20～22V。关断时加载的门极电压一般为-15V。

关断增益 β_{off} 的值大于 4 不会使关断能力明显增加。对 GTO 设计起决定作用的是式（2-20）的第二项。

采用这些方法以后，等离子体可以有效地从 GTO 的 P 型基区中被抽取，但是载流子等离子体仍然残留在宽 N^- 层。因此，还需要采取一些措施来抽取这些区域的载流子。第一代 GTO 利用扩散金来降低 N^- 层载流子寿命，但是金扩散非常难以准确控制。

更有效的改进是在阳极侧采用短路点，带有阳极短路点的 GTO 结构如图 2-19 所示。空穴电流通过门极抽取，N^+ 发射极电子注入停止。在阳极侧加很高的正向电压，N 型基区中的电子由阳极短路点抽走。阳极发射极注入停止，并且载流子被高效抽走。

带阳极短路点的 GTO 在反向时没有阻断能力，在多数应用中这并不成问题，因为在功率电路中会在 GTO 上反并联一个单向续流二极管。在现代 GTO 中阳极短路与少数载流子寿命控制是相互结合的。采用质子或者氦核注入可以调整少数载流子寿命。具有高密度复合中心的区域一般位于 P^+ 阳极附近，因为在这个区域它们对存储电荷的影响才是最有效的。

尽管采取了各种措施，但关断时在 GTO 上所加电压的上升率 dv/dt 必须要严格限制，这可以由 RCD 电路（通常叫缓冲器电路）来完成（见图 2-20）。上升电压的 dv/dt 斜率主要受电容 C 的限制。

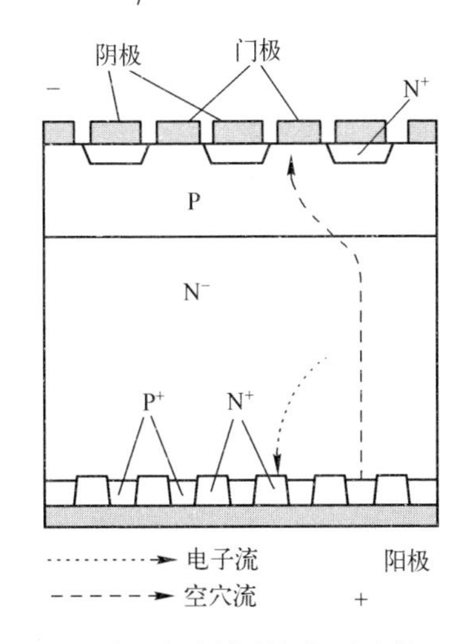

图 2-19　带阳极侧发射极短路点的 GTO

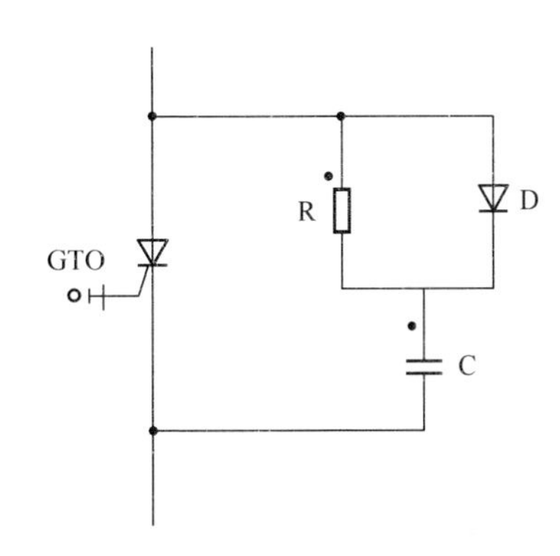

图 2-20　GTO 的 RCD 缓冲器电路

图 2-21 最终给出了 GTO 的关断过程。负门极电流上升到 I_{GRM}，此时阳极电流开始下降，关断延时 t_{GD} 是指门极电流 I_G 过零与阳极电流下降到最初阳极电流 I_{T0} 的 90%处之间的时间间隔。然后在下降时间 t_{GF} 内阳极电流突然下降，在此期间，阳极电压波形中会出现电压峰值 V_{PK}。V_{PK} 的值主要由缓冲器电路中的寄生电感和缓冲二极管 D 的正向恢复电压峰值 V_{FRM} 决定，而后者则是主要因素。在 V_{PK} 之后，缓冲器效应就出现了。电压上升率 dv/dt 受电容 C 限制。

在 GTO 中，在时间间隔 t_{GF} 之后出现拖尾电流，拖尾电流是由阳极结附近 N 型基区部分区域中存储电荷的抽取形成的。它的持续时间一般是几微秒量级。关断时大部分开关损耗是由拖尾电流造成的。使用有效的阳极短路点和调整载流子寿命可以有效减少拖尾电流。

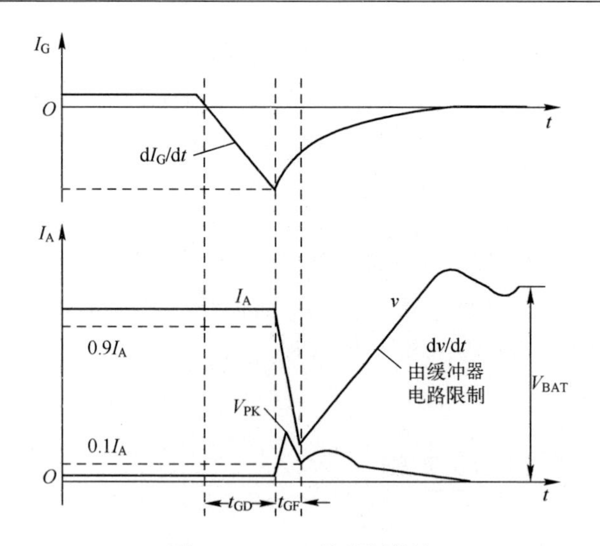

图 2-21　GTO 的关断特性

即使门极控制单元设计适当，对 GTO 的应用仍有两点不足：

（1）对 RCD 缓冲器电路的要求：对于 3kV 以上的高压，尤其是在要求内部电感低的额外限制条件下，需要的电容容量很大且很贵。

（2）如前所述，发射极叉指下电荷抽取首先从叉指边缘开始。在阳极电流下降之前，仅剩下叉指中心很窄的区域来承载总的阳极电流。器件越大，所有叉指能够一致同时工作的难度就越大，在关断最后就有可能出现几个甚至单个叉指承载整个阳极电流的情况。这是 GTO 的弱点，因为在这种情况下，叉指有可能被损坏。

2.3　功率 BJT

2.3.1　功率 BJT 的工艺结构和工作原理

1. 功率 BJT 的工艺结构

功率 BJT 是在一块半导体中制作的 3 个杂质半导体区，它由 2 个 PN 结组成，分为 NPN 型三极管或 PNP 型三极管，其与一般的晶体三极管有相似的结构和工作原理。BJT 由基区（B）、发射区（E）和集电区（C）三部分组成，如图 2-22 所示，其中，基区只有几微米至几十微米，掺杂较少，发射区高掺杂，集电区面积大。对于 NPN 型 BJT，其结构如图 2-23 所示，电流从基极流向发射极；对于 PNP 型 BJT，其结构如图 2-24 所示，电流从发射极流向基极。故二者除了电源极性不同，其工作原理是相同的。

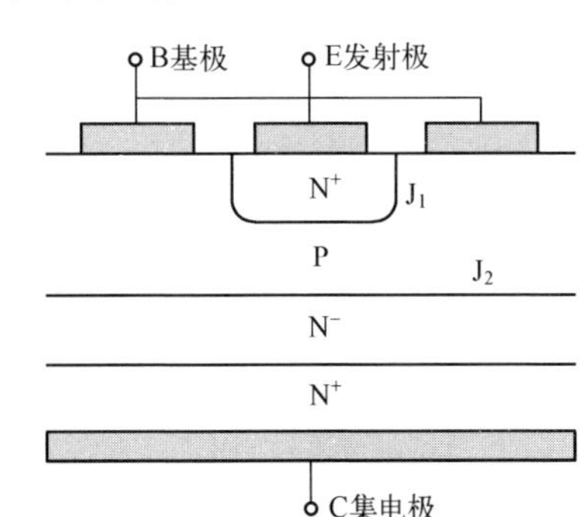

图 2-22　功率 BJT 的结构示意图

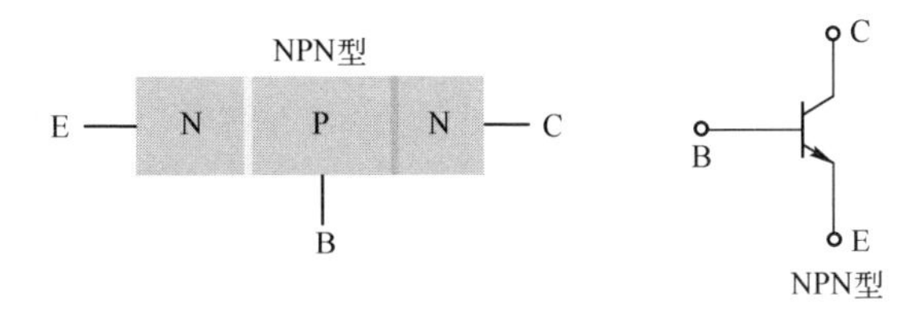

图 2-23　NPN 型功率 BJT 的结构示意图

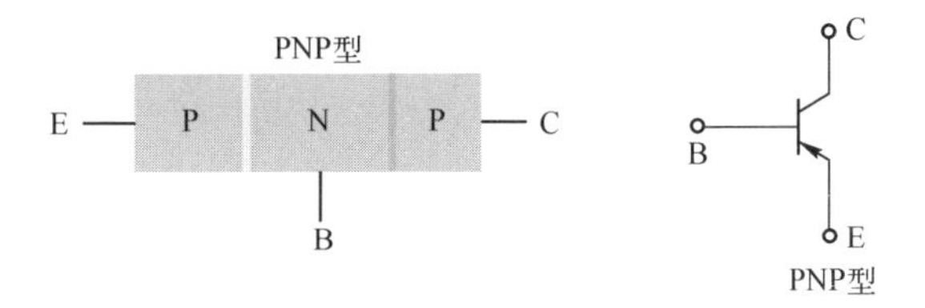

图 2-24　PNP 型功率 BJT 的结构示意图

2．功率 BJT 的工作原理

当电源作用于发射极上，且基极电压为零时，集电极与发射极之间正向偏置，集电结与发射结均处于反向偏置，集电极与基极之间反向偏置，则 BJT 处于关断状态。此时，BJT 的两个 PN 结就像两个二极管反串联，由于电阻率很大，发射极在扩散作用下仅有少量自由电子注入发射结，具体与二极管处于反向偏置的情况相似，故不详细介绍。

当电源作用于发射极上，且基极为正向电压时，集电极与发射极之间正向偏置，基极与发射极之间正向偏置，两个 PN 结都处于导通状态，即 BJT 处于饱和状态，失去放大能力，如图 2-25 所示。此时，发射结在正向电压的作用下，自由电子由重掺杂的发射区注入轻掺杂的基区；随着越来越多的自由电子注入基区，大多数电子与基区中的空穴复合，而部分电子会在电场的作用下被运送到集电区。结电场把基区的电子收集至集电区的同时，集电区的空穴被吸引至基区，从而电流开始在电路中流动，即饱和导通。

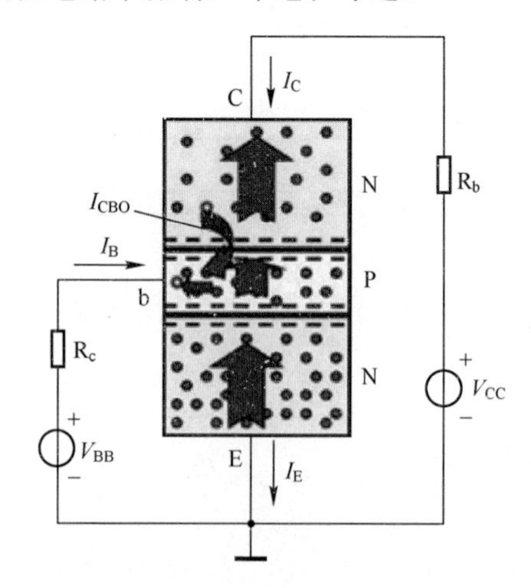

图 2-25　晶体管内部载流子的运动

当电源作用于基极时，基极与发射极处于正向偏置，而基极与集电极处于反向偏置，即发射结加正偏压，集电结加负电压，则 BJT 处于放大状态。此时，发射区的自由电子不断地越过发射结流向基区，基区的空穴扩散到发射区，从而形成发射极电流；其次，由发射区流向基区的自由电子聚集在发射结附近，少数电子与空穴复合形成基极电流，但随着自由电子的不断增多，在基区内部形成了电子浓度差，使得自由电子在基区继续扩散，到达集电结的一侧，从而形成集电极电流；最后，由于集电结处存在较大的反向电压，结电场的方向阻止了集电区的自由电子向基区进行扩散，并将聚集在集电结附近的自由电子收集到集电区，形成集电极电流。结电场把基区的电子收集至集电区的同时，集电区的空穴被吸引至基区，从而形成极小的少子漂移电流，即反向饱和电流。因此，BJT 的输出阻抗远大于输入阻抗，输出电流又远大于输入电流，表现为放大作用。

2.3.2　功率 BJT 的电学特性

1. 功率 BJT 的稳态特性

晶体管伏安特性曲线是描述晶体管各极电流与极间电压关系的曲线，主要用于了解晶体管的导电特性。一般来说，BJT 的工作状态分为 3 种，即放大状态、饱和状态和截止状态，其伏安特性曲线如图 2-26 所示。如果把 BJT 当成一个开关，此时就只有闭合状态和断开状态，即导通特性（通态）和阻断特性（阻态）。

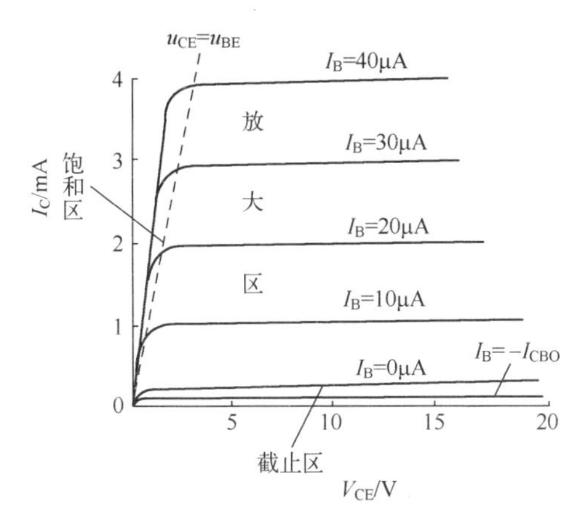

图 2-26　共射输出特性曲线

1）导通稳态（通态）

BJT 的导通稳态即为工作状态中的饱和状态，此时发射结和集电结均为正向偏置，通常把 $V_{CE}=V_{BE}$（即集电结零偏）的情况称为临界饱和，对应点的轨迹为临界饱和线。当 BJT 上加正向电压和驱动电压时，对于正偏置的集电结和发射结，受正向电压影响而形成的外电场削弱了 PN 结内部空间电荷区形成的内电场，形成正向电流。当电源电压不变，基极电流不断增加，负载电压随之增加，因此集电结反偏电压下降，降至为零时，即进入临界饱和状态。当正向偏置的 PN 结流过正向大电流时，基区的空穴浓度大大超过原始 N 型基片的多子浓度，此时电导率大大增加，器件处于导通稳态。

导通稳态中的主要参数：最大可重复的通态电流 I_F、通态时的器件压降 V_{CE} 和最小驱动电流 I_B。

NPN 型晶体管导通状态下时，内部电流如图 2-27 所示，有

$$
\begin{aligned}
& I_E = I_{E,N} + I_{E,P} + I_{R,SCR} \\
& I_C = I_{E,N} - I_{R,B} \\
& I_B = I_{E,P} + I_{R,SCR} + I_{R,B} \\
& \Rightarrow I_E = I_C + I_B
\end{aligned}
\tag{2-22}
$$

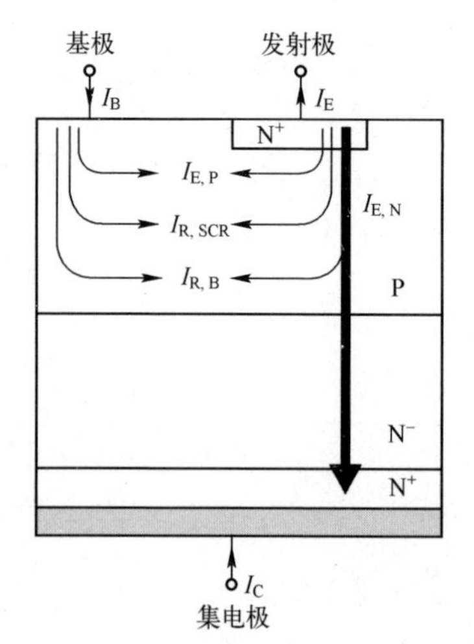

I_B—基极电流；
I_E—发射极电流；
I_C—集电极电流；
$I_{E,N}$—发射极电子电流；
$I_{E,P}$—发射极空穴电流；
$I_{R,SCR}$—基极-发射极空间电荷区复合电流；
$I_{R,B}$—基极复合电流。

图 2-27　NPN 型晶体管内部电流示意图（不成比例）

I_C 和 I_E 的比值称为迁移系数 α ，即

$$\alpha=\frac{I_C}{I_E} \tag{2-23}$$

另外，迁移系数 α 可由基极迁移系数 α_γ 、发射区系数 γ_E 和空间电荷复合系数 δ_R 表示，即

$$\alpha=\alpha_\gamma\cdot\gamma_E\cdot\delta_R \tag{2-24}$$

基极迁移系数 α_γ 是注入集电区的电流与基区电流的比值，即

$$\alpha_\gamma=\frac{I_{E,N}-I_{R,B}}{I_{E,N}} \tag{2-25}$$

发射系数 γ_E 代表了发射区电子电流与总电流的比值，即

$$\gamma_E=\frac{I_{E,N}}{I_{E,N}+I_{E,P}} \tag{2-26}$$

空间电荷复合系数 δ_R 是发射极电流与基极-发射极空间电荷区复合电流的差与发射极电流的比值，即

$$\delta_R=\frac{I_E-I_{R,SCR}}{I_E} \tag{2-27}$$

电流放大系数 B 或 h_{FE} 可以表示为 I_C 对 I_B 的比值，即

$$B=\frac{I_C}{I_B}=\frac{I_C}{I_E-I_C}=\frac{\alpha}{1-\alpha} \tag{2-28}$$

符号 B 代表了晶体管的大信号放大倍数，但是对于小信号放大，如在差分电流放大时 V_{BE} 恒定，放大倍数可以用符号 β 表示，由于多数载流子与少数载流子之间相互作用，所以被称为双极结型晶体管。

2）阻断稳态（阻态）

BJT 的阻断稳态即为工作状态中的截止状态，此时发射结正向偏置电压为零，集电结为反向偏置，通常把 $I_B=0$ 的情况称为临界截止，对应点的轨迹为临界截止线。当去掉驱动电压时，处于反偏置的集电结恢复为原来较大的空间电荷区，阻止了正向偏置 PN 结过来的多子扩散，从而形成了阻断稳态。

阻断稳态的主要参数：最大可重复的器件耐压 V_{RRM} 和阻态漏电流 I_{RRM}。

2．功率 BJT 的瞬态特性

BJT 的瞬态特性与二极管类似，在阻态情况下，也有两种击穿机制，即击穿和穿通。BJT 通常在阻态时，承受反向电压，若反向电压不断增大至超过了限定值，电场强度超过了临界电场强度，则触发碰撞电离，反向电流急剧上升，从而引起击穿和穿通。二者的物理性质存在较大差别，但它们都是反向偏压超过一定限度时发生的反向电流急剧上升的现象。

1）功率 BJT 的二次击穿

击穿在 2.1 节已经分析过，主要分为雪崩击穿和齐纳击穿，均为一次击穿，本节主要介绍 BJT 的二次击穿（图 2-28）。当发生一次击穿时，反向电流急剧增加，在外接电阻的限制下，一般不会引起器件的特性损坏；但是如果没有外接电阻的限制，反向电流持续增加，此时就会导致二次击穿，二次击穿一般是破坏性的，不可修复的。故二次击穿是导致器件损坏的主要原因之一，是影响半导体器件可靠性的一个重要因素。

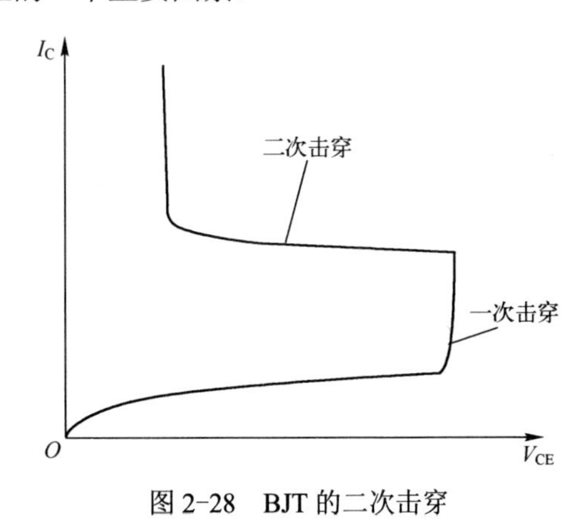

图 2-28　BJT 的二次击穿

二次击穿实际上就是在器件一次击穿后，没有外接电阻的限制，集电极电流不断增加，在某电压下，电流产生向低阻抗区高速移动的负阻现象。当 BJT 在高电压和大电流的环境下工作时，由于材料和器件的不均匀性，导致电流密度不均匀，从而造成局部区域的热量增加，出现电流束现象，易发生二次击穿。

2）功率 BJT 的穿通

穿通是指空间电荷区的电场随着反向偏压的升高而展宽到与电极接通时发生的短路现象。BJT 的穿通，就是在外加反向偏压还未达到集电结发生雪崩击穿时就出现了电流突然增大的一种现象，即提前发生“击穿”的一种效应。穿通效应产生的机理可区分为基区穿通、外延层穿通和缺陷造成的局部穿通等几种。

（1）基区穿通。BJT 的基区穿通就是集电结还未发生雪崩倍增时，集电结势垒区就已经扩展到了整个基区（即基区宽度减小到 0）的现象；这时在集电极与发射极之间的电压值就是基区穿通电压。基区穿通是伴随有击穿效应的，即穿通与击穿同时存在。对于基区掺杂浓度较低于集电区的合金晶体管和基区宽度较小的各种晶体管，在较高集电结电压时容易发生的是基区穿通而非集电结雪崩击穿。

（2）外延层穿通。对于 NPN 型双扩散 Si 外延平面的 BJT，由于基区掺杂浓度高于集电区，则在集电结的反向偏压增大时，集电结势垒区将较多地向集电区扩展，则这时不会发生基区穿通（如果基区宽度不是太窄），但较容易发生外延层穿通；在外延层穿通以后，集电结的反向电压即完全加在了由 P 基区与 N^+衬底构成的 PN^+结上（即加在整个耗尽了的外延层上），而该 PN^+结两边的掺杂浓度都较高，因此很快就会发生雪崩击穿。

（3）缺陷造成的局部穿通。由于材料缺陷或者制造工艺不当等原因，若在发射结或集电结的结面上出现了“毛刺”，那么也将同样容易产生基区穿通或者外延层穿通。

2.4 功率 MOSFET

2.4.1 功率 MOSFET 的工艺结构和工作原理

1. 功率 MOSFET 的工艺结构

1）功率 MOSFET 结构

MOSFET 简称为金属-氧化物半导体场效应晶体管，是可以广泛使用在模拟电路与数字电路中的一种单极型的电压控制器件。功率 MOSFET 是单一载流子导电，具有自关断能力，且无少子效应，驱动功率小、工作速度高等特点，在节能灯、汽车电子、冰箱等各种领域中得到广泛应用。

在介绍 MOSFET 结构之前，先简单介绍一下 MOS 结构。MOS 位于 MOSFET 的栅极上，也称为 MOS 栅极结构。它是 MOSFET 中的关键组成部分，也是其基本工作原理的体现。MOS 即金属-氧化物-半导体，如图 2-29 所示，以半导体为衬底，中间层为氧化物，是绝缘层，上面是金属，故可以将 MOS 结构看为一个平板电容，金属和半导体的最外侧是电容的电极。

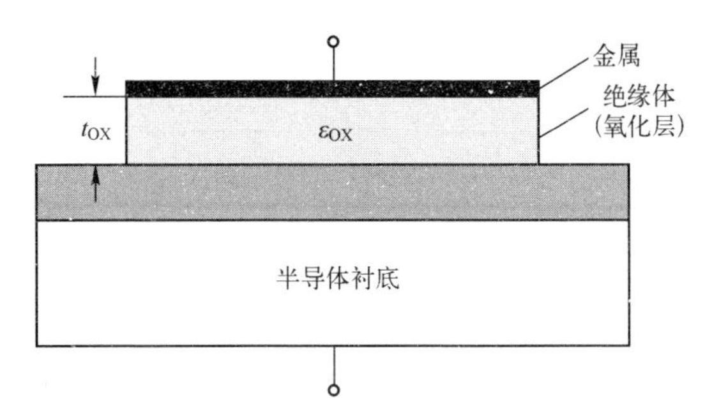

图 2-29　基本 MOS 电容结构

典型的 N 沟道增强型 MOSFET 结构如图 2-30 所示。以 P 型半导体为衬底，在其上面扩散两个 N 型基区，两者之间夹有一 MOS 结构，即形成源极（S）、漏极（D）和栅极（G），如图 2-30 和图 2-31 所示。其中，源极和漏极在同一平面上，上面的金属层为栅极，且栅极（G）与漏极（D）及源极（S）是绝缘的，源极与漏极之间有两个 PN 结。

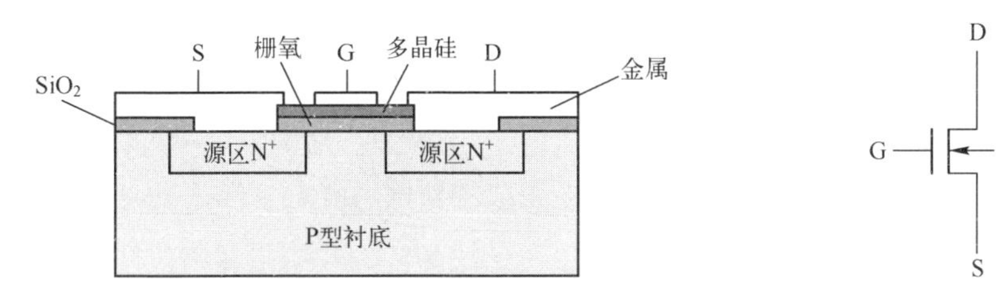

图 2-30　结构示意图　　　　图 2-31　电路符号

目前功率 MOSFET 的结构依据元件内部电流的流动方式分为两种：一种是电流在元件表面平行流动，称为横向双扩散金氧半场效应晶体管，例如 LDMOS；另一种电流垂直于硅片表面流动，称为纵向双扩散金氧半场效应晶体管，例如：VMOS、VUMOS、VDMOS、TPMOS 等都为纵向结构。

最早的功率 MOSFET 是横向双扩散结构，与传统 MOS 相比，LDMOS 采用铝栅工艺，如图 2-32 所示，其沟道是通过 N^+源区与 P 型基区的横向扩散形成的，沟道和漏区之间掺杂低浓度N型杂质，可以提高耐压，使之不会发生沟道穿通。目前电源管理芯片中仍然会用到 LDMOS。其优点是易于制造且与芯片制造工艺兼容，便于集成，但是其缺点是为了提高器件的耐压能力就要增加漏源极之间的低浓度漂移区的长度，这样会增大器件的导通电阻并且浪费了芯片面积，所以LDMOS的发展方向是维持高耐压的同时降低导通电阻。

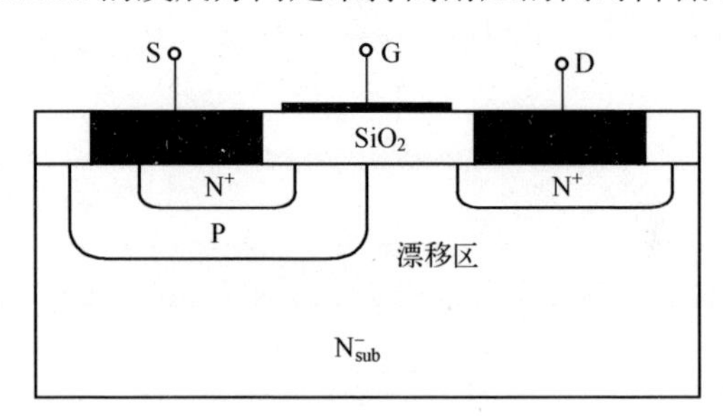

图 2-32　LDMOS 结构

现有功率MOSFET均采用纵向结构及硅栅工艺，即源极和栅极分别在两个表面，电流垂直流过。最开始推出的是V形结构，如图2-33所示，垂直导电沟道是将沟道区、漂移区、漏区从器件表面转移到 MOS 管体内，这样有效提高了硅片面积利用率、器件的耐压能力和开关速度。但是，由于VVMOS在工艺生产中形成V形沟道难以控制，从而发展出VUMOS，将V形沟道改为U形沟道。随后，又进一步发展为VDMOS。VDMOS是N+源区与P型基区扩散形成沟道的垂直双扩散的功率MOS结构。由于VDMOS结构中存在JFET区，使其击穿电压和导通电阻之间存在不可调和的矛盾，为了解决这个问题，在VDMOS多晶硅栅下两个P体区之间的N漂移区中设置一个浅沟道，沟道使P区侧壁形成垂直反型层导电沟道，这就是 TPMOS 结构。这样可以消除 JEFT效应，增大元胞密度，降低电阻，提高电流处理的能力。

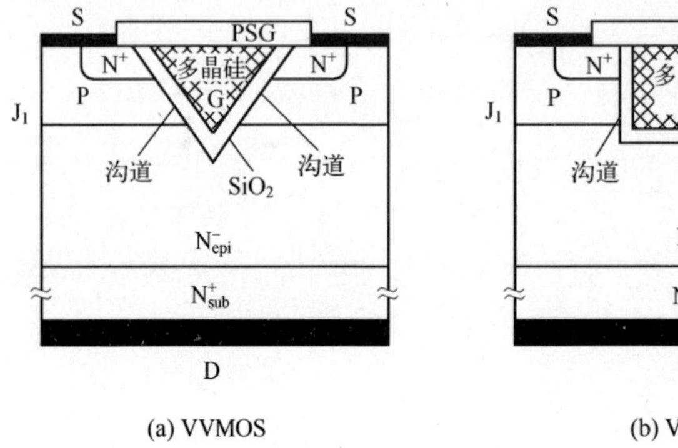

(a) VVMOS

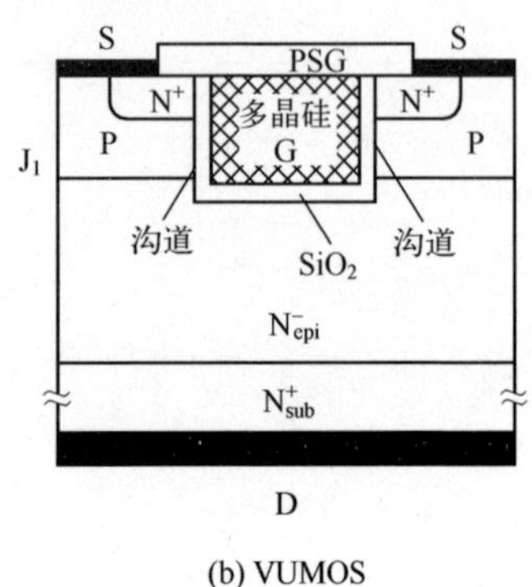

(b) VUMOS

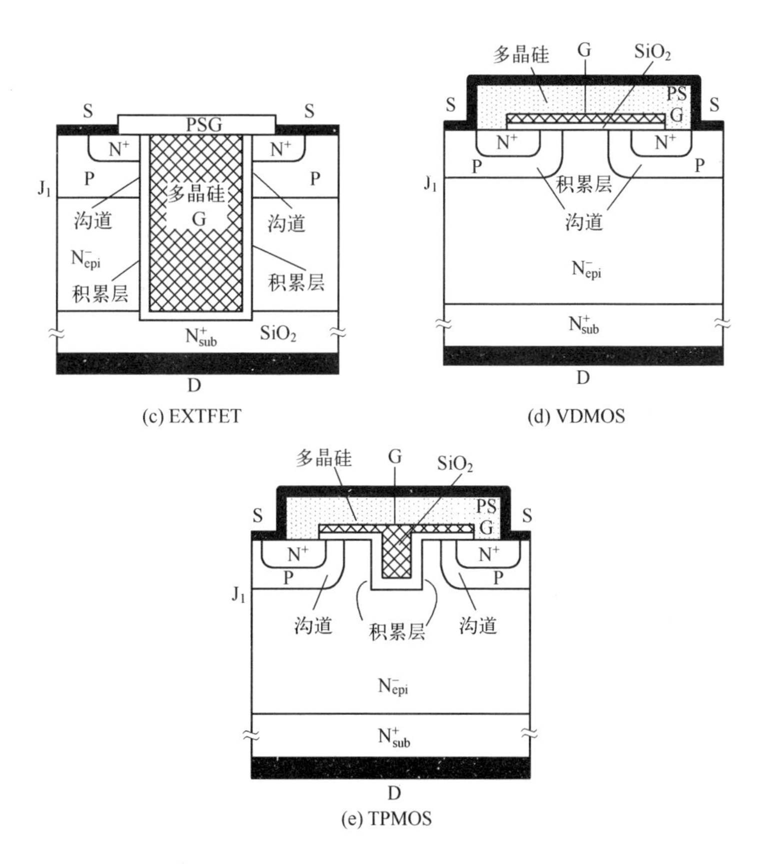

(c) EXTFET　(d) VDMOS

(e) TPMOS

图 2-33　功率 MOSFET 元胞结构类型

2）功率 MOSFET 制备工艺

功率 MOSFET 根据栅极结构的不同，可分为平面栅、沟道栅和沟槽-平面栅结构。本节制备工艺分别从这 3 个方面进行介绍。功率 MOSFET 的元胞图形有条形、方形、圆形、六角形及原子阵列图形，这些元胞按不同的阱区图形排列在硅片表面，常用的元胞图形是方形和正六边形。

（1）平面栅。

平面栅结构的主要代表是 VDMOS 结构，目前主要采用硅栅和自对准工艺制作。其典型的工艺流程如下：衬底外延片→热生长栅氧化层→化学气相淀积多晶硅栅极→光刻→硼离子(B^+)注入后高温推进形成 P 区→光刻→磷离子(P^+)注入后经高温推进形成 N^+源区掺杂→淀积磷硅玻璃→光刻接触孔→正面电极制备→衬底减薄→背面三层金属化。

（2）沟道栅。

沟道栅结构主要介绍 VUMOS 结构，通常采用的工艺流程：衬底外延片→P 区和 N^+源区依次掺杂→沟道刻蚀→热生长栅氧化层→化学气相淀积多晶硅，以填充沟道栅区→表面平坦化→光刻→淀积磷硅玻璃→光刻接触孔→正面电极制备→衬底减薄→背面三层金属化。

这种元胞的工艺过程是首先在 N^-外延层上形成 P^-扩散区，然后利用干法刻蚀形成深度超过 P^-区的沟道，在沟道壁上形成栅氧化层，再利用多晶硅填充沟道，然后扩散 N^+区和 P^+区，这样 P^-区成为沟道区，器件结构形成。

（3）沟道-平面栅。

沟道-平面栅结构的主要代表是 TPMOS 结构，它是在 VDMOS 多晶硅栅下两个 P 区之间的 N^-漂移区中设置了一个浅沟道，内部依次进行热氧化和多晶硅填充，并与平面栅极连为一体形成沟道-平面栅极。制作 TPMOS 时，只需在元胞形成之前，先利用反应离子刻蚀在 N^-外延层上形成 U 形浅沟道，热氧化去除沟道表面的损伤层后进行栅氧化层热生长；接着淀积多晶硅以填充沟道，并进行表面平坦化处理。此后的工艺与 VDMOS 的完全相同。

2. 功率 MOSFET 的工作原理

MOSFET 的工作原理基本体现在 MOS 结构的工作原理，在各类型 MOS 结构中，VDMOS 的工艺简单、成本低，是目前功率 MOSFET 的主流结构，所以本节主要介绍 VDMOS 的工作原理，MOSFET 的工作状态主要分为两大类：一类是漏极-源极处于正偏置状态；另一类是漏-源极处于反偏置状态。

1）漏极-源极处于正偏置状态

（1）截止。

当栅极-源极电压为零时，即使漏极-源极有正向电压，由于源极与漏极被两个 PN 结隔离，所以栅极下方的 P 区表面不会形成沟道，没有明显的漏源电流，即器件不导通，VDMOS 处于截止状态。此时，P 区与 N^-外延层形成的 PN 结 J_1 反偏承受外加正向电压，呈阻断状态。

当栅极-源极和漏极-源极电压均为正，且栅极-源极电压值低于开启电压时，由于栅极是绝缘的，所以栅极会吸引 P 区中的电子，栅极的正电压会将其下面 P 区中的空穴推开，使空穴耗尽形成弱反型层，即载流子的浓度远小于半导体中受主原子的浓度，此时 VDMOS 处于截止状态。

（2）导通。

当栅极-源极和漏极-源极电压均为正，且栅极-源极电压值高于开启电压时，栅极下面的 P 区表面的电子浓度将超过空穴浓度，出现强反型层，形成 N 型导电沟道，即 P 型半导体反型层 N 型，使 PN 结 J_1 消失，于是源区电子通过沟道进入 N 型漂移区，形成由漏极流到源极的电子电流，即漏极和源极导电，VDMOS 处于导通状态，如图 2-34 所示。

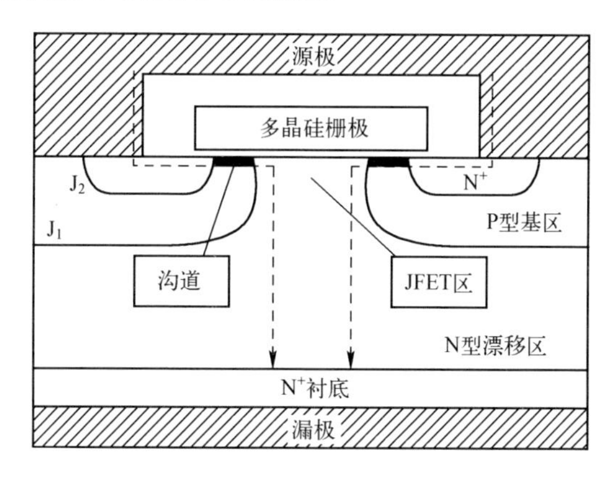

图 2-34　VDMOS 导通时的电流通路

（3）关断。

当 VDMOS 处于导通状态时，断开栅极-源极的正电压，强反型层随之消失，沟道不复存在，源区的电子无法通过沟道进入 N 型漂移区，即器件处于关断状态。MOSFET 与 BJT 不同之处在于，MOSFET 不会因为存储载流子的抽出和复合而出现开关延迟的情况，所以 MOSFET 关断速度很快。

从上述分析中可以看出，强反型层（沟道）的宽度和导电能力与栅压有关，栅压越高，沟道的宽度和导电能力越强。通过改变栅极-源极电压的大小，可以控制 VDMOS 的导通状态，从而可以控制漏极电流的大小。

2）漏极-源极处于反偏置状态

当漏极-源极处于反偏置状态，此时漏极的 PN 结处于正向偏置，所以无论栅极电压如何变化，MOSFET 都处于导通状态。当栅极-源极电压低于开启电压时，未形成强反型层，所以此时 MOSFET 的反向通态特性与一般的 PN 结二极管相同；当栅极-源极电压高于开启电压时，MOS 栅结构中形成强反型层，存在导电沟道，形成由漏极流到源极的电子流，此时 MOSFET 的反向导通特性变成二极管的导通特性。

2.4.2　功率 MOSFET 的电学特性

1．功率 MOSFET 的稳态特性

1）转移特性

功率 MOSFET 由栅极-源极电压控制其漏极电流的大小，当漏极-源极电压

的大小不变时，漏极电流和栅极-源电压的关系称为转移特性。当栅极-源极电压低于开启电压时，由于栅极电压不足以在 P 区表面形成强反型层，所以漏极电流为 0；当栅极-源极电压高于开启电压时，P 区表面形成强反型层，所以漏极电流为正；当栅极-源极电压增大时，强反型层电阻越小，漏极电流就越大。当漏极电流较大时，漏极电流和栅极-源极电压的关系近似线性，其曲线斜率定义为跨导

$$g_m = \frac{\Delta I_{DS}}{\Delta V_{GS}} \tag{2-29}$$

跨导是体现功率 MOSFET 放大能力的参数，在理论和实际研究中都很重要，单位一般取 mS 或者 μS。

2）输出特性

功率 MOSFET 的输出特性如图 2-35 所示，主要以栅极-源电压为参变量，反映的是漏极和源极之间的电压以及漏电流之间的关系。从图中可以看出，输出特性可以被分为截止区、饱和区和非饱和区。MOSFET 在截止区，当栅极-源极电压低于开启电压时，导电沟道还没有形成，此时漏电流为 0；在饱和区，由于功率 MOSFET 的沟道比较短，MOSFET 中存在有效沟道长度调制效应和静电反馈效应，当栅极-源极电压比较大时，沟道中的电场会达到临界场强，漏极-源极电压增大到一定程度后，漏电流就不会随着栅电压的变化而变化；在非饱和区，当栅极-源电压不变时，漏极-源极电压与漏电流几乎为线性关系，漏电流随电压的增大而增大，改变栅极-源极电压可以改变功率 MOSFET 的电阻值。当漏极-源极电压为正时，功率 MOSFET 输出特性可以表示为

$$I_{DS} = K_n[2(V_{GS} - V_{TH})V_{DS} - V_{DS}^2] \tag{2-30}$$

其中

$$K_n = \frac{K_n'}{2} \cdot \frac{W}{L} = \frac{\mu_n C_{ox}}{2}\left(\frac{W}{L}\right) \tag{2-31}$$

$$C_{ox} = \frac{\varepsilon_{ox}}{t_{ox}} \tag{2-32}$$

式中：本征导电因子 $K_n' = \mu_n C_{ox}$（通常情况下为常量）；W/L 为功率 MOSFET 的宽长比；μ_n 为沟道中载流子（电子）的迁移率；C_{ox} 为栅极（与衬底之间）氧化层单位面积电容。这里 ε_{ox} 为氧化物介电常数，t_{ox} 为氧化物的厚度。

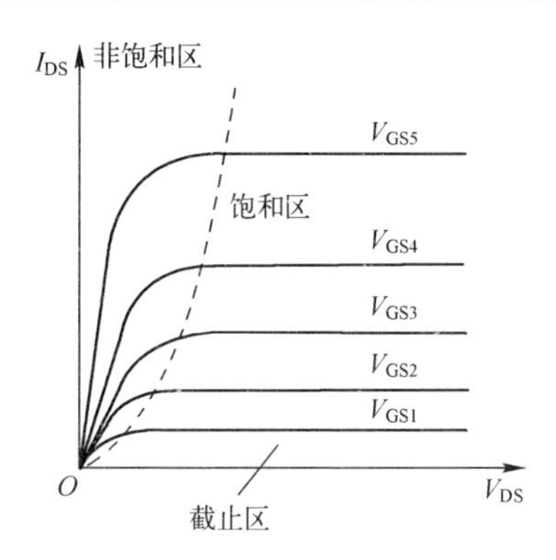

图 2-35　功率 MOSFET 输出特性

2. 功率 MOSFET 的瞬态特性

功率 MOSFET 主要采用 VDMOS 结构，MOSFET 的瞬态特性主要受 VDMOS 特性的影响。VDMOS 的击穿电压主要由 P 区与 N^-外延的 PN 结 J_1 决定，其击穿主要为雪崩击穿。当栅极-源极电压为 0，漏极-源极为正偏置电压时，J_1 结反偏承受外加的正向电压，器件处于截止状态。功率 MOSFET 结构不同，影响击穿电压的因素不同。在 VDMOS 结构中，存在结弯曲效应，当 PN 结所加反向电压慢慢增加时，受内建电场影响，P 区与 N 区的多子更远离耗尽区边界。这样耗尽区宽度将会变宽，内建电场增大，运动中的载流子经更高场强获取足够高的能量，发生碰撞电离产生二次电子空穴对。高场强下的二次电子空穴对被加速，获取一定能量时，与晶格发生碰撞又产生了电子空穴对，这个过程为雪崩倍增效应。当雪崩倍增趋于无穷大，则发生雪崩击穿，此时电压为雪崩击穿电压。在低压器件中 P 区和 N^-外延掺杂浓度高且数量级差不多，加反偏电压，电场分布为缓变结的特点。

若 P 区耗尽层扩展穿通到 N^+源区，会发生穿通击穿，导致功率 MOSFET 的击穿电压下降。根据 N 型漂移区厚度不同，可分为非穿通（NPT）型和穿通（PT）型结构。

2.5　IGBT

2.5.1　IGBT 的工艺结构和工作原理

1. IGBT 的工艺结构

根据电力半导体器件标准，IGBT 是指具有导电沟道和 PN 结，且流过沟道和结的电流由施加在栅极和集电极-射极之间电压产生的电场控制的晶体管。IGBT 是由功率 MOSFET 和 BJT 复合而成的一种器件，所以具有功率 BJT 和功率 MOS 型器件的共同优点：高速开关和电压驱动特性、低饱和压降、承载较大电流和高耐压等。

IGBT 芯片结构类型有很多种。按纵向耐压结构来分，有穿通（punch through，PT）型、非穿通（non punch through，NPT）型、场阻止（field stop，FS）型及其他派生结构；按栅极结构来分，与功率 MOSFET 相同，有平面栅、沟道栅和沟道-平面栅结构。本节主要从纵向结构展开介绍。

本节在前两节的基础上介绍 IGBT 的结构。一般的 IGBT 是一个五层三结、三端子的 MOS 型器件，其内部结构实际是在纵向结构的 MOSFET 的基础上，在 MOS 结构的漏极增加了一个 PN 结，形成了集电极 C，源极 S 变为发射集 E，栅极 G 保持不变，如图 2-36 所示。其中，集电区与 N 缓冲层形成的 PN 结为 J_1 结，N 型漂移区与 P 基区形成的 PN 结为 J_2 结，P 基区与 N^+发射区形成的 PN 结为 J_3 结。IGBT 裸芯片内部是由成千上万个元胞按照一定的方式排列并联组成的。元胞是构成 IGBT 芯片有源区的最小重复单元，其包括集电极区、漂移区、衬底、缓冲层、基区、栅极区和发射极区等。

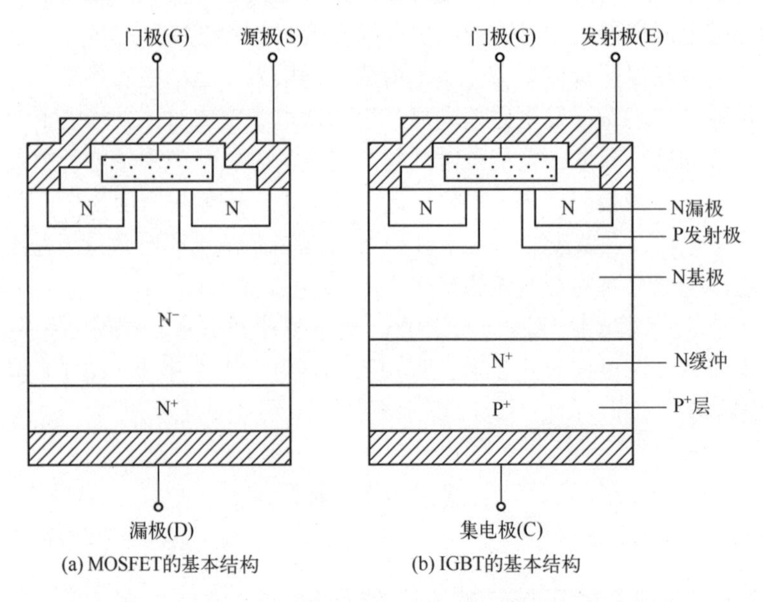

图 2-36　功率 MOSFET 与 IGBT 的结构比较

IGBT 发展过程中依次出现的 4 种主要结构类型为 PT-IGBT、NPT-IGBT、FS-IGBT、RC-IGBT。前 3 种类型的 IGBT 属于比较成熟的产品，它们的结构示意图见图 2-37。IGBT 的基本结构是由 4 层交互的 NPNP 半导体形成，这就组成了一个基本的晶闸管结构，然而这个晶闸管结构是不起作用的，原因是 IGBT 在制造工艺中进行了一次深 P^+扩散，而且发射极电极把 P 型基极区域和 N^+发射极区域短路。在 NPT-IGBT 中因为电场未穿通 N 型漂移区的轻掺杂部分，所以称为非穿通型 IGBT，制造时需要减薄工艺。PT-IGBT 制造时不需减薄工艺，且在 NPT-IGBT 的基础上多了一个重掺杂的缓冲层，以此来减小 IGBT 基区过剩载流子的寿命，即减小关断电流的拖尾时间，从而降低了关断损耗，但是，PT-IGBT 相对 NPT-IGBT 的通态压降却增加了。FS-IGBT 通过优化漂移区结构，增加了电场终止缓冲层。FS-IGBT 可以在较薄的芯片厚度上获得很高的耐压，较薄的芯片厚度也即意味着较薄的低掺杂漂移区的厚度，从而降低了器件的通态损耗和关断损耗。FS-IGBT 与 NPT-IGBT 一样具有较薄的 P 发射区，电场可以穿透漂移区到达 N^+场阻断层，制造时也需要减薄工艺。

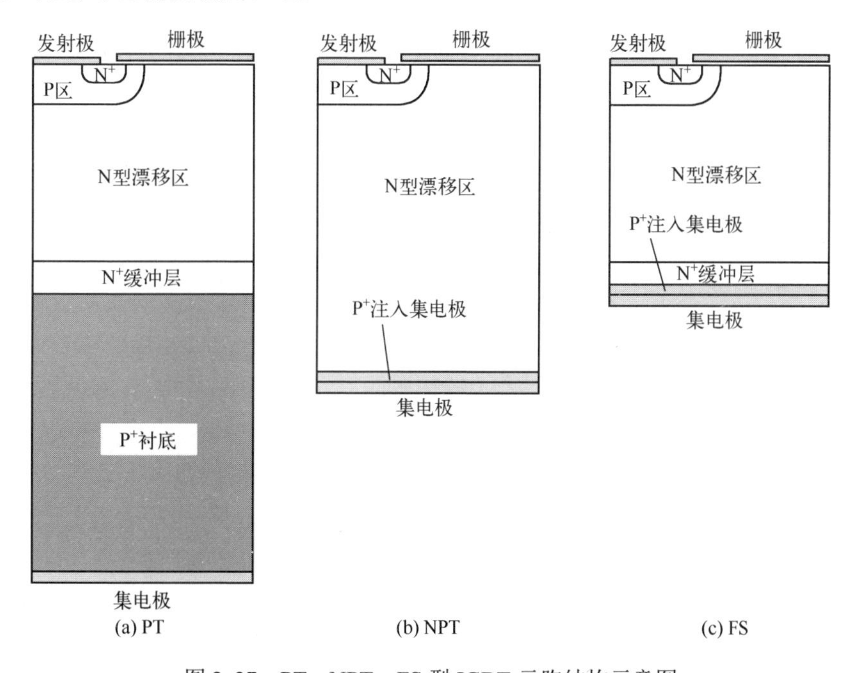

图 2-37　PT、NPT、FS 型 IGBT 元胞结构示意图

在 IGBT 元胞结构发展的历史上，除了其体区结构的变化外，栅极结构的变化也是一个重要的划分代的因素，IGBT 栅极的发展是从平面栅到沟道栅的过程，其结构示意图以 FS-IGBT 为例说明，见图 2-38。

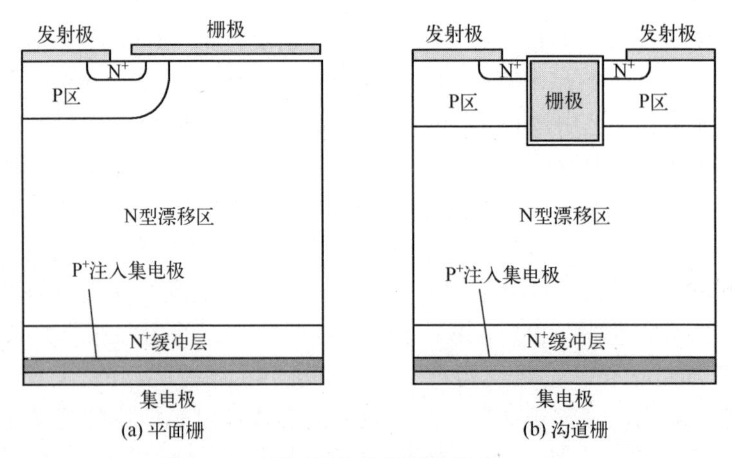

图 2-38　平面栅和沟道栅结构 FS-IGBT

第四种 RC-IGBT 则是最新的类型，RC-IGBT 结构示意图见图 2-39。它的 P 型基区、N 型漂移区、N^+ FS 层（field-stop layer）及 N^+短路区构成了一个 PIN 二极管。逆导型 IGBT 等效于在同一芯片上将一个 IGBT 与一个 PIN 二极管反并联。当 IGBT 在承受反压时，这个 PIN 二极管导通，这也正是称其为逆导型 IGBT 的原因。在关断期间，逆导型 IGBT 为漂移区过剩载流子提供了一条有效的抽走通道，大大缩短了逆导型 IGBT 的关断时间。目前德国 Infineon、美国 Fairchild 和瑞士的 ABB 已经量产该型器件。

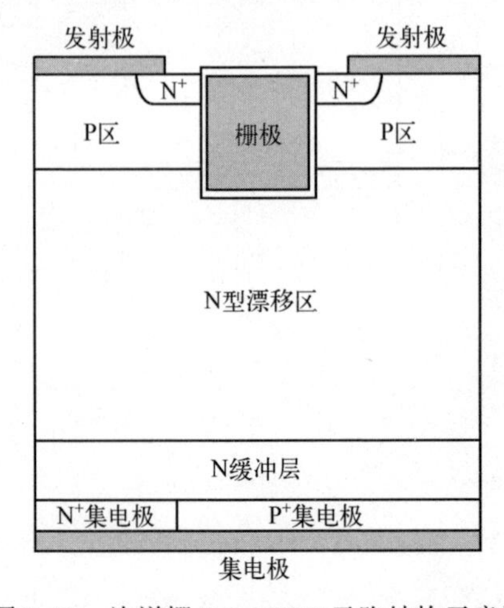

图 2-39　沟道栅 RC-IGBT 元胞结构示意图

从工艺的角度看，PT-IGBT 制作过程先是在低电阻率（高掺杂浓度）的 P^+衬底上外延 N^+缓冲层（buffer），再外延生长高电阻率（掺杂浓度取决于耐压等参数）的 N 型漂移区，然后在正面制作元胞和结终端。由于低的正向压降要求低电阻率的衬底，因此衬底的掺杂浓度尽可能做得高，常常在 19 次方量级。这使得即便有缓冲层的情况下背面集电极结的注入效率仍比较高，从而使得关断损耗较大，关断速度较低。为了提高关断速度，通常需采用寿命控制技术以加快关断过程中载流子的复合速度。然而，寿命控制技术使得寿命因温度升高而增大的效应变得更加突出，从而使得正向压降具有负的温度系数。负温度系数的正向压降不利于器件的并联使用，因为并联后由于压降的不同导致电流分配不均，进而导致低压降器件的温度以更快的速度升高，其压降更低，从而电流更大，最终形成过热的正反馈。IGBT 早期的另一重要问题是闩锁效应（latch-up），它曾是限制 IGBT 最大工作电流和安全工作区最重要的因素，到了 20 世纪 90 年代闩锁问题已经得到很大的改进。由于高的耐压需要更厚的高阻外延层，这使得耐压 1200V 及其以上的 PT 型 IGBT 成本较高。

NPT-IGBT 的制作过程是先在高阻单晶衬底正面制作元胞和结终端，然后将衬底减薄至所需的厚度（依耐压和工艺条件而定），最后在背面进行离子注入硼并低温退火。硼的浓度通常控制在 17 次方量级，结深在 0.7～1μm 范围。NPT-IGBT 相对于 PT-IGBT 具有非常突出的优点：①由于采用单晶衬底，对于 1200V 及其以上电压等级的 IGBT 来说，材料成本得到控制。②由于背面 P 型集电极的浓度和结深都易于控制在合理范围（远远小于 PT-IGBT 的 P 型集电极），从而集电结的注入效率相对 PT-IGBT 的集电结的注入效率大大降低，因此无需寿命控制关断损耗和关断时间即可降低至合适的范围。这一方面减少了寿命控制的工序，降低了成本，另一方面由于未做寿命控制的漂移区的少子寿命较高（通常超过 1μs），其因温度升高而增大导致正向压降的降低就相对较小，由于沟道电子迁移率随温度升高而降低，在工作电流密度（通常在 100～200A/cm^2）下沟道电子迁移率的作用相对寿命的变化起主要作用，从而正向压降变成正温度系数。具有正温度系数的 IGBT 便于并联使用，或者说在并联使用时均流性更好、可靠性更高。③由于没有较厚的衬底层，器件的热阻有所降低，这有利于器件的散热。NPT-IGBT 的不足在于没有 N 型缓冲层，因此电场的形状是三角形而不是 PT-IGBT 那样的梯形（近似为梯形，若假设 P 型体区/N 型漂移区结与 N 型缓冲区/N 型漂移区结均是理想的突变结），那么在相同的阻断电压下，NPT-IGBT 需要更厚的漂移区，这自然导致相对较高的正向压降和关断损耗。

FS-IGBT 与 NPT-IGBT 的不同之处在于背面减薄之后进行硼离子注入之前做一个缓冲层——FS 层。该 FS 层的引入使得电场近似呈梯形分布，从而减小了漂移区的厚度。因此 FS-IGBT 一方面继承了 NPT-IGBT 的优点，包括低的材料成本、正温度系数以及低热阻，还由于器件厚度的减少使载流子存储量减少，从而进一步减小了拖尾电流，降低了关断损耗。FS-IGBT 中的缓冲层与

PT-IGBT 的缓冲层有较大的差别。PT-IGBT 的缓冲层的主要作用是降低背面集电结的注入效率，而 FS-IGBT 中的缓冲层旨在阻断电场，从而减小漂移区的厚度。因此，PT-IGBT 的缓冲层浓度较高（峰值浓度可在 17 次方量级），结深较大（10～20μm），而 FS-IGBT 中的缓冲层浓度较低（峰值浓度为 15～16 次方量级）且结深较小（6～8μm）。其做法也是很不相同的。在 3300V 及其以上的阻断电压范围，由于器件厚度较厚，可采用扩散的方法制作 FS 层（然后在正面进行研磨至所需的厚度）。但在 600～1700V 的中压范围，由于 FS-IGBT 的器件厚度较小，考虑到薄片工艺的难度须在减薄之后做 FS 层，通常需采用高能离子注入然后激光退火的方法。而这与薄片工艺一起成为 FS-IGBT 制作工艺上的主要特点。对于 1200V 的 FS-IGBT 其减薄之后的晶圆厚度在 110～120μm，对于 600V 的 FS-IGBT 其减薄之后的晶圆厚度则低至 40～70μm。

RC-IGBT 的正面结构与传统 IGBT 基本相同，不同之处在于其背面结构。在制造过程中 RC-IGBT 要比传统 IGBT 多用一块或两块掩膜板，而且背面的版图设计与正面差别较大。一方面背面版图的图形尺寸很大，另一方面图形是非对称、非重复性的，而仿真不可能对整个器件进行仿真，也就使得对逆导型 IGBT 一些参数的仿真是近似性的。然而背面版图设计的优劣直接决定了器件的整体性能，尤其是对于回跳现象的消除和二极管特性。

2. IGBT 的工作原理

图 2-40 给出了 IGBT 的基本结构截面图，为便于分析，其中定义：P 型基区/N 型基区结为 J_1 结，P^+/N 型基区结为 J_2 结，P 型基区/N^+结为 J_3 结。

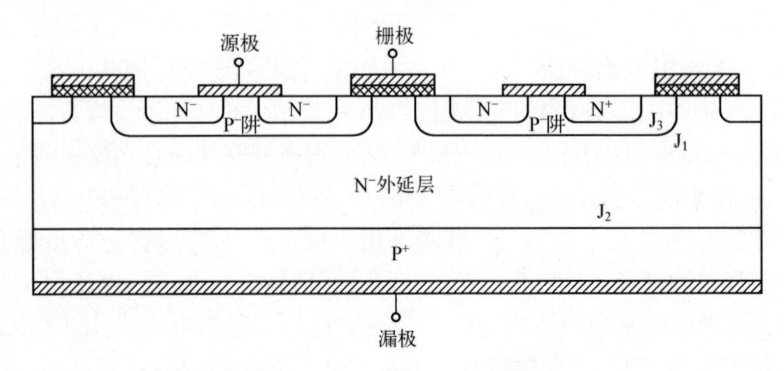

图 2-40 IGBT 基本结构横截面

在图 2-40 所示的平面工艺 IGBT 中，有两种类型的场效应器件同时存在：一种是以 P 阱作衬底的 DMOS 场效应器件，一种是以相邻 P 阱为电极、以其之间区域为沟道的 JFET 结型场效应器件。原理上讲，在 IGBT 的工作中，上述任意一种场效应器件在其漏端出现“夹断”，都可使 IGBT 呈现饱和特性。反之，只有当上述两种场效应器件都不出现漏端“夹断”时，IGBT 才工作于非饱和区或称为线性区。但事实上，对于一个合理设计和制造的 IGBT 来说，要求上述 JFET 场效应器件对 IGBT 工作的影响尽量小。虽然平面工艺 IGBT 无法彻底消除 JFET 的影响，但通过优化设计，可使其影响减到最小。也就是说，在任何工作条件下，IGBT 的 JFET 场效应器件是不会出现“夹断”的，它只是作为一种寄生电阻效应存在于器件的结构中，IGBT 的正常工作只受 DMOS 栅极的控制。

当栅压为正且小于器件的阈值电压（或称开启电压）时，栅下 P 阱表面没有反型沟道形成，器件截止不导通，没有电流流过器件的源漏极，称为截止区。当栅压逐步增大，等于或超过阈值电压后，栅下 P 阱表面形成反型沟道，在器件的漏源极之间形成了电流通路。电子从源极通过反型沟道流向 N^-区，同时，由于漏极相对于源极加正电压，所以 J_2 结正偏，有空穴从 P^+区注入到 N^-区。注入空穴的绝大部分与经沟道流入的电子复合，形成 IGBT 连续的沟道电流，并等效于 PNP 晶体管的基极电流。空穴的一小部分直接经 P 阱也就是 DMOS 衬底流到源极，这部分与反偏 J_1 结所收集的空穴电流，等效于 PNP 晶体管的集电极电流。与沟道电流相比，这一集电极电流通常是很小的，这也是 IGBT 器件的主要特点。也就是说，PNP 晶体管仅仅是一种寄生效应，在结构上等效 PNP 晶体管，而在性能上相差甚远。因为，合理设计的用于放大作用的双极晶体管有两个主要的特点：极窄的基区宽度，集电极电流是基极电流的 β 倍。这两个特点在 IGBT 的寄生 PNP 晶体管中都不具备。相反，实际中，为了消除 IGBT 的闩锁，要尽量减小 PNP 晶体管的电流放大系数，在 J_2 结的基础上加 N 缓冲层（图 2-41 中夹于 P^+与 N^-之间的 N^+层即为 N 缓冲层）以降低 J_2 结的注入效率是实际中减小 PNP 电流放大系数的具体措施之一。

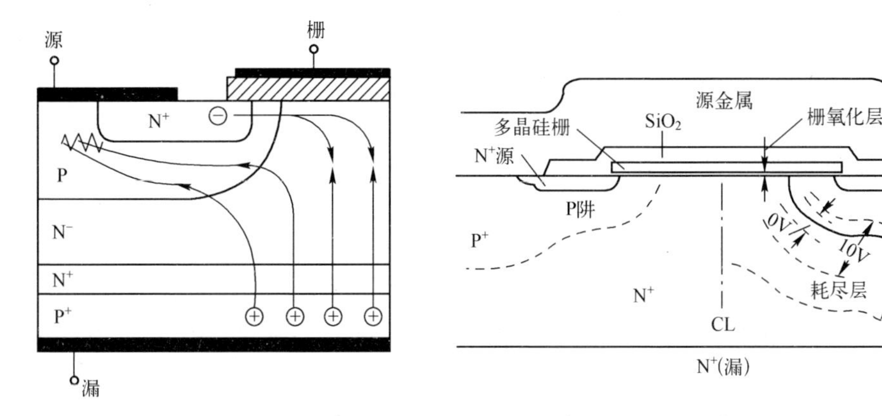

图 2-41　IGBT 电流分布和 J_1 结耗尽区的扩展

IGBT从P^+衬底注入载流子到N^-区引起N^-区电阻率急剧降低的现象称为电导率调制效应。电导率调制效应是一种非线性（非欧姆）很强的效应，产生的电压降一般为几十到几百个毫伏，而且只与N^-区的厚度和过剩载流子寿命有关，与其本征掺杂几乎无关。在大注入条件下，这一电压降通常比N^-区未调制的由本征掺杂所决定的电压降小一到两个数量级。电导率调制效应是IGBT最主要的特征，也是IGBT区别于VDMOS的本质所在。

2.5.2 IGBT的电学特性

1. IGBT的稳态特性

图2-42是IGBT输出I–V特性曲线图。在IGBT的结构上，除衬底外和VDMOS几乎相同。IGBT的工作原理可以用图2-42所示的截止区、非饱和区和饱和区来描述IGBT的工作状态。

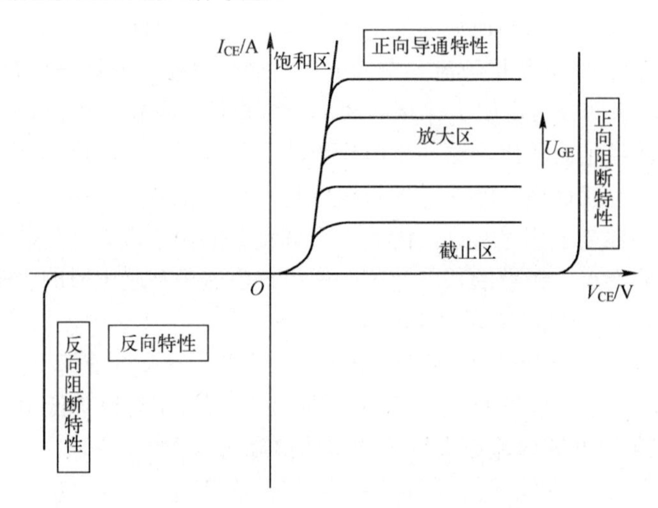

图2-42 IGBT输出I–V特性曲线

第一象限为正向特性，其中包括正向阻断特性和正向导通特性；第三象限为反向阻断特性，此时器件也可以承受一定的耐压。当IGBT栅极电压小于阈值电压，器件没有开启，通常称为截止区，当栅极电压大于阈值电压且器件开启时，IGBT进入放大区，当V_{GE}一定时，随着V_{CE}的增大，I_{CE}由不饱和变为饱和。当V_{CE}一定时，随着V_{GE}的增大，沟道宽度增大，I_{CE}也增大。需要指出的是，PT型IGBT和NPT型IGBT的输出特性曲线略有差异，PT型IGBT由于缓冲层的存在，使得电场能在缓冲层中截止，随着V_{CE}的增大，未耗尽区基本不变，所以PT-IGBT的αPNP基本不变，$I_{CE,sat}$也不会随着V_{CE}的增大而增大。NPT-IGBT 随着 V_{CE} 的增大，耗尽区扩展，未耗尽区域减少，使得 NPT-IGBT 的 αPNP 随着 V_{CE} 的增大而增大，从而使得 $I_{CE,sat}$ 随着 V_{CE} 的增大而增大，所以 NPT-IGBT 的输出特性曲线的饱和电流会随着 V_{CE} 的增大而增大。

衡量 IGBT 的性能主要通过观测其性能参数的变化情况，主要考察的性能参数分为 IGBT 的额定值和技术特性参数，具体参数名称及含义介绍如下：

1）IGBT 的额定值

IGBT 能承受的电流、电压、功率等的最大允许值一般被定义为最大额定值。电路设计时，是否能正确地理解和识别最大额定值，对 IGBT 可靠工作以及最终使用寿命都很重要。

（1）短路电流。IGBT 的短路电流可以达到额定电流的 10 倍以上，短路电流值由 IGBT 栅极电压和跨导来决定。正确地控制 IGBT 短路电流是 IGBT 可靠工作的必要保障。

（2）感性负载的关断特性。在传动控制系统中，感性负载是常见的负载，当 IGBT 关断时，加在其上的电压将瞬时由几伏上升到电源电压（在此期间通态电流保持不变），产生很大的 dv/dt，这将严重地威胁到 IGBT 长期工作的可靠性。在电路设计中，通过在栅极驱动电路中增大电阻值可以限制和降低关断时的 dv/dt。

（3）最大栅极-发射极电压。栅极电压是由栅极氧化层的厚度和特性所决定的。栅极对发射极的击穿电压一般为 80V，为了保证安全，栅极电压通常限制在 20V 以下。

（4）栅极输入电容。IGBT 的输入电容特性直接影响到栅极驱动电路的可靠性设计。IGBT 作为一种少子导电器件，开关特性受少子的注入和复合以及栅极驱动条件的影响较大。在实际中，考虑到电容的米勒效应，栅极驱动电路的驱动能力应大于具体产品数据手册中的 2 倍。

（5）安全工作区特性。少子器件在大电流、高电压开关状态下工作时，由于电流的不均匀分布，当超过安全工作极限时，经常引起器件损坏。电流分布的方式与 di/dt 有关，从而安全工作区经常被分为正向安全工作区（FBSOA）、反向安全工作区（RBSOA）和短路安全工作区（SCSOA）。

2）IGBT 的技术特性参数

（1）I_C 为连续集电极电流。该参数表示从规定的壳温到额定结温时的集电极直流电流。I_{CM} 为脉冲集电极电流。在温度极限内 IGBT 的峰值电流可以超过额定的连续直流电流的极限值。

（2）V_{CE} 为集电极-发射极电压。它由内部 PNP 晶体管的击穿电压确定，为了避免 PN 结击穿，IGBT 两端的电压决不能超过这个电压的最大值。$V_{(BR)CES}$ 为集电极-发射极击穿电压，$V_{CE,on}$ 为集电极-发射极饱和压降。

（3）V_{GE} 为栅极-发射极电压，$V_{GE,th}$ 为栅极阈值电压。

（4）I_{LM} 为钳位电感负载电流。在电感负载电路中，这个额定值能够确保电流为规定值时 IGBT 能够重复开断，也能够保证 IGBT 同时承受规定的高电压和大电流。

（5）g_{fe} 为前向跨导。

（6）I_{GES} 为栅极-发射极漏电流。

（7）T_j 为结温，R_{jc} 为结到壳的热阻。P_D 为最大耗散功率。其计算公式为 $P_D = \Delta T / R_{jc}$。P_{CM} 为最大集电极功耗。IGBT 的最大集电极功耗为其正常工作温度下允许的最大功耗。

（8）Q_G 为总栅极电荷，Q_{GE} 为栅极-发射极电荷，Q_{GC} 为栅极-集电极电荷，C_{IES} 为输入电容，C_{OES} 为输出电容，C_{RES} 为反向传输电容。

（9）t_r 为上升时间，t_f 为下降时间，$t_{d,on}$ 为开通延迟时间，$t_{d,off}$ 为关断延迟时间。

（10）f_{max} 为最大工作频率。开关频率是用户选择适合的 IGBT 时需要考虑的一个重要参数，所有的器件制造商都为不同的开关频率专门制造了不同的产品。最大工作频率与导通损耗有直接的关系，特别是在集电极电流 I_C 与 $V_{CE,sat}$ 相关时，把导通损耗定义为功率损耗是可行的。这三者之间的关系表达式为 $P_{cond} = V_{CE} \times I_C$。开关损耗与 IGBT 的换向有关，但是主要与工作时的总能量消耗 E_{ts} 相关，并与终端设备的频率的关系更加紧密。总损耗是两部分损耗之和，即 $P_{tot} = P_{cond} + E_{ts}$。

在这一点上，总功耗显然与 E_{ts} 和 $V_{CE,sat}$ 两个主要参数有内在联系。这些变量之间适度的平衡关系与 IGBT 技术密切相关，并为最大限度地降低终端设备的综合散热提供了选择的机会。因此，为最大限度地降低功耗，根据终端设备的频率以及应用中的电平特性选择不同的器件。

2．IGBT 的瞬态特性（动态雪崩效应）

由于 IGBT 有 J_1 和 J_2 两个相当于背靠背串联的 PN 结，具有正、反向阻断特性或整流特性。当 IGBT 的栅源短接并接零电位、漏极接正电位时，IGBT 处于截止工作状态。这时，器件的 J_2 结正偏，而 J_1 结反偏。由于 J_1 结两边的掺杂在外延层一边是均匀的，而在 P 阱的一边为离子注入形成的高斯分布，而且浓度比外延层的浓度高，所以，据器件物理的 PN 结理论，随着 IGBT 漏源电压的加大，J_1 结耗尽区（空间电荷区）主要向外延层一边扩展，如图 2-41（b）所示。J_1 结空间电荷区扩展的结果将是相邻 P 阱的空间电荷区相连，这时，J_1 结承受了几乎全部的漏源电压。当与漏源电压对应的空间电荷区电场进一步增大时，在空间电荷区内将发生载流子的碰撞电离和雪崩倍增效应。当漏源电压增加到 IGBT 的雪崩击穿电压时，IGBT 将进入雪崩击穿状态，通常称这一击穿为器件的正向击穿，对应的电压称为 IGBT 的正向击穿电压。

反之，如果漏极接零电位，栅源短路接高电位，这时由于器件的 J_2 结反偏，器件也是不导通的，此状态称为器件的反向截止状态，J_2 结对应的最高击穿电压称为器件的反向击穿电压。

参考文献

[1] LUTZ J, SCHLANGENOTTO H, SCHEUERMANN U, et al. Semiconductor Power Devices[M]. Berlin：Springer Berlin Heidelberg, 2011.

[2] BALIGA B J. Fundamentals of power semiconductor devices[M]. New York：Springer Science & Business Media, 2010.

[3] 袁寿财. IGBT 场效应半导体功率器件导论[M]. 北京：科学出版社, 2008.

[4] VOLKE A, WENDT J, HORNKAMP M. IGBT modules: technologies, driver and application [M]. Munich: Infineon, 2012.

[5] 尼曼. 半导体物理与器件[M]. 3 版. 赵毅强, 姚素英, 解晓东, 译. 北京：电子工业出版社, 2010.

[6] 龚熙国, 龚熙战. 高压 IGBT 模块应用技术[M]. 北京：机械工业出版社, 2015.

第3章

功率器件封装工艺

3.1 功率器件典型封装结构

功率器件在工作过程中会产生损耗，其功率损耗需要通过一个 $1cm^2$ 左右的芯片传导出去，因此会有很高的热流密度。这样的高热流密度要求封装具有很高的热导率，同时封装还要满足高可靠性和提供额外的电绝缘。高的热导率要求使功率器件的封装与普通半导体器件有一定差别，主要体现在大部分有散热铜基底和陶瓷绝缘基板。

半导体器件的功率大小决定了其选用的封装类型，图 3-1 给出了几类功率器件的电流、电压范围以及几种形式的封装大致的适用功率范围。目前，功率器件主要的封装类型有：插装型封装、表面贴装型封装、饼形（压接）封装、螺栓型封装和模块封装。

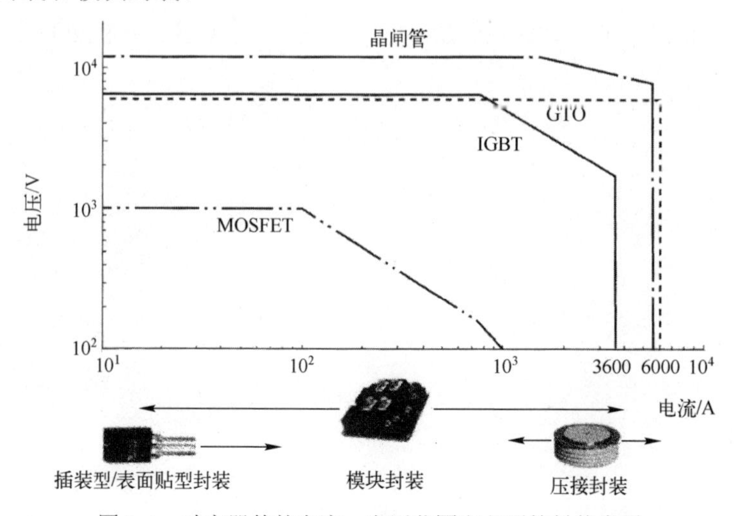

图 3-1　功率器件的电流、电压范围和主要的封装类型

3.1.1　插装型封装

插入型封装就是器件的管脚穿过 PCB 的安装孔焊接在 PCB 上的封装。普通半导体器件的插装型封装有晶体管外形（transistor outline，TO）封装、单列直插（single in-line package，SIP）封装、双列直插（double in-line package，DIP）封装、Z 型引脚直插（Z in-line package，ZIP）封装和针栅阵列（pin grid array，PGA）封装。由于功率器件要求高的热导率以及功率器件的引脚较少，除了一些功率较小的功率器件会使用多引脚的封装，绝大多数功率器件使用的是 TO 封装。TO 封装又可分为 TO 金属封装和 TO 塑料封装，外观结构如图 3-2 所示。

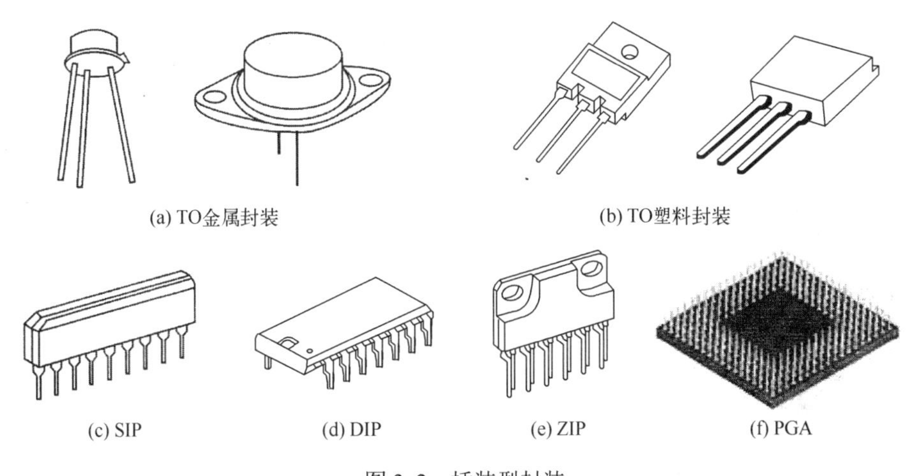

图 3-2　插装型封装

图 3-3 是 TO 金属封装开冒后露出芯片的图片，可以看出芯片黏结于底座上，然后通过键合引线将芯片与管脚相连，内部是空腔结构，封装外壳是利于散热的金属。图 3-4 是 TO 塑料封装的内部结构示意图，芯片通过焊料焊接在铜基板上，芯片与管脚通过键合引线连接，然后用塑封料将整个器件封装起来，器件的散热主要靠作为支撑面的铜底座。

图 3-3　TO 金属封装内部照片

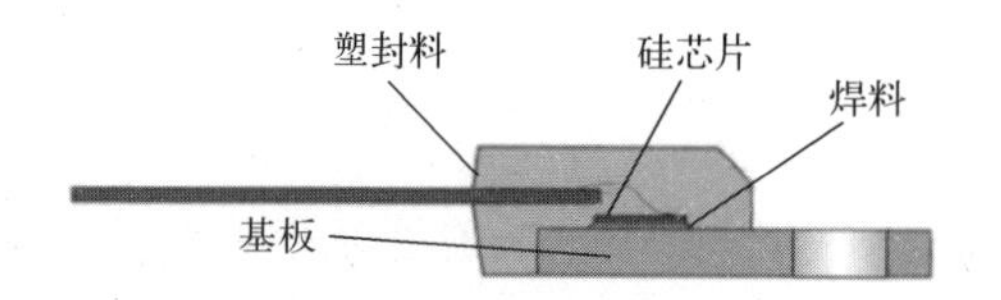

图 3-4　TO 塑料封装内部结构

TO 封装结构简单，制造方便，但其也有一些缺点：

（1）硅芯片和铜底座之间热膨胀系数（coefficient of thermal expansion，CTE）的差别限制了这类封装的可靠性。在功率器件的导通关断和工作期间，会经历大量温度上升到下降的循环，而硅芯片和铜底座之间热膨胀系数差别大导致两者形变量的不同，会在两者的接触界面产生循环交变剪切应力，虽然应力未达到破坏连接的大小，但会因为疲劳而产生裂纹并逐步扩张为分层，最终导致器件失效。

（2）TO 封装的寄生电阻和现代 MOSFET 器件中的导通电阻具有同样的数量级。

（3）电极引线冷却效果不明显，欧姆损耗使温度升高，这个温度几乎接近印制电路板中采用的焊料合金的熔点温度，这种效应破坏了焊料接触，使可靠性降低。

（4）铝引线不能承受过高的温度，导致大功率的器件只能通过加粗引线或增加引线数量来降低温升，这样一来会产生电感效应。

目前，不断有新技术、新结构的出现来克服以上缺点，如在铜基板和芯片之间增加陶瓷基板来改善热膨胀系数的差别，通过改变引脚的截面形状和长度来降低引脚电阻。

3.1.2　表面贴装型封装

表面贴装型封装是器件的管脚及散热法兰焊接在 PCB 表面的焊盘上的封装。表面贴装技术（surface mount technology，SMT）改变了传统的 PTH 插装形式。由于是无引线的安装，减小了杂散电容和不需要的电感，对高频应用很有利。它不需要每条引线有一个安装通孔，从而减少了所需的基板层数，而且简化了组装工序，便于元器件的自动供给和自动安装，能达到更高的密度，缩短了印制电路板上互连线，更有利于电子产品实现轻、薄、短、小化。此外，使用 SMT 可使重量和体积明显减小。

表面贴装型的功率器件封装可分为小外形晶体管（small outline transistor，SOT）封装、小外形封装（small outline package，SOP）、方形扁平式封装（quad flat package，QFP）、方形扁平无引脚封装（quad flat no-lead package，QFN）。其后相继出现了各种改进型，如薄型 QFP（TQFP）、细引脚间距 QFP（VQFP）、缩小型 QFP（SQFP）、塑封 QFP（PQFP）、载带 QFP（TapeQFP）、J 型引脚小外形封装（SOJ）、薄小外形封装（TSOP）、甚小外形封装（VSOP）、缩小型 SOP（SSOP）、薄的缩小型 SOP（TSSOP）等。图 3-5 是以上封装类型的外观结构。

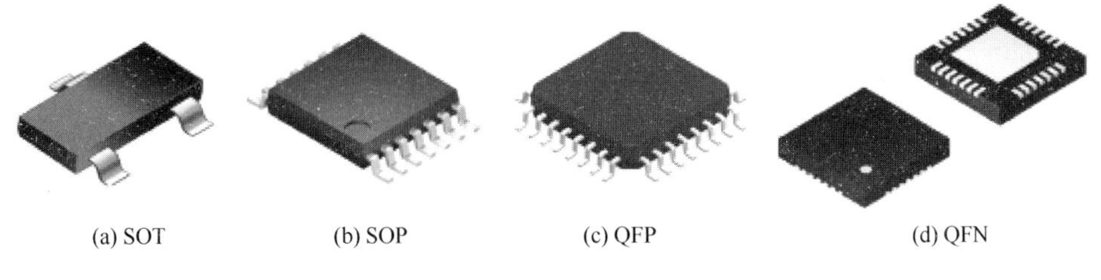

图 3-5　表面贴装的封装类型

SOT 主要用于封装半导体二极管和晶体管，有 2～5 个引脚，比 TO 封装体积小。SOP 引脚从封装两侧引出呈海鸥翼状（L 字形），材料有塑料和陶瓷两种，SOP 封装标准有 SOP-8、SOP-16、SOP-20、SOP-28 等，SOP 后面的数字表示引脚数，SOP 封装主要用于 MOSFET 以及中小规模功率器件。QFP 是具有四边引线的扁平封装，材料有塑料和陶瓷两种，主要用于大规模集成电路的封装，在功率器件的封装中应用较少。QFN 四边无引线扁平封装，是一种焊盘尺寸小、体积小、以塑料作为密封材料的新兴表面贴装芯片封装技术，现在多称为 LCC（leadless chip carrier），QFN 是日本电子机械工业会规定的名称。封装四边配置有电极接点，由于无引线，贴装占有面积比 QFP 小，高度比 QFP 低。QFN 本来用于集成电路的封装，功率器件不会采用的。Intel 提出了整合驱动与 MOSFET 的 DrMOS 采用 QFN-56 封装，56 是指在芯片背面有 56 个连接点。

3.1.3　饼形封装

饼形封装因其外观是饼状而得名（图 3-6），这种封装采用了双面冷却的方式，通常用于耗散功率很高的器件，如 IGBT 和晶闸管，图 3-7 是饼形封装的剖面结构。这种管壳内有两个用于电学和热学连接的圆片铜电极，两者之间通常用氧化铝陶瓷制成的绝缘环形成柔性连接，在阳极/阴极与硅片之间有钼圆片，通过阴极中心处的弹簧将硅片压紧在钼圆片上以形成良好的电热连接（钼圆片的作用是使作用在硅片接触面上的压力均匀分布，避免出现压力峰值，而且钼具有高硬度和良好的热膨胀系数）。阳极/阴极压接片之间焊接上陶瓷衬套以实现密封。门极接触弹簧的另一个作用是与硅片接触，并通过穿过阴极压接片的门极引线引出作为器件的门极。硅片和钼片可以通过焊接或烧结连接在一起，以形成良好的电热接触，也可以不采用刚性连接，形成浮动式设计。

图 3-6　饼形封装外观

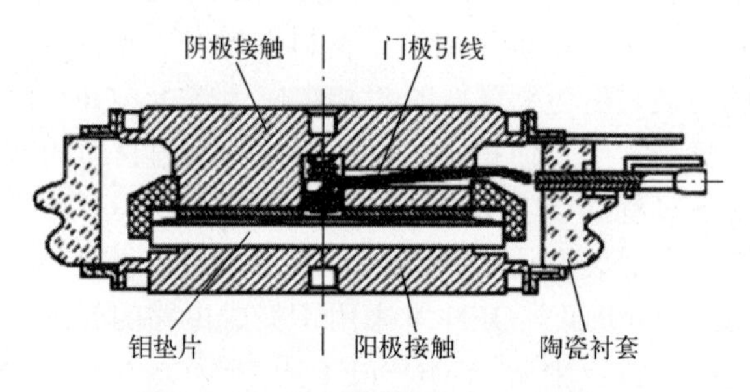

图 3-7　双面冷却的饼形封装截面图

饼形封装具有以下优点：

（1）器件可从阴极面冷却，也可以从阳极面冷却，散热好；

（2）器件内没有键合引线的连接，而元器件失效中键合引线的失效占比较高，因此没有键合引线提高了器件的可靠性；

（3）若采用浮动式设计，则不同材料之间没有刚性连接，不会出现疲劳失效，亦提高了器件的可靠性。

虽然饼形封装可靠性高，散热效率高，但因为钼片与硅片较大的接触面积，为使两者之间各处压力大小均匀，必须保证加工过程中的公差极小，这对加工工艺提出了挑战。

由于饼形封装的这些优点，它被用作二极管、晶闸管、GTO 和 IGBT 等很多功率器件的封装，而且一个管壳内可以容纳很多小尺寸芯片，这些小尺寸芯片并联在一起以适应不同的功率要求，图 3-8 是很多个小 IGBT 芯片布置在一个封装管壳内的例子，方形芯片角上的切口是栅极接触区。

图 3-8　一个管壳内并联布局的很多芯片

3.1.4　螺栓型封装

螺栓型封装主要用于功率较小的分立器件，图 3-9 是部分螺栓型器件的外形，图 3-10 是螺栓型器件的截面。芯片通过焊料直接焊到具有螺栓结构的底座上，该螺栓是器件的一个电极端子，螺栓通过连接到热沉上为器件散热。芯片上表面连接有电极引线，电极引线穿过带有绝缘出口的管壳上部，通常用电阻焊接的方法将管壳的上部封合到底座上以实现密封，电极引线引出后在引线末端接上电极接头。

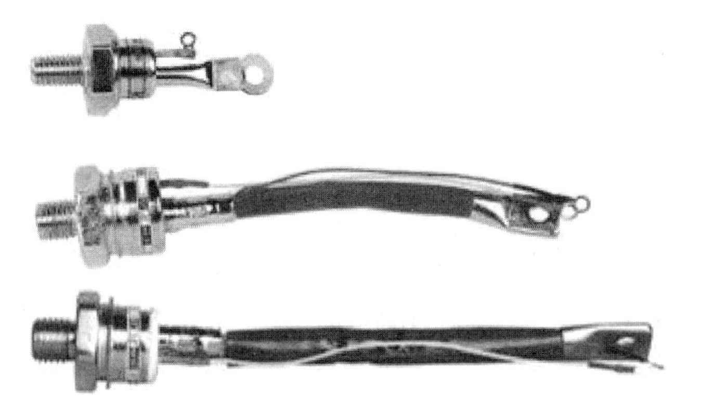

图 3-9　螺栓型器件外形

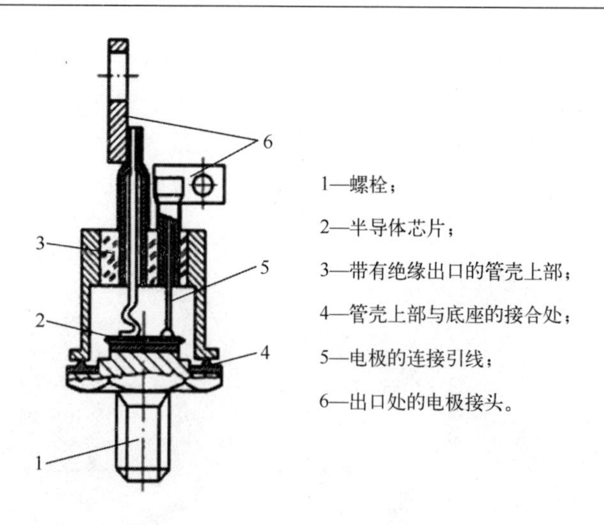

图 3-10　螺栓型器件截面结构

螺栓型封装只能通过螺栓底座单面散热，因此适用于小功率的器件。硅芯片的热膨胀系数小于底座的热膨胀系数。如果硅器件被直接焊到铜底座上，由于这两种材料的热膨胀系数相差很大，焊料熔点与室温之间的温差就会在硅体内引起相当大的机械应力。所以，只有面积很小的硅芯片才能直接焊到铜底座上。对于大面积的芯片，例如标称电流为几十安的器件，如果要避免热疲劳，就必须有更好的热膨胀匹配。可以将一个具有中间热膨胀系数的材料层夹放在管壳的铜底座和硅片之间，类似于饼形封装的压接结构。同样地，具有中间热膨胀系数的材料层可以焊接到芯片上，也可以直接压合到芯片上。

3.1.5　模块封装

模块封装是将几个分立器件或者集成结构包封在一个方形管壳内的封装形式，图 3-11 是一种大功率 IGBT 模块的外形。图 3-12 是压接式模块截面的示意图，几个半导体分立器件的芯片焊在钼膨胀片上，钼膨胀片下有铜电极，铜电极经电绝缘的导热材料连接到铜底座；在芯片的上方连接有另一个电极，在电极的上方有一层绝缘层，最后通过压接片使所有层压接在一起，实现电热连接。绝缘导热材料通常是氧化铝，但有时这个衬底也用氧化铍或氮化铝陶瓷来制作。其中，氧化铝陶瓷价格便宜，但其热导率较差。氧化铍陶瓷的热导率很高，但其粉尘却有剧毒。氮化铝陶瓷的热学、电学和力学性能都很好，但仍然相当昂贵。这种压接式的构造带来的缺点是热阻较高。

图3-11　一种IGBT功率模块外形

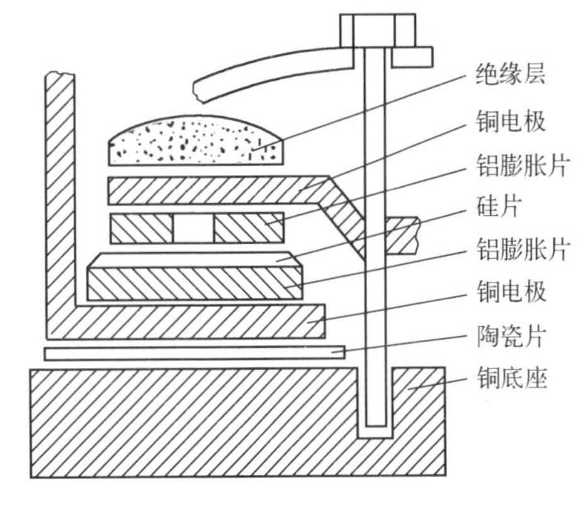

图3-12　一个经典的晶闸管功率模块截面结构

图 3-13 是热导率更高的全焊接式模块截面结构示意图，相较于压接式封装，全焊接式封装取消了钼膨胀片和底部的铜电极，而且在芯片和铜底座之间改为 DBC 陶瓷衬板：高热导率陶瓷材料的热膨胀系数与硅较为接近，比较适用于电绝缘层，DBC 是“直接键合技术”，即在陶瓷两面镀覆厚度约为 0.3mm 的铜层。DBC 陶瓷衬板通过焊料与上面的芯片和下面的铜底座焊接在一起，使用焊料焊接的好处是即使陶瓷衬底双面镀铜会使膨胀系数略有增加，但焊料的可塑性会起到缓冲作用。通常用硅胶和环氧树脂将已完成互连的结构密封在塑料封壳内。

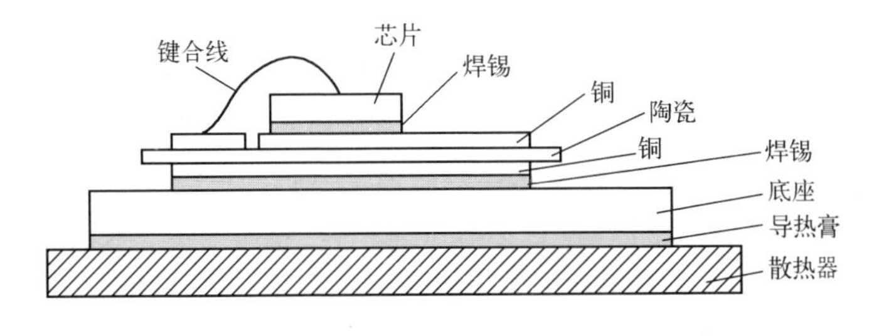

图3-13　全焊接式模块截面结构

在大功率模块中，例如 1200A/1200V 开关，陶瓷的面积可高达 45cm^2，此时失配现象会相当严重，特别是在使用氮化铝陶瓷的情况下。在多次热循环以后，机械应力可能导致器件失效。在先进的模块技术中，会用与陶瓷衬底匹配较好的 Al/SiC 金属基复合材料来代替铜底座。制备 Al/SiC 底座的第一步先形成具有可控孔隙的 SiC 母体，第二步用铝填充孔隙。这种材料的特性参数由这两个成分的比例决定，因而可根据实际应用的需要进行调整。

用 Al/SiC 做底座材料的优点是热膨胀适应性强，缺点是没有铜的热电导率高。因此对于具有 DBC 陶瓷衬板的器件，可以将陶瓷衬板与底座通过导热胶直接连接到热沉上。这种全焊接式模块与带有铜底座和内部机械弹簧结构的模块相比，具有相当低的热阻。图 3-14 是无底座模块的截面结构示意图。

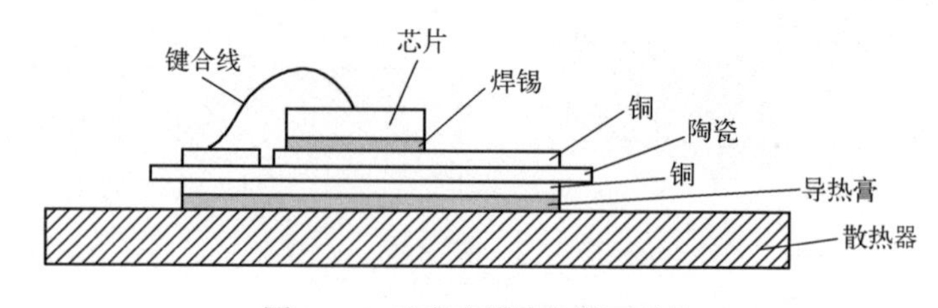

图 3-14　无底座模块的截面结构

3.2　功率器件芯片贴装工艺

3.2.1　共晶焊接

共晶焊接法主要指金硅的共晶焊接[图 3-15（a)]。金的熔点为 1063℃，硅的熔点为 1414℃，但金硅合金的熔点远低于单质的金和硅。从二元系相图[图 3-15（b)]中可以看到，含有 31%的硅原子和 69%的金原子的金-硅共熔体共晶点温度为 370℃。这个共晶点是选择合适的焊接温度和对焊接深度进行控制的主要依据。共晶焊接技术最关键是共晶材料的选择及焊接温度的控制。晶粒底部可以采用纯锡或金锡合金作接触面镀层，芯片可焊接于镀有金或银的基板上，芯片在一定的压力下（附以摩擦或超声)，当温度高于共晶温度时，金硅合金融化成液态的金-硅共熔体；冷却后，当温度低于共晶温度时，共熔体由液相变为以晶粒形式互相结合的机械混合物——金硅共熔晶体而全部凝固，从而形成了牢固的欧姆接触焊接面。

共晶最显著的优点是其极大的热焊料电导率和它能即刻固定贴片的位置。共晶贴片的独特热导率使得它比银胶环氧更适合应用于高功率产品或射频放大器。芯片在夹具分离后马上固定在原位上，因此，这意味着此贴片方法不需要通过固化炉来使芯片固化。

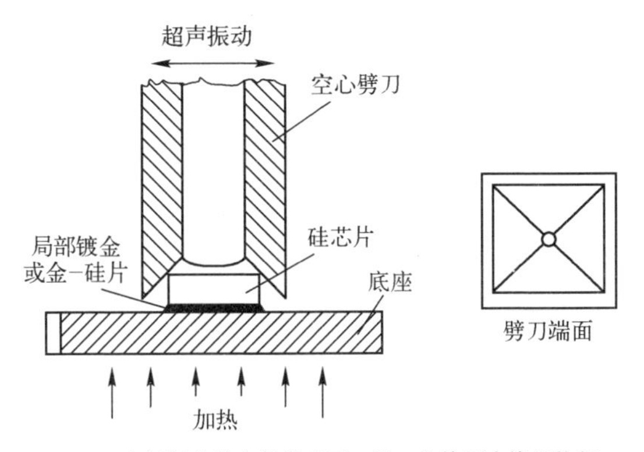

(a) 金硅共晶焊接示意图

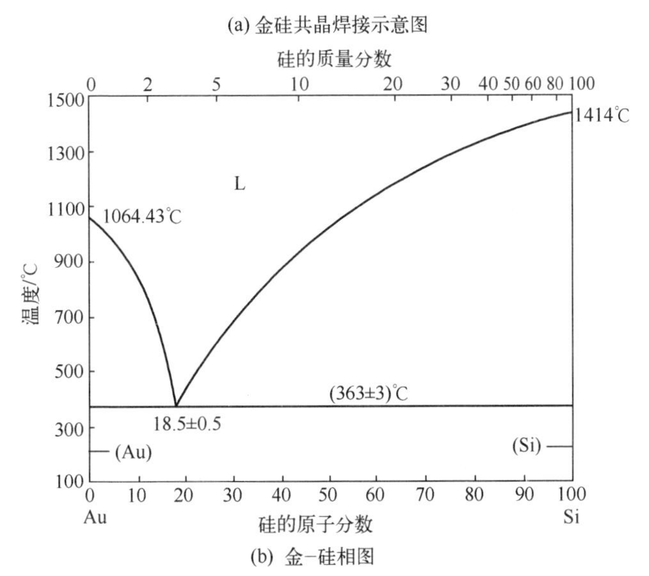

(b) 金-硅相图

图3-15　共晶焊接示意图及金-硅相图

共晶焊接法具有机械强度高、热阻小、稳定性好、可靠性高和含较少的杂质等优点，因而在微波功率器件和组件的芯片装配中得到了广泛的应用并备受高可靠器件封装业的青睐，其焊接强度已达到245MPa。

3.2.2 软焊料焊接

钎焊的第一阶段，是熔化的焊料在准备接合的固体金属表面进行充分的扩散，这一过程一般称为“润湿”。对于金属晶体来说，原子有规则地排列在原子空间，各个原子互相吸引又互相排斥，以此维持一定的间隔；游离的电子为许多金属离子所共有，这些金属离子有规则地排列着，形成金属的结晶。熔化的焊料要润湿必须具备一定的条件。其条件之一，就是要求焊料和金属表面必须“清洁”，这样焊料与母材的原子才能接近到能够相互吸引结合的距离，即接近到原子引力起作用的距离。

用焊料焊接固体时，润湿是重要的条件。伴随着这种润湿现象，还会出现焊料向固体金属扩散的现象。扩散又分为表面扩散、晶界扩散和晶内扩散。

焊接时，在母材与焊料的界面，即液相与固相界面上，发生扩散现象。焊接后冷却到室温，在焊接处形成由焊料层、合金层和母材层组成的接头结构，此结构决定焊接接头的强度。这个合金层就是在焊料和母材界面上生成的，称为“界面层”，与该层直接或间接有关的层称为“扩散层”，此时在焊接接合处必须有金属间化合物和共晶合金。

为了获得最佳的焊接质量，首先要使母材表面润湿，使焊料和母材金属的原子间距离接近到原子间隙，这时原子的聚集力起作用，使焊料和母材金属结合为一体。另外，液体分子整齐地排列成点阵状，依靠相互间的分子引力来保持平衡。处于表面的分子还有部分引力无处释放，可以认为，这部分引力起着吸引移动过来的其他分子的作用。焊接时，熔化焊料的原子一接近母材，就会进入晶格中去，依靠相互间的吸引力形成结合状态。其他原子移动到条件合适的空位上，停在稳定的位置。焊缝处的成分和机械强度等，因焊料与母材的接合及接合时的各种条件不同而异。共晶焊接时，对被连接金属加以一定的压力往往是很重要的。加压的目的是使母材与焊料形成紧密的接触，以利于接触反应熔化的进行。压得紧，母材之间的接触点越多，液相形成的速度越快，接触面上形成的液相越完全。加压的作用又可使形成的液相从间隙内挤出，以免母材溶解过多，在液相挤出的同时，破碎的氧化物也被挤出间隙，有利于提高接头质量。

3.2.3 树脂黏接

树脂黏接法（图 3-16）是采用树脂黏合剂在芯片和封装体之间形成一层绝缘层或是在其中掺杂金属（如金或银）形成电和热的良导体。黏合剂大多采用环氧树脂。环氧树脂是稳定的线性聚合物，在加入固化剂后，环氧基打开形成羟基并交链，从而由线性聚合物交链成网状结构而固化成热固性塑料。其过程为液体或黏稠液→凝胶化→固体。固化的条件主要由固化剂种类的选择来决定。而其中掺杂的金属含量决定了其导电、导热性能的好坏。

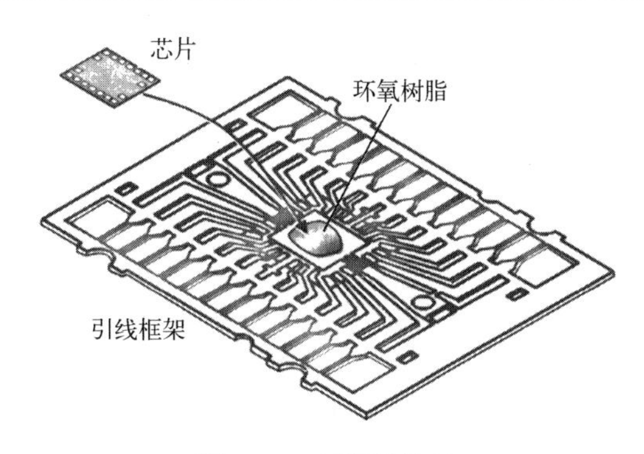

图 3-16　树脂黏接法

掺银环氧黏接法是当前最流行的芯片黏接方法之一，它所需的固化温度低，这可以避免热应力，但有银迁移的缺点。近年来应用于中小功率晶体管的金导电胶优于银导电胶。非导电性填料包括氧化铝、氧化铍和氧化镁，可以用来改善热导率。树脂黏接法因其操作过程中载体不须加热，设备简单，易于实现工艺自动化操作且经济实惠而得到广泛应用，尤其在集成电路和小功率器件中应用更为广泛。树脂黏接的器件热阻和电阻都很高。树脂在高温下容易分解，有可能发生填料的析出，在黏接面上只留下一层树脂使该处电阻增大。因此它不适于要求在高温下工作或需低黏接电阻的器件。另外，树脂黏接法黏接面的机械强度远不如共晶焊接强度大。表 3-1 为几种焊接（黏接）方法比较。

表 3-1　几种焊接（黏接）方法比较

方法	优点	缺点	适用
共晶焊接	机械强度高，稳定性好	成本偏高	硅平面型器件，大功率组件
软焊料焊接	熔点低，抗疲劳性好	机械强度小	合金型器件
树脂黏接	易于操作，成本低	在高温下变脆，易挥发	混合电路，组件

3.3　功率器件引线键合工艺

引线键合的目的是在 IC 芯片和封装之间创建电气互连。例如，在金球键合中，第一键合点是压在芯片上的键合焊盘上，接下来第二键合点压在引脚上，如图 3-17 所示。引线键合加工的目的是在键合引线与芯片上的焊盘之间以及键合引线和封装上的引脚之间形成一个完美的接触面。

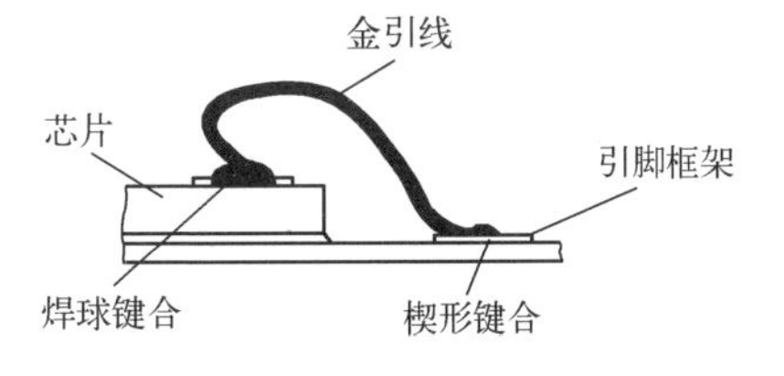

图 3-17　焊球键合和楔形键合

在目前的行业中有两种引线键合工艺被使用：

（1）热超声球键合；

（2）超声楔形键合。

3.3.1 热超声球键合

我们将使用超声能量、高温以及键合力来键合引线的过程称作热超声键合，如图 3-18 所示。图 3-19 描述了一个简单的热超声键合过程的不同阶段。

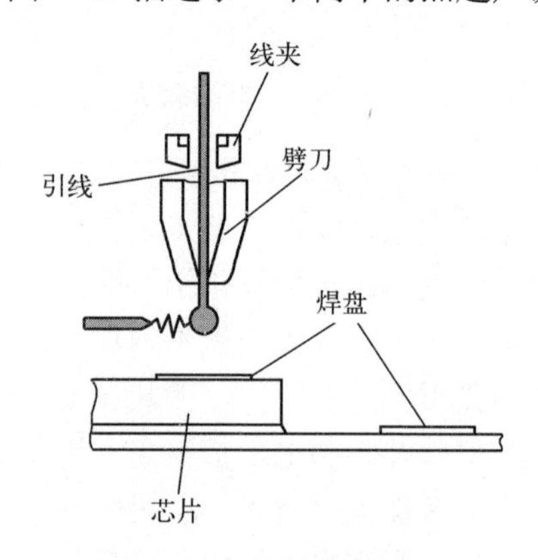

图 3-18　热超声键合

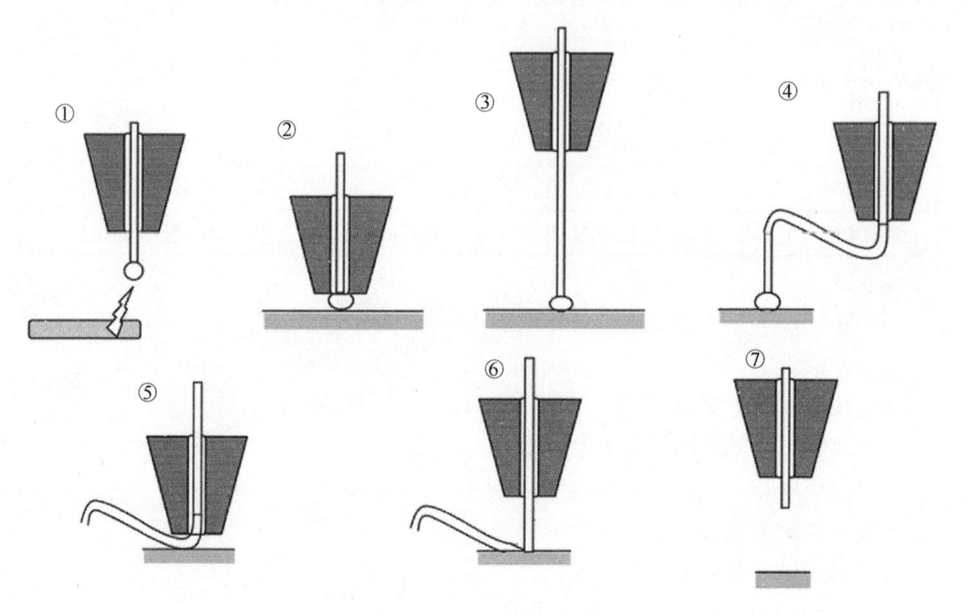

图 3-19　热超声键合过程

键合过程的步骤描述如下。

（1）穿线：随着引线穿过劈刀，引线键合过程循环开始。引线通过劈刀和劈刀顶端下面规定长度的伸出寻线进行喂料，劈刀下面的引线长度决定了结球（free air ball，也称为自成球）的尺寸。

（2）电子晕光放出：电子晕光放出电极放出一个非常高的电压，熔化引线形成球。打火杆（EFO）电流的大小，电极和引线间的间隙以及放电的持续时间决定球的尺寸和球的形状。

（3）在劈刀中球的位置：电子晕光放出电极杆缩回到它的初始位置。线夹松开，一个空气张紧轮（一个气体柱状拖线装置）加力使在劈刀的圆锥斜面的球到位并居中。

（4）第一键合点的形成：劈刀在第一键合点位置下降。劈刀首先由机器移动到在 x–y 平面中的目标焊盘的上方位置。新的自动化机器通过模式识别系统（pattern recognition system，PRS）来控制完成。然后机器降低劈刀。这个向下动作由两个运动构成，一个初始高速向下运动，以及在键合机感觉与表面快接触期间的一个较慢的速度受控的降落运动。劈刀使用一定的键合力以及一定键合持续时间的超声能量将焊球压在焊盘上。在此期间金铝两者间的接触面键合形成。当球接触焊盘时，第一键合点开始创建。随着机器控制的劈刀顶尖的力的施用以及通过劈刀超声能量的传递，球被压扁，第一键合点形成。焊盘上的球键合是通过塑性变形以及由于力、温度和超声能量的应用使两种材料间界面扩散来完成的。

（5）升起到拱丝高度：现在开始形成引线的拱丝。劈刀升至引线拱丝的顶端。在拱丝的上升期间，所需要的引线长度要精确计量。在拱丝的顶部，线夹闭合，因此没有多余的引线能进入拱丝。

（6）拱丝形成：在（形成）轨迹期间，要精确控制在上升到拱丝的顶点和下降到第二键合点之间的动作算法，使引线键合机能够生产出某些符合现今先进封装需求的专用的拱丝形状，它们包括定制的拱丝形状，球栅阵列拱丝和芯片级封装拱丝。

（7）第二键合点的形成:当劈刀下降时，来自劈刀的引线突出部分首先接触表面。随着劈刀的连续下降，引线向上滚动、提拉并在第二键合点附近形成拱丝。超声振动通过劈刀传输，在其顶表面传递给键合点。在第二键合点形成期间有两个焊缝成型。首先，劈刀面焊接形成连接引线到引脚的半月（鱼尾）形。其次，劈刀的内斜面焊接劈刀内部的引线顶端到基板（尾部键合），这将为下一个焊球得到适当的引线长度提供连接材料。

（8）确定丝尾长度：夹子松开，经由劈刀拉线，劈刀升至恰好足够做新的结球的位置。引线的圆柱体积等于下一个球键合所计划的球体积。如果第二键合点的焊接不牢固，则这个体积不正确或者 EFO 放电失败。尾部必须足够长以防止焊球在斜面内成型以及弱化颈部区域。

（9）引线断开：夹子闭合并握住引线，键合头上升到接近 EFO 放电位置，撕断基板键合的尾部。引线在它自身的斜面边缘下最虚弱的位置撕断，即引线的应力集中位置。为构成一个新的结球所需要的合适体积的引线在劈刀顶端伸出。对于第二键合点过大的力或冲击可能在键合期间切断引线，导致无球、终止。所以，应合理设置参数，以便在只有夹具的情况下就能撕断引线。

（10）尾长的形成：在劈刀孔下悬挂着引线的尾部，这时机器准备下一个键合的运行。

3.3.2 超声楔形键合

铝线的楔-楔键合是在室温条件下且超声能量应用于引线上完成的。超声引线键合主要应用于不能高温加热的封装中。铝线键合也被应用于那些高电流工作的器件。超声楔形键合的简单加工过程如图 3-20 所示。

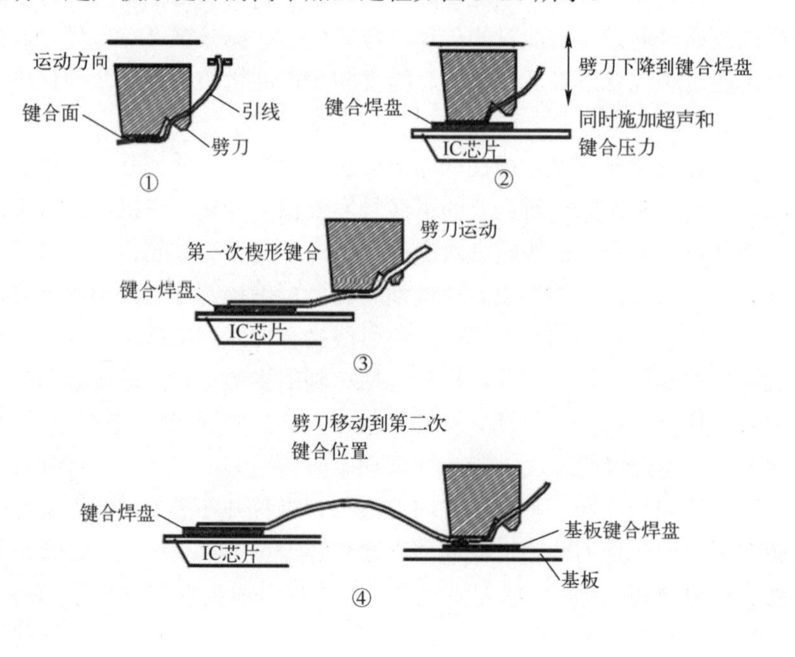

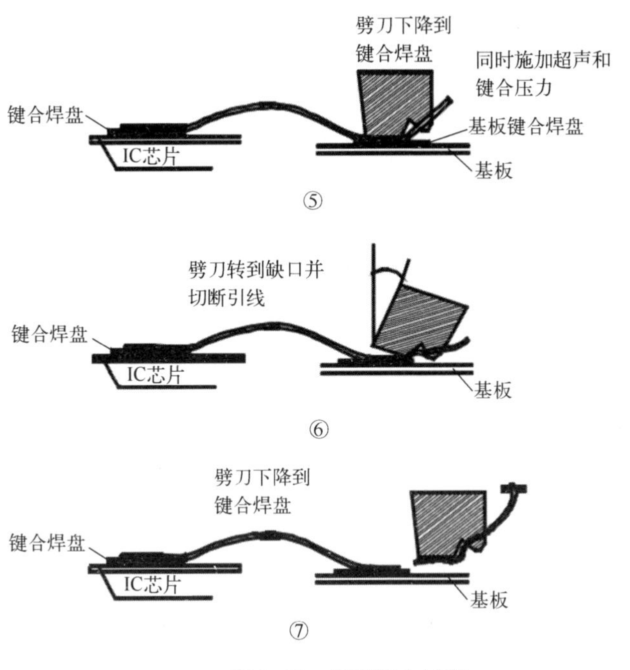

图 3-20　楔形键合过程

超声楔形第一焊和第二焊之间呈直线排列，且与线轴到工具走线方向平行。第一焊完成后，根据程序设定的拉弧参数，劈刀携带引线形成合格线弧轮廓后焊接在指定的二焊区域，最后完成整个超声楔形焊接过程。

（1）搜索高度：劈刀运行高度搜索；

（2）第一焊点：整个过程主要为引线与芯片的接触及焊接，劈刀带动引线接触到芯片（电极）后，经过合理的键合时间，同时加载超声和压力，使引线被压焊在芯片上；

（3）线弧形成：焊接第一点后，劈刀升高，运行一段轨迹后形成线弧；

（4）劈刀移动下降到二焊区域；

（5）第二焊点：经过合理设置焊接时间，同时施加超声能量和纵向载荷，将引线键合在镀镍铜板上，二焊结束；

（6）线尾形成：第二点焊线完成后，劈刀上升到线尾高度，移动一段距离后，切刀下降将引线切断，劈刀移开回到初始位置，待下次焊接；

（7）在楔形键合中，在铝引线上施加楔入力，同时超声能量使铝引线变形，从而在芯片上进行键合。然后引线用来形成拱丝，在第二键合点完成后引线被断掉，相同的加工过程在封装的引脚上重复进行。

3.4 功率器件灌封工艺

灌封工艺通常用作较大的电器单元的封装，比如连接器、继电器、电源等，在功率器件中，主要应用在较大的具有空腔的模块中（IGBT 模块）。灌封工艺通常包含注胶和固化两个步骤。

灌封胶分为单组分灌封胶和双组分灌封胶。单组分灌封胶由已经混合好的环氧树脂和固化剂组成，固化剂暴露在热、潮湿或者紫外线光之下是没有活性的；双组分灌封胶由相互分离的树脂和固化剂组成，在使用前两者按照一定的比例混合搅拌均匀。单组分灌封胶保存期限短，双组分灌封胶可以在室温下固化，保存期限更长，但必须精确控制混合比例和控制混合过程中气穴及杂质的混入。

环氧树脂和硅胶是常用的灌封料。环氧树脂有很好的绝缘性能，其硬化之后是刚性的，而且在混合过程中必须按照一定的比例，否则会有部分灌封胶不能固化且黏性大，因此在现代的电力电子制造业并不常用。硅胶硬化之后不是刚性的，同样具有很好的绝缘特性和灵活的机械特性，但由于硅胶刚性不足，使用硅胶灌封的器件外壳必须具有一定的强度。图 3-21 给出了含有和不含环氧树脂的标准 IGBT 模块结构。

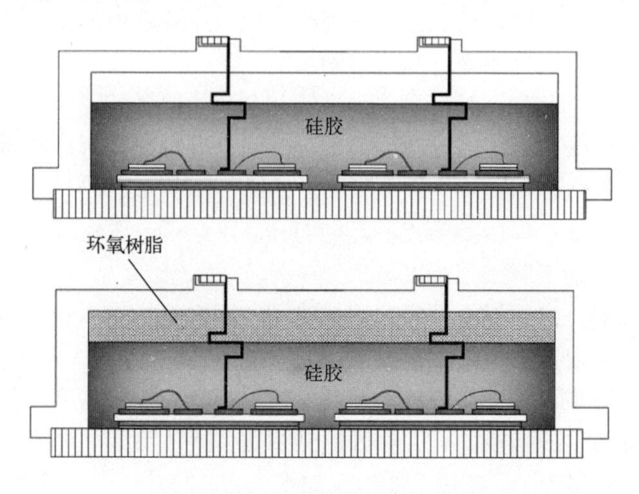

图 3-21　含有和不含环氧树脂的标准 IGBT 模块结构

3.5　功率器件模塑工艺

功率器件的塑封成型技术包括转移成型技术、喷射成型技术和预成型技术等，最主要的成型技术是转移成型技术。

转移成型使用的材料一般为热固性聚合物。这种材料在低温时是塑性的或流动的，但当将其加热到一定温度时，即发生交联反应，形成刚性固体。再将其加热时，只能变软而不可能熔化、流动。在塑料封装中使用的典型成型技术的工艺过程如下：将已贴装好芯片并完成引线键合的框架带置于模具中，塑封料被挤压注入模腔后快速固化，经过一段时间的保压，使得模块达到一定的硬度，然后用顶杆顶出模块。图 3-22 是转移成型技术过程。

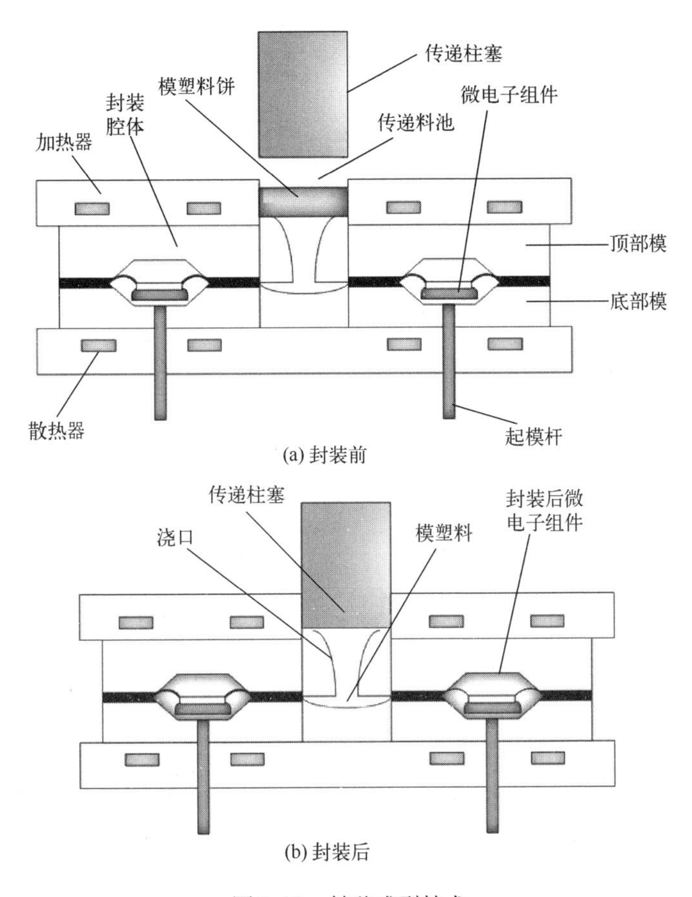

图 3-22　转移成型技术

参 考 文 献

[1] 田民波. 电子封装工程[M]. 北京：清华大学出版社, 2003.

[2] BALIGA B J. 先进的高压大功率器件：原理、特性和应用[M]. 于坤山，译. 北京：机械工业出版社，2015.

[3] 吴义伯, 戴小平, 王彦刚, 等. IGBT 功率模块封装中先进互连技术研究进展[J]. 大功率变流技术, 2015(2):6-11.

[4] 俞晓东，何洪，宋秀峰，等. 功率电子模块及其封装技术[J]. 电子与封装，2009, 9(11):5-11.

[5] 方强. 塑封功率器件分层失效机理研究与工艺改进[D]. 上海：复旦大学, 2009.

[6] 阿德比利 H, 派克 M G. 电子封装技术与可靠性[M]. 中国电子学会电子制造与封装技术分会，《电子封装技术丛书》编辑委员会，译. 北京：化学工业出版社, 2012.

第 4 章

功率器件热可靠性问题

4.1 芯片级热可靠性问题

4.1.1 热击穿

芯片击穿是指芯片在热应力作用下导致的某一对或某一组输入输出引脚之间完全呈现导通状态。相比于电击穿，芯片的热击穿一般不可恢复，芯片热击穿后其逻辑功能不再正常，通常表现为短路状态。

热击穿来源于流经反偏 PN 结的电流所产生的温升。如果 PN 结单位面积上的功耗为

$$P_J = V_R I_R \tag{4-1}$$

式中：P_J 为功耗；V_R 为反正偏置电压；I_R 为反向电流。

则 PN 结的反向饱和电流正比于本征载流子浓度的平方 N_i^2，而 N_i^2 又会随着温度的升高而增大，饱和电流的增大又会带来发热功率的增加，这就会形成一个热反馈的过程。如果器件不能得到很好的冷却处理，那么温度和电流就会不可避免地上升，最终导致器件发生失效，称之为热击穿现象。从原理上看，雪崩击穿和热击穿是两种完全不同的击穿机制，热击穿又被称为热奔，即由于器件的温度不受控制地增加而导致器件功能的丧失。

当器件的工作温度 T_J 高于环境温度 T_A 时，PN 结上的热量会向周围的环境传递，从而使自身的温度下降。此时，将结上所产生的热量传导出器件的速率为

$$P_A = \frac{T_J - T_A}{R_T} \tag{4-2}$$

式中：R_T 为 PN 结与散热环境之间的热阻，而热阻和热传导的材料特性以及几

何形状相关。在稳态下，结上产生的全部功率都被传导出器件并耗散到周围环境中，于是 $P_A = P_J$。

图 4-1 为 PN 结热稳定条件示意图，虚线表示热阻的极限值，超过这个极限器件就不可能稳定工作。从图 4-1 中可以看出，由于功耗和温度是指数函数关系，但是可以被传导走的最大功耗和温度只是线性增函数关系。因此，这两条曲线相交于点 1 和点 2，那么点 1（所对应的温度为 T_{op}）就代表热平衡下的稳定解。在此处如果出现一个很小的结温温升，无论它是什么原因造成，都将导致被传导走的热量超过额外产生的热量。但对应于 T_{crit} 的点 2 却代表非稳定解，因为此处任何结温的升高都将导致结所产生的功率增量（反向电流增大所致）超过被传导走的热量增量。这就会引发热奔，器件发生永久失效。

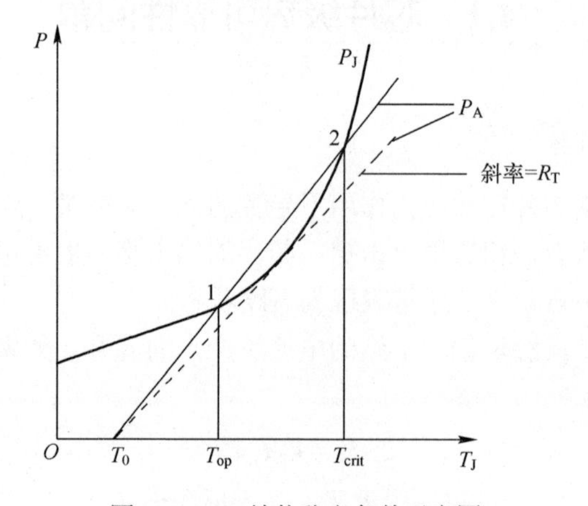

图 4-1　PN 结热稳定条件示意图

因此，为保持热稳定，必须要求

$$\frac{\partial P_A}{\partial P_J} < \frac{\partial P_A}{\partial P_A} \tag{4-3}$$

无论是何种原因导致结温在局部区域超过了 T_{crit}，那么该区域内的结温就会迅速上升。随着温度的升高，局部的电流密度会增大，电流就被吸取到这个温度最高的区域中去。一旦某一点的温度到达本征温度 T_i，局部的载流子产生率就很容易增大几个数量级。于是，PN 结就会被一块中等离子体的细丝状高电导本征半导体有效旁路。中等离子体的出现必然会导致 PN 结发生不可逆的退化。发生雪崩击穿时，温度一直低于 T_{crit}，同时对 PN 结并无损害，但是热奔过程却能以几种不同的方式将器件损坏：

（1）热冲击可能损坏晶格，使芯片发生破裂；

（2）中等离子体区的温度可能超过电极接触处金属硅低共熔合金的熔点；

（3）中等离子体区的温度可能超过半导体的熔点，对于硅，这个温度为1360℃。

不管是哪种情况，中等离子体的形成都是引发器件不可逆失效的最后阶段。在这一阶段为PN结器件设定了工作条件上的限制。为了能可靠工作，由式(4-3)给出的热稳定条件必须得到满足。对于任何应用，预防热击穿的最佳措施就是设计出合理的热沉来使芯片产生的热量尽快传递到环境中。在实际应用中，由于 PN 结的反向漏电流很小，因此功率实际也很小，所产生的热量是有限的，在正常情况下器件是不太容易发生热击穿的。热击穿往往发生在器件已经发生了雪崩击穿而导致漏电流大幅增加的情况下，抑或发生在正向时，这是因为正向电流比反向电流大很多，并且正向电流也有正温度系数。

4.1.2　热载流子注入

热载流子的形成是因为高电场使载流子得到加速，从而提升其动能，而粒子的平均动能正是温度这一物理量的微观体现，所以把平均动能高于晶格能量的载流子称为“热载流子”。热载流子对器件的影响主要有两种：①使器件 $Si-SiO_2$ 表面形成悬挂键，即界面态；②注入到氧化层中成为固定电荷，这两种方式都能直接影响器件的性能参数。热载流子问题最早是在 20 世纪 80 年代被提出来的，后来得到了很大的重视和发展，成为器件可靠性的一个研究热点。接下来介绍热载流子对器件的两种影响方式的具体机理。

半导体和氧化物之间有一个界面势垒，当载流子的能量大于这个势垒（对硅和二氧化硅来说约为 3.7eV）时，就有很大的概率把界面附近的 Si—H 键、Si—O 键或者 Si—Si 键（其中最主要是 Si—H 键）打断，形成悬挂键，这些悬挂键是一种界面缺陷，也就是界面态，它们可以俘获电子和空穴，这与陷阱的作用类似。界面态的形成过程如图 4-2 所示。

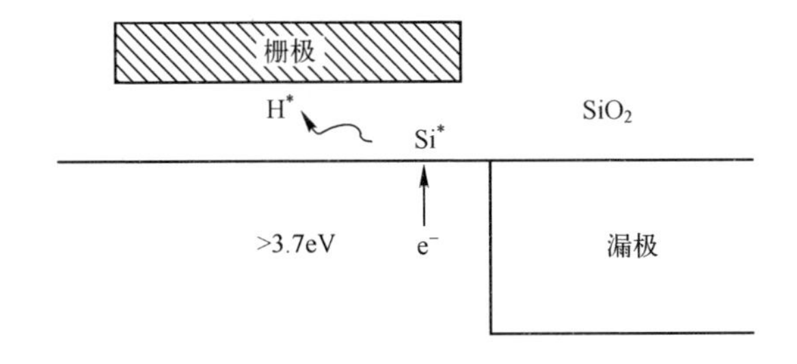

图 4-2　界面态的基本原理

热载流子的另一种影响方式是在纵向电场的作用下注入到氧化层中，形成氧化层固定电荷。固定电荷是 $Si-SiO_2$ 系统中常见的 4 种电荷之一，另外 3 种分别是界面陷阱电荷（通常由辐照产生）、氧化层陷阱电荷（即界面态）和可动离子电荷（来源于工艺扩散炉和人体沾污等）。一般情况下氧化层固定电荷是界面附近过剩的硅离子，热载流子注入氧化层后和这些固定电荷一样，都可以在半导体中感应出极性相反的镜像电荷，从而影响该区域附近的掺杂浓度，最终影响器件的电流。

而功率器件又不同于普通的低压集成电路，因为应用的需求，功率器件经常需要在高压、大电流和高温高湿等恶劣环境下工作，这使得器件内部有很强的电场，很高的电流密度，从而导致很强的碰撞电离。功率器件在工作中存在横向电场，如图 4-3 所示。在横向电场的作用下，沟道中的载流子被加速，部分被加速的载流子获得了很高的能量，成为了热载流子。

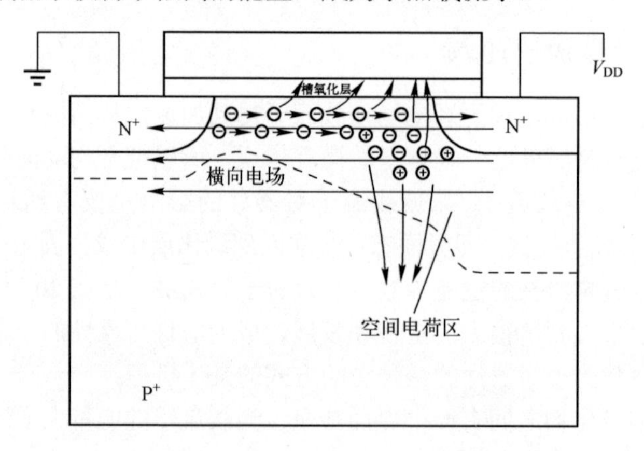

图 4-3　热载流子的主要来源及机理

热载流子效应的产生是由于 MOS 器件的载流子在高电场下获得很大的动能，高能载流子在碰撞过程中会对栅氧化层以及 $Si-SiO_2$ 界面造成损伤，导致了界面态和氧化层陷阱电荷的增加。

界面态和氧化层陷阱电荷都是 $Si-SiO_2$ 界面可移动的电荷。器件几乎所有的应力退化特性都与这两种电荷有关。界面态又称为界面陷阱电荷，分布在 $Si-SiO_2$ 界面。由于在 $Si-SiO_2$ 界面处晶格发生中断，表面最外层的 Si 原子将有一个未配位的电子，也就是一个悬挂键。与这个悬挂键相对应的电子态就称为界面态。界面态分为施主型界面态和受主型界面态。施主型界面态在未接受电子时带正电，接受电子后为中性，受主型界面态，在未接受电子时为中性，接受电子后带负电。氧化层陷阱电荷位于 SiO_2 中。在 SiO_2 中存在着电子陷阱态和空穴陷阱态，可以分别俘获注入 SiO_2 的电子和空穴，使之带负电或正电。

界面态和界面电荷的变化，使器件表面的导带和禁带发生变化。由于 MOS

器件的电流主要从表面流过，表面状态的改变会对器件的性能产生重要的影响。

$$V_{\mathrm{t}} = V_{\mathrm{t0}} - Q_{\mathrm{f}}/C_{\mathrm{ox}} - Q_{\mathrm{it}}(\phi_s)/C_{\mathrm{ox}} \tag{4-4}$$

$$\mu_{\mathrm{eff}} = \mu_0/(1+\beta N_{\mathrm{it}}) \tag{4-5}$$

$$I_{\mathrm{dsat}} = (W/2L)\mu_{\mathrm{eff}} C_{\mathrm{ox}} (V_{\mathrm{GS}} - V_{\mathrm{t}})^2 \tag{4-6}$$

$$g_{\mathrm{m}} = (W/2L)\mu_{\mathrm{eff}} C_{\mathrm{ox}} (V_{\mathrm{GS}} - V_{\mathrm{t}}) \tag{4-7}$$

式（4-4）-式（4-7）反映了 NMOS 器件的重要参数与氧化层陷阱电荷和界面态的关系。式中：$\beta = \frac{q}{kT}$；V_{t} 为受表面态影响的阈值电压；V_{t0} 为初始阈值电压；C_{ox} 为单位面积栅电容；μ_{eff} 为有效载流子迁移率；μ_0 为初始载流子迁移率；I_{dsat} 为饱和漏极电流；W/L 为 MOSFET 的宽长比；V_{GS} 为栅极-源极电压；g_{m} 为跨导。Q_{f} 为氧化层电荷；Q_{it}（ϕ_s）为与表面势相关的界面陷阱电荷；N_{it} 为界面态的数量。从式（4-4）可以看出，氧化层陷阱电荷和界面态都会影响 NMOS 的阈值。氧化层陷阱负电荷会使阈值增加，而氧化层陷阱正电荷会使阈值减小。界面态所带的电荷与偏置条件有关，在 NMOS 阈值的测试条件下，表面的界面态被电子占据。施主型的界面态在接受电子后不带电，对阈值的影响较小。而受主型的界面态在接受电子后带负电，也会造成阈值的增加。式（4-5）是界面态对有效迁移率的影响。界面态的增加，会增加载流子的表面散射，造成有效迁移率的下降。如式（4-6）和式（4-7）所示，NMOS 的饱和电流 I_{dsat}、跨导都与有效迁移率线性相关，因此界面态的增加会降低饱和电流和跨导。

4.1.3　芯片变形

芯片在温度循环过程中发生的可靠性问题有芯片弯曲变形，封装体由于受力不平衡引起弯曲变形。这是因为材料间的热膨胀系数不匹配，再加上黏着力的限制，在温度循环的影响下，封装材料间为了释放温度影响所产生的内应力，故而通过变形来消除内应力。基板和芯片之间的热膨胀系数失配是产生变形的主要原因。芯片变形对功率器件的可靠性产生重大的影响，直接导致电力电子系统的失效。

材料具有热胀冷缩的性质。热膨胀系数α是指材料单位温度变化 ∂T 所导致的单位长度 ∂L 的膨胀或收缩量，其定义式如下：

$$\alpha = \frac{1}{L}\left(\frac{\partial L}{\partial T}\right)_P \tag{4-8}$$

P 表示在 α 测量期间压力保持不变，这时材料长度的改变仅是温度变化所致。热膨胀系数的单位是 10^{-6}/℃。

功率器件封装的主要部分是芯片和基板，芯片通常的材料是硅、锗、砷化镓和磷化铟。基板材料通常是氧化铝和氮化铝，具有和芯片不同的热膨胀系数。在温度和功率循环时温度循环量级增大的时候，芯片中间部分形成拉力而边缘部分形成剪切力，发生芯片变形，如图 4-4 所示。最终，当芯片中间或边缘的表面裂纹达到临界尺寸时，在没有塑性形变的情况下会出现突然断裂。

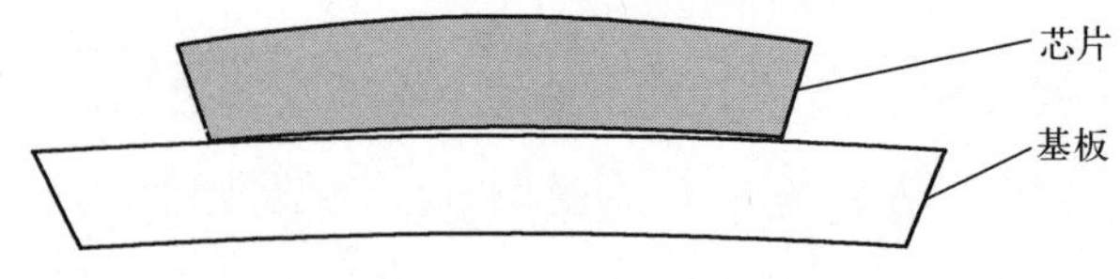

图 4-4　芯片变形示意图

4.1.4　金属化层重建

在功率器件使用过程中产生很大的功率，这样会产生巨大的热量，如果这些热量不能及时散出，会使得器件处在一个较高的温度下工作，而高温会对金属层产生一定的压缩应力。在较高的温度下该界面受到很大的应力，该金属化层是在真空条件下形成的颗粒结构，容易在应力作用下发生重建，温度升高时，硅芯片只有轻微扩张，但是金属化铝粒的扩展相当显著。图 4-5 为 SEM 图像显示了功率循环期间接触重建随最高温度 T_{max} 的增加而增加。

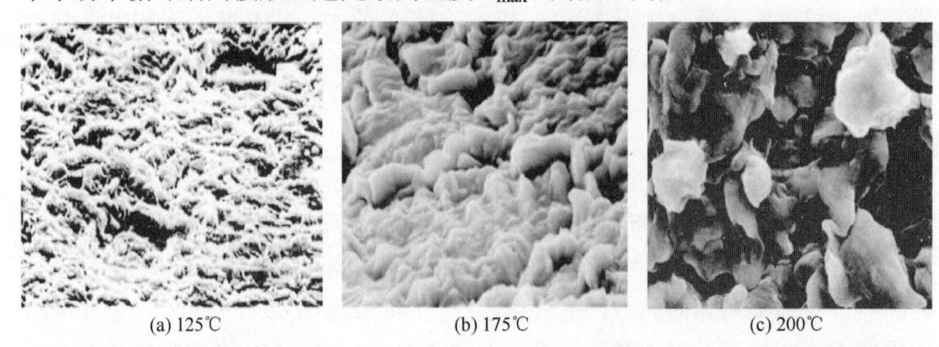

(a) 125℃　(b) 175℃　(c) 200℃

图 4-5　SEM 图像显示了功率循环期间接触重建随最高温度 T_{max} 的增加而增加

芯片表面硅与铝膜的界面重建在 20 世纪 60 年代后期有人提出研究，随后对它的退化效应进行了多方位的研究，对比温度循环样品和等时等温退火（未循环）样品，发现热循环使界面重建增强了 2～5 倍，具体倍数决定于温度和、铝膜粒子的大小。在高温（超过 175℃）和低温（低于 175℃）下对重建现象进行分析，发现在这些温度范围内它有不同的疲劳机制。假设扩散蠕变和塑性变形以及位错运动在高温范围占主导作用，而在低温下塑性变形导致的压缩疲劳是质量传输唯一可能的机理。

这些机制研究主要是针对集成电路中出现的金属化重建，同样在电力电子器件中也同样存在，研究发现温度高低、温度变化幅度和颗粒大小影响表面重建的程度。当结温高于 110℃时，重建的机制是压缩应力下材料疲劳导致的颗粒塑性变形。塑性变形使某些颗粒突出，引起表面粗糙度增加。在降温阶段，颗粒受张力使边界出现空洞。这些变化都使表面金属化层的粗糙度增加，可以明显观察到无光泽的表面外观。在温度循环的冷却阶段，拉伸应力如果超过弹性限度会导致空化效应晶界，界面金属化的电阻增加可以由此来解释。

引线键合缝下面的重建效应被抑制，焊线剥离后焊接缝边缘的金属化的细节如图 4-6 所示。在 ΔT=130K，T_{max}=200℃的条件下，二极管能够经受 44500 个功率循环周期，基于单面银烧结技术才获得了如此高的循环周期。研究结果表明，聚酰亚胺覆盖层抑制了重建效应，这是一个预期的现象，因为任何覆盖层都将限制颗粒跑出接触层的运动。尽管层中仍然保持有高应力，但可以预期的键合缝界面上断层的开始和生长由相同的热膨胀系数失配驱动，并产生了金属化的重建。

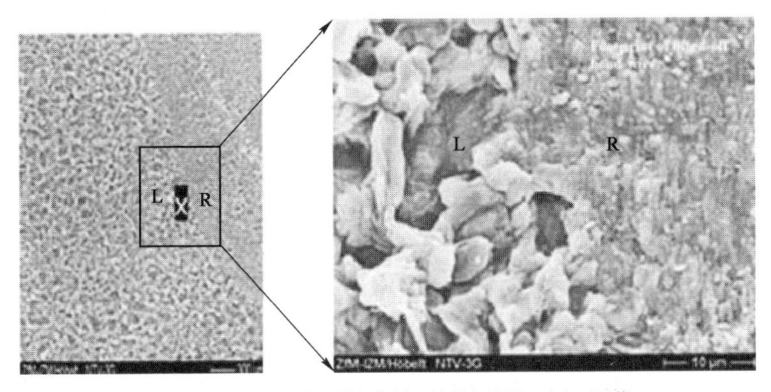

图 4-6　焊线剥离后键合缝区域边缘的 SEM 图像

芯片及焊料层的重建随着温度的升高更加严重，这就造成了接触层密度的降低，导致接触电阻的增加造成了功率器件的失效。高温对焊料层重建改变了接触层的结构与密度，温度越高影响越大。

4.2　封装级热可靠性问题

4.2.1　焊料层疲劳

在功率循环中，焊料层疲劳退化是基本的失效模式。焊料层疲劳是由焊料界面产生断裂面造成的，这样会增加热阻，从而加快了器件的总体故障。功率器件特殊的多层结构及不同材料间热膨胀系数的不匹配导致其在长期热循环冲击作用下引起其焊接材料的疲劳与老化，并最终造成器件因芯片引线断裂或温度增加而失效。另外，制造过程中可能在焊料层与引线中产生初始裂纹与空洞，这将加速封装材料疲劳从而增加失效可能性。

焊料层疲劳被认为是功率器件的另一种主要失效模式，图4-7的功率模块由异质材料构成多层结构，在热循环过程中不同热膨胀系数的材料会产生交变应力，使材料弯曲变形并发生蠕变疲劳，从而导致硅芯片与基板之间以及基板与底板之间的焊料层中产生裂纹并逐渐扩散，最终导致失效或分层。在这一过程中，焊料层蠕变疲劳老化会导致其内部热阻变大，功率损耗增加，影响其可靠性和使用寿命。

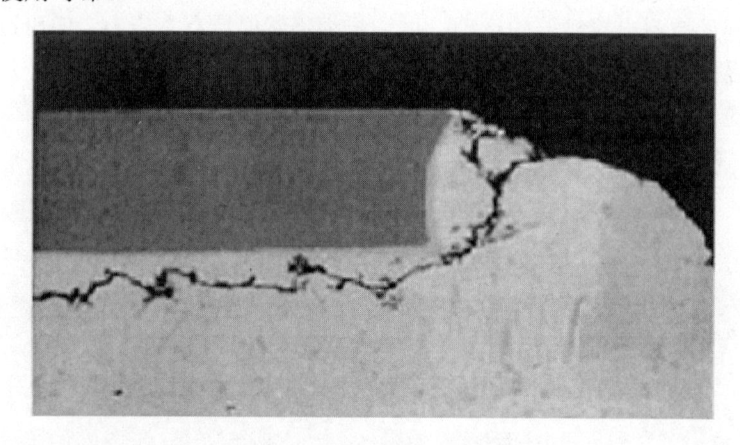

图4-7　焊料层疲劳（裂纹）

在热循环过程中，热机械应力将在功率器件焊料层中产生空洞和裂纹，并随着热循环周次数的增加，这种裂纹损伤将不断积累扩大，随着焊料层疲劳程度的增加，空洞与裂纹的发展将导致焊料层有效接触面积逐渐减小，这将引起模块内部热阻增加、芯片结温增加并最终造成芯片过热而烧毁。考虑到芯片结温的设计余量，一般以模块内部热阻增加20%作为焊料层疲劳失效的临界指标。实际上，在功率器件封装过程中由于工艺不完善，焊料层中的初始空洞就已经形成并在热应力作用下逐渐扩大。

4.2.2　键合引线失效

键合引线一般通过键合工艺连接到半导体芯片上以便将器件的电流引出到功率模块。为提高电气连接可靠性，功率模块中各芯片均通过多根引线并联引出。而实际运行中，一根引线的脱落会导致电流重新均流，加速其他引线相继脱落，最终造成功率器件故障，如图 4-8 所示。

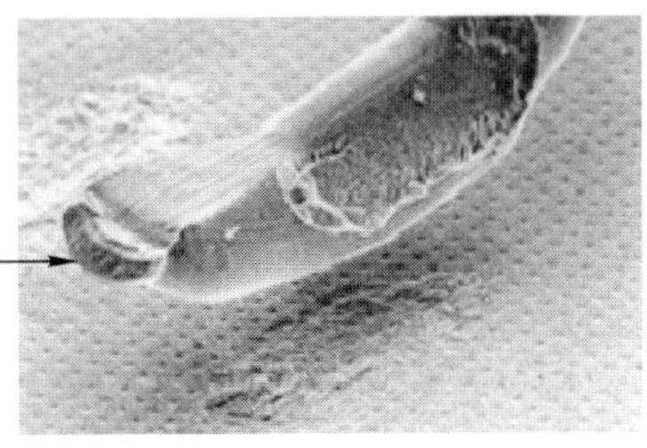

图 4-8　引线脱落失效

实际上，在不同幅度温度波动的条件下功率器件失效的方式有所差异。国内外研究学者认为功率循环过程中，如果温度波动幅度 $\Delta T_j \geqslant 100\mathrm{K}$，模块内部的热阻将不会发生明显变化，但产生的剪切应力很可能导致引线脱落失效；如果温度波动较小，则更容易导致焊接层疲劳老化，内部热阻增大，最后导致其失效。不同的铝引线键合工艺也会影响其脱落的过程。与传统的直接键合法相比，在功率器件焊接面敷设金属钼可减缓功率循环过程中产生的剪切应力，在引线键合后涂加聚合物保护层可以缓和裂纹的扩散，较好改善引线失效进程，延长功率模块的寿命。

4.2.3　包封材料热失效

功率器件的包封材料通常分为塑料和金属，依据器件气密性可分为非气密性封装和气密性封装。在热应力的影响下，塑料包封和气密封装外壳的失效机理通常包括塑料封装的破裂和气密封装的热疲劳。在高温情况下，热膨胀系数失配导致包封材料发生裂缝失效，如图 4-9 所示。硅的热膨胀系数是 $3\times10^{-6}/℃$，而注塑采用的化合物材料在低于玻璃相变温度下的热膨胀系数通常是 $20\times10^{-6}/℃$。在高温的情况下只存在很小的应力，但热膨胀系数的不同会使应力随着温度的降低而增加。包封使芯片受到压缩力，注塑化合物材料受到张力，因此裂缝在注塑化合物材料中具有不断增大的趋势。包封塑料与芯片钝化层热膨胀系数的不同使芯片表面存在剪切应力，这将会使钝化层破裂。芯片上表面边缘或引线框架底部边缘上的应力集中，或者包封塑料中的空洞也会产生裂缝。

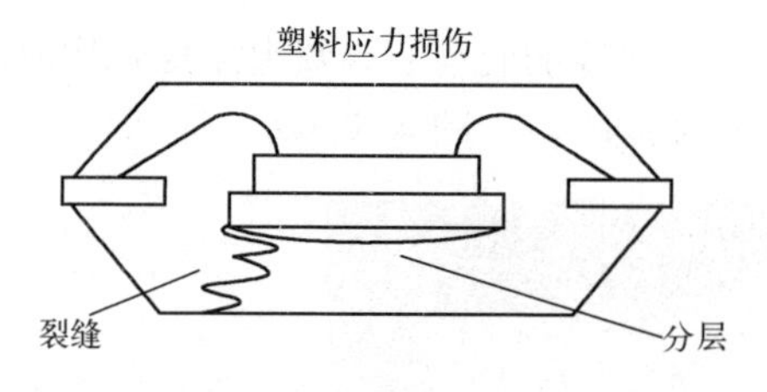

图 4-9　塑料封装破裂图

分层失效是发生在芯片与包封材料之间或包封材料与引线框之间的一种失效机理，特别是塑封表面安装的功率器件，它们在装配过程中，温度范围为215～260℃，加热速率高达 25℃/s。封装工艺导致的不良黏接界面是引起分层的主要因素，在温循过程中，塑封料和相邻材料之间的热膨胀系数不匹配会导致热-机械应力，从而引起分层。分层可能发生在封装工艺、后封装制造阶段或者器件使用阶段。芯片焊区下面缝隙里的蒸气压能使包封塑料从焊区上分层、膨胀并形成圆顶。当温度升高使最大弯曲应力超过该温度下包封塑料的破裂应力阈值时，就会产生裂痕。

参 考 文 献

[1] LUTZ J, HERRMANN T, FELLER M, et al. Power cycling induced failure mechanisms in the viewpoint of rough temperature environment[C] // Proceedings of the 5th Interantional Conference on Integrated Power Systems. Nuremberg, 2008.

[2] 张玉蒙. FS 结构的 3300V IGBT 终端设计[D]. 成都：电子科技大学, 2017.

[3] 周雷雷. 功率 STI-LDMOS 器件热载流子退化机理与寿命模型研究[D]. 南京：东南大学, 2016.

第5章

功率器件封装缺陷检测技术

5.1 间接信号检测

5.1.1 结构热阻测试

功率器件由于集成度高，能耗密度大，对于封装的热性能要求高，因此掌握功率器件封装热性能测试方法十分必要。封装的热性能通常包括散热性能和承受温度变化的能力两个方面。封装的热性能以热阻 R_T（℃/W）来表示。热阻越小，功率器件可耗散的功率就越大，其封装热性能也就越好。因此，通常将热阻作为封装热性能好坏的一个衡量因素。图 5-1 是封装热阻的简单示意图，图中：$\varPsi_{JT}$ 为结点-封装上表面中心间的热特性参数，θ_{JA} 为结点-周围环境间的热阻。

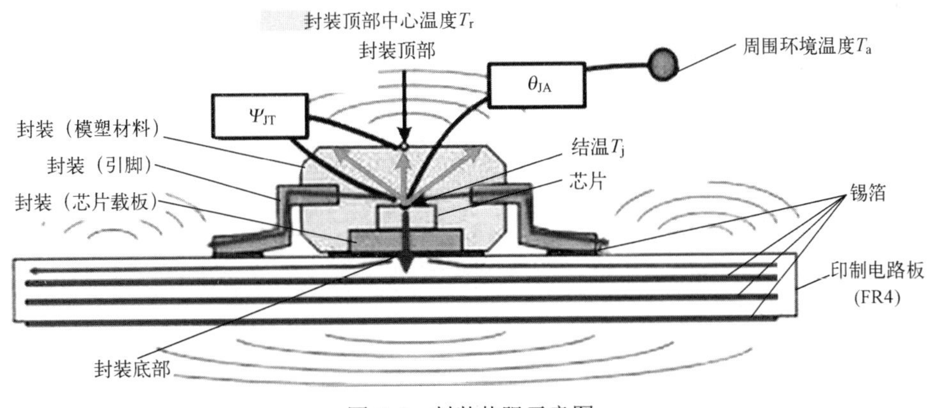

图 5-1　封装热阻示意图

热阻通常通过测量器件的壳温和结温，再结合加热功率计算得到。测定器件温度的方法通常有光学的红外扫描显微镜法、化学的液晶色变法、物理的微细热电偶法和电学的温敏参数法 4 种。由于前 3 种都只能针对裸芯片，即未封帽的器件进行测量，因此在本小节中不予介绍。本节重点介绍电学温敏参数测量方法。

温敏参数检测技术是通过测量芯片上温敏元件的温敏电学参数后，通过已校准的电学参数和温度间的关系，进而求得结温。可以无损地测量已封帽器件的结温，反映封装的散热情况。半导体材料中的电导率具有温敏性，改变温度可以改变半导体中载流子的数量。其禁带宽度通常随温度升高而降低，且在室温以上随温度的变化具有良好的线性关系，因此认为半导体器件的正向压降与结温是线性变化关系。只要准确监测温敏参数，便可确定器件热阻。

常用的温敏部件有两类：扩散电阻和 PN 结二极管，其对应的温敏参数分别为电阻值 R 和 PN 结上的正向压降 V_F。扩散电阻值 R 和温度 T 在一定范围内具有线性关系，当已知电阻的温度系数时，通过测量参考温度 T_0、参考温度下的电阻值 $R(T_0)$以及温度 T 时的电阻值 $R(T)$，就可以求得此时电阻所在区域的平均温度 T，进而进行热阻的计算。而 PN 结上正向压降 V_F 与温度 T 的关系同样是已知的，检测时只需在恒温箱中事先测好不同恒定电流 I_F 下的 V_F 与 T 的关系，就可以根据相关公式进行热阻的计算。温敏参数法测热阻的两种电路图如图 5-2 及图 5-3 所示。

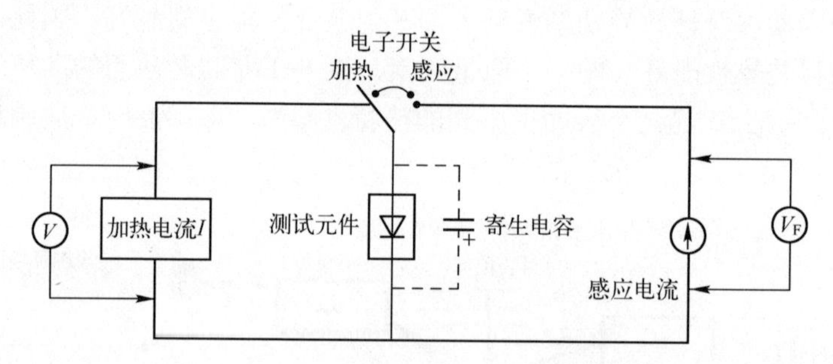

图 5-2　利用二极管温敏参数测量结构热阻

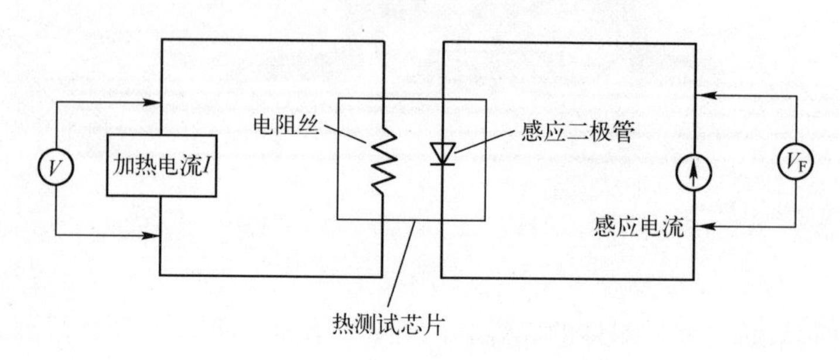

图 5-3　利用热测试芯片测试结构热阻

结构热阻测试技术在功率器件封装缺陷检测中的应用主要是：进行封装结构结温的测试，以及热阻的计算，用以评估器件封装的散热能力。

5.1.2　引线电阻检测

引线电阻检测主要用于测量金属化引线的电阻。由于金属化引线阻值较大，同时封装结构金属化引线的布线图形、引线形状、制作引线的材料和工艺等存在差异，均会对引线电阻造成影响。在同一个封装内，引线电阻之间也可能相差较大。因此，必须将引线电阻控制在一个合理的范围内。若引线电阻过大，则会产生不必要的压降，加大了功率器件的功耗和噪声。引线电阻检测是共烧陶瓷封装质量考核中的一项重要工作。因为共烧陶瓷封装的陶瓷表面金属化处理，常采用钨、锰等一些难熔金属来进行。但钨、锰等都是些电阻率较高的材料，用这些材料制成的引线其电阻也较大。所以，不同于其他封装结构，共烧陶瓷封装的器件需要考察其引线电阻。

引线电阻检测一般采用四端子法。其工作原理如图 5-4 所示。电流 I 为全部流经被测电阻 R_0 的电流，r_3 和 r_4 的电压降为 0。测量电压 E 和被测电阻 R_0 两端的电压降 E_0 基本相同，即可不受 r_1～r_4 的影响进行电阻测量。不受测试线电阻及接触电阻等的影响，可实现引线电阻的精确测量。

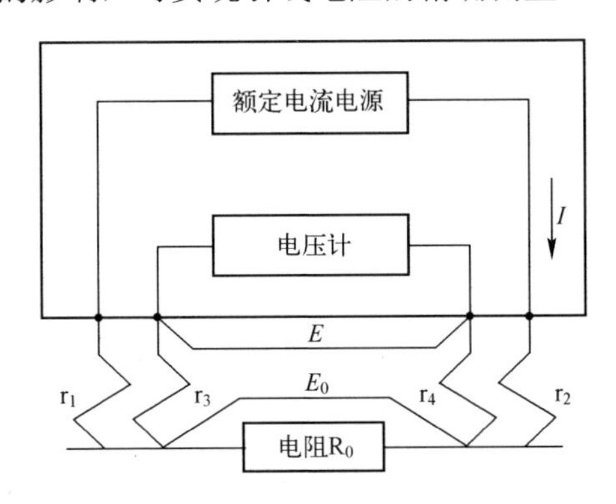

图 5-4　四端子法引线电阻测量原理图

不同封装结构对于引线电阻的要求各不相同。通常采用可测量低电阻的、配有 4 根测试电缆的直流欧姆表和配有 4 个探针的探针台进行引线电阻值检测。检测前应根据相关标准的规定确定试验样品数。图 5-5 是具体测试点的位置示意图。根据图中所示，检测时，将欧姆表低端的两个探针尽可能靠近置于外部引线的台肩上或其中央，即图中点 A 的位置。再将欧姆表高端的两个探针置于靠近内腔的引线末端 0.127mm 范围内，即图中点 B 的位置。之后调节欧姆表，得出引线的电阻值。为了保证检测数据的准确性，在检测过程中应当更换探针位置，多次测量。同时，由于不同位置上的引线电阻不同，需要全部进行测试。

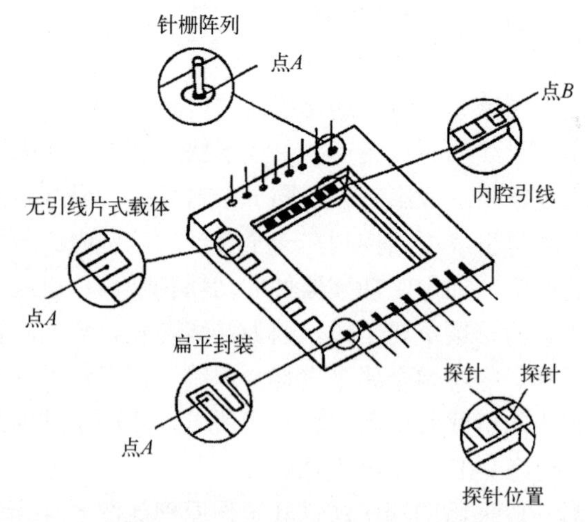

图 5-5　引线电阻测试方法示意图

引线电阻检测技术在功率器件封装缺陷检测中的应用主要是：测量金属化引线的电阻，考核共烧陶瓷封装质量。

5.1.3　绝缘电阻检测

绝缘电阻检测是测量封装的绝缘部分对会使其表面或内部产生漏电流的外加直流电压所呈现的电阻。清洁干净的绝缘体具有很高的绝缘电阻，但如果存在机械损伤等缺陷时，绝缘电阻就会减小。因此，绝缘电阻也是封装的一个重要指标。影响绝缘电阻的因素也是多方面的，主要包括温度、湿度、残余电荷、充电电流、试验电压、仪器和测量线路的时间常数等。

绝缘电阻检测多数情况下是测量相邻两引线间和引线与封装底座之间这两种绝缘电阻。其测试设备根据被测器件的封装形式和特点进行相应的选择。主要有高桥、高阻表、绝缘电阻测量仪等。在绝缘电阻检测过程中通常需要配置相应的测试夹具或测试装置。图 5-6 中是高阻表测量绝缘电阻检测方法的原理示意图。

检测前，根据相关标准的规定确定试验样品数，对试验夹具和试验环境作出规定。检测时，在需要检测的相邻两引线间或引线与封装底座之间施加规定的测试电压，利用检测仪器进行绝缘电阻的测量。在检测引线与封装底座之间的绝缘电阻时，在没有其他规定的情况下，需要将封装引线全部互连在一起，或者连接到同一个公共点上。

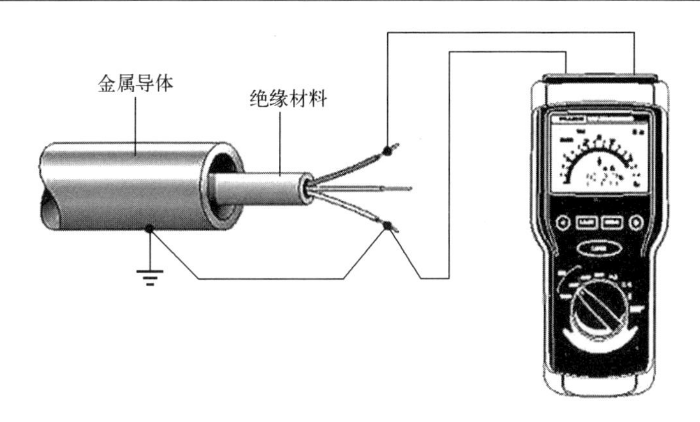

图 5-6　绝缘电阻检测原理示意图

绝缘电阻检测技术在功率器件封装缺陷检测中的应用主要是：用于发现器件封装的绝缘部分是否存在机械损伤等缺陷。

5.1.4　阴影云纹检测

阴影云纹技术用于测量微电子封装（BGA 等）的热形变，是一种非接触式的方法。它基于阴影光栏投射在翘曲的样品表面以及一个真实光栏投射在一个平的参考表面上产生的几何干涉，提供了更高的灵敏度和空间分辨率，增大了翘曲测量的动态范围。

阴影云纹检测是，把栅片牢固地粘贴在试件表面，当试件受力而变形时，栅片也随之变形。将不变形的栅板叠加在栅片上，栅板和栅片上的栅线便因几何干涉而产生条纹，即云纹（又称叠栅条纹）。云纹法就是测定这类云纹并对其进行分析，从而确定试件的位移场或应变场。其最大优点在于适用范围广，适于弹性、塑性、蠕变，静载、动载，常温、高温等情况下，较简便、易行。云纹法是用条纹图案的形式来显示待测样品表面位移信息的测试方法。阴影云纹法的原理示意图如图 5-7 所示。在阴影云纹测量方法中，一个振幅型光栅放在待测试样的上方作为参考光栅。当光线照射光栅时，参考光栅在待测试样上的影子形成一个影子栅线，然后就可以观察到参考光栅跟影子光栅相互作用形成的莫尔条纹。莫尔条纹图案被电荷耦合元件（charge-coupled device，CCD）图像传感器所捕捉。分析 CCD 采集到的莫尔条纹就可以得到基板的表面形貌，基板的翘曲度就能根据测试标准计算出来。图 5-8 是云纹测试仪的基本构造，当光透过光栅照射在物体表面时会出现干涉波纹，如果物体表面非常平整，波纹是等距的同心圆；如果物体表面不平，得到的图形是不规则的。通过干涉波纹的分析，可以准确地反映样品表面形状的等高线，再经过转化处理，从而得出物体变形的程度，如图 5-9 所示。

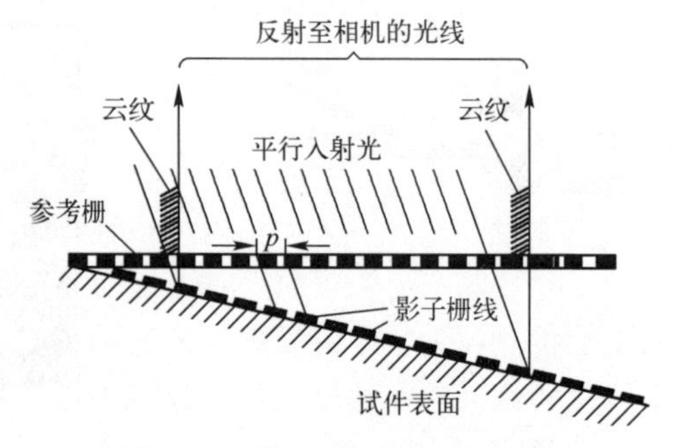

图 5-7　阴影云纹法原理示意图

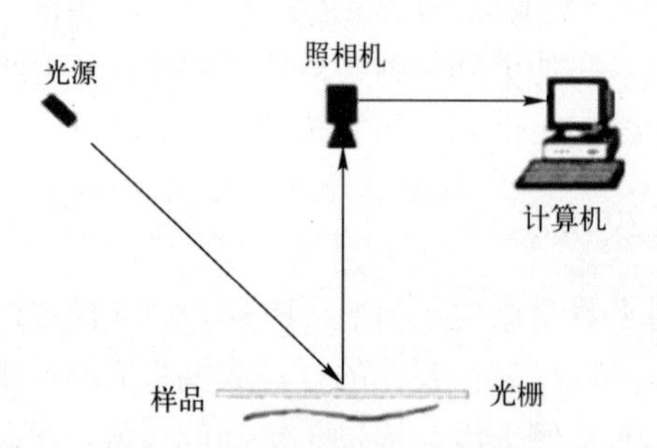

图 5-8　云纹测试仪的基本构造

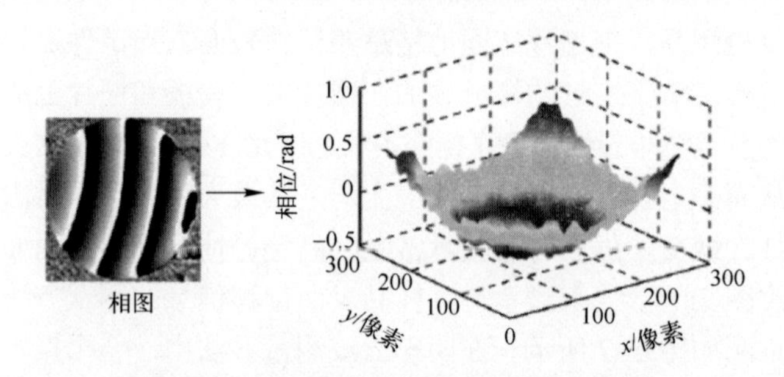

图 5-9　干涉波纹及其处理转化后的三维图像

阴影云纹法可用感光或腐蚀的方法，在试件表面制成各种栅线，而不致引起试件表面强度的加强或削弱。此法是用光传递栅线变形的信息，所以它的抗干扰性和稳定性都比较好，也适用于非接触式测量。也正是基于此，它能用于测量常温静载，也适用于测量瞬时受载以及蠕变和松弛等长期受载，还可测定定常的或非定常的热应力和焊接过程的动态应变等。

阴影云纹检测技术在功率器件封装缺陷检测中的应用主要是：用于测试和评价封装体的热变形。

5.2　间接成像检测

5.2.1　X 射线检测

X 射线检测是利用 X 射线技术观察、研究和检验材料微观结构、化学组成、表面或内部结构缺陷的试验技术，是重要的缺陷无损检测技术之一。用 X 射线进行封装缺陷检测的主要优点在于，样品对基本 X 射线的吸收所产生的图像对比度提供了样品的本征信息。吸收的程度取决于样品内原子种类和原子数。因此，X 射线检测不仅可以显示不同的微结构特征的存在，而且可以获得其成分信息。另外，X 射线对于较厚的样品具有相对深的穿透性，不用开封就可以对器件进行检测。同时封装可以在自然状态下进行检查，无需涂覆传导物质，不要求高真空环境，简单易行。

X 射线是由高速运动的电子撞击被检测物质的原子所产生的，其本质是一种波长约为 0.001～100nm 的电磁波，具有波长短、能量大、能够穿透物质的特点。X 射线成像是通过发射 X 射线穿透被检测元器件，依据待检测元器件内部产生的射线能量衰减情况及其衰减强度的不同，由平板探测器将衰减数据转换成数字图像传递给计算机的过程，其成像示意图如图 5-10 所示。X 射线检测则是根据元器件内部缺陷与结构材质在 X 射线图像上呈现出不同的表现形态，识别内部缺陷的方法。

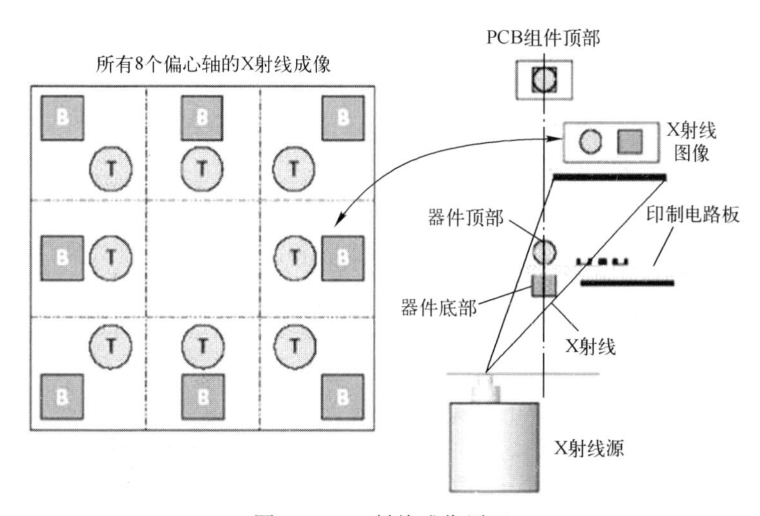

图 5-10　X 射线成像原理

X 射线检测系统主要由 X 射线源、成像设备、控制设备、传输采集设备、计算机和软件图像处理系统等部分组成。如图 5-11 所示。其工作原理是：X 射线管产生 X 射线，穿透样品的 X 射线被电耦合探测器探测到。材料会吸收一部分 X 射线，其强度会减弱，不同材料之间吸收率存在差别，导致电子封装的成像有很好的对比度，进而形成样品的影像。其工作过程是：计算机通过硬件控制接口控制打开射线源能产生能量范围在 35～80kV 的 X 射线，可穿过样品。通过控制机械移动完成检测区域选择。X 射线穿过被测物体后能量衰减强度发生变化。X 射线图像采集部分由 X 射线增强器和 CCD 相机构成。首先 X 射线增强器将透过物体的 X 射线转化成可见光图像在荧光屏上显示，CCD 相机拍摄荧光屏上的可见光图像，CCD 传感器电荷累加转化成数字量输出到数字图像采集卡。图像通过图像采集卡传输到计算机后，使用射线图像处理软件系统对射线图像进行一系列的图像处理变换。其基本功能有实时显示射线图像、叠加采集、图像增强、特征提取、参数标注等功能。

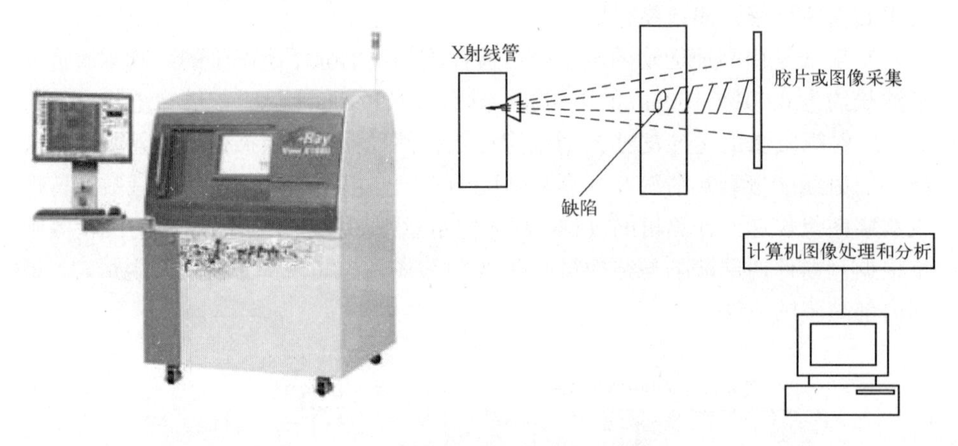

图 5-11　X 射线实时成像系统及其组成

X 射线检测最终的目的是通过底片影像分析来发现封装缺陷。底片上影像千变万化，形态各异，但按其来源大致可分为 3 类：由缺陷造成的缺陷影像；由试件外观形状造成表面几何影像；由于材料、工艺条件或操作不当造成的伪缺陷影像。图 5-12 展示的是不同样品的 X 射线成像结果。

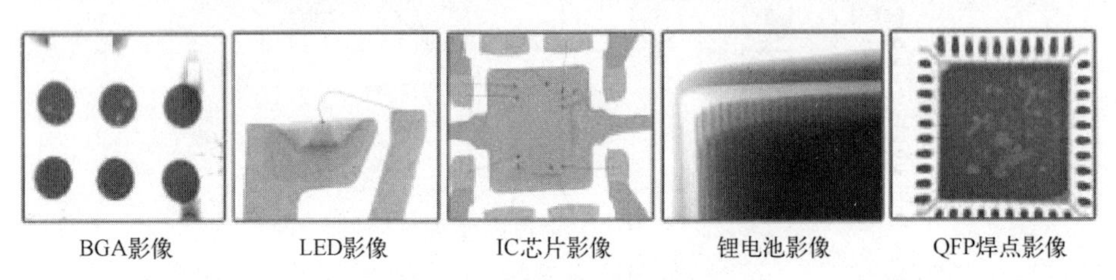

图 5-12　X 射线成像结果

除了普通的二维扫描，X 射线检测技术还可以进行三维扫描。三维 X 射线扫描，即 3D CT 技术，采用计算机断层扫描技术，在对扫描样品无损伤的条件下，利用 X 射线透视，将样品进行 360°的旋转，全方位地进行 X 射线穿透并收集图像，然后经过电脑重构，获得被检测物体的三维立体图像，直观、准确、清晰地显示物体内部的结构及缺陷情况。同时可以利用相关计算机技术，针对待测物体进行断层分析，将样品切割成一层层的薄片，可分析不同深度上的微小缺陷。三维 X 射线扫描最小可检测 4.5μm 的缺陷。图 5-13 是利用三维 X 射线技术进行 BGA 焊点扫描的结果图。

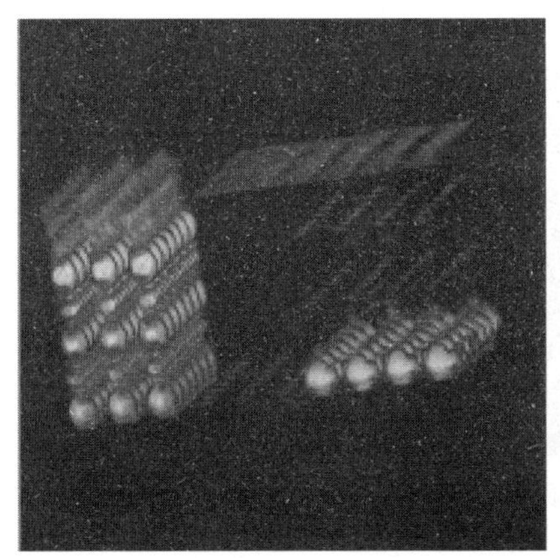
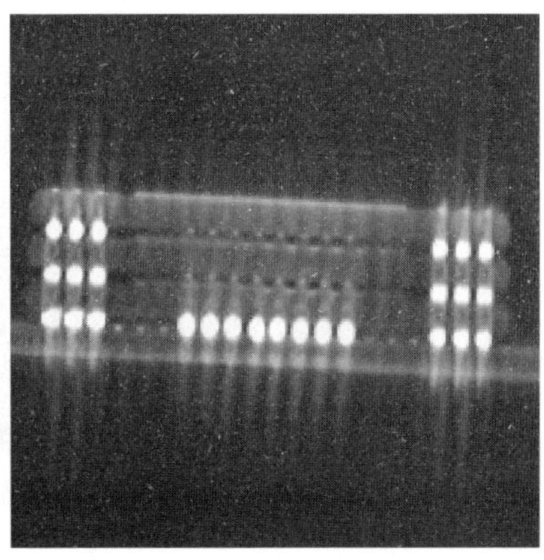

图 5-13　三层堆叠 BGA 的三维 X 射线扫描图像及二维 X 射线切片

X 射线检测技术多用于分析器件封装结构，识别裂纹、引线变形、空洞、芯片底座偏移等缺陷。如图 5-14～图 5-16 所示。在功率器件封装检测领域中，被检测对象对 X 射线的衰减系数因其内部材质、密度、厚度的不同而存在差异，导致最后到达探测器时 X 射线的能量存在差异，因此可成像为灰度明暗不同的图像。若被检测封装元器件中存在虚焊、气泡、裂缝等缺陷时，由于此类区域对 X 射线产生的衰减相比金属材质较少，因此在图像上显示为灰度值较高的区域；若被检测区域为焊点、线等金属，由于其对 X 射线的吸收程度较高，最终在图像上显示为灰度值较低的区域。但是，X 射线图像是通过整个样品厚度形成的投影衬度，因此在分析多层重叠时较为困难。X 射线波长短，用它得到的最终分辨率比用光得到的好，但比用电子得到的差。它的最终分辨率在 1μm 左右，最佳状态可以达到 10nm。

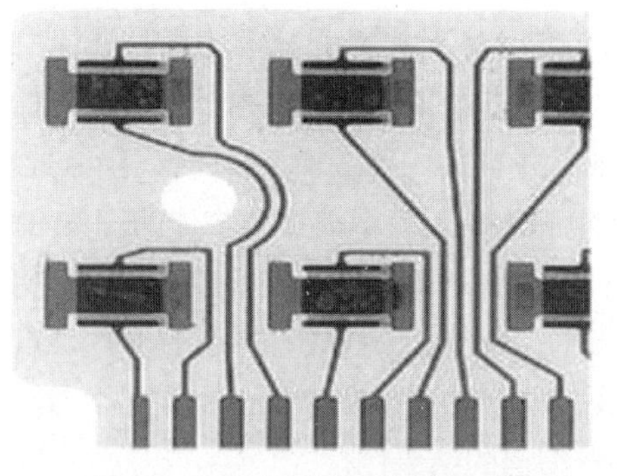

图 5-14　空洞缺陷 X 射线成像

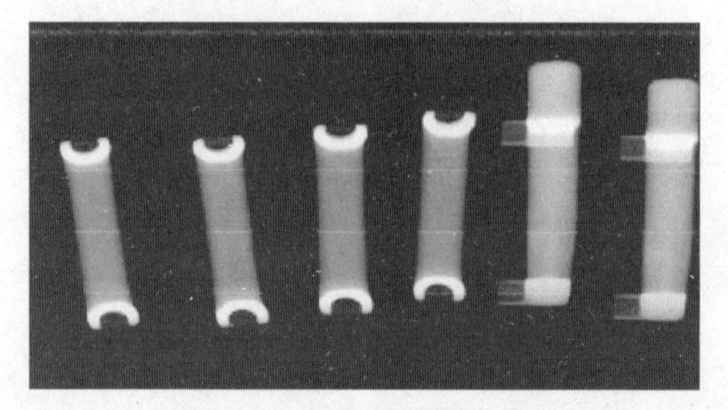

图 5-15　裂纹缺陷 X 射线成像

图 5-16　引线变形缺陷 X 射线成像

X 射线检测技术在功率器件封装缺陷检测中的应用主要是：①检测封装内部结构的变化，获得失效过程的初步信息，为失效点的定位提供依据；②用于检测焊接层空洞、裂纹、层剥离等缺陷的存在；③用于开路、短路、异常或不良连接的缺陷检测；④锡球数组封装及覆芯片封装中锡球的完整性检验。通过上述缺陷的检测结果对封装质量的评估提供依据。

5.2.2　超声扫描显微镜检测

超声波与电磁波不同，是一种机械波，其传播的方式是通过介质中分子的振动进行的，因此超声波的传播情况和介质具有非常大的关系。它在不同介质中传播速度不同，在空气（或真空）的传播速度低于固体中的传播速度。通常来说，介质的密度越大超声波传播的速度越快，衰减也越低。在稀薄的空气中，超声波无法传播。根据其介质分子的振动方向和传播方向的不同，超声波分为纵波和横波两种。纵向（Z）方向具有高检测分辨本领，对于 Z 方向的缺陷分辨率可以达到纳米级水平（指缺陷厚度）。由于材料密度决定了声阻抗，因此可以通过高频超声检测得到材料密度的分布，从而推导出应力场、裂纹变化趋势等情况下的力学性能。综上所述，超声检测是进行缺陷检测、失效分析的有效手段。

超声显微成像（AMI）技术将这一声学特性用在电子器件中，无损地查出气隙、裂纹、空洞或疏松等。超声波可在金属、陶瓷和塑料等均质材料中传播。用超声波可检验材料表面及次表面的断裂，可探测多层结构完整性等较为宏观的缺陷。目前，声学显微镜已成为无损检测技术中发展最快的技术之一，这项新技术在检测材料的性能及内部缺陷方面具有其他技术所无法比拟的优点。将超声波检测同先进的光、机、电技术相结合，能观察到光学显微镜无法看到的样品内部情况，能提供 X 射线透视无法得到的高衬度图像，特别是能应用于不适宜使用破坏性物理分析的场合。

应用于电子工业的超声显微成像设备主要是超声波扫描显微镜（scanning acoustic microscope，SAM）。SAM 是一种反射式扫描声学显微镜，利用超声脉冲探测样品内部微观状态，是无损检测技术中一项重要的技术。其工作原理是：超声换能器在样品上方以光栅的方式进行机械扫描，换能器发出一定频率（5～400MHz）的超声波，经过声学透镜聚焦，由耦合介质传到样品上，换能器由电子开关控制，使其在发射方式和接收方式之间交替变换。超声脉冲透射进样品的内部并被样品内的某个界面反射形成回波，其往返的时间由界面到换能器的距离决定，回波由示波器显示，其显示的波形是样品在不同界面的反射时间与距离的关系。通过控制时间窗口的时间，采集某一特定界面的回波而排除其他回波，通过控制换能器的水平位置，在平面上以机械扫描的方式产生一幅超声图像。超声波检测缺陷的原理如图 5-17 所示，超声波在物体中传播时，在两个不同介质的接触面上会发生反射，通过确认反射波的强度及回波时间来确定物体中的缺陷。SAM 的频率范围在 5～2000MHz 之间，分辨率范围在 0.3～100μm 之间，对待测样品厚度没有限制。分析时将样品置于耦合介质中，只要声波信号在样品表面或者内部遇到声波阻抗界面（如遇到孔隙、气泡、裂纹等），就会发生反射。换能器既能把电信号转换成声波信号，又能把从待测样品反射或透射回来的声波信号转换成电信号，送回系统进行处理。SAM 主要用途如图 5-18 所示。

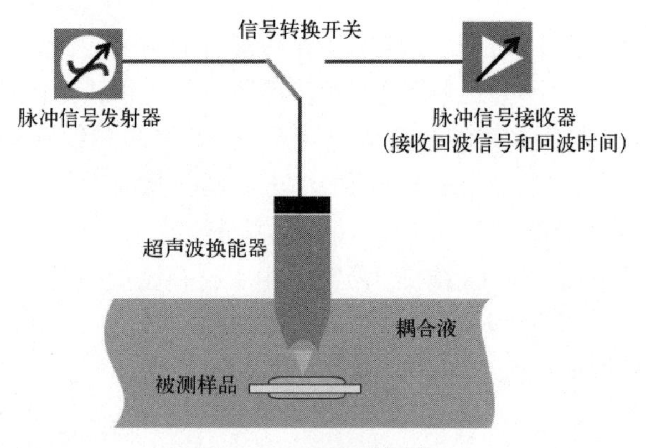

图 5-17　SAM 原理图

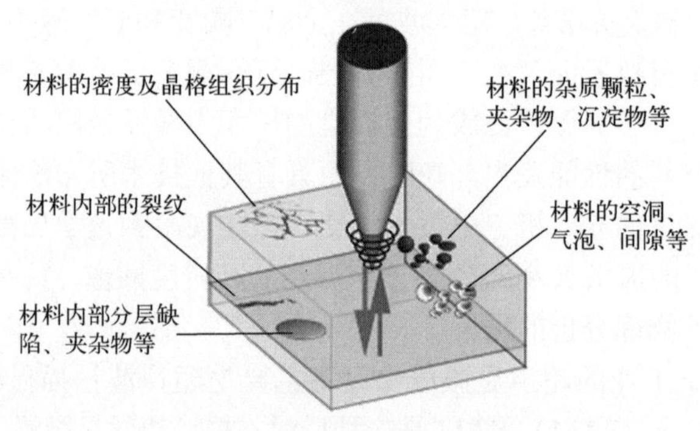

图 5-18　SAM 的主要用途

SAM 的模式包括 A-SAM、B-SAM、P-SAM、C-SAM、X-SAM、G-SAM、D-SAM、Z-SAM、S-SAM、3D-SAM 及 Tray-SAM 多种模式。A-SAM 是超声波所有扫描模式中的最基本扫描形式；B-SAM 相当于观察样品的横截面，可以用来确定缺陷在纵向方向上的位置和深度；P-SAM 相当于多次的 B-SAM，可以用来确定缺陷在纵向方向上的位置和深度；C-SAM 相当于观察样品的剖面，通过时间窗口的选择可以确定剖面的位置和宽度，并将窗口选择在所需观察的界面位置，从而得到缺陷的数量和外形尺寸。X-SAM 相当于多次等分的不同层面 C-SAM，通过一次扫描的方式得到多个不同深度位置的图像，适合于多层结构的器件检测；G-SAM 和 X-SAM 一样，所不同的只是用户可以根据样品的情况将每个扫描层面设置为不同的扫描参数，如位置、宽度等。D-SAM 结合了 B-SAM 和 C-SAM 的功能，为斜对角扫描模式，适用于观察相对于表面倾斜的内部界面样品，或用于在一个扫描图像中观察整个样品的多层结构。Z-SAM 模式是将 A-SAM、B-SAM、P-SAM、C-SAM、X-SAM 等扫描模式通过一次性扫描完成，可以用于重建样品内部的三维图像，或作为标准样品数据保留。S-SAM 是在样品底部加装一个接收探头，在做 C-SAM 的同时进行透射 T-SAM，可以用来确认 C-SAM 图像中无法判明的缺陷。3D-SAM 是将反射波的强度、时间作为深度信息，反映出样品内部的三维结构，可选择的深度参考信号有：反射信号最大幅值“peak”、平均幅值“mean”或时间“time”。Tray-SAM 模式是针对大批量被检测样品时，可以采用托盘形式将样品排列，然后送入 SAM 内同时扫描，从而提高检测效率，专用的样品缺陷分析软件可以对排列的样品逐个进行分析鉴别并着色，并列出不合格样品的位置坐标，使检测人员可以方便地挑出不合格样品。其中最常用的是 A-SAM、B-SAM、C-SAM、X-SAM 及 3D-SAM，相应的波形及成像如图 5-19～图 5-23 所示。

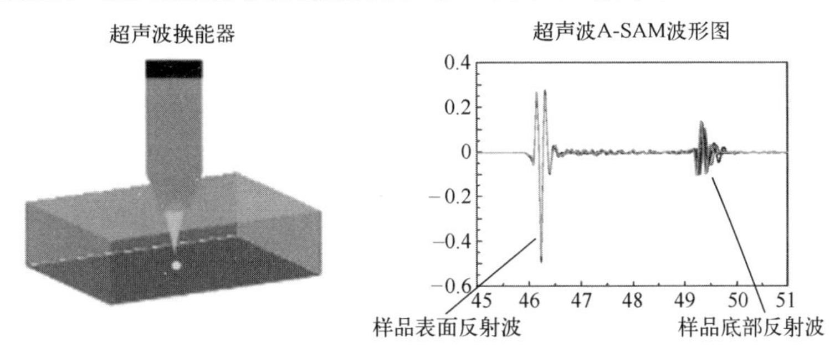

图 5-19　A-SAM 及其波形

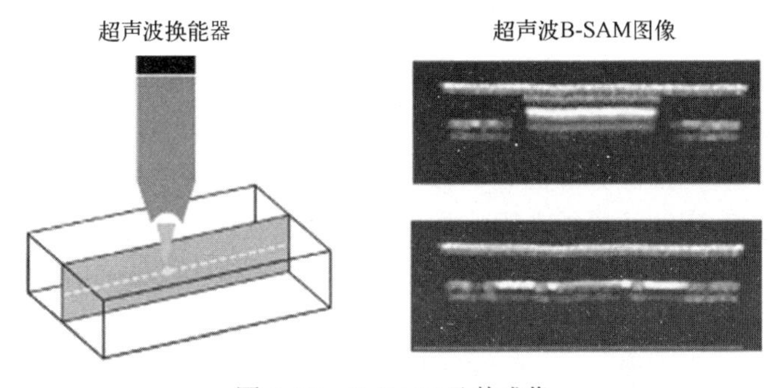

图 5-20　B-SAM 及其成像

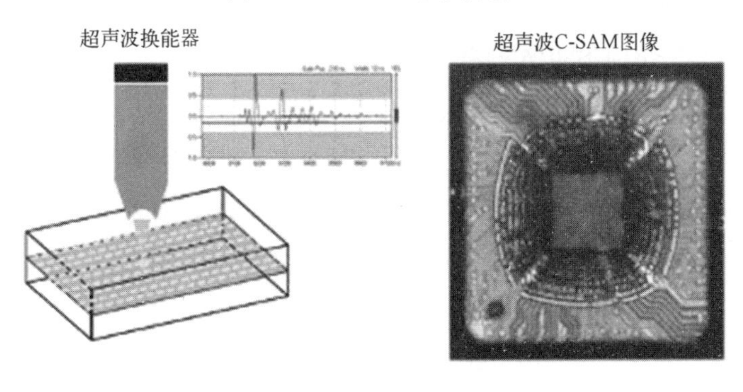

图 5-21　C-SAM 及其成像

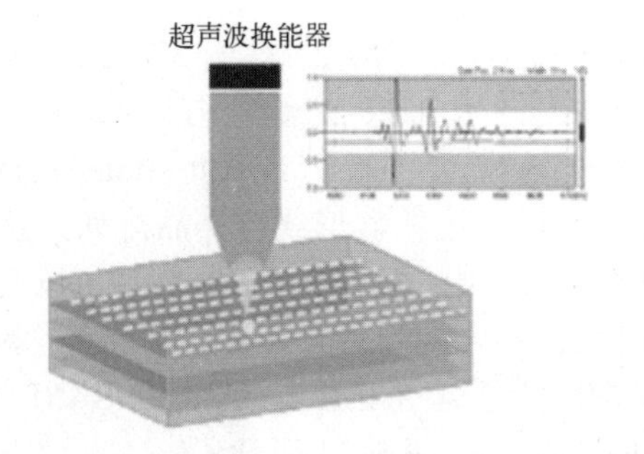

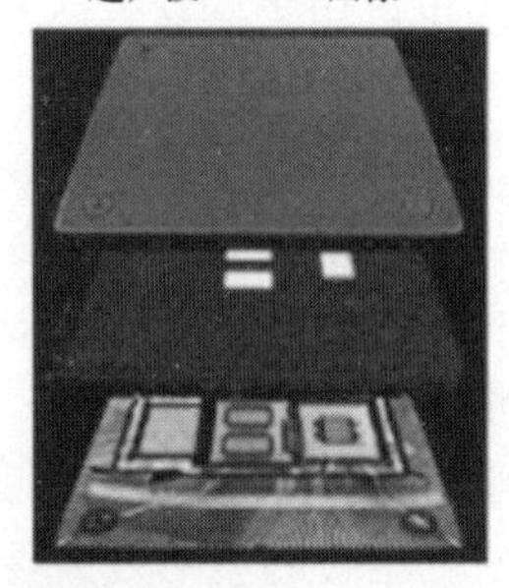

图 5-22　X-SAM 及其成像

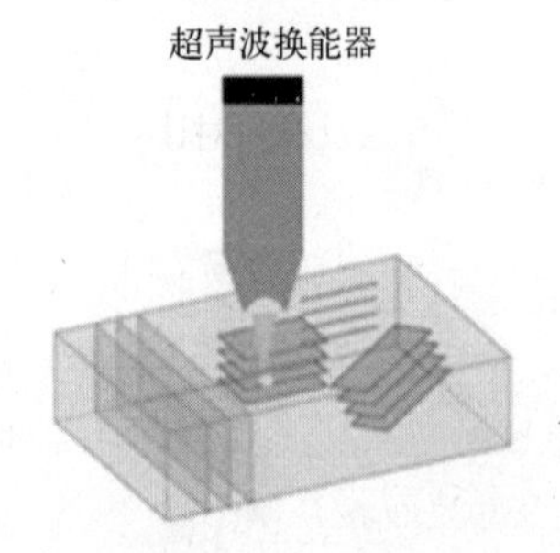

图 5-23　3D-SAM 及其成像

在 SAM 的图像中，与背景相比的衬度变化构成了重要的信息，在有空洞、裂缝、不良黏接和分层剥离的位置产生高的衬度，因而容易从背景中区分出来。衬度的高度表现为回波脉冲的正负极性，其大小由组成界面的两种材料的声学阻抗系数决定，回波的极性和强度构成一幅能反映界面状态缺陷的超声图像。

以下是几个利用 SAM 进行封装缺陷检测的实例。图 5-24 是用 SAM 来检测集成电路芯片黏接质量的示意图，把超声波聚焦在芯片的黏接界面处，便可得到该界面的超声图像。由此可以判断芯片黏接的正常与失效情况。在 C-SAM 模式下判断分层现象的成像结果如图 5-25 所示。在 3D-SAM 模式下的导线框上的分层缺陷检测结果如图 5-26 所示。

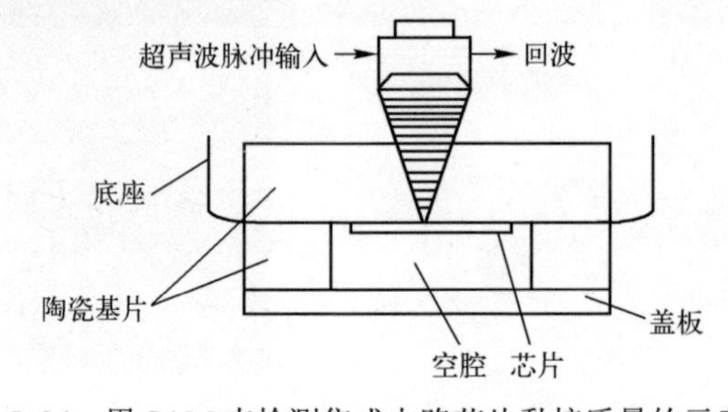

图 5-24　用 SAM 来检测集成电路芯片黏接质量的示意图

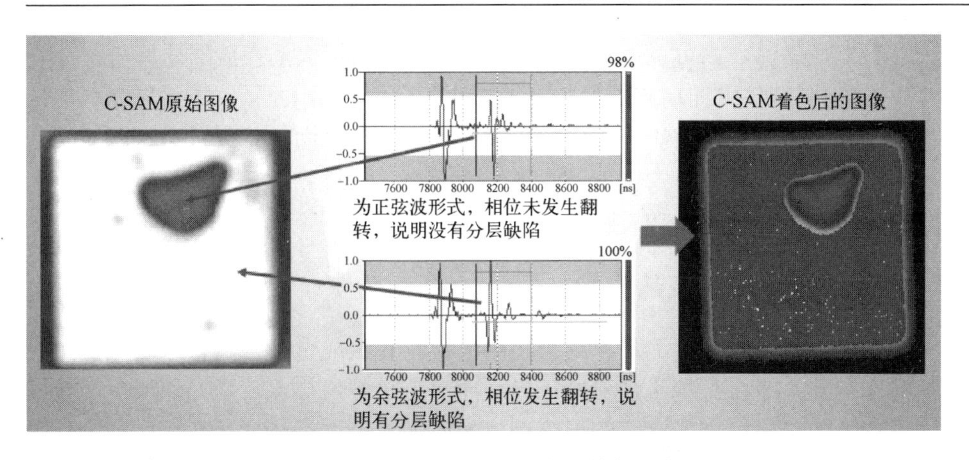

图 5-25　C-SAM 成像的分层现象、着色及波形对比

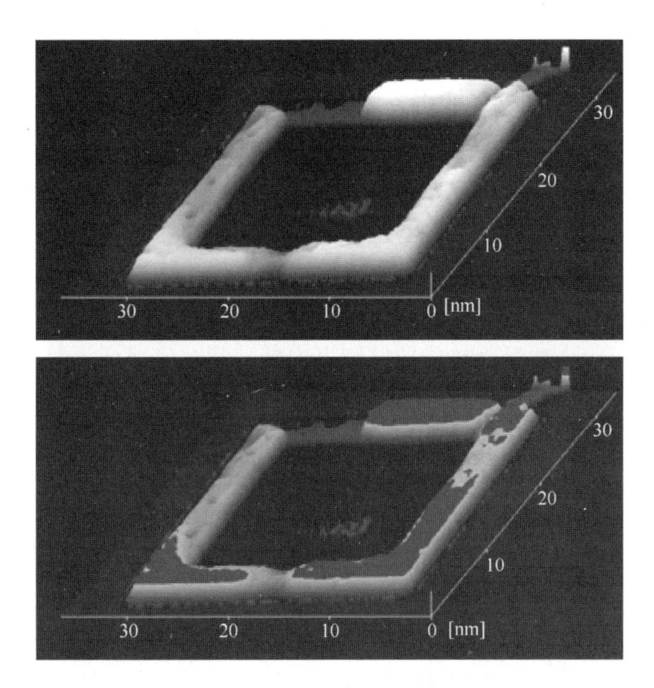

图 5-26　导线框 Leadframe 上分层缺陷 3D-SAM 图像

除了多种不同的扫描模式，超声换能探头也在很大程度上影响扫描成像，与声扫设备相配套的探头有多种多样。不同的探头适合不同的样品。频率越高，分辨率越高，穿透能力越差；焦距越长，分辨率越低，穿透能力越强。因此，选择适合的换能器需要根据样品的情况，首先考虑穿透能力，其次再考虑分辨率。另外对于多层结构的样品，要求焦距短、有效聚焦范围小；而对于较厚的

大功率塑封器件，则可以选择焦距长、有效聚焦范围大的换能器。

SAM 检测技术在功率器件封装缺陷检测中的应用主要是：①检查材料的气泡、裂纹、空洞或疏松等；②可检验材料表面及次表面的断裂，可探测多层结构完整性；③检测材料的密度及晶格组织分布；④检测材料内部分层缺陷、夹杂物等；⑤检测材料的杂质颗粒及沉淀物等。

5.2.3 脉冲涡流热成像

涡流热成像无损检测技术结合了涡流检测和热成像技术两方面的优势，涡流持续时间一般在毫秒级，又被称为脉冲涡流热成像技术。脉冲涡流热成像技术检测效率相对较高，主要利用电磁感应原理，以短时脉冲的方式向被测件注入热量。在被测试件内部激励出涡流，达到加热被检材料的目的，使用红外热像仪获取被测试件表面的温度。当试件内部或者表面存在缺陷时，会导致涡流分布发生变化，从而使得不同涡流密度区域的表面温度图像产生差异。缺陷改变了材料的热阻，影响了热扩散速率，使得缺陷所对应的表面区域温度高于或低于其周围区域，形成温度异常，通过对温度图像的分析，可以进一步识别和评估缺陷。脉冲涡流热成像检测技术应用于功率器件封装缺陷检测中，主要研究存在裂纹、腐蚀等缺陷的封装材料，其缺陷的形状、尺寸等。同时此方法要求样品必须可以激励产生涡流。

在整个脉冲检测过程中可以分为感应涡流加热过程、热传导过程和红外辐射过程 3 个过程。脉冲涡流热成像检测可根据被测对象灵活调整激励加热时间，操作方便。图 5-27 显示了脉冲涡流热成像的原理。

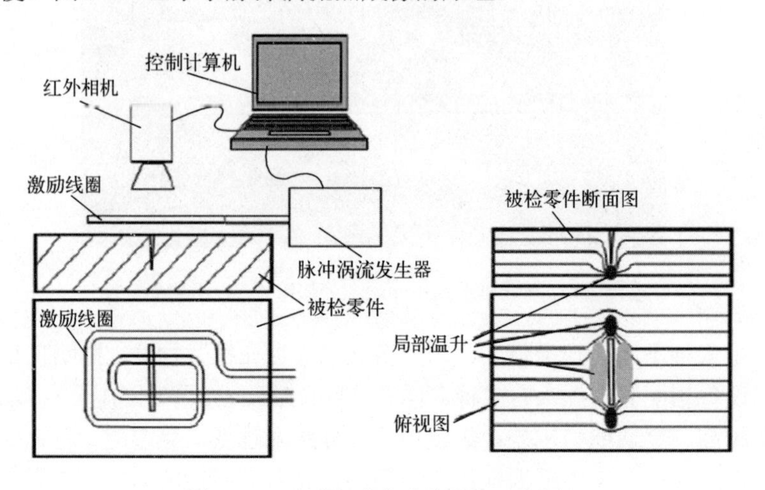

图 5-27　脉冲涡流热成像原理示意图

脉冲涡流热成像技术主要按照以下 3 种方式进行分类。根据激励源的加载形式，脉冲涡流热成像技术主要是指脉冲涡流热成像和脉冲涡流相位热成像两类。根据激励线圈和热像仪的相对位置，其有单面模式与双面模式两种。根据感应线圈和热像仪相对移动方式，脉冲涡流热成像可分为静止式和移动式。

脉冲涡流热成像技术与其他无损检测技术进行比较，有以下几个方面的优势：①红外热像仪分辨率高，灵敏度高。②检测效率高，反应快，热像仪可在几毫秒内测出目标温度。可以在相对比较短的时间内检测相对比较大的范围。③利用温度场来判断缺陷，成像结果直观明了。④对导电率较小的材料（如碳纤维复合材料）检测效果好。

利用脉冲涡流热成像技术对被测试件进行缺陷检测，依据缺陷在检测试件上的不同位置，一般将缺陷归结为 4 种类型：表面缺陷、亚表面缺陷、下表面缺陷以及内部缺陷，如图 5-28 所示。由于在感应线圈上施加的电磁激励方式不同，不同位置的缺陷的评估方法也是不尽相同的：①表面缺陷：对涡流场的扰动较大，根据涡流场的分布来识别和检测缺陷。②亚表面缺陷：对涡流场分布和热传导过程均有影响。但对涡流场的扰动更加严重，一般通过分析涡流场的分布来检测缺陷。③内部缺陷：当试件内的缺陷处于集肤深度之下时，缺陷只对热传导过程产生扰动。④下表面缺陷：当试件的集肤深度超过缺陷所在的深度，只会影响热传递过程。在功率器件封装缺陷检测过程中，需要综合分析缺陷对涡流场和热传导的扰动，才能准确定位和识别缺陷。图 5-29 和图 5-30 为脉冲涡流热成像技术检测深层缺陷和表面缺陷的结果示意图。

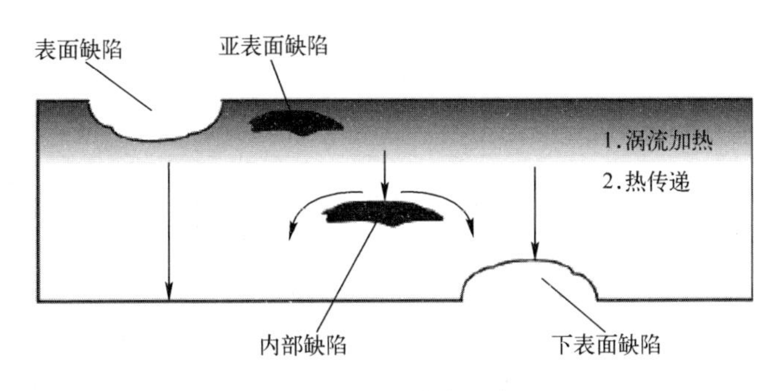

图 5-28　不同缺陷示意图

图 5-29　深层缺陷的结果图像

图 5-30　表面缺陷的结果图像

脉冲涡流热成像检测技术在功率器件封装缺陷检测中的应用主要是：①准确定位和识别材料表面、亚表面、内部以及下表面存在的裂纹、空洞、腐蚀等封装材料缺陷；②判断缺陷的形状、尺寸等。

5.2.4　红外扫描显微检测

在功率器件封装结构中存在着大量的界面构造，由于材料热膨胀系数的不匹配和工艺因素的不可控，会在两种材料的交界面产生很大的界面应力，特别是在制造、装配、材料瑕疵、外加负载或应用领域的温度循环引起的疲劳等存在时，应力会继续增加。这种应力足够大时，会危害交界面的黏附完整性，从而使器件内部产生分层、裂纹和空洞等缺陷。随着红外技术和热像仪的发展，红外扫描显微技术成为一门新兴的无损检测技术得到快速发展，它具有非接触式、全视场的红外热图像、快速的分析、很宽的动态测温范围、非常安全的测试（红外辐射）等优势。红外扫描显微检测是一种非接触式的无损缺陷成像检测技术。由于黑体辐射的存在，任何物体都依据温度的不同对外进行电磁波辐射。波长为 2.0～1000μm 的部分称为热红外线。红外扫描显微检测技术通过运用光电技术检测物体热辐射的红外线特定波段信号，将该信号转换成可供人类视觉分辨的图像和图形，能反映出物体表面的温度场，并可以进一步计算出温度值。进行红外扫描显微无损检测时不需要与被测对象直接接触，且灵敏度高，一般可以达到 0.01℃，能检测出设备或结构等热状态的细微变化。响应速度高达纳米级。使用红外扫描显微无损检测技术可以诊断出设备或结构等热状态的微小差异和细微变化。

进行红外扫描显微检测的仪器为红外显微镜。红外显微镜的结构与金相显微镜相似，但红外显微镜采用近红外（波长在 0.75～3μm）辐射源作为光源，并用红外变像管成像进行观察。红外显微镜主要由光学系统、红外探测器、视频信号放大器三部分组成。它的工作过程是：红外辐射经过衰减到达热像仪的光学系统，经光学系统对红外辐射进行聚焦后进入红外探测器，红外探测器是红外热成像系统的核心部件，起着将辐射通量转换成电信号的作用。探测器输出的电信号是相当微弱的，必须经过视频信号放大器的放大处理，最终将电信号转化为在显示器上的灰度图像。红外热成像系统的成像工作过程如图 5-31 所示。

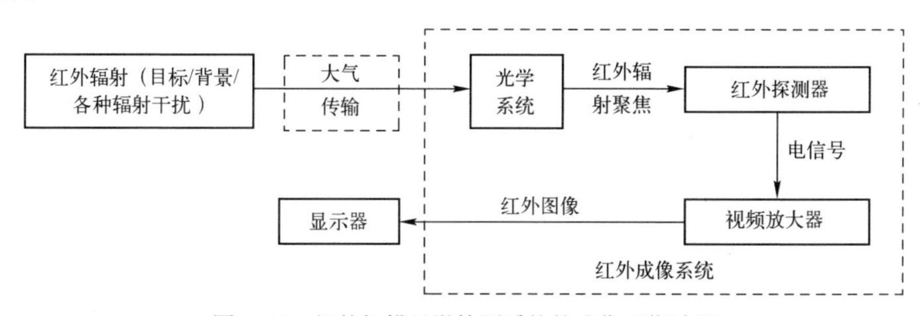

图 5-31　红外扫描显微检测系统的成像工作过程

由于锗和硅等半导体材料及薄金属层对近红外光是透明的，所以红外显微镜具有金相显微镜所无法比拟的优点。利用红外显微镜，不用剖切器件内部就能观察到芯片的内部缺陷和芯片的焊接情况。红外扫描显微检测特别适用于塑料封装功率器件的封装缺陷检测。其检测原理如图 5-32 所示。功率器件微小目标本身的热辐射由主反射镜和次反射镜收集，并聚集到红外探测器上。红外探测器把接收到的辐射能转换为电信号，把探测器输出的电信号加工处理，最后就能指示出该微小点的温度。光学分为两个通道，由分色片分开。分色片透过红外光，把可见光反射到目镜系统，以便对器件微小目标进行肉眼观察。

基准光源和光敏管构成基准信号产生器，使电路能采用相敏检波，从而提高系统性能。

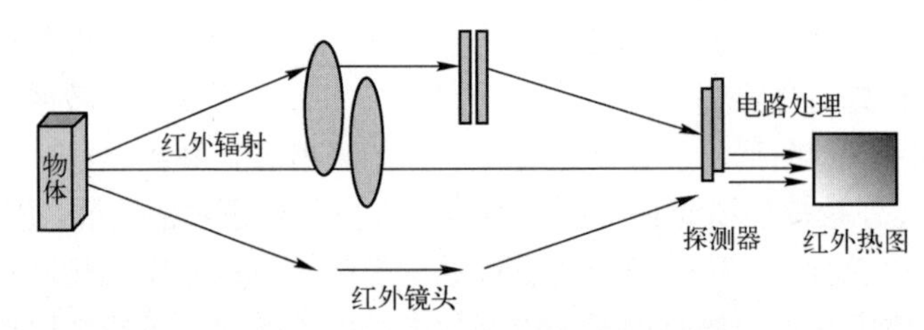

图 5-32　红外扫描显微检测原理

利用红外显微镜从塑料封装半导体器件的背面，透射硅衬底，观察芯片表面。这样就不会触及芯片的表面，也不存在热应力和机械力的影响，因而不会引入新的失效模式，克服了解剖技术给失效分析带来的困难。此外，从样品的背面也能观察到键合点界面的情况，如观察金-铝键合的界面或键合点下的氧化层及硅衬底中的缺陷，反偏 PN 结的二次发光、针孔、尖端扩散和铝膜台阶处局部发热等。

在进行红外扫描显微检测时，给物体施加均匀的热流，若材料的热性质均匀，则材料表面温度场处处一致。如果材料中存在与基体材料热性质（尤其是热导率）不同的缺陷，则将导致缺陷处相应表面的温度和红外辐射强度异常。只要材料表面具有一定温度，就产生热辐射，利用热像仪便可测出该表面温度，不同的温度在红外热像上表现为不同的颜色。故分析其表面红外热像图就可以推知材料内部的缺陷情况，从而对材料进行缺陷检测和质量评估。此技术可以显示器件表面温度分布，区分并找出热点。具体的成像结果如图 5-33 所示。

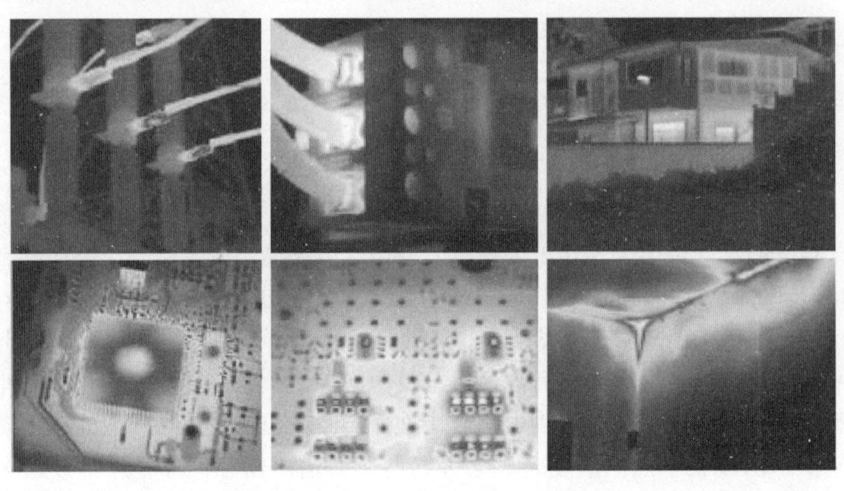

图 5-33　红外扫描显微检测成像结果

红外扫描显微检测技术在功率器件封装缺陷检测中的应用主要有：①检查金属与半导体的接触质量、金属腐蚀、金属化连线的对准情况和引线键合情况等。②检查芯片与底座之间的焊接情况。③检测针孔缺陷的位置、大小和密度。④观察半导体材料本身缺陷或封装引入的管芯应力。

5.3 破坏性分析

5.3.1 开封和剖面制备

针对大部分常用的非密封功率器件，在进行破坏性分析时需要进行开封操作。常用的开封方法包括化学方法、热机械法、机械法和等离子刻蚀法。

化学方法是利用浓酸（浓硫酸、发烟硝酸等）的强腐蚀性，在较高的温度下使得酸和塑封料进行化学反应，从而达到开封的目的。此方法成本低，较为可靠，金属化不改变，无水酸与芯片铝金属化层的反应较慢，且开封温度相对较低。但同时芯片表面的污染物可能被去除，不能对表面进行化学分析，若反应过程中释放水量较大，则会使铝局部腐蚀，并且化学方法有一定危险性，需要对操作者采取防护措施。热机械方法是将封装放置在 500℃的高温下一定的时间，使其产生相应的热应力，从而使芯片和封装材料分离，得以进行封装缺陷的检测。热机械方法可以分析芯片表面，可以对封装上层的缺陷进行检测。机械开封方法是对封装进行研磨，直到需要检验的特定部位。不需要加热和使用化学试剂，但开封较慢，且影响功率器件更深入的表面分析和电学测试。等离子刻蚀是利用电子激发的氧低温等离子体发射到封装材料上，达到去除封装材料的目的。此方法较为高效、平稳和安全，但处理时间很长（几个小时），最适用于不能用化学方法开封的封装。

除了开封以外，在封装缺陷检测分析时为了获得更多必要的信息，通常还应进行专门的样品剖面制备。当缺陷存在于封装内部或存在于表面但不容易从正面观察到，就需要进行剖切面观察。如多层结构的缺陷、PN 结缺陷、电迁移或腐蚀引起的金属化层厚度的变化等。常用的剖面制备方法包括研磨（手工剖切面）和聚焦离子束。随着功率器件集成度的提高，芯片结构越来越复杂，手工剖切面费工费时，加工精度不易保证。面对高集成度和亚微米线宽，聚焦离子束已经成为一种越来越重要的设备，用来进行失效点的定位和剖面的制备。

聚焦离子束（focused ion beam，FIB）是将一束离子聚焦并对样品表面进行扫描。离子束对表面的轰击会将表面原子溅射出来。让离子束按指定的图形扫描就可刻出所需的图案。如果同时注入化学气体，就可做局部的化学沉积

（CVD）而得到所需的沉积图案。离子束轰击表面时会产生二次离子（SI）以及二次电子（SE）。它们可以用来成像，直接观察离子束轰击时表面的变化。所以，聚焦离子束类似于扫描电子显微镜（SEM）。SEM 是用聚焦电子束扫描样品表面，而 FIB 是用聚焦离子束扫描样品表面。不同于 SEM 的是，FIB 可同时进行表面成像及表面的纳米加工，而 SEM 只能进行表面成像。

FIB 系统主要包括离子柱、样品室、真空系统、气体注入系统、扫描成像系统、操作台等。其简单的系统结构如图 5-34 所示。离子柱是整个 FIB 系统的核心。当在离子柱中的液态金属离子源（LMIS）上施加一个很强的电场时，电子通过隧道穿透效应穿过势垒，继而产生许多带正电荷的离子，通过抽取电极和聚焦系统就形成了可用的离子束。离子束控制系统对离子束进行限束、消隐、聚焦和偏转。离子束作用在样品上，样品受到离子束的激发，从样品发出的二次信号被收集、放大即可在显示器上形成样品表面形貌的二次电子像。当荷能粒子作用在固体材料的表面时会与材料中电子和原子发生作用，并将部分能量传递给样品材料中的电子和原子，由此产生一系列的物理、化学现象，如材料中原子的离化、溅射、电子发射、光子发射和化学键的断裂、分子的离解等。正是由于可产生这些物理和化学现象，才决定了 FIB 系统在微米/纳米加工中可实现多种功能。

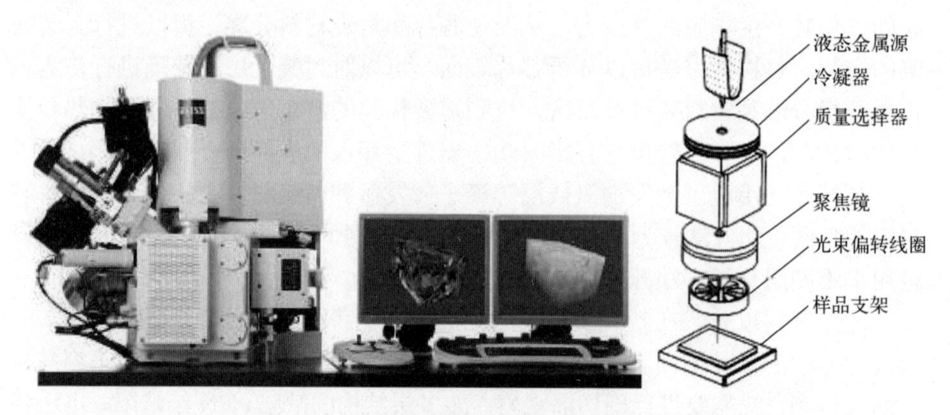

图 5-34　FIB 系统及其结构示意图

利用 FIB 溅射刻蚀或辅助气体溅射刻蚀可以方便地制作功率器件的剖面，用来分析失效器件的设计错误或制造缺陷。但是 FIB 技术应用于电子封装检测通常需要配合其他检测手段进行。包括自动导航定位系统定位、光学显微镜辅助 SEM 定位及用电位对比度（VC）的方法定位。即需要先行通过其他检测手段进行缺陷定位后，将已标记出大致缺陷位置的样品放入 FIB 用电子束观察，由于电子束扫描显微镜的倍率很高，这样就可以在这个标记出的区域中，根据硅片上的图形区域的不同，找到有缺陷的位置，确认缺陷发生的层次，并进行切割动作，制作剖面。图 5-35 是利用 FIB 切割样品，制备剖面的实物图。同时 FIB 也可以应用于微区分析的样品制备，如图 5-36 所示。

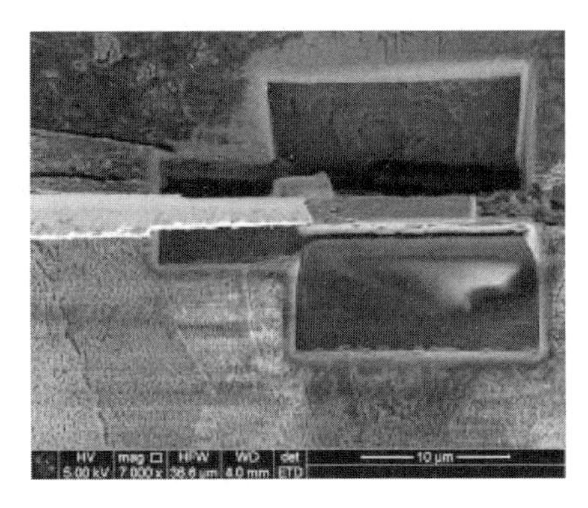

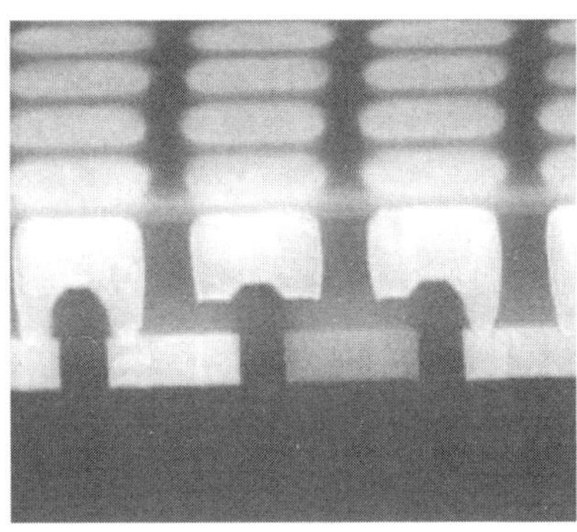

图 5-35　利用 FIB 切割样品

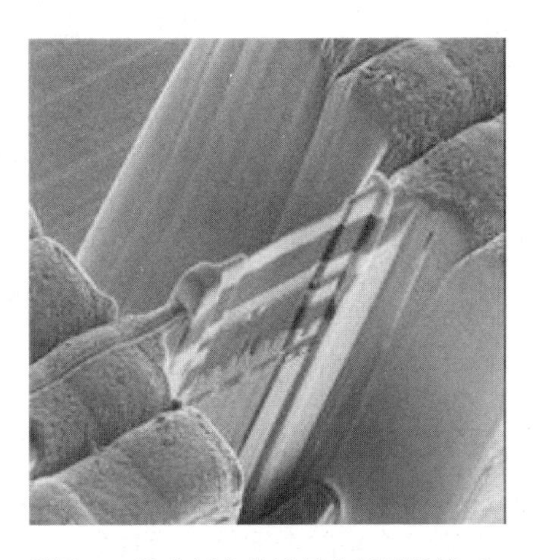

图 5-36　利用 FIB 技术制备的透射电子显微镜（TEM）样品

5.3.2　形貌观察分析

针对剖面和封装表面的缺陷，通常需要进行形貌观察分析。常用的微观形貌分析技术包括原子力显微镜（AFM）、扫描电子显微镜（SEM）和透射电子显微镜（TEM）3 种方法。本小节将从基本的工作原理、检测效果及其相关应用等方面分别对这 3 种方法进行介绍。

1．原子力显微镜（AFM）检测

原子力显微镜（atomic force microscope，AFM）是近年来表面成像技术中最重要的进展之一。不同于电子显微镜只能提供二维图像，AFM 可以提供真正的三维表面图。同时，AFM 不需要对样品进行任何特殊处理，如镀铜或碳，这种处理对样品会造成不可逆转的伤害。另一方面，AFM 在常压下甚至在液体环境下都可以良好工作。AFM 能观测非导电样品，因此具有更为广泛的适用性。在功率器件封装缺陷检测的应用中，由于器件的尺寸越来越小，芯片的功能越来越复杂，传统的显微手段已经不能满足封装缺陷检测的需求。虽然 AFM 存在成像范围小、速度慢、受探头的影响大等缺点，但是它仍然成为了封装检测中必备的工具。图 5-37 为 AFM 的实物图。

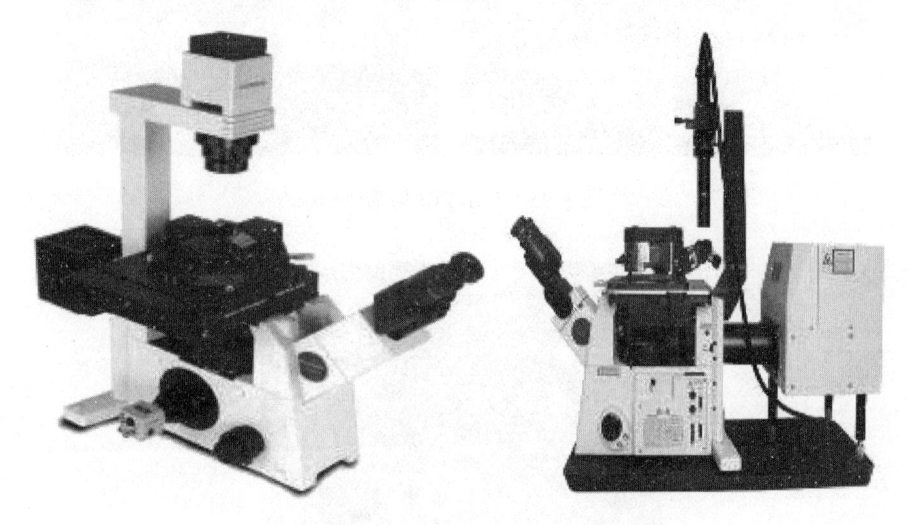

图 5-37　原子力显微镜（AFM）

AFM 是一种可用来研究包括绝缘体在内的固体材料表面结构的分析仪器。它的基本工作原理是通过检测待测样品表面和一个微型力敏感元件之间的极微弱的原子间相互作用力来研究物质的表面结构及性质。将一个对微弱力极端敏感的微悬臂的一端固定，另一端的微小针尖接近样品，这时微小针尖将与表面原子相互作用，作用力将使得微悬臂发生形变或运动状态发生变化。扫描样品时，利用传感器检测这些变化，就可获得作用力的分布信息，从而获得表面形貌结构信息及表面粗糙度信息。

AFM 主要由带针尖的微悬臂、微悬臂运动检测装置、监控微悬臂运动的反馈回路、对样品进行扫描的压电陶瓷扫描器件、计算机控制的图像采集、显示及处理系统等部分组成。原子力显微镜是一种形变的接触式测量方法。微悬臂运动可用如隧道电流检测等电学方法或光束偏转法、干涉法等光学方法检测。当针尖与样品充分接近，相互之间存在短程相互斥力时，检测该斥力可获得表面原子级分辨图像。利用 AFM 通过描绘样本高度和水平探针尖位置图，就可以建立器件表面的三维拓扑图。如图 5-38 所示。根据不同的应用，AFM 可以以不同模式工作。其成像模式可以分为两种类型：静态接触型和动态非接触型。图 5-39 是 AFM 的基本组成及工作原理示意图。如图 5-39 中所示，二极管激光器发出的激光束经过光学系统聚焦在微悬臂背面，并从微悬臂背面反射到由光电二极管构成的光斑位置检测器。在样品扫描时，由于样品表面的原子与微悬臂探针尖端的原子间的相互作用力，微悬臂将随样品表面形貌而弯曲起伏，反射光束也将随之偏移，因而，通过光电二极管检测光斑位置的变化，就能获得被测样品表面形貌的信息。为了防止悬臂针尖和样品表面发生接触和损坏，通过反馈控制系统来保持扫描过程中针尖与样品之间的距离。

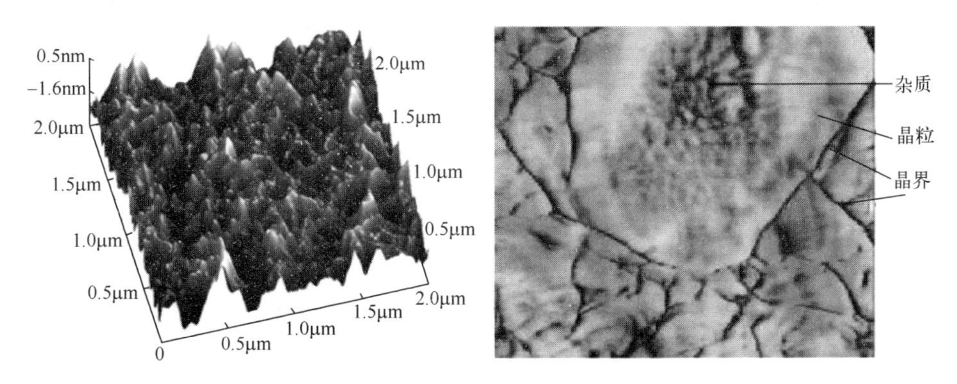

图 5-38　AFM 三维结果图

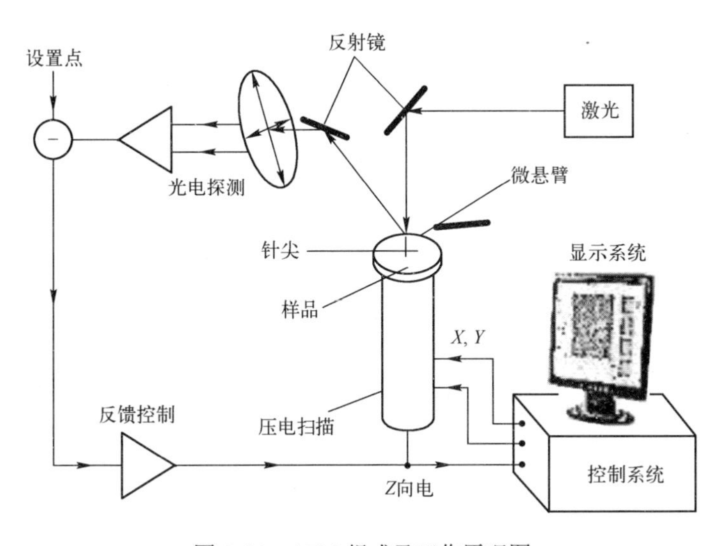

图 5-39　AFM 组成及工作原理图

一般情况下 AFM 的分辨率在纳米级水平。AFM 检测对样品无特殊要求，可测量固体表面、吸附体系等。其试样的厚度（包括试样台的厚度）最大为 10mm。试样的大小以不大于试样台的大小（直径 20mm）为大致的标准，最大值可以达到为 40mm。

2. 扫描电子显微镜（SEM）

SEM 是近 30 年才发展起来的一种精密的电子光学仪器，其基本原理是利用阴极发射的电子束经阳极加速，由磁透镜聚焦后形成一束直径为一到几百纳米的电子束流，这束高能电子束轰击到样品上会激发出多种信息，如图 5-40 所示。由图可见，样品在电子束的轰击下会产生二次电子和背散射电子等各种信号，通过对这些信息的接受、放大和显示成像，获得试样表面形貌的观察。当一束极细的高能入射电子轰击扫描样品表面时，被激发的区域将产生二次电子、俄歇电子、特征 X 射线和连续谱 X 射线、背散射电子、透射电子，以及在可见、紫外、红外光区域产生的电磁辐射。同时可产生电子-空穴对、晶格振动（声子）、电子振荡（等离子体）。

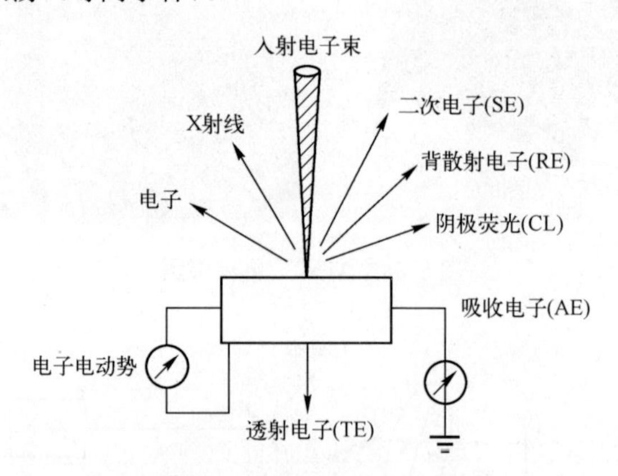

图 5-40　SEM 工作原理图

SEM 由电子光学系统（镜筒）、扫描系统、信号检测和放大系统、图像显示和记录系统、电源和真空系统、计算机控制系统等部分组成，如图 5-41 所示。由电子枪发射的电子，以其交叉斑作为电子源，经二级聚光镜及物镜的缩小形成能谱仪获得。具有一定能量、一定束流强度和束斑直径的微细电子束，在扫描线圈驱动下，于试样表面材料形貌分析观察做栅网式扫描。聚焦电子束与试样相互作用，产生二次电子发射（以及其他物理信号）。二次电子信号被探测器收集转换成电讯号，经视频放大后输入到显像管栅极，调制与入射电子束同步扫描的显像管亮度，得到反映试样表面形貌的二次电子像。图 5-42 所示即为

SEM 下的金属材料表面图像。样品受激发射出的主要信号有：①背散射电子。它是被固体样品中的原子核反弹回来的一部分入射电子。使用背散射电子成像，可以减少由于绝缘层带电所带来的干扰。②二次电子。它是指从样品中出射的能量小于 50eV 的电子。出射的二次电子只限于样品的表层，其范围与入射电子束直径相当，因此用二次电子成像分辨率高，能够完全反映样品的表面形貌特征。③吸收电子。

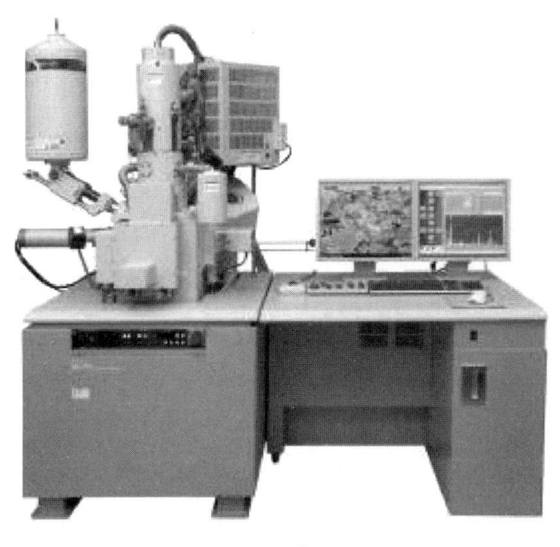

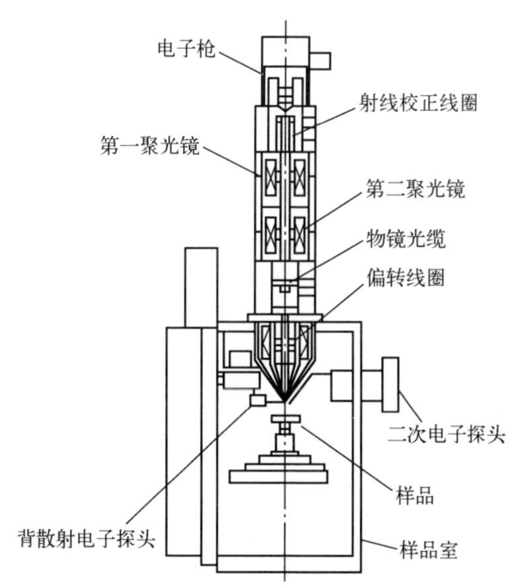

图 5-41　SEM 组成结构

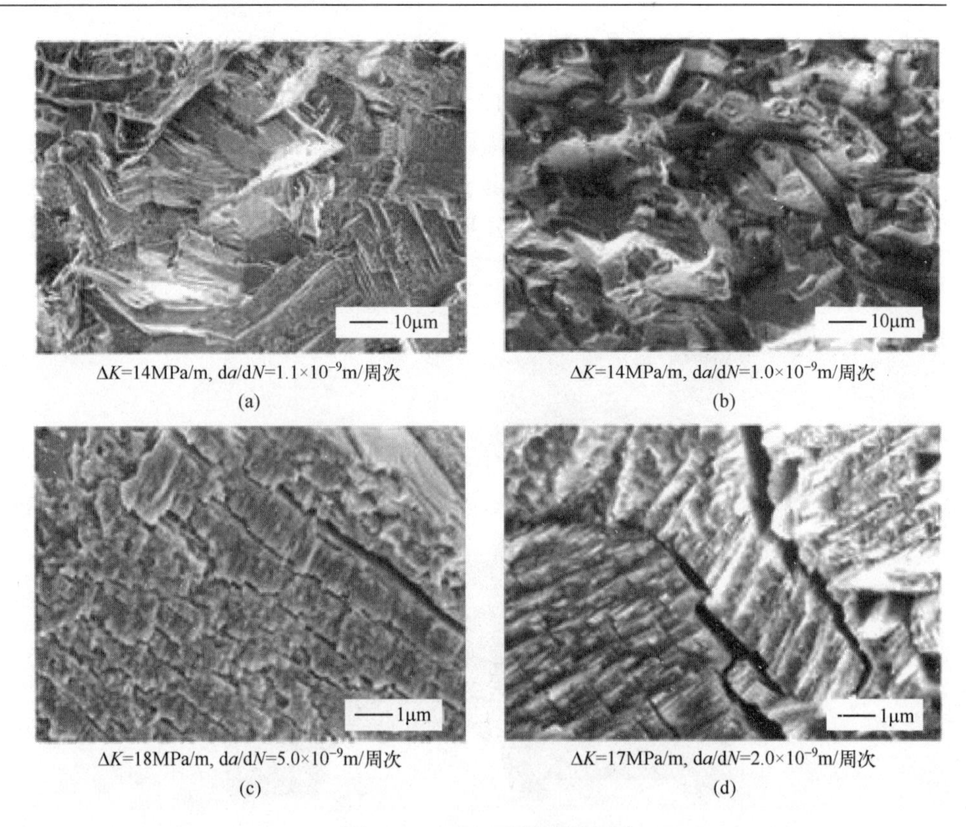

ΔK=14MPa/m, da/dN=1.1×10^{-9}m/周次
(a)

ΔK=14MPa/m, da/dN=1.0×10^{-9}m/周次
(b)

ΔK=18MPa/m, da/dN=5.0×10^{-9}m/周次
(c)

ΔK=17MPa/m, da/dN=2.0×10^{-9}m/周次
(d)

图 5-42　SEM 下的材料表面

SEM 具有很多优点。①分辨率高。在 SEM 中，人们最感兴趣的信号是二次电子和背散射电子，这两种信号的发射强度随着样品表面的形貌和化学成分而变化。二次电子产生的区域限于入射电子束射入样品的附近区域，从而获得相当高的形貌分辨率。②放大倍率宽：放大倍率与分辨率密切相关，为了获得高分辨率的图像，必须使用高放大倍率。光学显微镜放大倍率有限，最高到 1500 倍，TEM 放大倍率可以达到 100 万倍，SEM 的放大倍率范围可以从几倍至几十万倍。在扫描电子显微镜中，利用低倍观察样品的全貌，利用高倍研究样品的微观细节，操作时放大倍率连续可调，使用方便。③三维立体效果好。光学显微镜和透射电子显微镜 TEM 的图像景深小，只能观察样品某个平面，在深度方向上是模糊的。SEM 图像景深大，有的电镜在电子光学系统上经过特殊设计，可以提供几十毫米的景深范围，一幅二维图像可以提供三维信息，适用于观察表面粗糙的样品。利用 SEM 样品台的同轴心倾斜，可以获得样品的立体图像对，经合成后可以得到样品的立体图像，使用图像分析软件可以准确测量深度方向的数据，这是 SEM 的独特性能。④样品制备简单。导电样品只要尺寸大

小适用于样品台安装，可以直接进行观察，不必进行特别制备。非导电样品通过表面镀导电膜层处理即可。⑤综合分析能力强。扫描电镜可以安装多种附件，分别检测不同的信号，提供样品的相关信息。SEM 不单纯是微观放大系统，已经变成一台具有多种功能的分析仪器。能谱仪（EDS）和波谱仪（WDS）是最常用的附件，用于检测样品出射的特征 X 射线，提供材料化学成分的定性或定量分析结果。⑥操作简单，容易上手。

SEM 应用于功率器件封装检测，主要作用是在观察形貌的同时对试样微区进行成分分析，检测封装表面缺陷。在功率器件的缺陷检测中，可用二次电子像来观察芯片表面金属引线的短路、开路、电迁移、氧化层的针孔和受腐蚀的情况，还可以观察硅片的层错、位错和抛光情况及作为图形线条的尺寸测量等。背散射电子像在器件分析中常用来观察形貌，用其成分像和形貌像的对比分析来判别芯片上的腐蚀坑和金硅的合金点等。吸收电子像的衬度与二次电子像和背散射电子像的衬度正好互补，其分辨率接近于背散射电子像，在器件分析中主要用于检查钝化层的表面缺陷及鉴定扩散区性能等。

对于材料分析，就是分析缺陷区域的元素成分和含量。通常就是用 SEM-EDS 来进行分析。但是 SEM-EDS 有很多的局限性。SEM-EDS 探测信号的深度在 1μm 左右，也就是说若测量的样品表面污染物质的厚度小于 1μm，EDS 会把基底的成分提取到，影响结果的准确性。而且 SEM-EDS 是半定量的，即不能通过 EDS 来确定元素的百分比，因此测得的结果不具有参考性。特别是对于原子序数较小的元素，如 C、H、O。另外，SEM-EDS 最小的探测区域大约在 500nm。更小的污染区域无法进行检测。同时 SEM-EDS 也无法探测 H、He、Li、Be、B 等元素。

在进行 SEM 观察前，要对样品做相应的处理。SEM 样品制备的主要要求是：尽可能使样品的表面结构保存完好，没有变形和污染，样品干燥并且有良好的导电性能。样品必须为干燥固体，块状、片状、纤维状、颗粒或粉末状均可。应有一定的化学、物理稳定性，在真空中及电子束轰击下不会挥发或变形；无磁性、放射性和腐蚀性。一般情况下，样品体积不宜太大（≤5mm×5mm×2mm 较适合）。

3．透射电子显微镜（TEM）

透射电子显微镜（TEM）简称透射电镜，是一种可以提供微结构和化学材料的纳米级信息的重要工具。它可以看到在光学显微镜下无法看清的小于 0.2μm 的细微结构。它使用电子来展示物件的内部或表面情况，其分辨率可达 0.2nm。放大倍数为几万至百万倍。因此，使用 TEM 可以用于观察样品的精细结构，甚至可以用于观察仅仅一列原子的结构，比光学显微镜所能够观察到的最小的结构小数万倍。TEM 在半导体研究领域具有重要的作用。

TEM 由全面的电子光学系统、电子发射和投影系统、高真空环境组成。其基本结构及成像原理如图 5-43 所示。电子光学系统包括电子枪、聚光镜、物镜和投影镜系统。与 SEM 相比，电子枪上会施加更高的电压，这样入射电子会携带足够的能量穿透样品。TEM 的极限电压通常在 100～1000kV 之间，取决于对特定 TEM 分辨能力的要求。极限电压越高，分辨率就越高，就可处理更厚的样品。

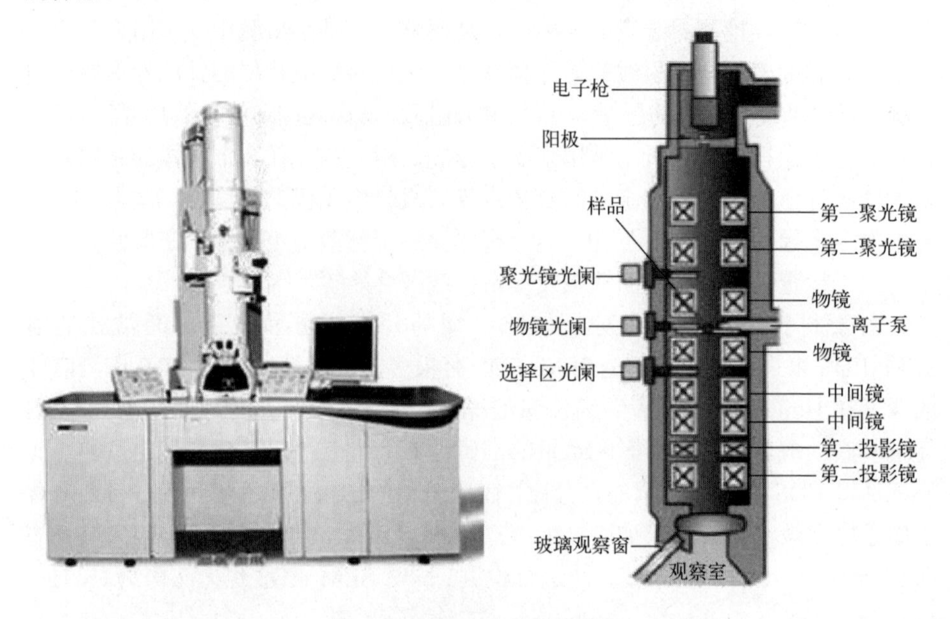

图 5-43　TEM 及其基本结构

TEM 是把经加速和聚集的电子束投射到非常薄的样品上，电子与样品中的原子碰撞而改变方向，从而产生立体角散射。散射角的大小与样品的密度、厚度相关，因此可以形成明暗不同的影像，影像将在放大、聚焦后在成像器件（如荧光屏、胶片、感光耦合组件）上显示出来。在工作时，电子枪发射出来电子束。电子束经真空通道和聚光镜后照射在样品上。透过样品的电子束携带有样品内部的结构信息，样品内致密处透过的电子量少，稀疏处透过的电子量多。经过物镜的会聚调焦和初级放大后，电子束进入下级的中间透镜和第一、第二投影镜进行综合放大成像，最终被放大了的电子影像投射在观察室内的荧光屏板上。荧光屏将电子影像转化为可见光影像以供使用者观察。

用 TEM 进行电子材料和封装的缺陷检测时，可使用不同的工作模式：亮场模式、暗场模式和高分辨率模式。亮场和暗场模式用于得到不同衍射对比度的图像。高分辨率模式用于得到相位对比图像，这种模式对于半导体、氧化层、金属化中的界面缺陷的检测尤其有用。图 5-44 所示即为材料在 TEM 下的成像图片。

图 5-44　材料 TEM 照片

TEM 样品制备是一个破坏性和耗时的过程。由于电子束的穿透力很弱，因此用于电镜的标本须制成厚度约 50nm 的超薄切片。同时与传统 SEM 样品制备一样，需要涂覆导电层。其应用于功率器件封装检测，主要作用与 SEM 观察样品表面的结构特征不同。TEM 可用于观察样品的内部精细结构。增加附件后，其功能可以从原来的样品内部组织形貌观察、原位的电子衍射分析，发展到原位的成分分析、表面形貌观察和透射扫描像。

5.3.3　材料成分分析

随着功率器件日益微型化，使用材料多样化，结构性能特殊化，同时由于材料在环境应力综合作用影响下产生变化和产生新的物质等，在缺陷检测中需要进行材料鉴定和评价，需要进行定性或定量的成分和组织结构分析。这就是成分晶体分析技术。成分晶体分析通常与形貌观察分析相结合，用于功率器件封装缺陷的破坏性检测分析，达到深化认识、了解封装缺陷产生及器件失效机理，提高检测分析的准确性和科学性的目的。

常用的成分晶体分析技术主要包括以下几个方面：

X 射线能谱分析（energy dispersive spectrometer，EDS）：EDS 能谱仪是与扫描电子显微镜或透射电镜配合使用的设备。通过对扫描电镜或透射电镜内经电子碰撞所产生的 X 射线的能量进行测量来确定物质化学成分。EDS 可以进行 4～100 号元素的定性定量分析。

X 射线光电子能谱技术（X-ray photoelectron spectroscopy，XPS）：XPS 是一种表面分析方法，使用 X 射线进行辐射，使样品原子或分子的内层电子或价电子受激发射。通过测量发射出的光电子的能量和数量，获得待测物组成相关信息。XPS 的主要应用是测定电子的结合能，鉴定样品表面的化学性质及组成的分析，可以测试除了 H、He 以外的所有元素并得到元素的价态信息。其特点是：光电子来自表面 10nm 以内，仅能给出表面的化学信息，具有分析区域小、分析深度浅和不破坏样品的特点。

X 射线衍射技术（X-ray diffraction，XRD）：XRD 是通过对材料进行 X 射线衍射，分析其衍射图谱，获得材料的成分、材料内部原子或分子的结构或形态等信息。通常定量分析的样品细度应在 45μm 左右，主要用于分析晶体结构。

俄歇电子能谱技术（Auger electron spectrum，AES）：AES 是基于俄歇过程，通过不同原子产生的各自的俄歇电子，来进行元素测试分析。AES 与 XPS 一样，可测试的元素范围相同。但是 AES 不能得到元素的价态信息。其优点在于，它有极高的空间分辨率，最小分析的区域可以达到几十个纳米。信息探测深度 5nm 左右，搭配离子溅射枪可以达到 1μm，甚至更深。

拉曼光谱技术（Raman spectroscopy）：拉曼光谱是一种散射光谱，是基于拉曼散射效应，利用物质分子对入射光所产生的频率发生较大变化的散射现象。用单色入射光（包括圆偏振光和线偏振光）激发受电极电位调制的电极表面，通过测定散射回来的拉曼光谱信号（频率、强度和偏振性能的变化）与电极电位或电流强度等的变化关系，对与入射光频率不同的散射光谱进行分析以得到分子振动、转动方面的信息。拉曼光谱技术快速、简单、可重复，且能进行无损定性定量分析，它无需样品准备，样品可直接通过光纤探头或者通过玻璃、石英和光纤测量。

傅里叶变换红外光谱技术（Fourier transformation infrared spectroscopy，FTIR）：FTIR 是测量有机污染最常见的测试方法。它不同于色散型红外分光的原理，是基于对干涉后的红外光进行傅里叶变换的原理而开发的红外光谱仪，主要由红外光源、光阑、干涉仪（分束器、动镜、定镜）、样品室、检测器以及各种红外反射镜、激光器、控制电路板和电源组成。可以对样品进行定性和定量分析。它只能测试有机物。用它得出的测试结果是一个谱，通过与数据库的对比，可以找到与之对应的物质。FTIR 分析的最小区域在十几个微米，最小厚度在几十微米。

二次离子质谱仪（secondary ion mass spectrometry，SIMS）：SIMS 是材料分析领域中非常先进的方法，不仅可以分析无机物，还可以分析有机物，而且可以测试全部元素，包括同位素。分析灵敏度可以达到 10^{-6}。它是通过一次离子轰击样品表面，在样品表面产生二次离子，这些二次离子会在磁场中飞行。由于不同的离子有不同的荷质比，所以在磁场中受到的电场力也不同，这样不同的离子到达探测器的时间也是不同的。通过这个先后顺序生成一个谱图，通过谱图确定元素的种类、含量。有机物也是同样的原理，离子束轰击样品后会生成不同的有机官能团，最终的谱图上就会有官能团的信息。TOF-SIMS 分析的最小区域大概是 50μm，收集到的信号深度在 10nm 以内。若 TOF-SIMS 配有离子溅射枪，则可以剥蚀样品，从而达到深度分析的目的。

参考文献

[1] 蒋华平. 隔离型和隧道型 RC-IGBT 新结构与耐压设计[D]. 成都：电子科技大学, 2012.

[2] 王彦刚. IGBT 模块热行为及可靠性研究[D]. 北京：北京工业大学, 2000.

[3] NEWCOMBE D R, BAILEY C, LU H. Rapid solutions for application specific IGBT module design[C]//Proceedings of International Exhibition & Conference for Power Electronics Inteligent Motion Power Quality (PCIM). 2007.

[4] ENGELMANN H J, SAAGE H, ZSCHECH E. Application of analytical TEM for failure analysis of semiconductor device structures[J]. Microelectronics Reliability, 2000, 40(8–10): 1747–1751.

[5] FEI S, SUN Y, SHI X, et al. Techniques for nano-scale deformation measurement[C]. Electronics Packaging Technology Conference, IEEE, 2004.

[6] JIN X, HONG Y J, ZHONG Q P, et al. The methods determining upper limit of fatigue crack growth rate in Paris-Erdogan law [C]//Proceedings of the 5th international conference on frontiers of design and manufacturing. Dalian, 2002.

[7] LIU C T . Critical analysis of crack growth data[J]. Journal of Propulsion & Power, 1990, 6(5): 519–524.

[8] YONG L , IRVING S, RIOUX M , et al. Die attach delamination characterization modeling for SOIC package[C]. Electronic Components & Technology Conference, IEEE, 2002.

[9] LU H, TILFORD T, BAILEY C, et al. Lifetime prediction for power electronics module substrate mount-down solder interconnect[C]//HDP'07: Proceedings of the 2007 international

symposium on high density packaging and microsystem integration. Shanghai, 2007.

[10] SAITOH T, MATSUYAMA H, TOYA M . Linear fracture mechanics analysis on growth of interfacial delamination in lsi plastic packages under temperature cyclic loading[J]. IEEE Transactions on Components, Packaging, and Manufacturing Technology: Part B, 2002, 21(4): 422-427.

[11] TAY A, MA Y, NAKAMURA T, et al. 2004. A numerical and experimental study of delamination of polymer-metal interfaces in plastic packages at solder reflow temperatures [C].Thermal and thermo mechanical phenomena in electronic systems, Las Vegas, 2004.

[12] TAY A , MA Y Y . Determination of critical defect size for delamination failure of the pad/encapsulant interface of plastic IC packages undergoing solder reflow[C]. Electronic Components & Technology Conference, IEEE, 2004.

[13] GESTEL R V, SCHELLEKENS H. 3D finite element simulation of the delamination behaviour of a PLCC package in the temperature cycling test[C]. International Reliability Physics Symposium, IEEE, 1993.

[14] 林丹华. PBGA 封装热可靠性分析及结构优化[D]. 长沙：中南大学，2008.

[15] 马小宁, 高新涛. LED 芯片封装缺陷检测方法研究[J]. 企业技术开发, 2011, 30(15): 39, 45.

[16] 徐龙潭. 电子封装中热可靠性的有限元分析[D]. 哈尔滨：哈尔滨工业大学, 2007.

[17] 张胜红. 电子封装 SnPbAg 焊层热循环可靠性研究[D]. 上海：中国科学院上海冶金研究所, 2000.

[18] 郑红霞, 刘青峰, 谢基龙. 三维疲劳裂纹扩展仿真技术研究[J]. 鲁东大学学报（自然科学版）, 2009, 25(03): 280-284.

[19] 孙流星, 于瀛洁. 基于相移和颜色分光的电子散斑干涉瞬态三维变形测量方法[J]. 光学仪器, 2016, 38(01): 20-26.

第 6 章

功率器件热可靠性试验技术

6.1 功率器件热可靠性试验方法

6.1.1 高温反偏试验

功率器件往往工作在高压大电流的条件下，对其可靠性提出了较高的要求。为保证器件的可靠性，在器件出厂前都会采用一系列可靠性试验进行考核、筛选。针对器件不同的使用环境，采用的可靠性试验的种类、条件也会有差异。对于功率器件来说，高温反偏试验是器件出厂前必做的试验之一。根据国际电工委员会（IEC）的标准，该试验的条件为：试验过程中结温优选器件所能承受的最高结温，施加的电压优选最大反向偏压的 80%，考核时长根据器件不同的应用环境而不同，在电力系统中的应用一般要求达到 1000h。器件内部仅有很小的反向漏电流通过，几乎不消耗功率。该试验对剔除具有表面效应缺陷的早期失效器件特别有效，这些器件的失效与时间和应力有关，如未经此试验，这些器件在正常的使用条件下会发生早期失效。该试验还能揭示与时间和应力有关的电气失效模式。相关标准中高温反偏（high temperature reversed biased, HTRB）试验的试验规范及方法如表 6-1 和表 6-2 所列，相应方法规定的具体试验条件见附录。

表 6-1　高温反偏试验规范及方法（GJB 体系）

器件类型	规范	试验方法	试验条件	
			筛选	鉴定
IGBT	GJB 33	GJB 128 方法 1042	JY 级：条件 C，至少 240h	B 组：条件 C
			JC 级：条件 C，至少 160h	
			JCT 级：条件 C，至少 160h	

续表

器件类型	规范	试验方法	试验条件	
			筛选	鉴定
BJT	GJB 33	GJB 128 方法 1039	JY 级：条件 B，至少 240h	—
			JC 级：条件 B，至少 160h	
			JCT 级：条件 B，至少 160h	
MOSFET	GJB 33	GJB 128 方法 1039	JY 级：条件 B，至少 240h	—
			JC 级：条件 B，至少 160h	
			JCT 级：条件 B，至少 160h	
功率晶闸管	GJB 33	GJB 128 方法 1040	JY 级：条件 B，至少 240h	—
			JC 级：条件 B，至少 160h	
			JCT 级：条件 B，至少 160h	
PIN 二极管	GJB 33	GJB 128 方法 1038	JY 级：条件 B，至少 240h	—
			JC 级：条件 B，至少 96h	
			JCT 级：条件 B，至少 96h	

表 6-2　高温反偏试验规范及方法（GB 体系）

器件类型	规范	试验方法	试验条件
IGBT	GB/T 29332	JESD 22 A108F	见附录
BJT	GB/T 4575	JESD 22 A108F	见附录
MOSFET	GB/T 4586	JESD 22 A108F	见附录
晶闸管	GB/T 15291	JESD 22 A108F	见附录
PIN 二极管	IEC 60747-9	JESD 22 A108F	见附录

在进行 HTRB 试验前一般需要先对器件的结壳热阻进行测试，目的是在 HTRB 试验过程中，根据器件的实时漏电流以及器件的热阻来监测器件的结温。结壳热阻的计算公式为

$$R_{jc} = (T_j - T_c)/P \tag{6-1}$$

式中：R_{jc} 为结壳热阻；T_j 为器件的结温；T_c 为器件壳温；P 为测试过程中施加到芯片上的功率。同一批次的器件一般只需取其中的一只进行热阻的测量，这是由于器件的热阻主要由器件的封装类型决定。

对于功率器件来说，施加的电压应力一般为器件最高反向偏压的 80%，电压应力一般施加在器件中需承受高压的 PN 结上。HTRB 试验的考核时间一般

会结合器件实际的应用以及对器件所期待的寿命来进行确定，对于功率器件而言，常用的时间包括 168h、500h、1000h 等。HTRB 试验开始时，先加电压再慢慢升高温度，然而，试验结束时，应先降温，待温度降至 55℃左右时，才可将电应力移除。这是因为在高温无电场的作用下，可动离子能做无规则运动，使得器件已失效的性能恢复正常，从而会掩盖曾经失效的现象。降温时注意尽量避免温度的骤降，这样可能会使器件损坏。试验结束后，常规电测试应该在 96h 以内进行方能有效。

根据 HTRB 试验结果，可以对器件的寿命进行预测。由于 HTRB 试验涉及温度应力，一般选取阿伦尼乌斯（Arrhenius）模型，该模型主要用来描述考核温度与器件寿命的对应关系，阿伦尼乌斯模型表达式为

$$\frac{\mathrm{d}M}{\mathrm{d}t} = A\exp\left(-\frac{E_{\mathrm{a}}}{kT}\right) \tag{6-2}$$

式中：M 为化学反应量；t 为试验时间；$\mathrm{d}M/\mathrm{d}t$ 为反应速率；A 为常数；E_{a} 为激活能；k 为玻耳兹曼常数；T 为试验温度（K）。

对于 HTRB 试验而言，试验过程中的温度应力是恒定的，在恒定温度应力试验中，将元器件的失效看作是由某种反应量的原始值 M_0 累积到一定程度 M 所引起的，那么寿命就是反应量累积到 M 所需的时间 t，由阿伦尼斯方程两边积分可以得到

$$t = \frac{M - M_0}{A}\exp\left(\frac{E_{\mathrm{a}}}{kT}\right) \tag{6-3}$$

两边取对数：

$$\ln t = a + b\frac{1}{T} \tag{6-4}$$

式中：$a = \ln\frac{M - M_0}{A}$；$b = \frac{E_{\mathrm{a}}}{k}$。

从式（6-4）中可以看出，寿命的对数与绝对温度的倒数之间满足直线方程，因此通过施加几组温度应力得到元器件在这几个温度点上的寿命后，就可以确定 a、b 值，并利用这一关系外推出正常温度下的元器件寿命和表征元器件失效机理的激活能 E_{a}。

HTRB 试验后的失效判据在不同的标准、企业中有不同的定义，国际电工委员会标准 IEC60747-9 以及美国军用标准 MIL-PRF-19500 经过可靠性考核试验后的失效判别标准分别如表 6-3 所列。表 6-3 中 USL 表示规格上限，LSL 表示规格下限，IMV 表示初始测量值。从表 6-3 中可以看出，相比而言美国军用

标准 MIL-PRF-I9500N 的失效判据更为严苛，这主要是由于军用产品的高可靠性要求所致。应当根据器件的实际应用场合合理选择失效判据。目前国内部分企业把器件的导通压降$U_{CE,sat}/U_F$的变化范围在 20%以内以及漏电流I_{DSS}、I_{CES}小于 1mA 判定为试验通过。

表 6-3 HTRB 试验失效判据

判定参数	IEC60747-9 失效判据	MIL-PRF-19500 失效判据
栅源或栅极—发射极漏电流I_{GSS}、I_{GES}	>2USL	>20nA 或<-20nA 或>初始值的 100%
栅极电压为零时的漏极电流或集电极漏电流I_{DSS}、I_{CES}	>2USL	>100μA 或<-100μA 或>初始值的 100%（最多为极限值的 2 倍）
$U_{CE,sat}/U_F$	>1.2IMV 或>100%USL	>初始值的 120%
开启电压的最大变化$U_{GS,th}$、$U_{GS,th}$	>120%USL,<80%LSL	>初始值的 120%或<初始值的 80%
器件热阻R_{jc}	>1.2IMV 或>100%USL	>初始值的 120%

6.1.2 高温栅极偏置试验

高温栅极偏置试验是将功率器件漏源短接后接地（或集电极、发射极短接后接地），通过在器件栅极施加高电压，并在高温环境下持续一段时间，以剔除有隐患的器件或有制造缺陷的器件。通过对功率器件高温栅偏试验前后阈值电压、导通电阻和击穿电压对比，用于评估功率器件在高温、高栅极偏压条件下的可靠性，试验电路图如图 6-1 所示。

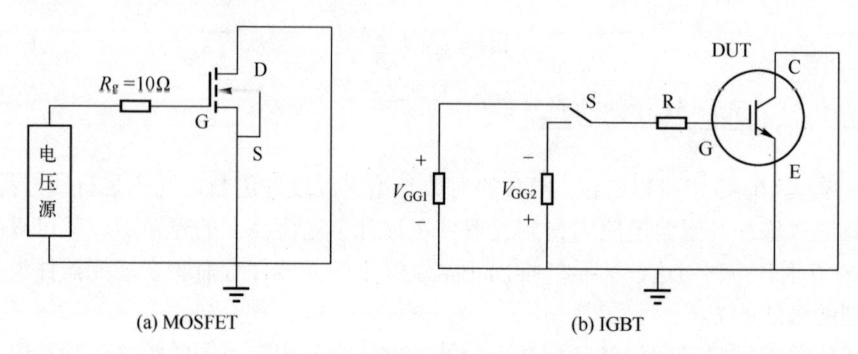

图 6-1 高温栅极偏置试验电路

高温栅极偏置的试验规范及方法如表 6-4 和表 6-5 所列，相应方法规定的具体试验条件见附录。

表 6-4　高温栅极偏置试验规范及方法（GJB 体系）

器件类型	规范	试验方法	试验条件	
			筛选	鉴定
IGBT	GJB 33	GJB 128 方法 1042	JY 级：条件 C，至少 240h	B 组：条件 C
			JC 级：条件 C，至少 160h	
			JCT 级：条件 C，至少 160h	
BJT	GJB 33A	GJB 128 方法 1042	JY 级：条件 C，至少 240h	B 组：条件 C
			JC 级：条件 C，至少 160h	
			JCT 级：条件 C，至少 160h	
MOSFET	GJB 33	GJB 128 方法 1042	JY 级：条件 C，至少 240h	B 组：条件 C
			JC 级：条件 C，至少 160h	
			JCT 级：条件 C，至少 160h	
晶闸管	GJB 33	GJB 128 方法 1042	JY 级：条件 C，至少 240h	B 组：条件 C
			JC 级：条件 C，至少 160h	
			JCT 级：条件 C，至少 160h	
PIN 二极管	GJB 33	GJB 128 方法 1042	JY 级：条件 C，至少 240h	B 组：条件 C
			JC 级：条件 C，至少 160h	
			JCT 级：条件 C，至少 160h	

表 6-5　高温栅极偏置试验规范及方法（GB 体系）

器件类型	规范	试验方法	试验条件
IGBT	GB/T 29332	JESD 22 A108F	见附录
BJT	GB/T 4575	JESD 22 A108F	见附录
MOSFET	GB/T 4586	JESD 22 A108F	见附录
晶闸管	GB/T 15291	JESD 22 A108F	见附录
PIN 二极管	IEC 60747-9	JESD 22 A108F	见附录

高温栅极偏置试验和高温反偏试验能有效用于评判功率器件在高温条件下的高栅偏或高反偏电压条件下的可靠性，并且在宽禁带材料功率器件高温可靠性评估中受到了研究学者们的广泛关注。研究指出，阈值电压不稳定性和漏电流退化是上述两个试验最易引起的失效机理。

6.1.3 高温/低温贮存试验

高温贮存试验是将器件贮存于高于器件技术条件规定的最高工作温度（一般取高于 10℃～20℃），用于测试器件在高温条件下贮存时塑料、橡胶、芯片有机钝化层、内涂胶以及硅胶等功率器件中常见材料的功能完好性。类似地，低温贮存试验则是将器件贮存于低于器件技术条件规定的最低工作温度（一般取-40℃）测试器件在低温贮存条件下的功能完好性。高温/低温贮存试验的试验规范及方法如表 6-6 和表 6-7 所列，具体的试验条件见附录。

表 6-6 高温/低温贮存试验规范及方法（GJB 体系）

器件类型	规范	试验方法	试验条件	
			筛选	鉴定
IGBT	GJB 33	GJB 128 方法 1031	—	至少 340h
BJT	GJB 33	GJB 128 方法 1031	—	至少 340h
MOSFET	GJB 33	GJB 128 方法 1031	—	至少 340h
晶闸管	GJB 33	GJB 128 方法 1031	—	至少 340h
PIN 二极管	GJB 33	GJB 128 方法 1031	—	至少 340h

表 6-7 高温/低温贮存试验规范及方法（GB 体系）

器件类型	规范	试验方法	试验条件
IGBT	GB/T 29332	JESD 22 A103C	A、B、C、D、E、F
BJT	GB/T 4575	JESD 22 A103C	A、B、C、D、E、F
MOSFET	GB/T 4586	JESD 22 A103C	A、B、C、D、E、F
晶闸管	GB/T 15291	JESD 22 A103C	A、B、C、D、E、F
PIN 二极管	IEC 60747-9	JESD 22 A103C	A、B、C、D、E、F

进行高温/低温贮存试验时，试验器件不包装、不通电，直接以正常位置置于试验箱内，并使试验箱设置为恒定温度，温度保持稳定后持续一定时间，而后自然降温 1～2h，测量器件的电学特性退化敏感参数并验证器件的功能完好性，进而利用阿伦尼乌斯模型评估器件在常温下的贮存寿命。

6.1.4 温度循环试验

温度是影响电子产品可靠性的重要环境因素。温度循环试验是环境试验中最常用、最有效的试验之一，对评价产品的可靠性和进行质量监控有着重大意义。试验流程如图 6-2 所示。温度循环试验的标准及试验方法如表 6-8 和表 6-9

所列，具体的试验条件见附录。

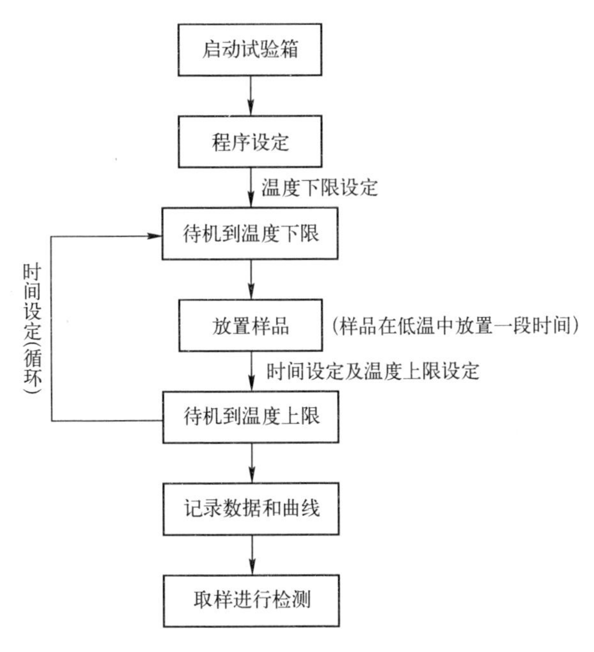

图 6-2　功率器件温度循环试验流程

表 6-8　温度循环试验规范及方法（GJB 体系）

器件类型	规范	试验方法	试验条件	
			筛选	鉴定
IGBT	GJB 33	GJB 128 方法 1051	条件 C	条件 C
BJT	GJB 33	GJB 128 方法 1051	条件 C	条件 C
MOSFET	GJB 33	GJB 128 方法 1051	条件 C	条件 C
晶闸管	GJB 33	GJB 128 方法 1051	条件 C	条件 C
PIN 二极管	GJB 33	GJB 128 方法 1051	条件 C	条件 C

表 6-9　温度循环试验规范及方法（GB 体系）

器件类型	规范	试验方法	试验条件
IGBT	GB/T 29332	JESD22-A104E	A、B、C、G、H、I、J、K、L、M、N
BJT	GB/T 4575	JESD22-A104E	A、B、C、G、H、I、J、K、L、M、N
MOSFET	GB/T 4586	JESD22-A104E	A、B、C、G、H、I、J、K、L、M、N

续表

器件类型	规范	试验方法	试验条件
晶闸管	GB/T 15291	JESD22-A104E	A、B、C、G、H、I、J、K、L、M、N
PIN 二极管	IEC 60747-9	JESD22-A104E	A、B、C、G、H、I、J、K、L、M、N

温度循环试验主要是利用不同材料热膨胀系数的差异，加强其因温度快速变化所产生的热应力对试件所造成的劣化影响。当功率器件经受温度循环时，内部出现交替膨胀和收缩，使其产生热应力和应变。如果器件内部邻接材料的热膨胀系数不匹配，这些热应力和应变就会加剧，在具有潜在缺陷的部位会起到应力提升的作用，随着温度循环的不断施加，缺陷长大并最终变为故障（如开裂）而被发现，这称为热疲劳。

在温度循环试验中，影响其试验效果的主要参数是：温度范围、试验箱的升降温速率、试验样品在高温或低温中的保持时间、转换时间、试验的循环次数。在 MIL-STD-883 方法 1010.8、JESD22-A104、GB/T 2423 和 GJB 548 中给出了相关的参考标准，但是存在着一定的差异（表 6-10）。下面根据温度循环试验的典型剖面图（图 6-3）对其主要参数进行分析。

表 6-10　各标准中温度循环试验关键参数的比较

标准	温度范围/℃	升降温速率/（℃·s^{-1}）	保持时间/min	转换时间/min	循环次数/次
MIL-STD-883 1010.8	−65～300	0.6	≥10	≤1	≥10
JESD22-A104	−55～125	0.25	30	<1	1～3
GB/T 2423	−55～85	≤0.1	180	2～3	5
GJB 548 1010.1 条件 C	−65～150	≥0.24	≥10	≤1	≥10

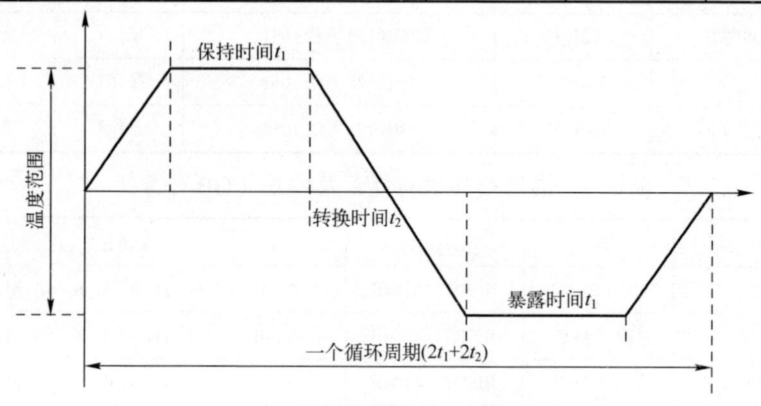

图 6-3　温度循环剖面图

1．温度范围

温度范围是指上限温度 T_u 与下限温度 T_l 的差值。原则上该值越大越好，因为温度越高就有越大的热应力和热疲劳的交互作用同时加在试样上，更易加速功率器件发生失效。但是对于某些材料，当温度达到某一数值时，能诱发一般在设计过程中看不到的失效机制，并且因热膨胀系数的不同，在不同的温度条件下进行试验时，容易使产品过早失效。另外，试验的升温和降温过程容易在器件上产生凝露或结霜现象，这会给样品施加额外的应力。所以，温度范围的选择要根据产品的具体情况而定，试验温度不能过高也不能太低，应该在不损伤正常产品的情况下选择最大的温度范围，一般在-55～+125℃之间。

2．温变速率

一般来说，温变速率越大，试验效果越好，但是由于受到温循箱内风速及试件自身热容量的影响，试件的温度响应与温循箱的热输出并不一致。研究表明，温度循环的试验强度并不总是随着温变速率的提高而增大，当温变速率达到某一特定值后，再增大温变速率对环境应力试验的收效甚微，此时，试件对温度变化的响应不敏感，试件的温度变化明显滞后于试验箱的温度变化。

当温循箱的冷却设备是以空气循环方式冷却时，其温变速率将被限制在5～10℃/min，若温循箱的冷却设备是以液氮来冷却时，其温变速率可达到25～40℃/min。对于功率器件，国外的经验是在5～30℃/min间选择温变速率。

3．保持时间

保持时间取决于试验样品达到周围空气温度时的热平衡时间，应根据试件的热时间常数来选择试件保持所需要的时间。对于较大的产品，内部和表面的热时间常数可能相差很大，应选择最里面或最易损部分的热时间常数来确定。

试验样品的热时间常数取决于周围空气的性质和运动速度。温度循环试验箱内试验介质与试件的温度差越小，试验持续的时间越长。试件在某一环境温度下达到温度稳定的时间 t_1 约为热时间常数 τ 的 3～5 倍，一般取 4 倍：

$$t_1 = 4\tau \tag{6-5}$$

热时间常数 τ 为

$$\tau = \frac{mC}{S\lambda} \tag{6-6}$$

式中：m 为质量（g）；C 为比热容[J/(g·℃)]；S 为散热面积（cm^2）；λ 为散热系数[W/(cm^2·℃)]。

由于散热系数与试件材料、形状、周围介质的性质及运动速度有关，因此通过计算较难确定，一般情况下通过试验来获取。

4．转换时间

转换时间 t_2 也与样品的热时间常数有关，标准中给出的 t_2 通常针对常规大小的样品，如果遇到了大件样品或小试验样品，可将 t_2 进行适当的延长或缩短。t_2 所包括的范围是从一箱中开始准备转移环境中停留到另一箱中放好这一整个过程的时间。

综合对 t_1 和 t_2 的分析，3 个标准中对 t_1 和 t_2 选取的不同可能是因为试验箱的容积以及样品的体积存在差异。试验箱内空间容积与试验样品体积的比值不同，会导致试验箱内热容量的不同，这就使 t_1 的选取有异；同时，样品的质量会导致 τ 的不同，进而影响到 t_2。

5．循环次数

循环次数与试验中的温度变化速率、保持时间等参数都是相互影响的。如果热容量较大，温度变化速率较高，并且样品在试验箱中暴露的时间足够长，这样在一个循环周期内试验的强度可足够大，那么经过较少次数的试验就能达到预期目的。当循环次数较多时，每一次的温度变化都会使试样内部出现交替的膨胀和收缩，让其一直在热应力和应变的作用下处于一种疲劳状态，所以次数太多会影响试样的使用寿命，并且会提高成本，因此一般选择适当的循环次数。

循环次数与温度范围之间也存在定量的关系。Coffin-Manson 方程建立了热应力引起的低周疲劳（low-cycle fatigue）影响模型，其方程为

$$N_{\mathrm{f}}(\Delta\varepsilon_{\mathrm{p}})^2 = C_{\varepsilon} \tag{6-7}$$

式中：N_{f} 为温度循环的次数；$\Delta\varepsilon_{\mathrm{p}}$ 为塑性应变；C_{ε} 为常数。

塑性应变 $\Delta\varepsilon_{\mathrm{p}}$ 与温度循环的范围 ΔT 成正比，故式（6-7）可以写为

$$N_{\mathrm{f}}(\Delta T)^2 = C_{\mathrm{T}} \tag{6-8}$$

式中：ΔT 为温度循环范围；C_{T} 为常数。

以加速因子的形式改写式（6-8）为

$$A_{\mathrm{CM}} = \frac{N_{\mathrm{fU}}}{N_{\mathrm{fA}}} = \left(\frac{\Delta T_{\mathrm{A}}}{\Delta T_{\mathrm{U}}}\right)^2 \tag{6-9}$$

式中：A_{CM} 为循环次数的加速因子；N_{fU} 为正常使用时至失效为止的循环次数；N_{fA} 为加速时至失效为止的循环次数；ΔT_{U} 为使用时温度范围；ΔT_{A} 为加速时温度范围。式（6-8）和式（6-9）反映出了循环次数与温度范围之间的定量关系。

如果要用较少的循环次数来完成试验，可以通过拓宽温度范围来实现同样的效果；如果试验的温度范围不能设置太宽，这时可以通过增加循环次数来达到同样的效果。表 6-11 显示了某功率器件在 2500 次-40～150℃的温度循环试

验（保持时间为 10min）前后的声扫和 X 射线探测结果。椭圆形和箭头标出了该器件经历温度循环试验后形成了孔隙和分层现象，对应不同焊料。从上到下三幅图分别指代焊料层声扫结果、衬底表面声扫结果和焊料层 X 射线探测结果。

表 6-11　某功率器件温度循环试验前后声扫和 X 射线结果

焊料	温度循环试验前	温度循环试验后
62Sn36Pb2Ag	 	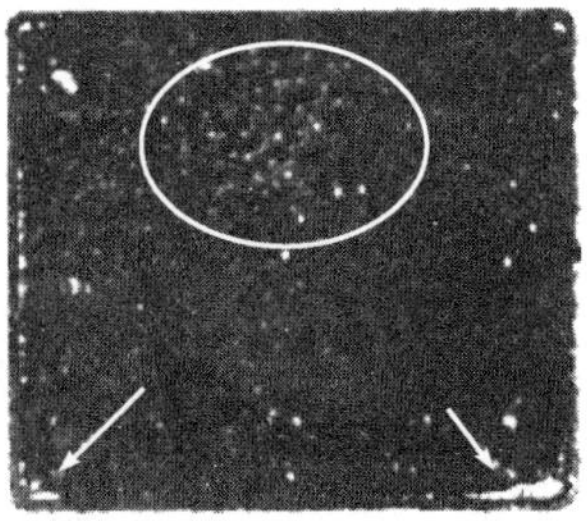 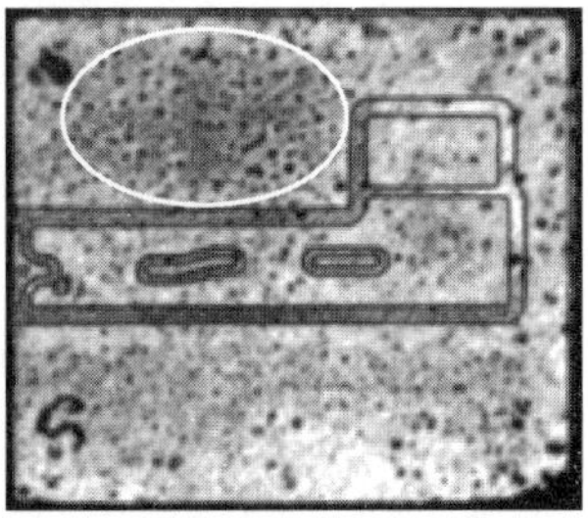
	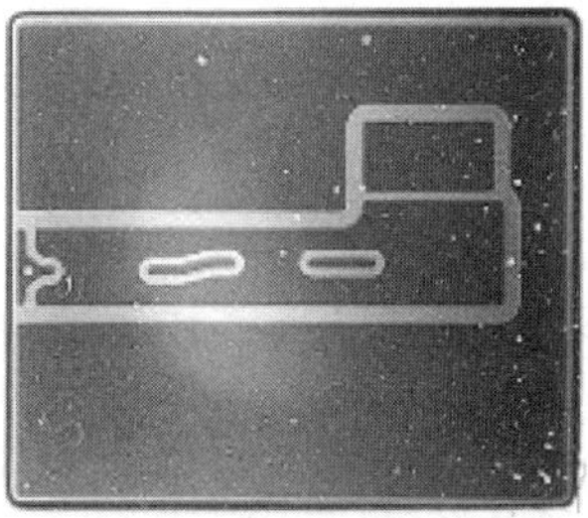	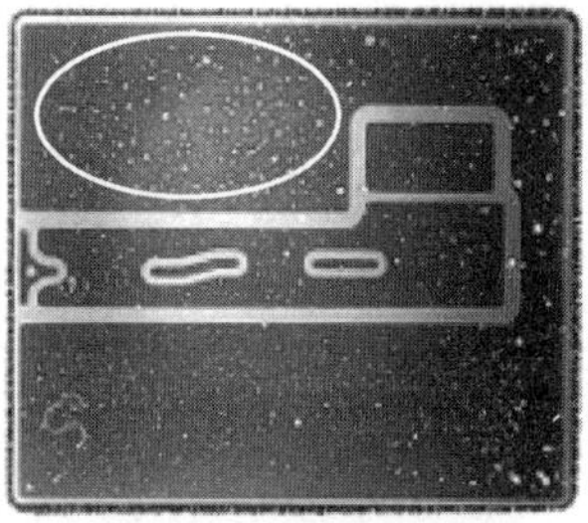
95Sn5Pb		

续表

焊料	温度循环试验前	温度循环试验后
95Sn5Pb	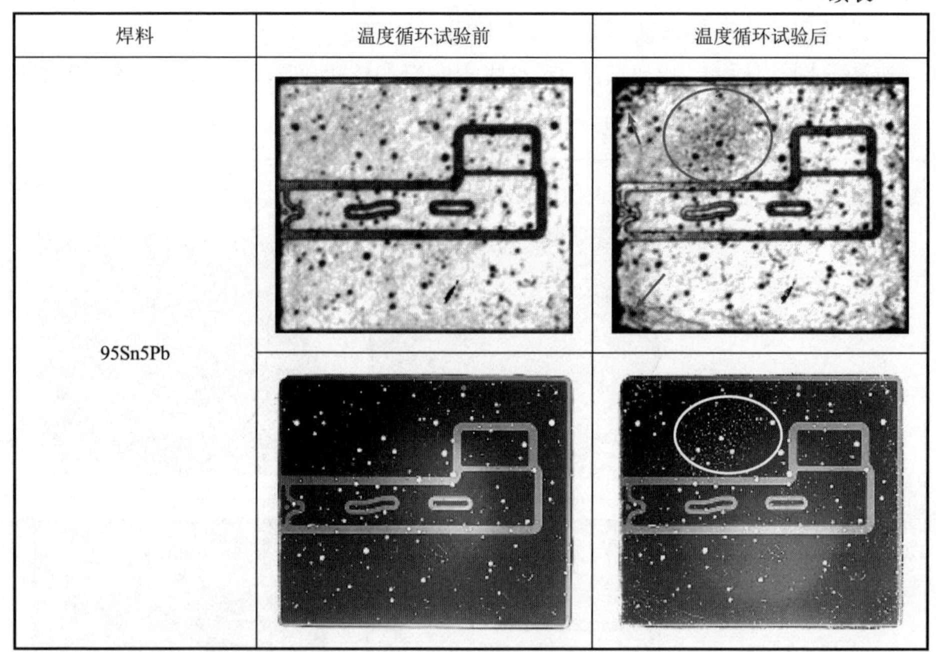	

6.1.5 功率循环试验

功率循环试验是研究功率器件可靠性问题的重要手段。目前最常见的加速老化试验方法主要分为温度循环试验法和功率循环试验法：温度循环试验方法是利用外部热源（例如：恒温箱）加热和冷却待测器件，使得功率器件结温与壳温同时增大及减小，即结壳之间没有温度差，只是整体温度有较大波动，以此来模拟功率器件在实际工况下所受到的热冲击；而功率循环试验方法是对功率器件通以周期性的工作电流，利用功率器件自身产生的热量对其进行热循环冲击。温度循环试验方法仅考虑由于器件各层材料热膨胀系数不匹配而引起的失效，是对实际工况的简化，但是实际应用中，功率器件芯片都是主动被加热的，因此功率循环试验方法更能有效模拟实际工况下功率器件的老化失效。

功率循环试验方法是能够有效模拟器件实际工作情况、评价功率器件可靠性的重要方法之一。应用较为广泛的功率循环试验方法主要分为 ΔT_c 功率循环试验方法和 ΔT_j 功率循环试验方法。这两种方法都是对被测器件按照一定的频率间歇通以大电流，功率器件由于工作在饱和状态会产生导通损耗而自加热，结温 T_j 将由初始值 T_f 快速上升，当达到理想的结温波动 ΔT_j 后停止通电并对器件进行快速散热，直到结温降低到初始值 T_f，到此即完成一个温度冲击循环。

1．ΔT_j 功率循环试验方法

ΔT_j 功率循环试验方法如图 6-4 所示。由于结温迅速上升，到达预定的 ΔT_j 后，器件关断并进行迅速散热，壳温 T_c 刚开始上升就马上经历散热过程，因此，壳温 T_c 在一个温度冲击循环过程中的变化较小，而功率器件芯片上的结温 T_j 波动剧烈，该方法主要用于模拟功率器件的键合线老化失效。

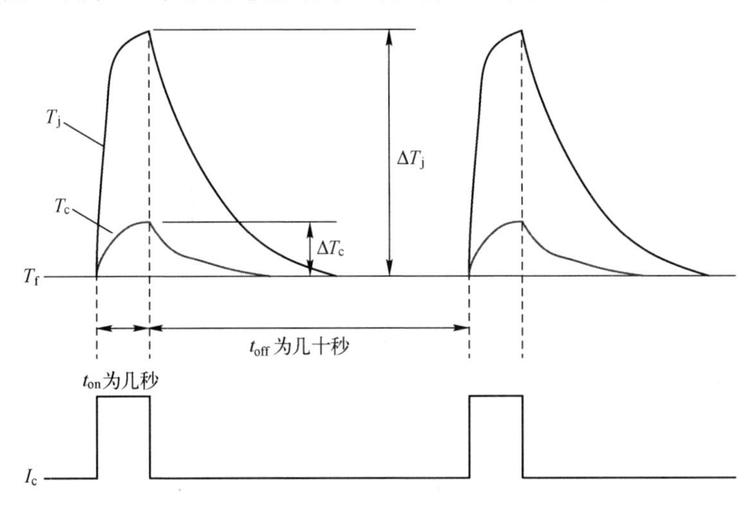

图 6-4　ΔT_j 功率循环试验方法

2．ΔT_c 功率循环试验方法

ΔT_c 功率循环试验方法通电时间 t_{on} 和冷却时间 t_{off} 相比于 ΔT_j 功率循环试验方法都要长很多，如图 6-5 所示。较长的通电时间不仅使结温波动量 ΔT_j 较大，同时也使得壳温 T_c 的变化幅度差 ΔT_c 较大，该方法能够同时模拟铝键合线疲劳和焊料层的老化失效。

功率器件进行功率循环试验时产生重复的温度变化直到它失效，芯片温度上升由其功率损耗引起，这是一个主动温度循环过程。将功率器件（模块）安装在散热器上，功率器件导通时使其通过较大负载电流，损耗由开关和通态损耗组成，损耗产生的热量引起芯片温度上升。当达到设定的最高温度 T_{jmax} 时，器件关断，芯片温度随时间下降到设定的最低温度 T_{jmin}，完成一个功率循环试验过程。温度变化的幅度（$\Delta T_j=T_{jmax}-T_{jmin}$）影响热应力和材料的疲劳老化程度，功率器件的寿命依赖于工作和环境条件。现行标准对功率循环试验的通用方法只进行了粗略规定，表 6-12 和表 6-13 为功率循环试验相应规范及方法，具体的试验条件见本书附录。

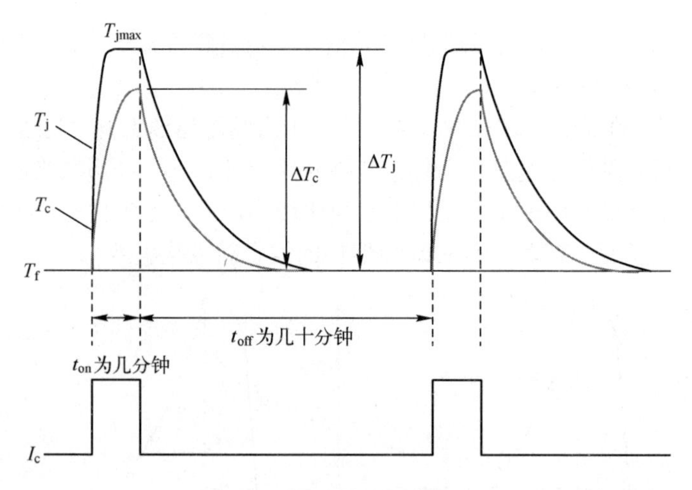

图 6-5　ΔT_c 功率循环试验方法

表 6-12　功率循环试验规范及方法（GJB 体系）

器件类型	规范	试验方法	试验条件
IGBT	GJB 33	GJB 128 方法 1036	见附录
BJT	GJB 33	GJB 128 方法 1036	见附录
MOSFET	GJB 33	GJB 128 方法 1036	见附录
晶闸管	GJB 33	GJB 128 方法 1036	见附录
PIN 二极管	GJB 33	GJB 128 方法 1036	见附录

表 6-13　功率循环试验规范及方法（GB 体系）

器件类型	规范	试验方法	试验条件
IGBT	GB/T 29332	JESD22-A122A	A、B、C、D、E
BJT	GB/T 4575	JESD22-A122A	A、B、C、D、E
MOSFET	GB/T 4586	JESD22-A122A	A、B、C、D、E
晶闸管	GB/T 15291	JESD22-A122A	A、B、C、D、E
PIN 二极管	IEC 60747-9	JESD22-A122A	A、B、C、D、E

对功率循环试验过程中的关键试验条件展开分析，如下：

（1）散热条件。

在功率器件功率循环试验中，器件的功率大小、结温范围会影响功率循环升降温试验时间，器件结温变化范围对器件的功率循环次数影响较大。因此，在设计功率试验时应优化功率大小、结温范围。

在功率器件功率循环试验中，散热条件影响器件结温变化范围、升降温速率，进而影响寿命试验时间。在散热器方面，热阻越小，散热性能越好，散热器的热阻除了与散热器材料有关之外，还与散热器的形状、尺寸大小以及安装方式有关。随着散热器散热能力的增加，器件升温时间增长、降温时间缩短，因此在进行功率器件功率循环试验之前，需要对所选散热器进行短时升降温试验，确定特定条件下试验时间最短的散热器。功率器件功率循环试验是随着结被加热和冷却使壳温明显地升高和下降，因此在功率循环试验的散热片选取上尽量使用较小的散热器。在环境散热条件方面，可在不施加电流的时间段内采取强迫风冷，加快器件冷却速率，减少循环时间。

（2）参数控制。

在功率循环试验控制参数的选择方面，试验表明不同控制方法下的试验结果在相同结温温差的条件下有以下结论，如表 6-14 所列。

表 6-14　不同的功率器件功率循环试验参数控制方案

序号	方案 1	方案 2	方案 3	方案 4
控制方法	常数升降温时间	常数壳温	常数功率密度	常数结温
常数参数	加热时间 t_{on} 降温时间 t_{off}	变量 1： $T_{hs,max}$ 和 $T_{hs,min}$ 变量 2： T_{cmax} 和 T_{cmin}	P_v	$T_{vj,max}$ $T_{vj,min}$
控制参数	无	t_{on}、t_{off}	I_{load} 或 V_{GE}	t_{on}、t_{off} 或 I_{load} 或 V_{GE}
循环数	100%	150%	220%	320%

注：结温温差相同

第 1 种试验方案是在功率循环试验初始阶段将试验条件调整至所需参数，保持加热时间 t_{on} 和降温时间 t_{off} 为常数并重复循环进行试验，结温温差 ΔT 在试验初始阶段即定义，最高结温 $T_{vj,max}$、最低结温 $T_{vj,min}$ 和结温温差 ΔT 可能在试验期间变化，这种试验条件是最接近于实际应用情况的，随着试验的进行 ΔT 将会不断增加。该试验方法是最严酷的试验条件。

第 2 种试验方案是控制散热片温度（变量 1）或器件壳温（变量 2），因为器件和散热片之间的热传输在功率循环试验期间可能发生退化，这种控制温度的方法相比于第 1 种方法严酷度下降。

第 3 种试验方案保持功率密度 P_v 为常数，由于 V_{GE} 升高是导通压降 V_{CE} 上升的一个原因，这种试验方案避免了不同失效模式的相同加速效应，该试验方案对应的循环次数有明显增加。

第 4 种试验方案控制 $T_{vj,max}$ 和 $T_{vj,min}$ 为常数，通过减少 t_{on} 或 I_{load} 来控制最高结温和最低结温为常数，这种试验方法抑制了所有的退化效应，试验条件导致器件最长的寿命，进而导致其试验时间最长。

综上可知，在试验初始阶段将器件的功率、最低结温、最高结温设定为设计值，在循环试验中控制升降温时间为常数，随着循环次数的增加，器件功率、温度变化范围会发生偏移，导致结温温差 ΔT 不断增加，该方案在 4 种试验控制方案中是最为严酷的，但也与实际应用情况最接近。因此，在功率器件功率循环试验参数控制方案中建议优先选择方案 1，其他试验方案可酌情选择。

（3）失效判据。

在提出器件功率循环失效判据之前，本节先对功率循环条件下器件老化失效机理展开分析。功率器件的性能和寿命与该器件实际工作结点温度密切相关。高结点温度在通过模块时，由于 CTE 不同产生热应力，当模块长期工作在热循环冲击下导致材料疲劳和老化，最终导致模块失效如铝引线、焊接层断裂或脱落。以功率器件为例，剖面如图 6-6 所示。该结构由多层不同材料组成，且每层热膨胀系数 CTE 如表 6-15 所列。

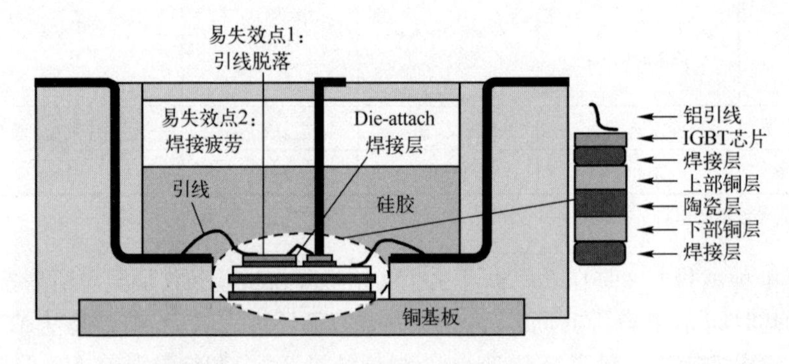

图 6-6　功率器件剖面图

表 6-15　功率器件各层材料和 CTE

模块层	材料	CTE/($10^{-6}K^{-1}$)	相邻层 CTE 差值
引线	Al	22	19
芯片	Si	3	25
焊接层	SnAg	28	10.5
上部铜层	Cu	17.5	10.5

续表

模块层	材料	CTE/($10^{-6}K^{-1}$)	相邻层 CTE 差值
陶瓷层	Al_2O_3	7	21
下部铜层	Cu	28	10.5
焊接层	SnAg	17.5	0
基板	Cu	17.5	—

从上述 CTE 系数分析可知功率器件失效主要有以下几种失效机理。

（1）铝键合引线脱落。

键合引线通常使用键合工艺连接到半导体 Si 芯片上来实现将器件的电流引出到功率器件。由于高电场引起的电迁移，大电流产生的电过应力造成的导体损毁、腐蚀，焊接引起的金属磨损，静电放电和通过引线扩展的高压瞬变可使薄绝缘体击穿导致失效。在模块实际工作中，相邻芯片连接处、焊接层和键合引线及键合处受到功率循环产生的热应力的反复冲击，导致焊接层因材料疲劳出现裂纹，裂纹生长甚至出现分层（空洞或气泡），导致键合引线的剥离、翘曲或熔断，如图 6-7 所示。为提高电气连接可靠性，功率器件中各芯片均通过多根引线并联引出。而实际运行中，一根引线的脱落会导致电流重新均流，加速其他引线相继脱落，最终造成功率器件故障。

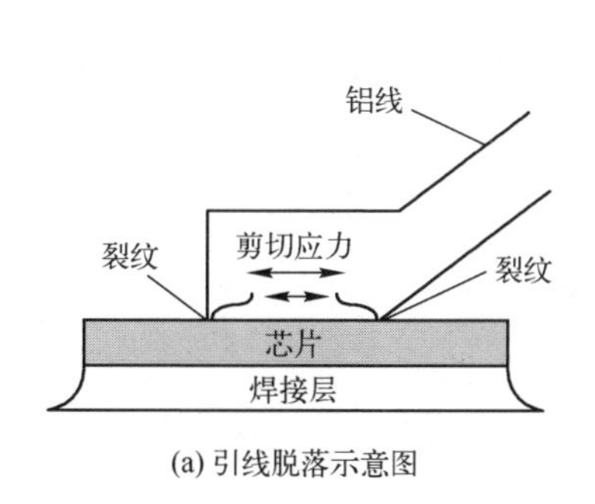

(a) 引线脱落示意图

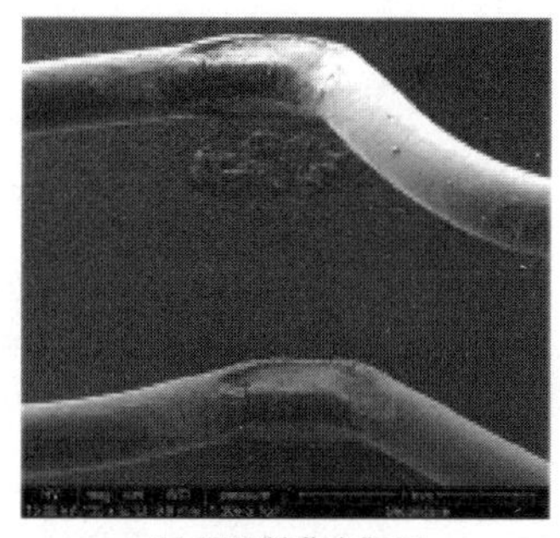

(b) 引线脱落实际图

图 6-7 铝引线脱落结构图

（2）焊接层疲劳。

功率器件内的焊接层发生结构变形被称为焊接层疲劳，如图 6-8 所示。同样地，由于直接敷铜陶瓷基板与硅芯片及直接敷铜陶瓷基板与底板之间热膨胀系数的差异，当功率器件内的温度发生变化时，会在它们之间（焊接层）产生剪切应力，最终导致焊接层发生结构变形而失效。而且后者的热膨胀系数差异比前者更大，因此后者的焊接层更容易发生疲劳。

当铝键合引线与硅芯片产生裂缝或焊接层发生疲劳，会使得它们之间的电流分布不均匀而影响温度分布，材料热阻增大而影响传热性能，形成温度正反馈而加速铝线脱落或焊接层疲劳。

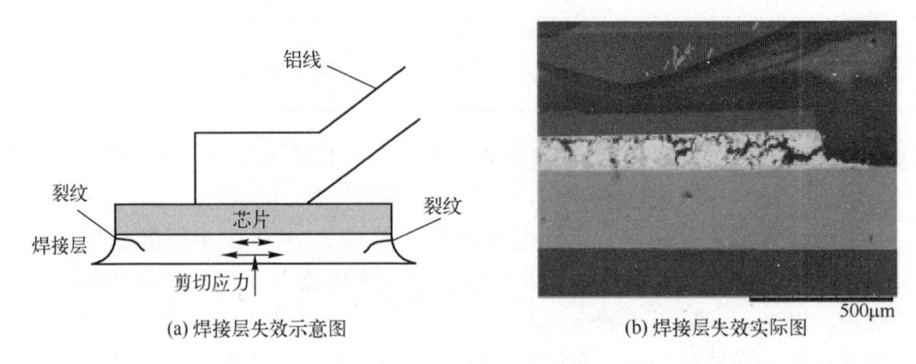

(a) 焊接层失效示意图　　(b) 焊接层失效实际图

图 6-8　焊接层疲劳结构图

（3）铝金属化的重构。

通常，功率器件经过功率循环后可以观察到铝金属化的重构现象，如图 6-9 所示。由于铝与硅芯片热膨胀系数的差异，经过不断的温度循环变化，它们之间的热机械应力会使得铝金属化而形成颗粒状，使得接触面变得粗糙，减少了金属有效的接触面积而导致电阻增大。

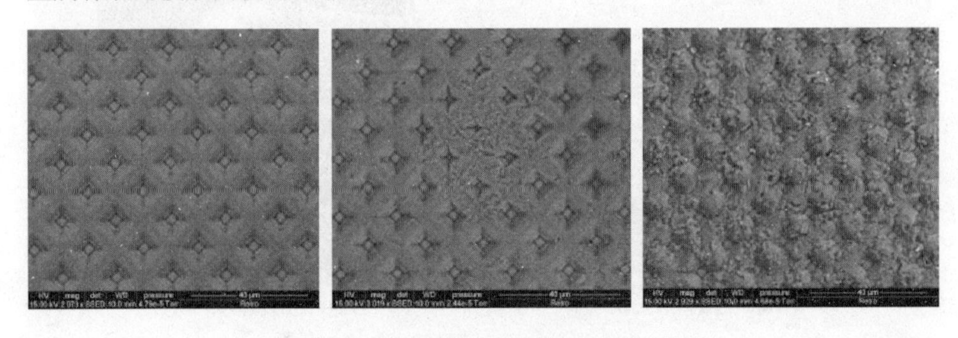

图 6-9　铝金属化重构演变示意图

图 6-10 显示了某功率器件在 ΔT_j=123K 的功率循环试验中器件饱和压降 $V_{CE,on}$ 和稳态热阻 R_{th} 的退化情况。一般在功率循环试验中监测功率器件的正向压降 $V_{CE,on}$，测量功率损耗并计算模块芯片到散热器的热阻 R_{th}。在功率器件的失效标准方面，模块失效的判定依据一般是 $V_{CE,on}$ 增加 5%，热阻增加 20%以及器件失效如体击穿、栅源击穿等。

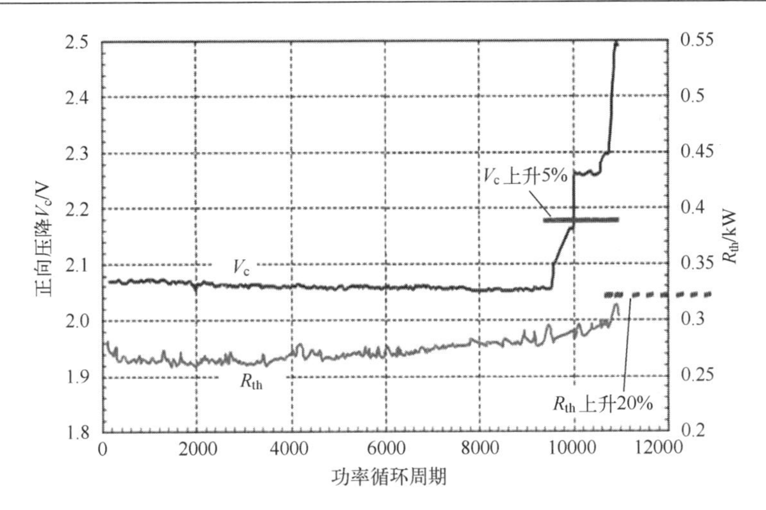

图 6-10　$\Delta T_j = 123\text{K}$ 时功率器件饱和压降和稳态热阻退化情况

6.2　基于模型的功率器件功率循环试验设计

6.2.1　功率循环寿命预测模型

在功率器件的功率循环试验次数方面，国内外学者通过加速寿命老化试验数据统计研究并提出了许多寿命预测模型。这些模型描述了功率循环中失效循环周期数 N_f 与某些参数的关系：如结温、结温幅值变化、循环频率等。这些模型表达式只是对不同试验条件下的寿命进行统计学上的分析，并没从根本上考虑其物理机理。应用较多的有以下几种：Coffin-Manson 模型、Lesit 模型、Norris-Landzberg 模型和 Bayerer 模型。

简单 Coffin-Manson 模型只考虑了循环中结温的波动量 ΔT_j，其数学表达式为

$$N_f = \alpha \cdot (\Delta T_j)^{-n} \tag{6-10}$$

式中，参数 α、n 可以通过数值仿真或者循环试验进行数据拟合获得。该模型只适应于温度波动小于 120℃的情况，且考虑因素单一，精度不高。

20 世纪 90 年代初来自欧洲及日本的不同器件制造商针对各种功率器件，通过加速老化试验得到的试验结果如图 6-11 所示，在 Coffin-Manson 模型的基础上提出了 Lesit 模型，它考虑了器件结温的平均值 T_m 及结温幅值变化 ΔT_j 的影响：

$$N_{\mathrm{f}}=a\cdot(\Delta T_{\mathrm{j}})^{-\alpha}\cdot \mathrm{e}^{\frac{E_{\mathrm{a}}}{kT_{\mathrm{m}}}} \tag{6-11}$$

式中：a 和 n 为根据试验数据拟合的常数；k 为玻尔兹曼常量 8.134J/（mol·K）；E_a 为硅芯片的激活能，取 0.8eV。

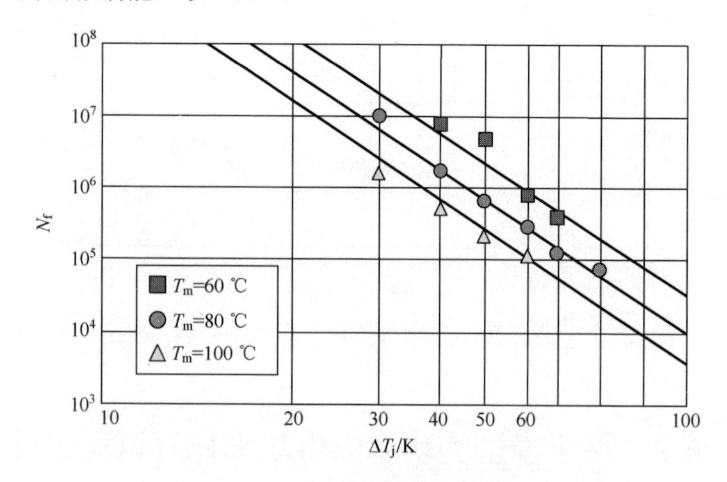

图 6-11　Lesit 模型试验结果

Lesit 模型在功率器件、微电子可靠性等领域得到了广泛应用。但随着研究发现，老化循环周期对功率器件寿命也有较大影响，其原因为键合线的热时间常数比焊接层小。所以在循环周期较短时（约 1s），键合线承受热机械应力比焊接层要大很多从而可忽略后者；当循环周期变长时，键合线与焊接层均承受了相当的热机械应力。所以，应考虑其他试验变量如循环频率、升温时间、冷却时间对模块寿命的影响。基于上述考虑，Norris-Landzberg 模型考虑了循环频率对寿命的影响，该模型为

$$N_{\mathrm{f}}=a\cdot f^{-n_2}\cdot(\Delta T_{\mathrm{j}})^{-n_1}\cdot \mathrm{e}^{\frac{E_{\mathrm{a}}}{kT_{\mathrm{m}}}} \tag{6-12}$$

式中：f 为循环频率；参数 n_1、n_2 为由试验数据拟合的常数。

除上述两个模型外，Bayerer 模型还考虑了更多的功率循环试验参数。除了结温幅值变化 ΔT_j、最大结温 T_{jmax} 外，还包括了导通时间 t_{on}、模块键合线直径 D、直流端电流 I、阻断电压 V 等参数对寿命的影响：

$$N_{\mathrm{f}}=k\cdot(\Delta T_{\mathrm{j}})^{\beta_1}\cdot \mathrm{e}^{\frac{\beta_2}{T_{\mathrm{jmax}}}}\cdot t_{\mathrm{on}}^{\beta_3}\cdot I^{\beta_4}\cdot V^{\beta_5}\cdot D^{\beta_6} \tag{6-13}$$

式中：参数 k 和 β 为从长期试验得到的数据中提取的。该模型只适应于基板材料为 Al_2O_3 的模块，而不适合基板材料为 AlN 或 AlSiC 的模块。

此外，焊接点可用一种类似 Coffin-Manson 模型来预测，其表达式为

$$N_{\mathrm{f}}=0.5\times\left[\frac{L(\Delta\alpha\Delta T)}{\gamma x}\right]^{1/c} \tag{6-14}$$

式中：L 为焊接点横向尺寸；ΔT 为焊接层的温度波动；$\Delta\alpha$ 是和焊接点接触的两面的 CTE 差值；c 为疲劳指数；x 为焊接层厚度；γ 为焊料层延性系数。

目前在功率器件的寿命预测中用得较多的是 Lesit 模型，这种模型表达简单且和试验结果有一定吻合，但精度不高。同时，Bayerer 模型考虑的因素最多，虽然相对较复杂，但其结果也与老化试验更为接近。图 6-12 是两个厂商的功率器件功率循环试验结果与 Lesit 模型和 Bayerer 模型的对比。这些说明模型的准确度与通用性仍有待提高。

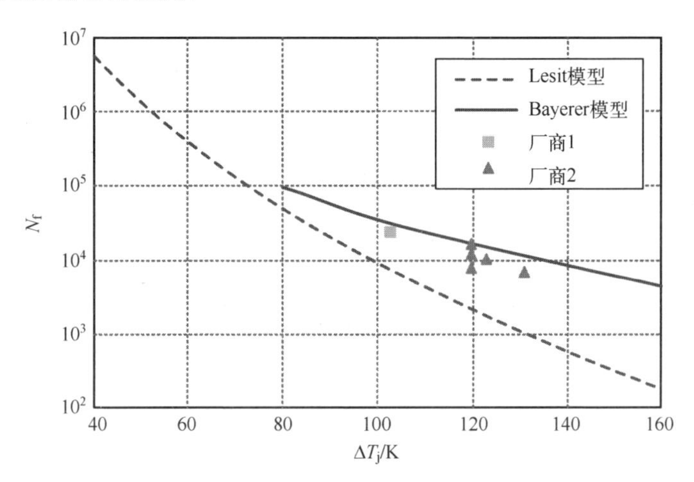

图 6-12　功率器件功率循环试验结果与模型对比

6.2.2　基于模型的功率循环试验设计流程

功率循环试验是评价功率器件可靠性的重要方法，但现行标准对功率循环试验的通用方法只进行了粗略规定，现有的功率器件标准或详细规范（如 GJB 548、GB/T 29332 等）中也未针对其实际结构与工艺条件进行科学、系统的分析与验证。通过综合考虑散热条件、参数控制方法、功率大小、温度范围、安全工作区域和失效机理等因素，本节提出基于模型的功率循环试验设计方法，对功率循环试验关键试验条件进行组合优化设计，方法流程如图 6-13 所示。

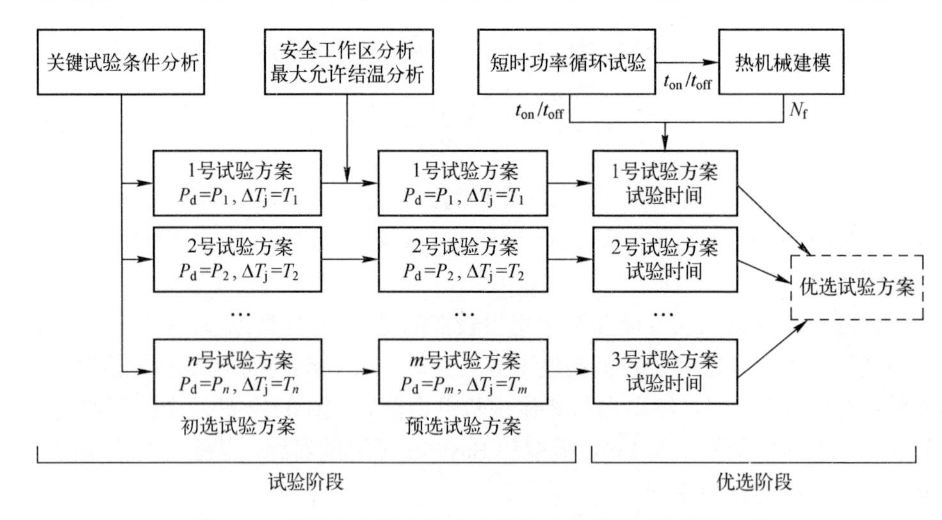

图 6-13　基于仿真优化的功率器件功率循环试验设计方法

在功率循环试验方案设计阶段，首先，确定试验中使用的散热条件，包括散热器规格、强迫风冷强度等，并选择合适的参数控制方法；其次，根据器件规格选取不同水平的器件施加功率和结温控制范围，二者组合产生若干套试验方案；最后，进行安全工作区和最大允许结温分析，剔除超出器件安全工作区和最大允许结温的试验方案，从而得到预选的功率循环试验方案。在试验方案优选阶段，根据上一阶段预选的试验方案，首先进行实际的短时功率循环试验，从而获得器件在单循环中的升降温时间，然后将器件功率和升降温时间等条件作为器件多应力耦合模型的仿真输入，计算器件失效前功率循环次数。通过预估实际功率循环试验时间，进而优选功率循环试验方案。

6.2.3　功率循环试验设计方法实例

1．试验方案设计

本实例选取某型 TO-220AB 封装结构的单管 FS-IGBT 器件进行功率循环试验。该器件的主要参数指标如表 6-16 和表 6-17 所列。

表 6-16　某型器件绝对最大额定值

<table>
<tr><th>参数</th><th colspan="2">最大额定值</th></tr>
<tr><td>集电极-发射极击穿电压 V_{CES}/V</td><td colspan="2">600</td></tr>
<tr><td rowspan="2">连续集电极电流 I_C/V</td><td>壳温 25℃时</td><td>8</td></tr>
<tr><td>壳温 100℃时</td><td>4</td></tr>
<tr><td>集电极电流脉冲 I_{CM}/A</td><td colspan="2">16</td></tr>
</table>

续表

参数	最大额定值	
钳位感性负载电流 I_{LM}/A	16	
二极管正向电流 I_F/A	壳温 25℃时	8
	壳温 100℃时	4
二极管的最大正向电流 I_{FM}/A	16	
连续的门极-发射极电压/V	±20	
瞬态门极-发射极电压/V	±30	
最大功率耗散 P_D/W	壳温 25℃时	56
	壳温 100℃时	28
结温工作温度范围 T_j/℃	−55～+175	
持续 10s 焊接温度/℃	300	

表 6-17　某型器件结温为 25℃（除非另有指定）时电学特性

参数	最小	典型	最大	条件
集电极-发射极击穿电压 $V_{BR,CES}$/V	600	—	—	V_{GE}=0V, I_c=100μA
击穿电压温度系数 $\Delta V_{BR,CES}/\Delta T_j$/(V/℃)	—	0.3	—	V_{GE}=0V, I_C=250μA(25−175℃)
集电极-发射极饱和电压 $V_{CE,on}$/V	—	1.75	2.05	I_C=4A, V_{GE}=15V, T_J=25℃
	—	2.15	—	I_C=4A, V_{GE}=15V, T_J=150℃
	—	2.2	—	I_C=4A, V_{GE}=15V, T_J=175℃
栅极阈值电压 $V_{GE,th}$/V	4.0	—	6.5	V_{CE}=V_{GE}, I_C=100μA
阈值电压温度系数 $\Delta V_{GE,th}/\Delta T_J$/(mV/℃)	—	−18	—	V_{CE}=V_{GE}, I_C=250μA(25℃～175℃)
前向跨导/S	—	2	—	V_{CE}=50V, I_C=4A, PW=80μs
集电极-发射极漏电流 I_{CES}/μA	—	1	25	V_{GE}=0V, V_{CE}=600V
	—	280	—	V_{GE}=0V, V_{CE}=600V, T_J=175℃
二极管的正向压降 V_{FM}/V	—	1.6	2.3	I_F=4A
	—	1.3	—	I_F=4A, T_J=175°C
栅极-射极漏泄电流 I_{GES}/nA	—	—	±100	V_{GE}=±20V

1）确定散热条件和参数控制方法

在确定功率循环试验方案前，应先确定试验中所用散热器的规格。本节选择 3 种散热器，其规格和升降温时间如表 6-18 所列。此外，功率循环试验过程中只在器件关断时施加强迫风冷。

表 6-18　不同散热片的规格和实际短时试验测得的升降温时间

序号		1	2	3
外形				
尺寸		19mm×22mm×11mm	30.2mm×30mm×13mm	32mm×60mm×16mm
热阻		25℃/W	17℃/W	6.8℃/W
I_C=3A T_{min}=25℃ ΔT_j=90℃	升温时间	20s	26s	47s
	降温时间	67s	48s	23s

在（I_C=3A，T_{min}=25℃，ΔT_j=90℃）的试验条件下，经实测得到不同散热片对应的升降温时间不同，升温降温时间随热阻的增加呈现相反的变化趋势。其中，1 号和 2 号散热片对应的总升降温时间相近，3 号散热片由于散热效率较高，器件无法升高到较高温度，试验中的结温温度范围不能保证，因此不选用此类高耗散型散热片。本节中选定 2 号散热片进行功率循环试验，器件与散热器之间使用导热硅脂和导热垫片进行传热，见图 6-14。

图 6-14　加装散热器的被试功率器件

2）安全工作区分析

安全工作区是器件能够安全、可靠地进行工作的电流和电压范围，超过此范围的电流和电压工作时器件极有可能由于过电应力失效，而不是由于功率循环试验引起的失效。功率器件的 SOA 表明其承受高压大电流的能力，是可靠性的重要标志。安全工作区分为正偏安全工作区、反偏安全工作区、开关安全工作区和短路安全工作区。在功率器件功率循环试验过程中，主要通过功率器件芯片正向导通和关断控制温度升降，因此主要考虑正偏安全工作区。

正偏安全工作区即功率器件开通时对应的安全工作区，它由集电极最大允许电流 I_C、集电极—发射极击穿电压 V_{CE} 构成。该器件数据手册中给出的安全工作区如图 6-15 所示。如果功率器件是以脉冲形式导通，则此区域还可增大。增大部分如图 6-15 中右上角虚线部分，标注的数据是脉冲的周期时间。

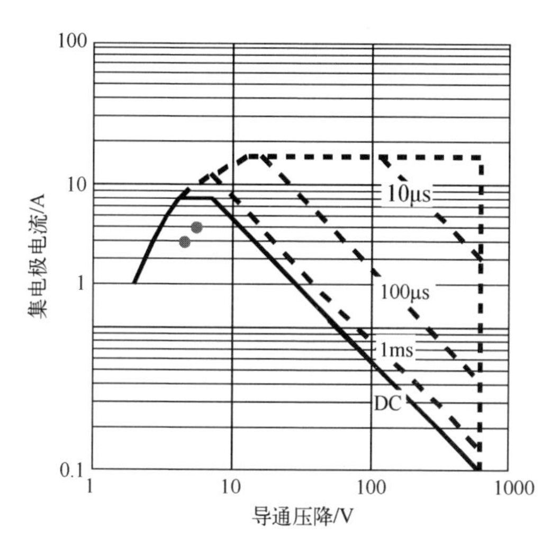

图 6-15 器件正偏安全工作区（T_c=25℃，T_j≤175℃）

在功率循环试验方案设计时，应有足够的功率损耗使器件温度能够快速上升，因此选择集电极电流 I_C 为 3A、4A，对应的导通压降 V_{CE} 约为 2V 和 2.25V 左右。将这两点标注于图 6-15 所示的正偏安全工作区中，可以看出器件工作在安全工作区之内。

3）最大允许结温分析

功率器件工作时的最大允许结温可由壳温和损耗功率、结壳热阻计算得出。为了确保器件能正常工作，集电极电流 I_C 和器件壳温需要满足一定的关系，壳温超过 25℃时，当器件工作时的 I_C 变大时，器件允许的最高壳温降低，功率循环的温度变化范围也随之减小。器件数据手册中给出的最大直流电流和器件壳温关系图如图 6-16 所示。

从图 6-16 可以看出，功率循环试验过程中施加的集电极电流 I_C 增加时，器件允许的最大壳温逐渐降低，因此功率循环试验中允许的结温平均值降低，结温温差变化范围也减小。由于功率循环试验中的结温温差变化范围应至少为

90℃，通过安全工作区分析已初选3A和4A作为集电极电流的取值，故选取初始温度为25℃，结温温差范围选取为90℃、105℃和120℃。6套试验方案如表6-19所列。通过结壳热阻的初步推算对应器件壳温大小，在图6-16中标注出选择的6种试验方案情况，除了集电极电流为4A、结温温差为120℃的试验方案超出了功率器件的最大允许结温，其余5种试验方案结温处于允许范围内。

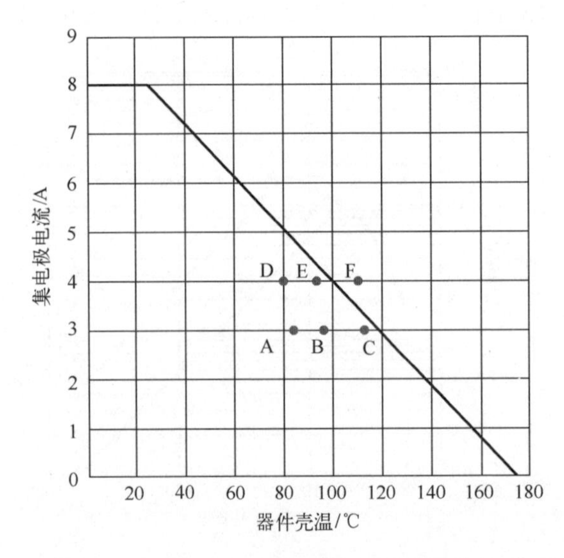

图6-16　器件最大直流电流与器件壳温的关系

这里将结温处于允许范围内的5种试验方案作为预选功率循环试验方案。针对各个试验方案先进行短时试验，测量各个试验方案的升温时间和降温时间，测量结果列于表6-19中。

表6-19　预选功率循环试验方案

方案序号	电流	最低值 T_{jmin}	最高值 T_{jmax}	结温差 ΔT	升温时间	降温时间
A	3A	25℃	115℃	90℃	26.0s	48.0s
B	3A	25℃	130℃	105℃	38.0s	53.5s
C	3A	25℃	145℃	120℃	60.7s	57.3s
D	4A	25℃	115℃	90℃	25.5s	54.4s
E	4A	25℃	130℃	105℃	37.1s	58.8s
F	4A	25℃	145℃	120℃	—	—

2．试验方案优化

功率器件的多应力耦合模型是综合考虑电应力、热应力、机械应力作用在功率器件上的影响，在给定的试验条件下通过仿真计算得到功率器件的功率循环次数。在有限元软件中建立该器件的多应力耦合模型，通过仿真可得到功率循环试验过程中功率器件的温度分布和应力应变影响，还可以预测在给定试验条件下器件的力学行为和功率循环次数。

Darveaux 模型是用于计算焊接材料疲劳寿命的代表性模型，本书采用其得到功率器件的功率循环次数。该模型假定裂纹的产生和扩展都是由材料中塑性应变能转化导致的。该模型可以被分为两项内容，第一部分描述产生初始裂纹的循环数，由式（6–15）确定：

$$N_0=K_1(\Delta W)^{K_2} \tag{6–15}$$

第二部分描述了裂纹的扩展情况：

$$\frac{\mathrm{d}a}{\mathrm{d}N}=K_3(\Delta W)^{K_4} \tag{6–16}$$

结合式（6–15）和式（6–16）可以得到

$$N=K_1\left(\frac{\Delta W}{W_{\mathrm{ref}}}\right)^{K_2}+\frac{a}{K_3\left(\dfrac{\Delta W}{W_{\mathrm{ref}}}\right)^{K_4}} \tag{6–17}$$

在有限元软件 COMSOL Multiphysics 中建立该器件的多应力耦合模型，分析该功率器件在表 6–19 中 5 个试验方案下的功率循环次数，如试验方案 A、D 的分析结果如图 6–17 所示。由此可得到该功率循环试验方案的预估时间，按照功率试验时间的长度，选择时间较短的试验方案作为最终优选的实际试验条件。各试验方案的功率循环次数仿真结果和预计时间如表 6–20 所列，其中方案 C 所需试验时间最短，作为本实例优选试验方案。

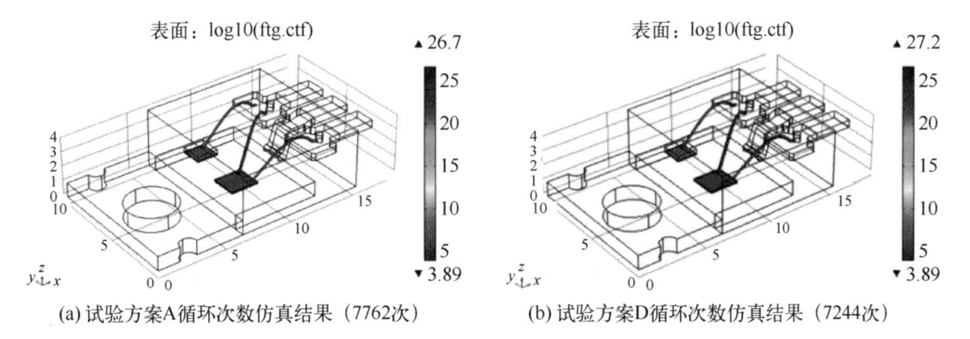

(a) 试验方案A循环次数仿真结果（7762次）　(b) 试验方案D循环次数仿真结果（7244次）

图 6–17　功率循环试验循环次数仿真结果

表 6-20　功率循环试验方案优选结果

序号	电流/A	结温差/℃	仿真次数/次	预计时间/s	备注
A	3	90	7762	574388	
B	3	105	4073	372680	
C	3	120	2187	258066	优选
D	4	90	7244	578796	
E	4	105	3090	296331	

3．试验实施与结果分析

功率器件功率循环试验电路根据器件数据手册和典型应用电路搭建，试验电路如图 6-18 所示。试验电路中，功率电源 V_2 经由功率电阻 R_2 为 IGBT 集电极提供电压和电流，受试 IGBT 器件的集电极与发射极串联，栅极分别串联 10Ω 电阻由 V_1 控制，栅极电压为 15V 和 0V 来控制器件的开通和关断。在开通过程中器件由自身产热而升温，在关断过程中外界施加强迫风冷使器件短时间内冷却。功率循环试验过程中，利用数据采集模块监测每个循环中的导通压降 $V_{CE,on}$，选取导通压降偏移 10%作为失效判据。

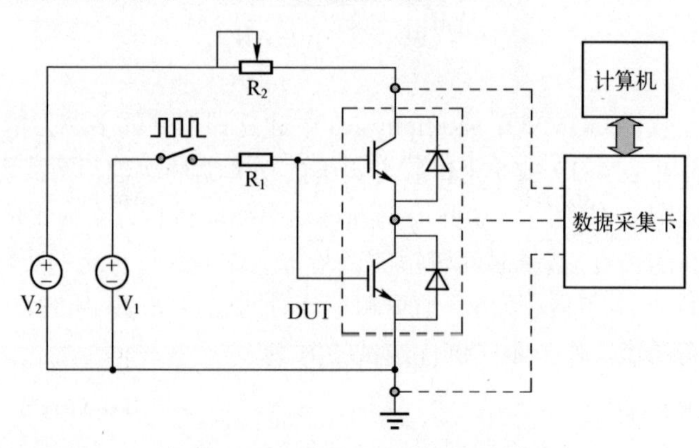

图 6-18　功率循环试验电路图

试验过程中的功率和温度变化如图 6-19 所示，在器件导通阶段，器件结温由最低温度逐渐升高至最高温度，且升温趋势逐渐趋缓；在器件关断阶段施加强迫风冷的条件下，器件结温逐渐下降至最低温度，如此循环往复模拟器件的实际工作条件。从表 6-20 的预计结果来看，试验方案 C 所需时间最短，预计为最优功率循环试验方案。某器件采用试验方案 C 进行功率循环试验，导通压降 $V_{CE,on}$ 上升 10%时共经历 3326 次功率循环，随后停止试验，器件未发生功能失效。对该器件进行失效分析，其声扫结果和开封后的器件形貌图分别如图 6-20 所示。

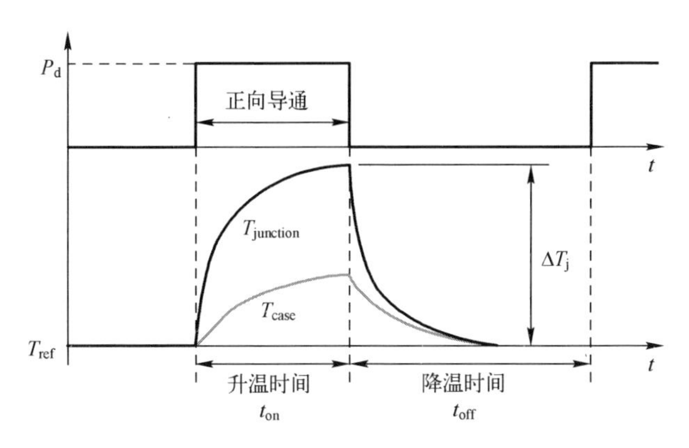

图 6-19　功率循环试验中功率与温度变化图

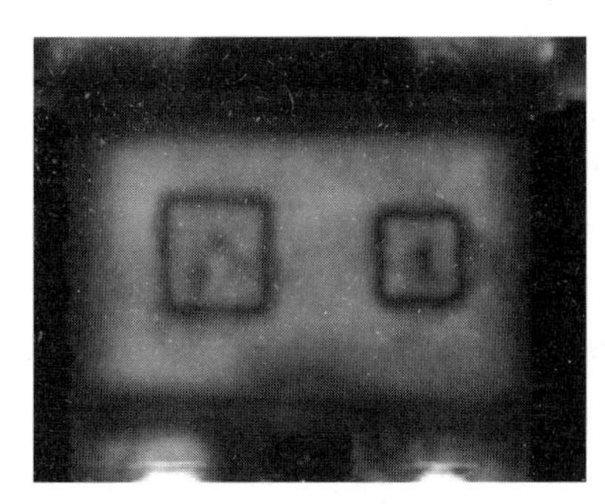

(a) 器件内部形貌图

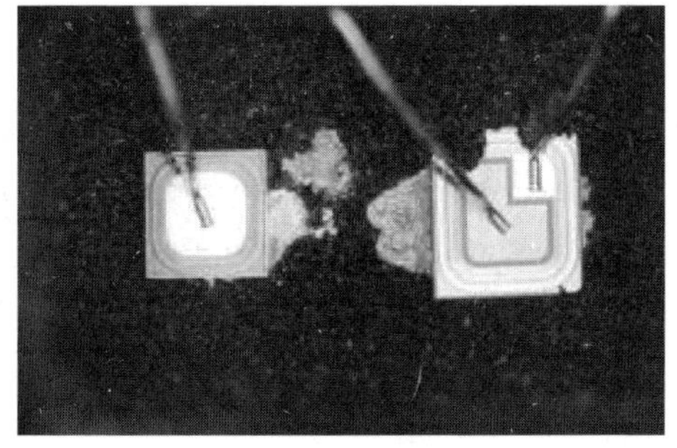

(b) 器件声扫图

图 6-20　器件失效分析结果

在试验方案 C 下，试验中导通压降 $V_{CE,on}$ 有明显的退化趋势，$V_{CE,on}$ 退化 10%时器件并未发生功能失效。从声扫结果可以看出，器件性能退化达到失效判据时内部没有明显的分层现象，同时开封镜检后发现该器件芯片表面变化不明显，而后期随着试验继续进行，由于器件性能退化过多将导致器件功耗增大、传热性能退化，进而引起热击穿。

综合分析监测参数变化、声扫、开封镜检结果可知，器件在优选试验方案下随着功率循环试验进行又出现明显的累积损伤过程，最终器件功能失效的主要原因是器件性能退化累积导致的热击穿。选取导通压降作为失效判据，既能保证较短时间内有明显退化现象，又能防止器件由热击穿等导致突然失效。因此建议在采用优选方案试验条件的同时，选取导通压降退化量作为失效阈值。

参考文献

[1] CHUNG H S, WANG H, BLAABJERG F, et al. Reliability of power electronic converter systems[M]. London: The Institution of Engineering and Technology, 2016.

[2] LUTZ J, SCHLANGENOTTO H, SCHEUERMANN U, et al. Semiconductor Power Devices[M]. Berlin：Springer Berlin Heidelberg, 2011.

[3] 中国人民解放军总装备部. 微电子器件试验方法和程序: GJB 548B—2005 [S]. 北京: 中国人民解放军总装备部军标出版发行部, 2005.

[4] 全国电工电子产品环境条件与环境试验标准化技术委员会. 环境试验 第 2 部分：试验方法 试验 N：温度变化：GB/T 2423.22—2012[S]. 北京: 中国标准出版社, 2012.

[5] TOSIC N, PESIC B, STOJADINOVIC N. High temperature storage life(HTSL) and high temperature reverse bias(HTRB) reliability testing of power VDMOSFETs[C]// Microelectronics, 1995. Proceedings. 1995 20th International Conference on. 1995.

[6] 陈宏. 高压绝缘栅双极晶体管(IGBT)设计及可靠性研究[D]. 济南：山东大学, 2012.

[7] BAYERER R , HERRMANN T , LICHT T , et al. Model for Power Cycling lifetime of IGBT Modules - various factors influencing lifetime[C]. 5th International Conference on Integrated Power Electronics Systems. VDE, 2011.

[8] KOVAEVI I F , DROFENIK U , KOLAR J W . New physical model for lifetime estimation of power modules[C].Power Electronics Conference, IEEE, 2010.

[9] HELD M, JACOB P, NICOLETTI G, et al. Fast power cycling test of IGBT modules in traction application[C].Power Electronics and Drive Systems, IEEE, 1997, 1: 425-430.

[10] SCHEUERMANN U, SCHULER S. Power cycling results for different control strategies[J]. Microelectronics Reliability, 2010, 50(9): 1203-1209.

[11] CHENG Y, FU G, JIANG M, et al. Investigation on Intermittent Life Testing Program for IGBT[J]. Journal of power electronics, 2017, 17(3): 811-820.

[12] GOPIREDDY L R, TOLBERT L M, OZPINECI B. Power cycle testing of power switches: A literature survey[J]. IEEE Transactions on Power Electronics, 2015, 30(5): 2465-2473.

[13] CHOI U M, JØRGENSEN S, BLAABJERG F. Advanced accelerated power cycling test for reliability investigation of power device modules[J]. IEEE Transactions on Power Electronics, 2016, 31(12): 8371-8386.

[14] SMET V, FOREST F, HUSELSTEIN J J, et al. Ageing and failure modes of IGBT modules in high-temperature power cycling[J]. IEEE transactions on industrial electronics, 2011, 58(10): 4931-4941.

[15] SMET V, FOREST F, HUSELSTEIN J J, et al. Evaluation of Vce Monitoring as a Real-Time Method to Estimate Aging of Bond Wire-IGBT Modules Stressed by Power Cycling[J]. IEEE Transactions on Industrial Electronics, 2013, 60(7): 2760-2770.
[16] 方鑫, 周雒维, 姚丹,等. IGBT 模块寿命预测模型综述[J]. 电源学报, 2014, 12(3):14-21.
[17] 赖伟, 陈民铀, 冉立,等. 老化试验条件下的 IGBT 失效机理分析[J]. 中国电机工程学报, 2015, 35(20):5293-5300.

第7章

功率器件状态监测技术

7.1 电学特性参数监测方法

对于基于器件端部特性进行状态监测而开展的功率器件状态监测主要有 3 个步骤：①选取代表功率器件老化的特征参数（包括电参数、热阻参数等）；②针对不同的特征参数，确定相应的测量方案；③通过大量的加速寿命试验，确定该故障参数的失效阈值。其中特征参数的选取和测量是状态监测的关键，功率器件的常见老化失效机理和对应的状态监测参数如表 7-1 所列。可以看出，监测参数主要有阈值电压、开关时间、内部热阻或导通压降等。以下将对功率器件电学特性参数监测方法逐一进行介绍。

表 7-1 功率器件常见失效机理和对应监测参数

<table>
<tr><th colspan="2">失效位置</th><th>失效模式</th><th>失效机理</th><th>监测参数</th></tr>
<tr><td rowspan="2">芯片级</td><td rowspan="2">芯片</td><td>短路、烧毁、栅极失控</td><td>闩锁、二次击穿</td><td>$V_{CE,on}$
t_{off}
$V_{GE,th}$</td></tr>
<tr><td>短路、栅极失控</td><td>TDDB</td><td>V_{GE}
$V_{GE,th}$</td></tr>
<tr><td rowspan="5">封装级</td><td>键合线键合处</td><td>键合线脱落</td><td>疲劳/重构</td><td rowspan="4">t_{off}
t_{on}
$V_{CE,on}$
V_{GE}</td></tr>
<tr><td>键合线根部</td><td>键合线根部断裂</td><td>疲劳</td></tr>
<tr><td rowspan="2">键合线体</td><td>键合线断开</td><td>应力腐蚀</td></tr>
<tr><td>键合线烧毁</td><td>焦耳热</td></tr>
<tr><td>焊料部分</td><td>焊料裂纹</td><td>疲劳或晶粒生长</td><td>R_{th}
$V_{CE,on}$
t_{off}
低次谐波</td></tr>
</table>

7.1.1　导通压降监测方法

功率器件的导通压降 $V_{CE,on}$ 是指器件栅极电压超过阈值电压时，器件在导通状态时集电极和发射极之间的电压。一般地，测量得到的器件饱和压降主要包括器件芯片上的通态压降 V_{on} 和集电极—发射极通道上封装部分的压降：

$$V_{CE,sat} = V_{on}(T_j, I_C) + R_{con} \cdot I_C \tag{7-1}$$

式中：V_{on} 为器件芯片上的通态压降，是关于器件结温 T_j 和集电极电流 I_C 的一个复杂函数；R_{con} 为铝金属层、键合线等电气互连结构形成的接触电阻。

对功率器件进行相应的加速老化试验，研究导通压降随器件老化进程的变化趋势，试验结果表明导通压降 $V_{CE,on}$ 会随着器件老化进程逐渐增大，如图 7-1 所示。这主要是由于加速老化试验中温度起伏引起铝键合线脱落，而铝键合线脱落造成器件导通压降升高，主要原因有两点：一是因为键合线并联根数减少而使电阻增大；二是因为键合线根数少了以后，芯片表面有效导流面积减少，在电流流过芯片时电流分布变得更不均匀，集中在芯片部分区域，也等效地造成导通电阻增大。

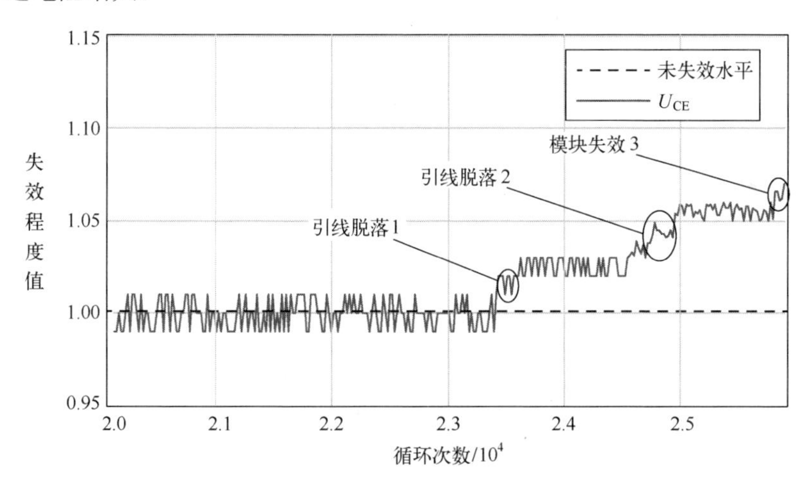

图 7-1　功率器件老化试验中导通压降变化情况

从图 7-1 可以看出，随着功率器件键合引线脱落的根数增多，导通压降逐渐增大，且饱和压降瞬时增加可有效反映键合线的脱落情况。有少数研究在功率器件功率循环试验中监测到由于焊料层老化和键合引线脱落共同作用而引起的导通压降 $V_{CE,on}$ 极速下降再上升的骤变现象，如图 7-2 所示，其中导通压降异常下降主要由功率器件焊料层老化引起热阻和结温增加造成，当键合线完全脱落失效时导通压降又急剧上升。因此导通压降骤降骤升的现象可以同时反映焊料层和键合线的老化。图 7-3 解释了导通压降在器件老化进程中下降和上升的原因。

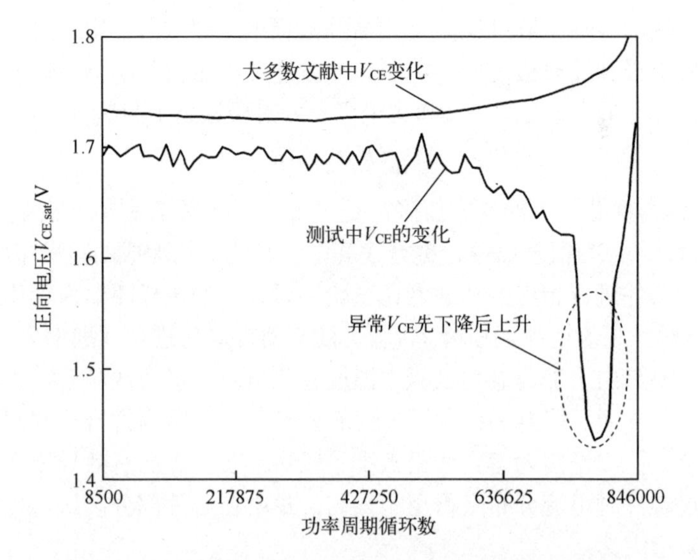

图 7-2　功率器件功率循环试验导通压降极速骤变现象

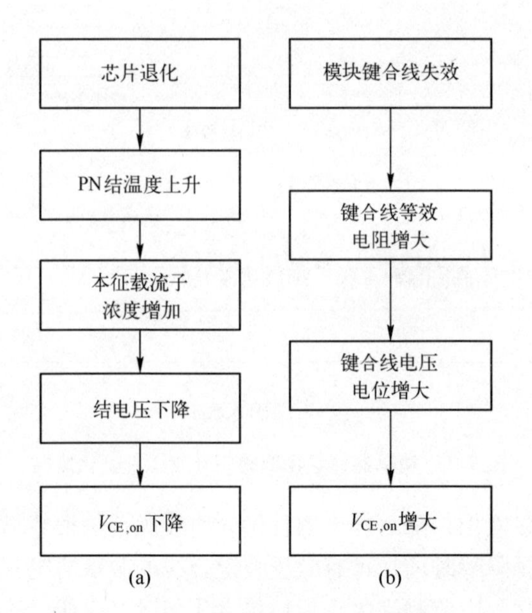

图 7-3　导通压降随器件老化变化趋势原因

值得指出的是，尽管导通压降 $V_{CE,on}$ 常被用来表征功率器件键合引线失效，但实际条件下针对 $V_{CE,on}$ 进行在线监测时仍存在一些亟待解决的问题。首先，

器件退化过程中 $V_{CE,on}$ 的变化可能淹没于信号噪声或功率器件开关干扰中，造成功率器件健康状态评估等的不确定性；其次，功率器件导通压降 $V_{CE,on}$ 不仅和当前功率器件健康状况有关，也受功率器件结温影响，因此功率器件结温的精确获取是基于 $V_{CE,on}$ 评判功率器件健康状态的重要前提。

7.1.2　阈值电压监测方法

阈值电压是指功率器件开启所需要的最小电压，即半导体表面形成强反型所需要的电压。器件老化引起的栅氧化层老化会使得栅极电容的参数发生变化，疲劳前后功率器件栅极阈值电压、跨导随老化及温度变化，由此可以作为监测器件运行状态的变量。老化后器件的栅极阈值电压高于新器件的，即 $V_{GE,th}$ 会随老化进程而增大，器件变得更难开通，会对原驱动系统造成一定的影响。同时由于结温 T_j 升高所引发硅晶体的能带降低，载流子越容易受激发，所以 $V_{GE,th}$ 随结温 T_j 呈现出反比变化关系。

目前实际工况下对功率器件阈值电压进行监测时仍存在一定的局限性。测量 $V_{GE,th}$ 时需要在栅极注入特定的信号，会影响器件的正常工作。如果需要在线监测功率器件芯片，那么功率器件自身的结构可能需要改变。

7.1.3　开关时间监测方法

开关时间监测方法是利用 V_{CE}、V_{GE}、I_{CE}、I_{GE} 等电学参数在开通和关断过程中波形的变化来监测器件的状态。

仿真和功率循环试验结果表明，功率器件键合引线退化脱落对栅极电压 V_{GE} 波形有一定影响，如图 7-4 所示，随着键合引线的退化，两条波形的变化明显，失效器件的 V_{GE} 增长速率明显高于未失效器件。从而可利用栅极电压电流信号进行功率器件的键合线故障识别。该方法也可用于避免栅极开路或短路引起的灾难性失效。由于栅极开通时间是纳秒级，精确地捕捉栅极信号对硬件测量设备提出了更高要求。

功率器件的关断时间 t_{off} 定义为关断过程中 V_{CE} 由 10%上升至 90%过程的时间值。如多芯片并联结构的功率器件某个硅芯片因老化失效，则电流将被分流到剩下的硅芯片，从而造成这些芯片电流密度增大，存储电荷增多，而使关断时间延长。另外由于键合引线脱落以及焊接层疲劳而引起的热阻增大和同等运行条件下模块结温升高，将同样导致关断时间延长。研究表明在特定的温度范围（305～315K）内可使用在线监测 t_{off} 技术区分老化功率器件和正常功率器件，如图 7-5 所示。功率器件的关断时间 t_{off} 可作为功率器件焊接层损伤引起闩锁效应的早期征兆，但同样由于功率器件关断时间 t_{off} 是微秒级甚至纳秒级的，因此对硬件测试系统的要求极高。

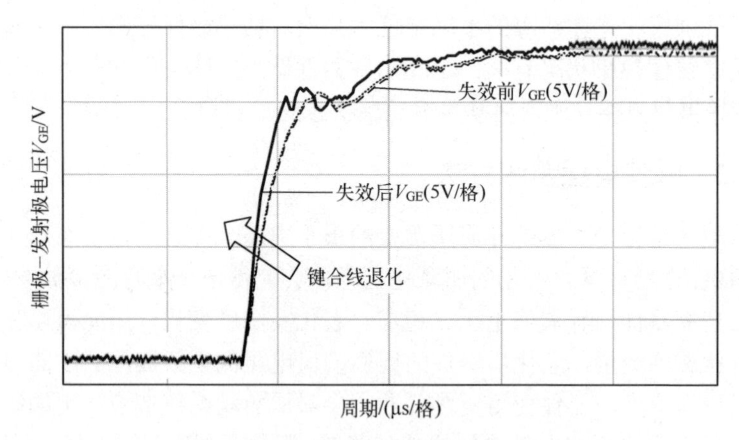

图 7-4　开通阶段的栅极电压波形

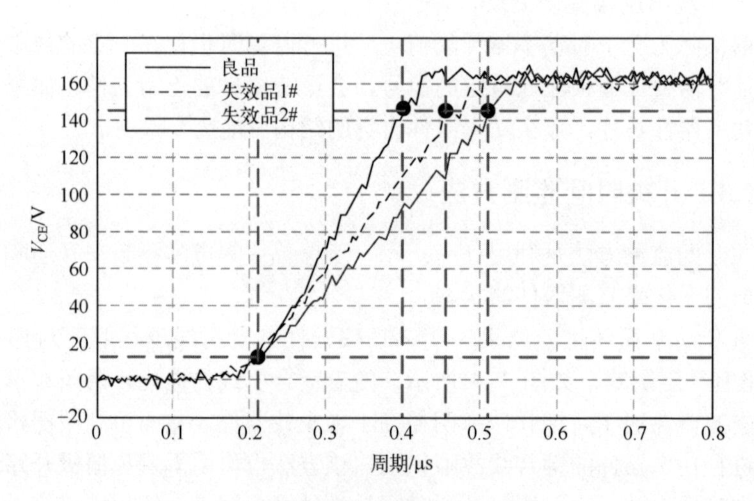

图 7-5　关断过程中的 V_{CE}

7.2　结温与结壳热阻监测方法

除了上述电参数，结温和结壳热阻等热参数也是功率器件主要的监测对象。根据联合电子器件工程委员会（Joint Electron Device Engineering Council，JEDEC）标准 JESD 51-14《一维传热路径下半导体器件结壳热阻瞬态双界面测试法》，器件的稳态结壳热阻可由结温 T_j、壳温 T_c 及热耗散功率 P_d 计算得到

$$\theta_{jc} = \frac{T_j - T_c}{P_d} \tag{7-2}$$

更一般地，对器件施加一定时间功率后，结温 T_j 与壳温 T_c 差值是不断变化的，其变化量与引起该温差变化的耗散功率比值即为器件的瞬态热阻：

$$Z_{\theta_{jc}}(t) = \frac{[T_j(t) - T_c(t)] - [T_j(t=0) - T_c(t=0)]}{P_d} \tag{7-3}$$

式中：$T_j(t=0)$ 和 $T_c(t=0)$ 分别为器件加载功率前的结温与壳温，由于此时未给器件施加功率，应有 $T_j(t=0) = T_c(t=0)$；$T_j(t)$ 和 $T_c(t)$ 分别为对器件施加功率 t 时刻的结温与壳温。由如上分析可知

$$Z_{\theta_{jc}}(t) = \frac{T_j(t) - T_c(t)}{P_d} \tag{7-4}$$

测定功率器件热阻必须测量式（7-4）中的 3 个参数 T_j、T_c 和 P_d，而结温 T_j 的准确测量是对功率器件进行热阻监测的关键。本书 5.1 节中已经对现有功率器件的离线热阻测试方法进行了介绍，但在热阻的实时监测方面还存在很多问题。以下对现有应用较多的热阻监测方法进行介绍。

7.2.1　温敏参数法

由于功率器件芯片封装在器件内部，结温 T_j 通常无法直接测量得到，在此情况下可借助温敏参数来确定结温 T_j 的值。温敏参数是指功率器件因半导体材料受温度影响的特性（如载流子浓度与载流子寿命随着结温的升高而升高，而载流子的迁移率随着温度的升高而降低），从而受温度变化影响的电气特征参数。当功率器件随着工况不同而变化时，功率器件芯片所对应的外部电气参数在相同的工况下也会有不同的变化，通过对温敏参数的电气量进行测量，即可对芯片结温进行逆向预估。一般而言，温敏参数法无需改变功率器件的封装结构，可以在 100μs 内实现结温的快速检测，是非常具有工业潜质的结温监测方法。

考虑到功率器件类型较多，电参数复杂，以下仅以 IGBT 模块为例说明温敏参数的监测方法。根据温敏参数的提取时基不同，可将温敏参数分为两大类：静态温敏参数和动态温敏参数。静态温敏参数的定义是当功率器件处于恒定阻断或者恒定导通状态时，器件随结温变化的相关电参数，如集射极饱和压降 $V_{CE,sat}$、器件处于导通阶段内的短路电流与阻断时期的漏电流等；动态温敏参数定义为当功率器件在开通和关断瞬态过程中，与器件结温变化相关的电参数，如栅极开通阈值电压 $V_{GE,th}$、栅极开通延迟时间 t_{don}、集电极最大电流变化率 $(dI_C/dt)_{max}$、关断器件集电极电压变化率 dV_{CE}/dt 等。下面分别从静态温敏参数

和动态温敏参数两方面，详细阐述功率器件温敏参数的测量校正方法。

1．典型静态温敏参数

典型静态温敏参数结温提取法包括小电流注入饱和压降法、大电流注入法、驱动电压降差比法、集电极开启电压法和短路电流法等。

小电流注入饱和压降法是经典的芯片结温预测方法，鉴于其优越的线性度也被国家标准 GB/T 29332《半导体器件分立器件》所采纳。该方法不仅可用于芯片的结温检测，还被广泛应用于功率器件的热阻网络提取，其相关应用详见本书 5.1.1 节。研究表明，硅器件的小电流饱和压降灵敏度约为−2mV/℃。然而，校正电流 I_m 的选取对结温测量的线性度和灵敏度均有较大影响。图 7−6 显示了某待测 IGBT 模块在校正电流从 0.5mA 到 1A 下器件饱和压降 $V_{CE,sat}$ 与结温的校正关系曲线。可以看出在 0.5mA 和 1mA 的校正电流测试情况下，小电流饱和压降法在高温区域的线性度较差，其高温下的非线性关系将对全温度范围内的结温提取增加复杂性。尽管校正电流 I_m 越大其线性度越好，然而较大的校正电流将增加自热效应，导致在结温提取过程中引入测量误差。

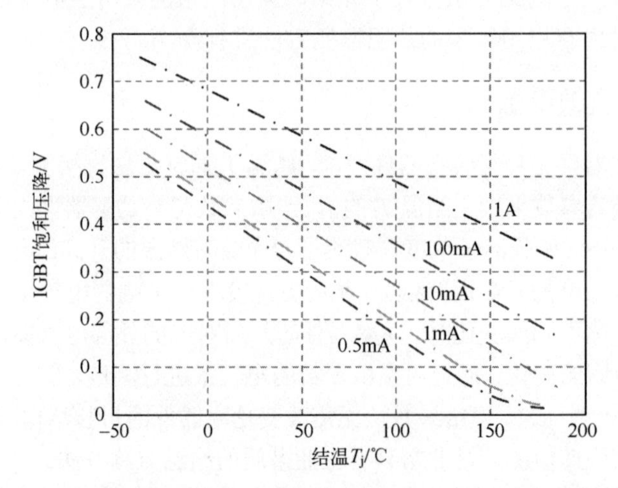

图 7−6　小电流饱和压降法中不同校正电流条件下结温与饱和压降的关系图

在小电流注入饱和压降法中，需要特定的小电流辅助电路提供恒定的测量激励源。该辅助电路不仅提高了测量成本，还增加了测量复杂度。由于负载电流所引起的电压降本身就受到芯片结温的影响，有研究人员提出了大电流注入法。该方法利用导通负载电流时器件本身的通态压降作为温敏参数，从而省去了小电流注入这一测量必需条件。图 7−7 显示了大电流注入法的测试电路原理图。因为在同一电气工况下，待测器件在流经相同的集电极电流时，其电压降也将随着结温的变化而不同。经过校正程序之后，在实际应用工况中，利用集

电极电流 I_C 本身作为致热源，在待测器件导通时刻测量集电极电流及集电极电压降，即可利用离线数据库计算出瞬时结温。

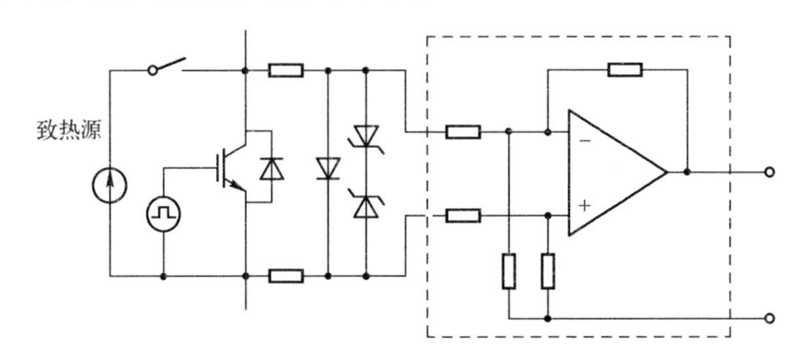

图 7-7　大电流注入法测试电路（IGBT 器件）

大电流饱和压降法的灵敏度由器件特性决定，不同电压和电流等级的器件的大电流饱和压降各有差异。图 7-8 给出了某待测 IGBT 模块在 15V 栅极电压下，大电流饱和压降随结温的变化趋势。然而常规的 IGBT 器件为双极型器件，其在某一特定的负载电流点处（如图 7-8 中以 $I_C = 60A$ 曲线为界），集电极电流与电压降会呈现出正温度系数与负温度系数的分界点，即当集电极电流小于分界电流时，IGBT 芯片结温与导通压降呈现出负温度系数关系；而集电极电流在高于分界电流时，IGBT 芯片结温与导通呈现出正温度系数关系。因此，当集电极电流在分界电流点附近会出现检测盲区，导致结温测量失效。由于正负温度系数的交界区域通常处于额定运行电流范围之内，采用大电流注入法进行结温提取必须对检测盲区进行事先判定并建立相应规避策略。

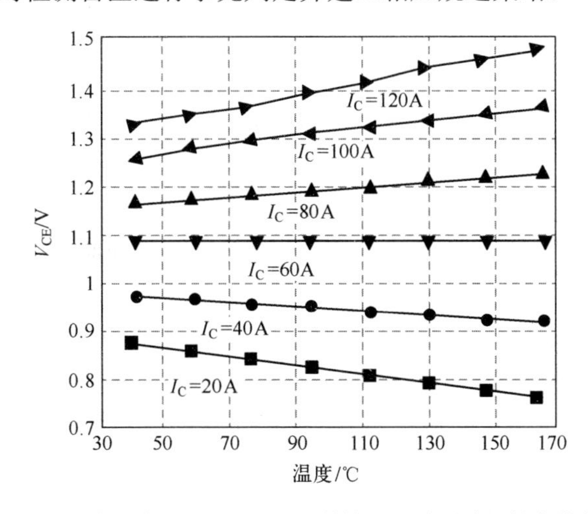

图 7-8　不同大电流注入下 IGBT 器件饱和压降随结温的变化趋势图

为了消除上述大电流注入法存在的盲区效应，有研究人员提出了驱动电压降差比法。图 7-9 显示了功率 IGBT 模块在+12V 和+15V 驱动电压条件下，前向电流与正向导通压降示意图。

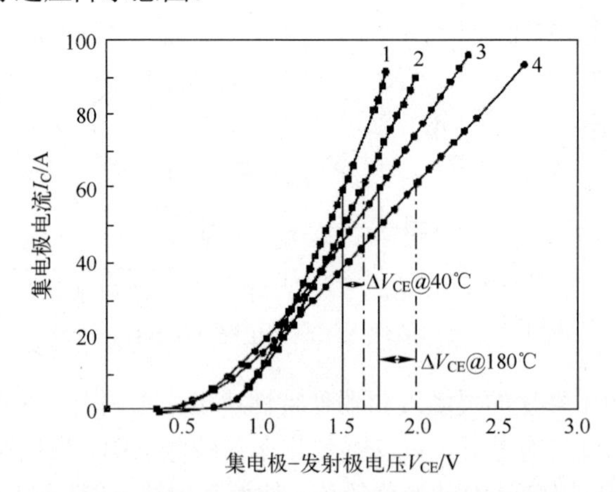

1—T=40℃，V_{GE}=15V；2—T=40℃，V_{GE}=12V；3—T=150℃，V_{GE}=15V； 4—T=150℃，V_{GE}=12V。

图 7-9　不同栅极驱动电压值下的待测器件静态特性

由图 7-9 观察可知，在不同栅极驱动电压下对某一固定的集电极电流 I_c 而言，其相同结温差下的集电极电压 V_{CE} 的值也不同。正向压降差比法的结温提取思路是在不同的驱动电压 V_{GE1} 和 V_{GE2} 下，测量同一集电极电流下的正向导通压降。该方法所提出的温敏参数为 $\Delta V_{CE\Delta VGE}$，其表达式为

$$\Delta V_{CE\Delta VGE}=V_{CE1}(T_j,I_C,V_{GE1})-V_{CE2}(T_j,I_C,V_{GE2}) \tag{7-5}$$

式中：V_{CE} 为集电极电压降，受到结温 T_j、集电极电流 I_C 和驱动电压 V_{GE} 的影响。

图 7-10 给出了某型待测 IGBT 模块的驱动电压降差比法测试结果。驱动电压降差比法基本上在所有的集电极电流范围内，与结温变化均呈正温度系数关系，且保持了良好的线性度。但是该方法需要在两种不同的驱动电压下同时采集当前的集电极电流和集电极电压，监测量较多，在线监测实施困难；另一方面，低驱动电压条件下的测试程序难以嵌入功率器件。

针对上述缺点，在保持+15V 驱动条件下，研究人员提出了集电极开启电压法。基于集电极开启电压的温敏参数法同时适用于 IGBT 和二极管。图 7-11 显示了待测 IGBT 模块前向电流 I_C 与正向导通压降 V_{CE} 示意图。集电极开启电压法的思路是：假设在某一特定结温下（例如 25℃），两种不同集电极电流 I_{C1} 与 I_{C2} 下分别测得对应的集电极电压降 V_{CE1} 和 V_{CE2}。最后利用相似三角原理，即可确定两个集电极电流点延伸至集电极电压横坐标的开启电压 V_0 点所在位置。

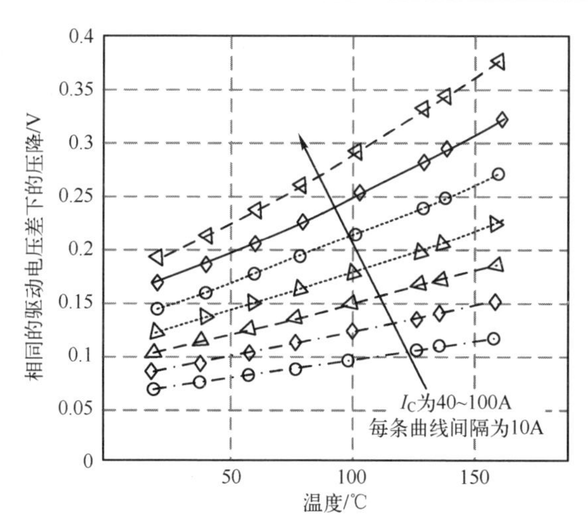

图 7-10　在驱动电压为+15V/+12V 条件下驱动电压降差比法测试结果

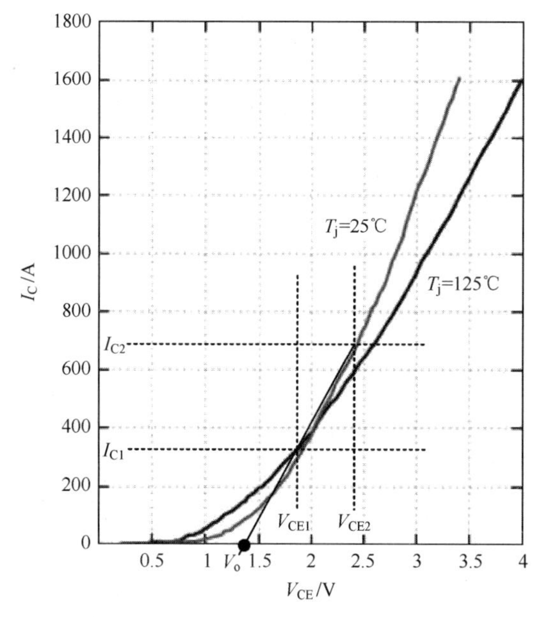

图 7-11　待测器件集电极电流 I_C 与导通压降 V_{CE} 关系示意图

开启电压 V_0 点的计算表达式为

$$V_0 = \frac{V_{CE2}(T_j, I_{C2}, V_{GE}) I_{C1} - V_{CE1}(T_j, I_{C1}, V_{GE}) I_{C2}}{I_{C1} - I_{C2}} \tag{7-6}$$

图 7-12 显示了某型待测 IGBT 模块集电极开启电压作为温敏参数的测试结果。集电极开启电压温敏参数与温度呈负温度系数关系，近似线性关系。与驱

动电压降差比法相比，集电极开启电压法仅需在同一驱动电压下进行电气参数采集即可完成结温提取。然而该方法的灵敏度较低，只有 1mV/℃，较低的灵敏度会引入更多的测量误差。

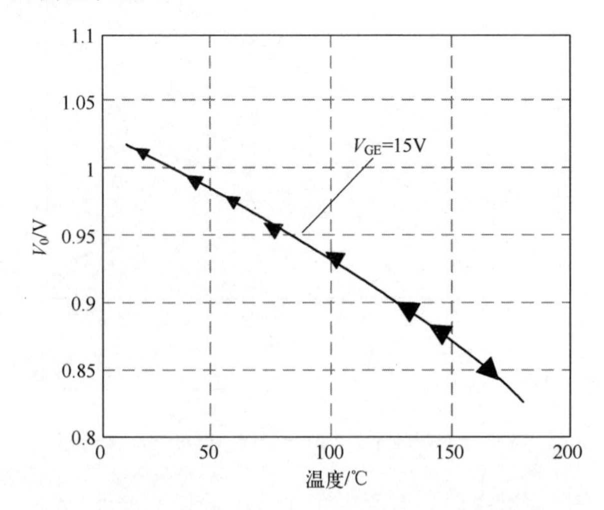

图 7-12　驱动电压为+15V 条件下集电极开启电压法测试结果

基于负载电流测试的温敏参数都存在不同程度的自热现象。大电流注入法、驱动电压降差比法和集电极开启电压法都需要在待测器件导通集电极电流非常大的时刻进行采样程序。采样时间与采样转换时间均会影响自热效应的程度。

2．典型动态温敏参数

在上述 4 种典型静态温敏参数法中，小电流与致热电流对器件注入都会不可避免地在校正程序中引发待测器件的自热效应，从而在校正环节引入测量误差。然而与栅极信号有关的阈值电压法不涉及电流源的注入因素，从测量方法上避免了待测器件的自热效应影响。由于阈值电压仅与门极氧化层的厚度与掺杂浓度有关，而与集电极电流和母线电压大小无关，已成功用于 MOSFET 与 IGBT 器件的结温提取。

阈值电压法的校正电路如图 7-13 所示。在图 7-13(a)的双电压源测试法中，待测器件的集电极与发射极两端加固定电压源 E。固定电压源的电压接近于待测器件的实际工作电压。在校正程序开始时，逐渐增加栅极电压 V_{GE} 的电压，同时实时监控流经待测器件的电流 I_m。当电流 I_m 大于某一参考电流时（毫安级电流），此时的栅极电压 V_{GE} 被认为是当前结温下的阈值电压。另一种更为简单的阈值电压测试电路如图 7-1(b)所示，当栅极电压 V_{GE} 逐渐上升时，待测器件的集电极-发射极电压也同时上升。与双电压源测试电路相比，该测试电路仅采用一个电压源测量待测器件的阈值电压。然而双电压源测试电路比单电压源测试电路更符合实际的运行工况。在线测量过程中可通过直接检测集电极电流的变化，当其超过一定阈值的时候，采集栅极电压作为阈值电压。

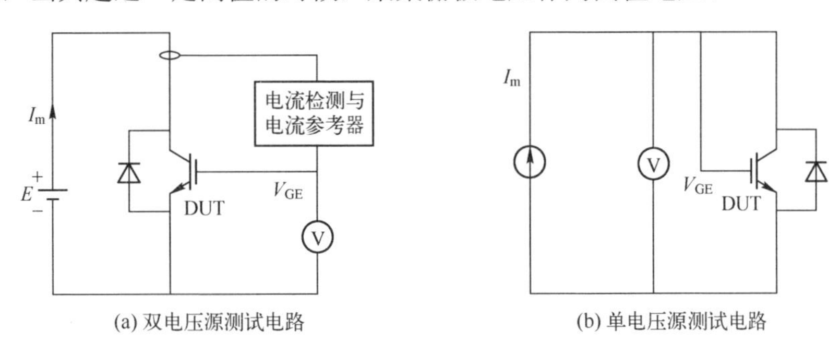

(a) 双电压源测试电路　　(b) 单电压源测试电路

图 7-13　阈值电压法校正电路

阈值电压与结温度的相关性呈现出负温度系数，且线性度良好。然而阈值电压法在实际应用中还需应对低灵敏度和采样噪声难题。以 IGBT 器件为例，阈值电压的灵敏度范围大致在-2～-10mV/℃。在实际运行过程中不仅要监控栅极电压，还需同时监控集电极电流的变化来作为阈值电压的确定时基。电流与电压采样电路需要同时配合工作，不仅增加了阈值电压法的复杂程度，还提高了该方法的成本。

内置驱动温敏电阻法是另一种可用于动态监测功率器件结温的方法。该方法不需要监控集电极电流的变化起始时基信息。与阈值电压法不同，内置驱动温敏电阻法即是利用受结温影响的栅极驱动回路信息提取 IGBT 器件结温，其测试原理如图 7-14 所示。在栅极驱动回路中，I_g 为栅极电流、R_g 为外部栅极电阻、L_p 为驱动回路中等效杂散电感、R_{gi} 为模块内置驱动电阻和 C_{ge} 为栅极电容。在驱动回路中，栅极电容 C_{ge} 与模块内置的驱动电阻 R_{gi} 均会随着模块结温的变化而改变。因此在相同驱动电压下，不同的结温对应不同的驱动回路阻抗，从而引起外部驱动测量信号 V_{Rg} 的变化。

这种栅极信号的变化反映了不同结温情况下驱动电路对 IGBT 栅极电容充电过程的时间常数的变化。内置驱动温敏电阻法无需有源或无源辅助电路，结温提取相关参数较少，温敏参数的提取时基方便。内置驱动温敏电阻法通常在 IGBT 器件开通瞬态时提取栅极有效信息，从而不需要影响功率器件所应用系统的正常运行。然而，栅极信号容易受到周围电磁环境的干扰，从而影响测量精度，甚至导致测量失效。研究表明，模块内置驱动电阻 R_{gi} 的灵敏度范围在 1～2mΩ/℃。此外，由于栅极电容随结温度的影响相对较低，导致灵敏度较低。

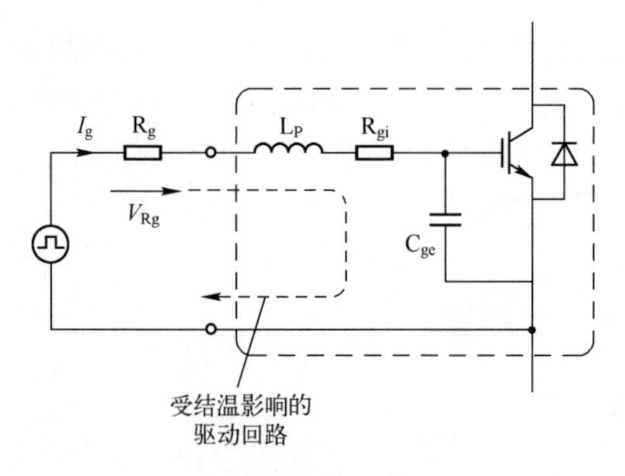

图 7-14　内置驱动温敏电阻法

现有的温敏参数法中，其校正程序与测量方法各异，如何系统评价特定温敏参数的应用潜力，学术界和工业界尚未建立统一标准。在实际运行工况中，待测功率器件常处于高频开关切换中，处于高频通断状态的待测器件经受着高电压和大电流的双重冲击，功率器件的结温度变化是复杂工况下的综合作用结果。因此，对温敏参数的评价指标须与实际工况相结合。其校正程序与测量方法也需在实施难度、应用成本和测量效果上做折中考虑。本节仅从线性度、灵敏度、泛化度、精准度、非侵入性与集成性等指标，利用雷达图将上述 6 种代表性温敏参数法进行系统比较，如图 7-15 所示。

各指标的含义如下：

（1）线性度：代表了温敏参数与结温之间的线性关系程度，线性度越好，利用温敏参数对结温进行预测的函数关系越简单，也更易于校正程序。

（2）灵敏度：反映了每一度结温变化所对应的温敏参数的变化量。在相同精度的采样电路中，灵敏度越高的温敏参数可以获得更高的结温预测精度。

（3）泛化度：用于评价候选温敏参数法的适用范围和适用的器件领域。某些温敏参数法可能仅适用于 IGBT 器件，而有些温敏参数法能适用于 IGBT、MOSFET 和 GTR 等有源开关器件。温敏参数法的泛化度则决定了该方法的适用范围。

（4）精准度考虑的是，温敏参数法在校正环节中是否容易引入干扰因素，从而降低了在结温预测过程中的精确性。例如在大电流注入法中，负载电流作为致热电流本身会引起结温的自热效应，将无法避免地带来测量误差。

（5）非侵入性特征强调的是采取较小的中断需求。

（6）集成性则考虑的是能否简单可靠地把校正电路与采样电路集成进驱动电路并适用于不同封装类型的功率器件模块。

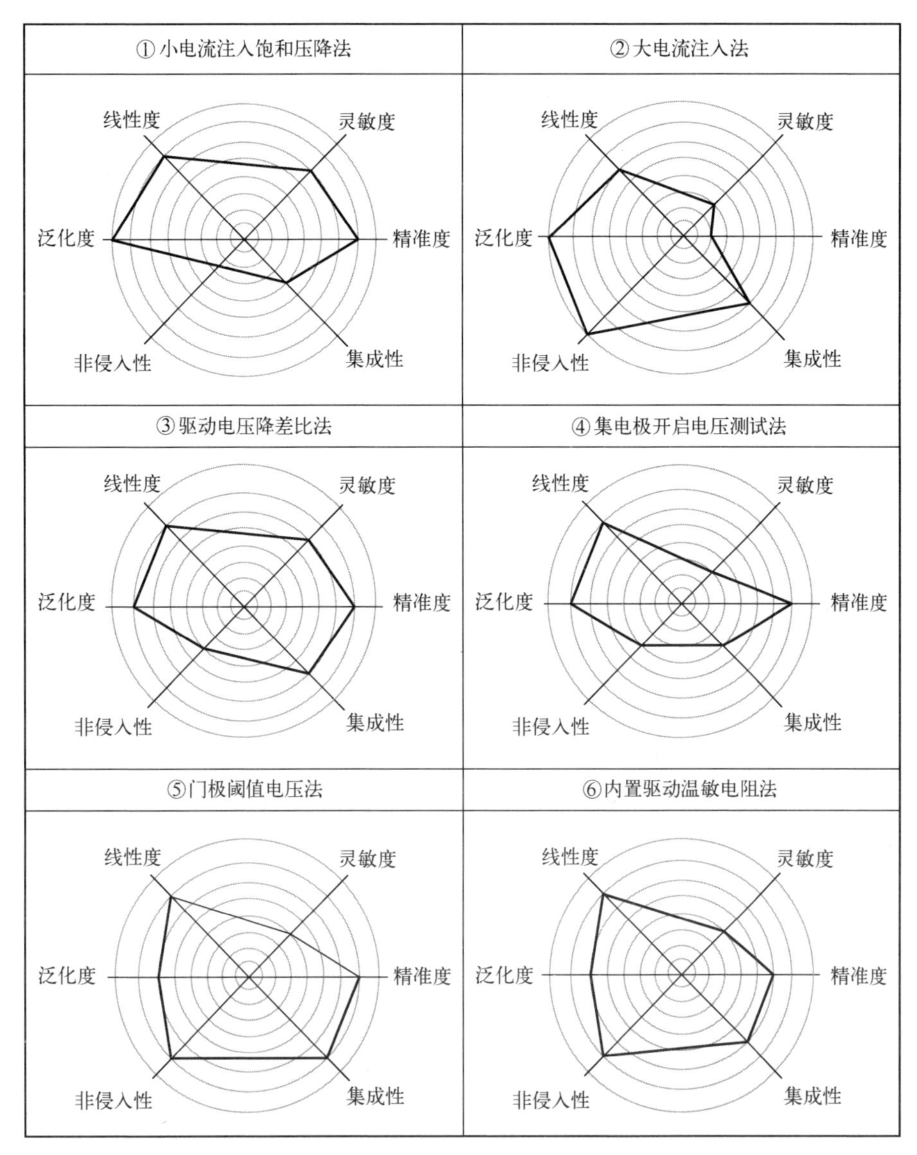

图 7-15 温敏参数性能比较雷达图

由图 7-15 的雷达图可知，小电流注入饱和压降法和驱动电压降差比法需要中断和干扰功率器件的正常运行，侵入性强；大电流注入法由于存在盲区，精准度较低；集电极开启电压法和门极阈值电压法的灵敏度较低。

目前基于温敏参数法对功率器件进行结温或结壳热阻监测时，相关技术尚处于起步阶段，目前主要集中在静态温敏参数的研究，较少涉及动态温敏参数的探索。功率器件的开关时间通常在百纳秒至微秒级，在极短的开关时间内对动态温敏参数进行低成本精准测量，需要开创新思路。此外，目前大多数研究关注 IGBT、MOSFET 等有源功率器件的结温在线监测，极少涉及无源二极管的结温在线监测，而在很多应用场景下，反而二极管的结温有可能高于 IGBT 开关管的结温，是更为脆弱的功率器件，因此针对功率二极管进行结温在线监测研究十分必要。

7.2.2 光学非接触测量法

光学非接触测量法主要基于冷光、拉曼效应、折射指数、反射比、激光偏转等光温耦合效应的表征参数，通常借助待测器件温度与红外辐射之间的关系，包括红外热成像仪、光纤、红外显微镜、辐射线测定仪等。

1. 红外热成像法

与 5.2.4 节中介绍的红外扫描显微检测技术相同，状态监测法中的红外热成像技术也是以热致红外线作为检测信号。相较于红外扫描显微检测，红外热成像监测方法主要针对功率器件全局温度进行监测，如图 7-16 所示。由于受到辨析度的限制不对微观缺陷进行分辨，但拍摄速度更快、范围更广。检测原理为：由于任何物体，不论其温度高低都会发射或吸收热辐射，该辐射大小与物体材料种类、化学与物理尺寸等特征有关外，还与其波长、温度有关。红外热成像仪就是利用物体的这种热辐射性能来测量物体表面温度场的分布。它能直接观察到人眼在可见光范围内无法观察到的物体外形轮廓或表面热分布，并能在显示屏上以灰度差或伪彩色的形式反映物体各点的温度及温度差，从而把人们的视觉范围从可见光扩展到红外波段。

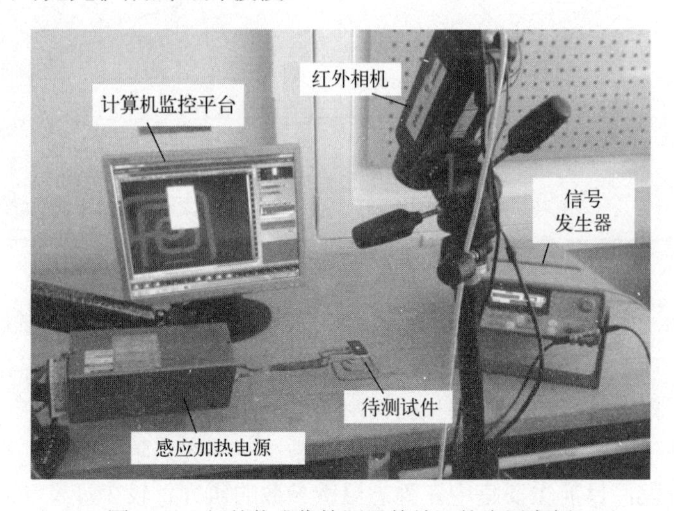

图 7-16　红外热成像检测器件结温的应用案例

图 7-17 为某开封功率器件正常工作时的红外成像结果。红外热成像仪用于功率器件结温测量时，在测量前需要把待测器件的封装打开，除去芯片表面的透明硅脂；然后将待测器件的芯片表面涂黑，以增加被测芯片的辐射系数，从而提高温度测量准确度，但破坏了模块封装的完整性。现有的商用红外热成像仪的最高采样率仅为 2000 帧（每秒最多能捕获 2000 张热成像图片），远不能满足动态结温的实时检测要求，同时红外热成像法属于破坏性测量方法，因此该方法目前仅停留在实验室研究使用阶段，尚未现场应用于功率器件内部芯片的结温监测。

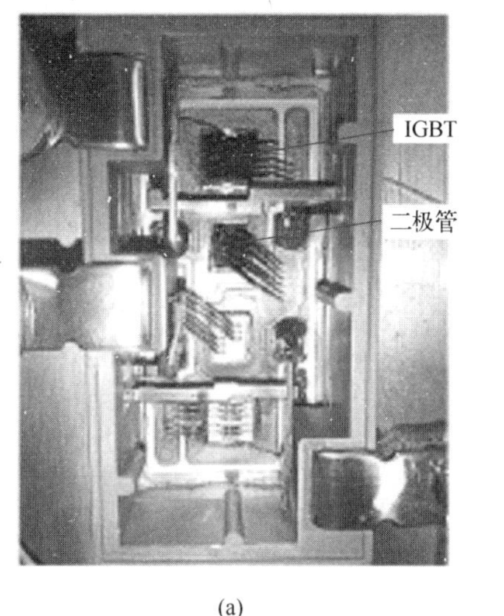

(a)

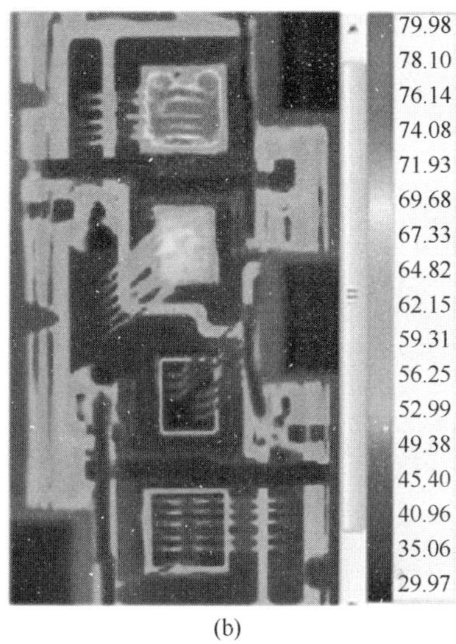

(b)

图 7-17 开封功率器件内部结构与红外成像结果

2．光纤测温法

光纤温度传感器是 20 世纪 70 年代发展起来的一门新型的测温技术。它基于光信号传送信息，具有绝缘、抗电磁干扰、耐高电压等优势特征。目前主要的光纤温度传感器包括分布式光纤温度传感器、光纤光栅温度传感器、光纤荧光温度传感器、干涉型光纤温度传感器等。其中应用最多当属分布式光纤温度传感器与光纤光栅温度传感器。

分布式光纤温度传感器最早是在 1981 年由英国南安普敦大学提出的。激光在光纤传送中的反射光主要有瑞利散射、拉曼散射和布里渊散射三部分，如图 7-18 所示。分布式光纤传感器经过从最初的基于后向瑞利散射的液芯光纤分布式温度监控系统，到基于光时域（optical time-domain reflectometer，OTDR）拉曼散射的光纤测温系统，以及基于光频域拉曼散射光纤测温系统等。目前其测量精度最高可达 0.5℃，温度分辨率最高可达到 0.01℃左右。

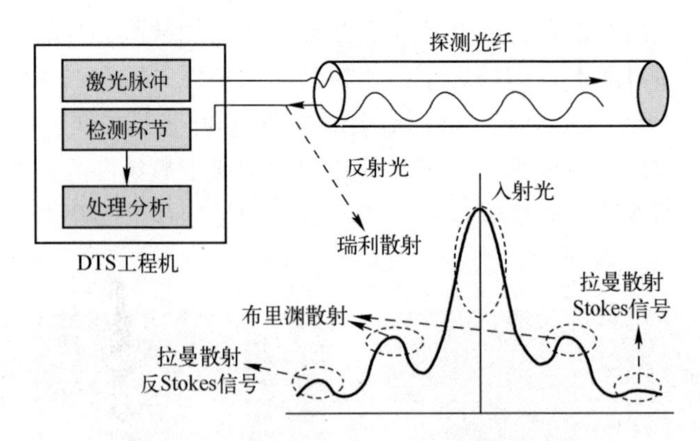

图 7-18　分布式光纤温度传感器基本原理

光纤光栅温度传感器是利用光纤材料的光敏性在光纤纤芯形成的空间相位光栅来进行测温的。光纤光栅以波长为编码，具有传统传感器不可比拟的优势，已广泛用于建筑、航天、石油化工、电力行业等。光纤光栅温度传感器主要有 Bragg 光纤光栅温度传感器和长周期光纤光栅传感器。Bragg 光纤光栅是指单模掺锗光纤经紫外光照射成栅技术而形成的全新光纤型 Bragg 光栅，成栅后的光纤纤芯折射率呈现周期性分布条纹并产生 Bragg 光栅效应，其基本光学特性就是以共振波长为中心的窄带光学滤波器，满足如下光学方程：

$$\lambda_b = 2n\Lambda \tag{7-7}$$

式中：λ_b 为 Bragg 波长；Λ 为光栅周期；n 为光纤模式的有效折射率。

电力系统中大量设备需要检测温度信息，从而确定电力设备的运行情况，以便运行调度人员及时采取措施，消除异常，避免设备的损坏和事故的发生。目前，光纤温度传感器在电力行业中的应用模式如图 7-19 所示，现场工程机 1 为基于分布式光纤温度测温仪，现场工程机 2 为基于光纤光栅测温仪，多台工程机可通过网络将数据上传到集控室的上层机构成测温系统，实现集中控制显示。其主要内容包括：

（1）分布式光纤或者光纤光栅作为温度传感器紧贴在电气设备上；

（2）通过采集光信号进行相应计算得到温度分布；

（3）开发与设备相应的分析、报警软件；

（4）通过温度信息分析电气设备运行状态，从而保证电气设备运行在安全区域，避免事故的发生。

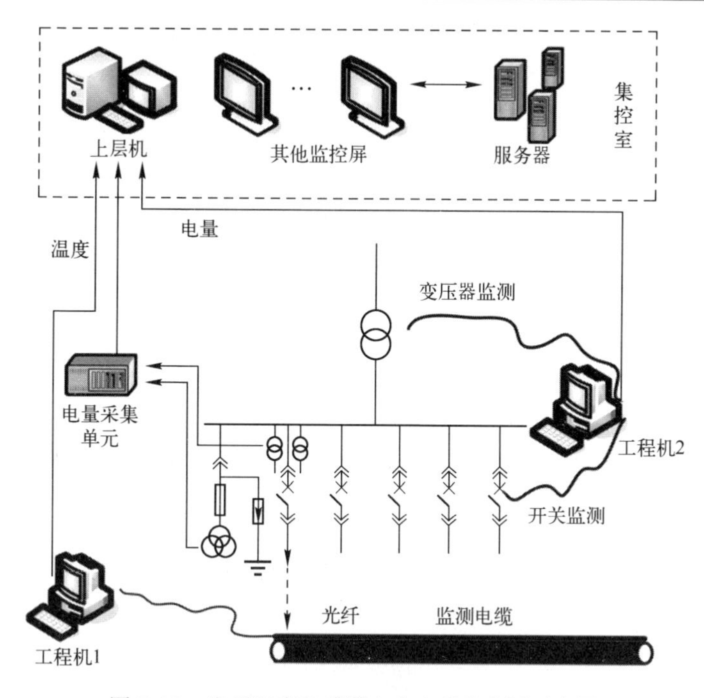

图 7-19　光纤温度传感器在电力系统应用示意图

光纤温度传感器用于功率器件结温监测时，首先需考虑测量的经济性原则，同时需考虑信号传输时的抗干扰能力以及测量精度。其次，光纤测温时要将光纤探头直接与功率器件芯片相接触，而功率器件芯片上面往往布满了键合铝线，为了达到测温目的，光纤探头的体积必须足够小。最后，光纤温度传感器的测量范围必须包含功率器件结温的变化范围。图 7-20 为型号为 OSP-A 的光纤温度传感器对功率器件进行结温测试案例。该光纤温度传感器的主要参数为检测温度范围为-50～+250℃（精度±0.1℃），探头直径为 0.23mm，裸光纤长度为 9mm。完成光纤探头与 IGBT 模块的组装后系统就能对结温进行采集，光纤传感器将所采集到的温度信号传递给温度信号解调器，解调后得到的数字信号被输送至计算机，实现了温度的显示与存储。

图 7-20　光纤温度传感器用于功率器件结温测量案例

7.2.3 物理接触式测量法

物理接触式测量法把热敏电阻或热电偶等测温元件置于待测器件内部，从而获取其内部温度信息。热敏电阻法是基于导体或半导体的电阻值随着温度的变化而变化的特性。该方法需要外部电源激励，且瞬态响应慢。利用热敏电阻对功率器件进行内部温度的检测需要对模块封装进行改造。由于封装类型和应用场合不同，现有大部分商用的功率器件如功率器件内部仍没有安置热电阻测温元件，而仅仅在某些特定应用场合得到了有限程度的应用。图 7-21 为某型功率器件内部所包含的热敏电阻位置情况。该方法所获取的结温，准确来说是功率器件内部基板的平均结温，并非芯片的结温。其次根据内置测温电阻的位置不同，所反映的温度情况仅是该区域附近的温度。用该方法所得温度信息与真实结温两者之间存在较大的误差。

图 7-21　功率器件内热电阻安装示意图

热电偶的测温原理是基于热电效应，将两种不同的导体或半导体通过导线连接成闭合回路，当两者的接触点存在温度差时，整个回路中将产生热电势，该现象被称为热电效应，也称为塞贝克效应。图 7-22 为热电偶在功率器件中测温的应用案例。4 只热电偶分别埋置在待测开关管芯片与二极管芯片的底部、模块基板内部和散热器中，对多层次结构的功率器件中不同位置的开关管温度 T_G、二极管温度 T_D、基板温度 T_m 及散热器温度 T_c 进行测量。由于功率器件的开关管芯片与二极管芯片下面存在焊料层、铜层和陶瓷层等，该方法亦无法准确获取功率芯片的结温。

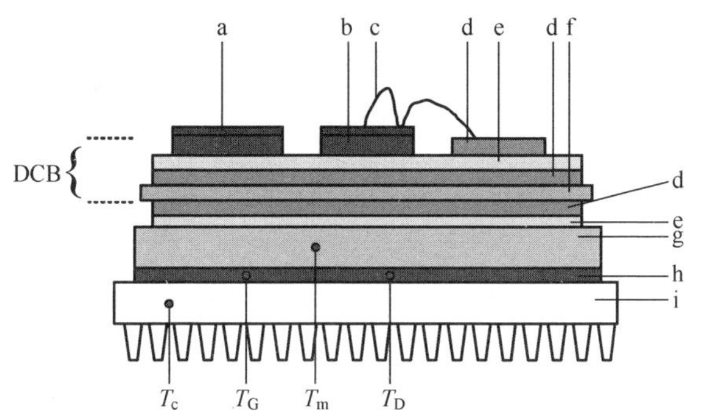

a—铝金属化层；b—半导体芯片；c—绑定线；d—铜层；e—焊料层；
f—陶瓷衬底；g—铜基板；h—导热硅脂；i—散热器。

图 7-22　含热电偶的功率器件截面图

虽然物理接触式测试法直接而且比较简单，但是这种方法给工艺制造过程增加了难度，因为功率器件的芯片表面通常压接有很多根铝键合线，特别是芯片中心的主要导流位置都由键合线占满，并且键合线可能分两层甚至三层，难以有合适的空间留给热敏电阻或热电偶，大多在芯片边缘位置安放热电阻或热电偶，但这样测量得到的温度与芯片中心位置的温度值差别较大。同时，热电阻或热电偶等直接测温元件对结温测量的响应速度一般在秒级左右，响应时间较长，仅适用于散热器或基板的平均温度检测，无法实时反映待测器件的结温动态变化。

7.2.4　热阻抗模型预测法

热阻抗模型预测法结合了待测器件、电路拓扑和散热系统等综合因素，基于待测器件的实时损耗及瞬态热阻抗网络模型，通过仿真计算或离线查表等方式反推芯片结温及其变化趋势。该方法在用于结温实时监测时，需要辅助计算机工具，一般只能模拟器件正常运行时的结温变化，在意外故障发生时（如运行工况异常导致损耗突变或散热环节异常导致热阻抗网络突变）无法对待测功率器件的芯片结温进行提取。图 7-23 为含散热条件的功率交流器热阻网络模型图。功率器件本身是由硅基等芯片、直接敷铜（direct copper bonding，DCB）衬底和铜基板等多种材料多层次组成的电力电子器件。通过对材料的几何形状与热特性分析，即可通过试验或者建模方式将含有散热系统的交流器热阻网络模型提取出来。然后根据交流器的运行工况进行分析，计算功率器件在运行工况下的功耗 P_s。最后，即可根据待测器件外部基板温度，以及功率器件热阻网络模型反推出功率器件内部的芯片结温情况。

热阻抗模型预测法需要同时获取待测功率器件的实时损耗以及热阻抗网络才可实现结温的精确预测，实时损耗模型和热阻抗网络模型的精确建模相当困难。且在功率器件长期运行过程中，衬底板下的焊料层与导热硅脂均会出现不同程度的老化。事先测定的热阻网络模型会由于老化原因发生较大偏移，从而带来结温预测的误差。

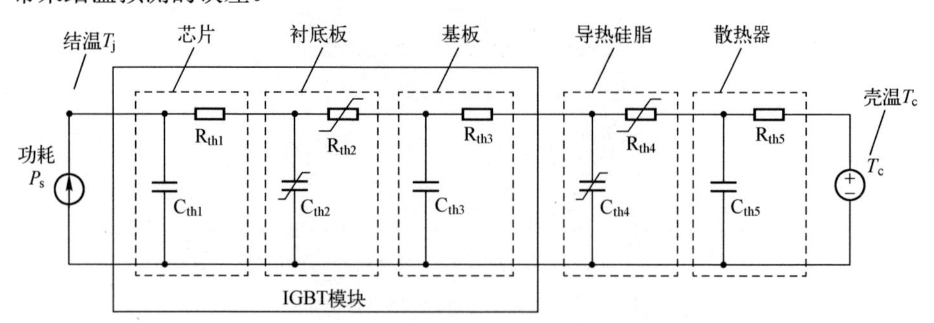

图 7-23　功率器件热阻网络模型

7.2.5　瞬态双界面测试法

分离点法又称瞬态双界面测试法（transient dual interface，TDI），由 D Schweitzer 等由 20 世纪 90 年代发展而来，可用于得到器件瞬态热阻抗曲线（由瞬态热阻抗曲线可进一步得到热阻网络模型）及稳态的器件结壳热阻。该方法已被收录进 JEDEC 标准 JESD 51-14 中。

瞬态热阻的测量方法依然基于前述的温敏参数法。瞬态双界面测试法要求对同一个半导体器件在控温热沉上测量两次 $Z_{\theta_{jc}}$ 。第一次测量时器件与冷却台（热沉）直接接触（干接触），第二次测量时器件与热沉之间涂一层很薄的导热胶或油脂（湿接触），如图 7-24 所示。第一次测量时，由于器件与热沉之间的接触面有一定的粗糙度，使得接触热阻增大，所以在某一时刻 t_s 开始，$Z_{\theta_{jc}}$ 曲线存在明显的分离，如图 7-25 所示。由于热流进入热界面层时，两条 $Z_{\theta_{jc}}$ 曲线就开始分离，因此 $Z_{\theta_{jc}}(t_s)$ 在该点的值接近于稳态热阻 θ_{jc} 。通过 $Z_{\theta_{jc}}$ 曲线分裂点能够估算得到 θ_{jc} 。

由于瞬态 t_s 时和稳态（需要很长时间）时器件内部的热流分布不同，因此分离点的瞬态热阻值不一定等于稳态时的结壳热阻。对于高热导率芯片黏结层的功率器件两个值则比较接近。严格来讲，$Z_{\theta_{jc}}$ 曲线分离点不能很精确地确定，但在一段时间后曲线的间隙逐渐变宽（图 7-25），因此分离点的判定显得至关重要。

$Z_{\theta_{jc}}$ 微分曲线的分离点通常比原始曲线更容易确定，因此采用 $Z_{\theta_{jc1}}$ 和 $Z_{\theta_{jc2}}$ 的微分曲线替代原始曲线。设时间对数为 $z = \ln t$ ，$a(z)$ 表示 $Z_{\theta_{jc}}$ 曲线关于 z 的

函数，即

$$a(z) = Z_{\theta_{jc}}(t = \exp(z)) \tag{7-8}$$

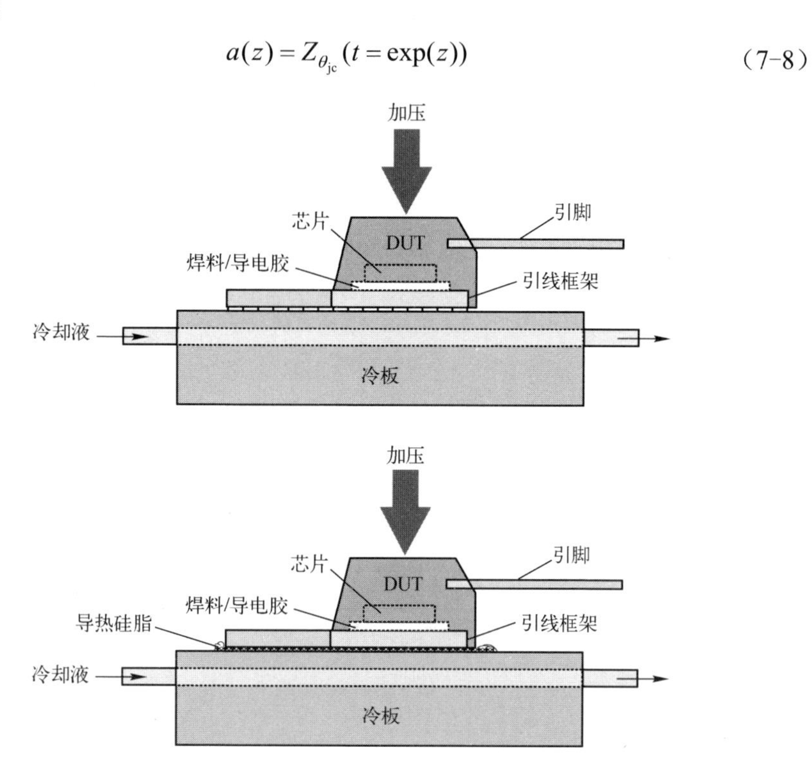

图 7-24　分离点法结壳热阻测试示意图（不含导热硅脂测量、含导热硅脂测量）

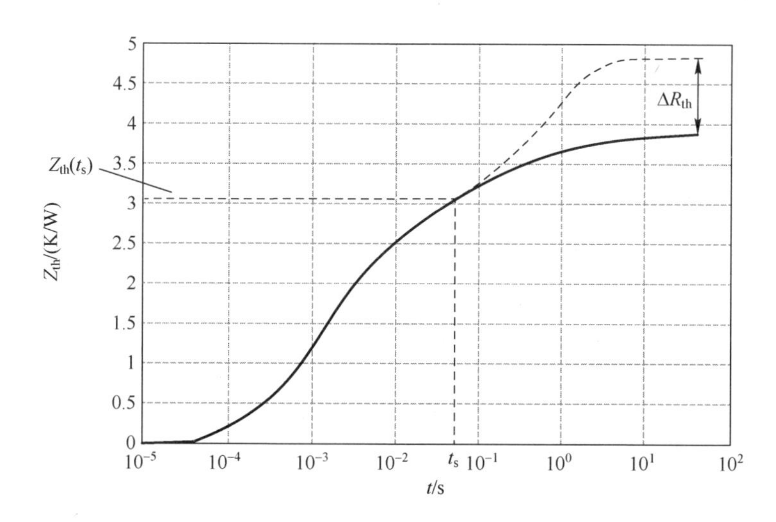

图 7-25　采用分离点法的热阻测量曲线

da/dz 是对数时间坐标下 $Z_{\theta_{jc}}$ 曲线的斜率，da_1/dz、da_2/dz 分别是 $Z_{\theta_{jc1}}$、$Z_{\theta_{jc2}}$ 微分曲线的斜率。图 7-26 为两条 $Z_{\theta_{jc}}$ 微分曲线及微分曲线斜率差值示意图。两条 $Z_{\theta_{jc}}$ 曲线在稳态的距离 $\Delta\theta$ 也会影响到微分曲线的差值 $\Delta(da/dz)=da_1/dz-(da_2/dz)$。为了将这一影响减至最小，将 $\Delta(da/dz)$除以相应的 $\Delta\theta$ 使其归一化。归一化后的差值曲线以 $Z_{\theta_{jc2}}(t)$（含导热硅脂的曲线）的值为横坐标，如图 7-27 所示，这样就可以直接从图中得到器件的稳态热阻 θ_{jc}。

$$\delta(Z_{\text{th}2}(t))=\frac{\Delta(da/dz)(t)}{\Delta\theta} \quad (7\text{-}9)$$

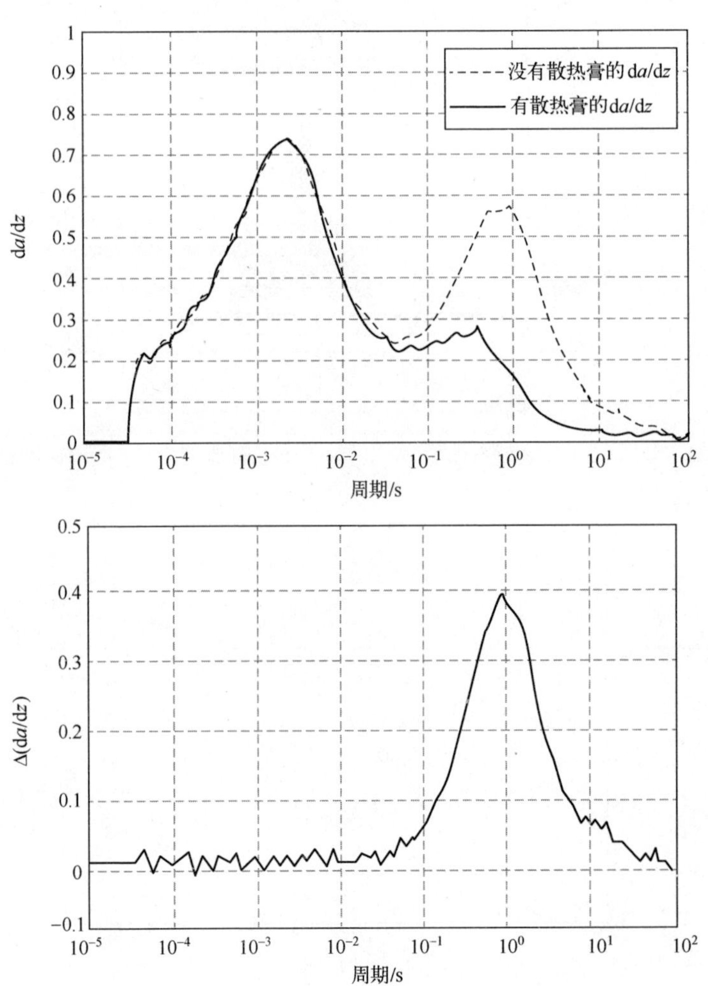

图 7-26　两条 $Z_{\theta_{jc}}$ 微分曲线及微分曲线斜率差值

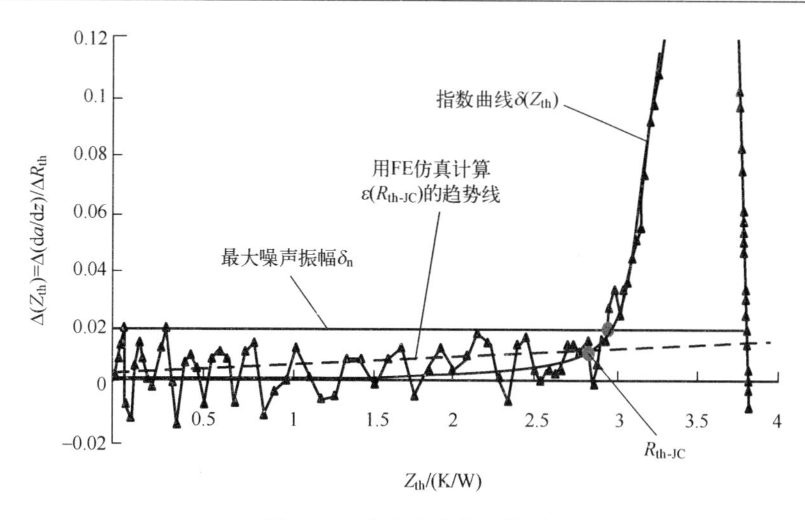

图 7-27　分离点确定示意图

上述定义的热阻 θ_{jc} 值是关于 ε 的函数。为了与传统结壳热阻的定义保持一致，ε 的取值应使 θ_{jc} 尽可能接近式（7-2）中定义的稳态热阻。作为一个普遍趋势，稳态热阻小的器件 ε 值较小，反之 ε 值较大。一般来说，ε 值可由如下经验公式计算得到

$$\varepsilon = 0.0045\,\text{W/℃} \cdot \theta_{jc} + 0.003 \tag{7-10}$$

结壳热阻 θ_{jc} 即为 δ 曲线与 ε 曲线相交点的横坐标值，如图 7-27 所示。为避免 δ 曲线的随机波动造成错误的结果，用一条近似的拟合曲线代替它，例如拟合成指数曲线：

$$\delta = \alpha \cdot \exp(\beta \cdot Z_{\theta_{jc}}) \tag{7-11}$$

利用参数 α 和 β 使 θ_{jc} 附近区域的拟合曲线最优化。

7.3　其他状态监测方法

7.3.1　基于传感器的状态监测方法

除了对电信号和热阻的监测外，还可以采用侵入式的方法进行监测。考虑到功率器件键合引线脱落会造成模块导通电阻变大，可以采用基于传感器测量的方法，通过在芯片的发射极引出一个端子并接入外接电阻等辅助测量电路来对功率器件的引线脱落故障进行监测，如图 7-28 所示，根据故障发生时 S 端和 E 端电阻值的变化对模块引线脱落状况进行监测。

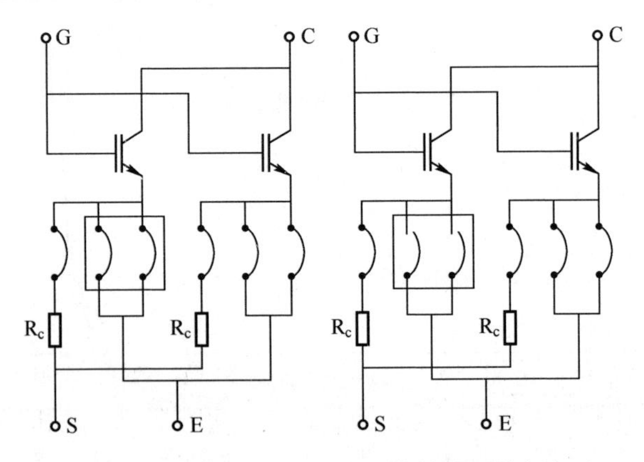

图 7-28　引线脱落的功率器件等效测量电路

类似地，在发射极引线端子并联一个电阻，当功率器件引线脱落后可监测到并联的外接电阻两端的电压降发生变化并触发辅助监测电路发出警报，如图 7-29 所示。基于传感器的方法能有效监测故障的发生，但辅助电路和传感器元件的引入会改变功率器件内部的结构布局、增加其复杂性。实际应用中，它们的可靠性及功率损耗也可能影响状态监测的准确性。如何将成本低、体积小且可靠性高的微传感器集成到功率器件中实现功率器件运行状态的监测是今后需要进一步研究的课题。

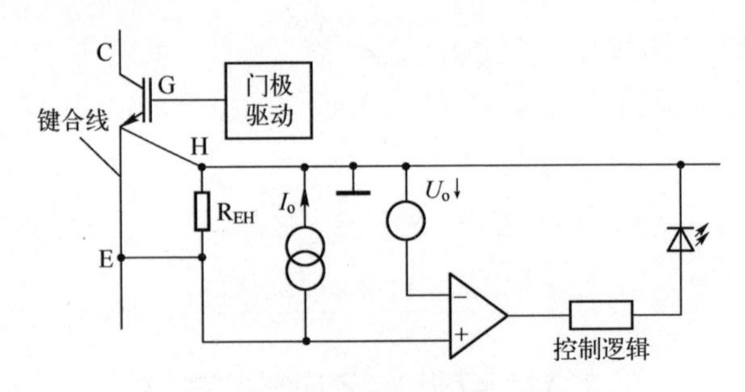

图 7-29　基于传感器的监测技术等效电路

7.3.2　基于系统输出波形的状态监测方法

对于结构功能复杂，不易直接进行电参数、热阻和传感器监测的功率器件，还可以对系统输出波形进行监测，利用输出信号推测功率器件的所处状态。基于系统输出波形的状态监测方法主要根据系统输出波形的细微变化并结合数学处理方法（如量子神经网络、支持向量机和小波变换等）监测功率器件的健康状况。

研究指出，电压源型三相逆变器外部输出波形谐波幅值的变化可以反映功率器件由于键合线脱落引起的老化。三相逆变器模块内部单个功率器件由 4 片硅芯片并联而成，实验前通过减掉一片芯片上的所有键合线模拟键合线脱落故障，并且在模块底部垫上一片导热片来模拟器件的热阻增大 20%。整个逆变器系统采用脉冲宽度调制（pulse width modulation，PWM）方式，剪线前和剪线后电压、电流值不变。键合线脱落将引起芯片在通过相同集电极电流时的结温升高，热阻增大同样使结温升高，从而造成开关时间发生变化，从而引起开关输出的方波发生偏移，经傅里叶分解后就会发现输出电压或电流波形的谐波幅值发生变化，如图 7-30 所示，剪线前后输出电流波形的 5 次和 7 次谐波幅值变化明显，分别达到 21.4%和 19.2%，此特征可较明显表征并联芯片有芯片发生失效，但对如何判定失效的位置和片数未做具体研究。

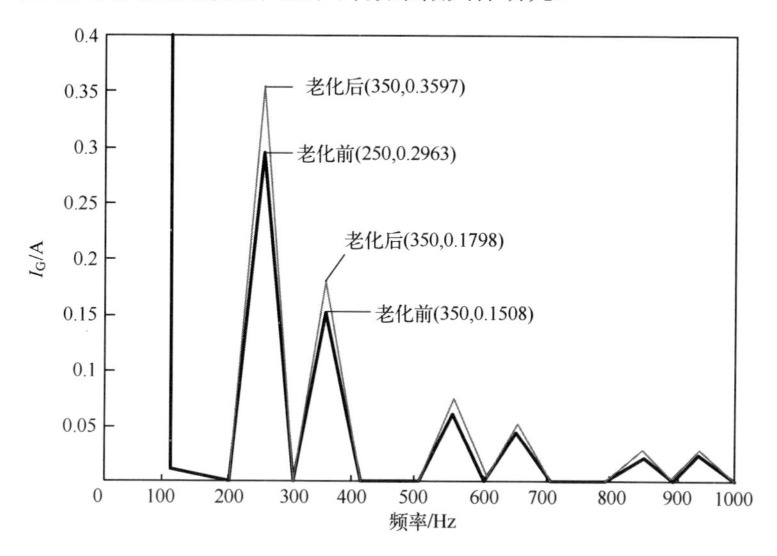

图 7-30　逆变器输出电流波形 5、7 次谐波变化

7.4　功率器件状态监测方法比较

上述讨论的功率器件各种状态监测方法优缺点对比情况如表 7-2 所列。可以看出：①基于器件端部特性的状态监测方法能直观反映器件的失效过程，但各方法又具有各自的局限性。②基于传感器的状态监测方法能够直接监测到功率器件键合线脱落故障，但会改变模块的封装布局，增加杂散参数。③基于系统输出波形的状态监测方法通过对监测到的状态变量进行数学建模处理，识别

系统故障及种类，该方法具有经济、实用以及非破坏性的特点，但仍需进一步研究。

表 7-2　功率器件状态监测方法优缺点比较

状态参量		优点	缺点
基于端部特性的状态监测	导通压降 $V_{CE,on}$	与模块老化联系紧密	受结温 T_j 和集电极电流 I_C 影响
	阈值电压 $V_{GE,th}$	电气故障情况下也可测量	对实时测量要求高，杂散参数影响测量
	开关时间	直接反映状态变化	对测量设备分辨率要求极高
	结温 T_j	直接体现模块的工况水平	结温难以精确测量
	稳态热阻 R_{th}	焊料层老化密切相关	需测量壳温和结温，而结温 T_j 不易测量，对结温和壳温的同步性要求高，对热网络参数要求高
基于传感器的状态监测		直接	改变模块封装布局，增加杂散参数
基于系统输出波形的状态监测		从装置整体出发辨识内部故障，省去其他方法测量的麻烦	谐波绝对值仍较小，外部系统可能产生干扰，用剪线来模拟老化的方法还不全面，需进一步研究

总之，状态监测作为装置和器件状态评估的基础性工作，不仅有利于装置的故障诊断，而且对预防故障发生，监测器件的健康水平和老化状态，从而为进一步实现器件剩余寿命预测提供重要理论支撑。未来研究功率器件状态监测技术的关键问题和发展趋势体现在以下几点：

（1）利用非破坏性、高精度的状态参量测量方法获得能够表征功率器件故障的参数变量。对于结温的测量，需研究不仅试验有效，并且能够运用到实际工况中的方法，并采用合适的模型或者解析法分析模块的健康状态。

（2）发展完善多参数融合的状态监测技术，例如多输入（电压、电流、调制比等）、单输出（表面温度）的监测技术，通过监测多个状态参量去综合判断模块的运行状况，提高监测技术的可靠性。

（3）根据功率器件与芯片相关的失效机理，发展该方面的状态监测技术。

（4）探究不同失效故障之间的联系与区别，发展较全面的状态监测技术，例如可以考虑将不同故障监测系统相结合，使得监测系统既能监测与封装相关的失效，又能监测与芯片相关的失效，能够做到监测系统的功能多样化。

（5）将功率器件的状态监测技术与可靠性评估相结合，发展在线监测与状态评估技术，及时发现故障，并发出操作指令，提高系统运行的可靠性。

参 考 文 献

[1] OH H, HAN B, MCCLUSKEY P, et al. Physics-of-Failure, Condition Monitoring, and Prognostics of Insulated Gate Bipolar Transistor Modules: A Review[J]. IEEE Transactions on Power Electronics, 2015, 30(5):2413-2426.

[2] DUPONT L, AVENAS Y. Preliminary Evaluation of Thermo-Sensitive Electrical Parameters Based on the Forward Voltage for On-line Chip Temperature Measurements of IGBT Devices[J]. IEEE Transactions on Industry Applications, 2015, 51(6):4688-4698.

[3] XIONG Y, CHENG X, SHEN Z J, et al. Prognostic and Warning System for Power-Electronic Modules in Electric, Hybrid Electric, and Fuel-Cell Vehicles[J]. IEEE Transactions on Industrial Electronics, 2008, 55(6):2268-2276.

[4] RODRIGUEZ M A, CLAUDIO A, THEILLIOL D, et al. A New Fault Detection Technique for IGBT Based on Gate Voltage Monitoring[C]// Power Electronics Specialists Conference, 2007. Pesc. IEEE, 2007:1001-1005.

[5] BROWN D W, ABBAS M, GINART A, et al. Turn-Off Time as an Early Indicator of Insulated Gate Bipolar Transistor Latch-up[J]. IEEE Transactions on Power Electronics, 2012, 27(2):479-489.

[6] ZHOU L, ZHOU S, XU M. Investigation of gate voltage oscillations in an IGBT module after partial bond wires lift-off [J]. Microelectronics Reliability, 2013, 53(2):282-287.

[7] 周雒维，吴军科，杜雄,等. 功率变流器的可靠性研究现状及展望[J]. 电源学报，2013, 11(1):1-15.

[8] JESD51-14: Transient Dual Interface Test Method for the Measurement of the Thermal Resistance Junction-To-Case of Semiconductor Devices with Heat Flow through a Single Path[S]. Arlington: JEDEC, 2010.

[9] BAGNOLI P E, CASAROSA C E, DALLAGO E, et al. Thermal resistance analysis by induced transient(TRAIT) method for power electronic devices thermal characterization. II. Practice and experiments[J]. Power Electronics IEEE Transactions on, 1998, 13(6):1220-1228.

[10] 李武华，陈玉香，罗皓泽,等. 大容量电力电子器件结温提取原理综述及展望[J]. 中国电机工程学报, 2016, 36(13):3546-3557.

[11] AVENAS Y, DUPONT L, KHATIR Z. Temperature Measurement of Power Semiconductor Devices by Thermo-Sensitive Electrical Parameters-A Review[J]. IEEE Transactions on Power Electronics, 2012, 27(6): 3081-3092.

[12] SCHWEITZER D. A method to adapt Zth-junction-to-ambient curves to varying ambient

conditions[C]. Annual IEEE Semiconductor Thermal Measurement & Management Symposium, San Jose, 2012.

[13] SCHWEITZER D, PAPE H, KUTSCHERAUER R, et al. How to evaluate transient dual interface measurements of the Rth-JC of power semiconductor packages[C]. Annual IEEE Semiconductor Thermal Measurement & Management Symposium, San Jose, 2009.

[14] XIANG D, YANG S, RAN L, et al. Change of terminal characteristics of a Voltage-source-inverter(VSI) due to semiconductor device degradation[C]// European Conference on Power Electronics and Applications. IEEE, 2009:1-10.

[15] GHIMIRE P, BĘCZKOWSKI S, MUNK-NIELSEN S, et al. A review on real time physical measurement techniques and their attempt to predict wear-out status of IGBT[C]//Power Electronics and Applications(EPE), 2013 15th European Conference on. IEEE, 2013: 1-10.

第 8 章

功率器件热电仿真分析技术

8.1 物理基仿真技术发展概述

随着功率半导体产业的不断发展，人们越来越多地采用仿真的方式来快速分析器件的稳态瞬态特性。这极大地推动了功率器件建模的发展，新的电学建模方法不断涌现。总体而言，现有的 IGBT 电学模型大致可以分为 3 类：行为模型（behavioral model），器件级模型（device-level model）和物理基模型（physics-based model）。

行为模型不考虑器件内部的物理机制，这是简单地等效表征器件的外部特性。现有的大部分行为模型是通过用一个电路或数学表达式来拟合器件的外部输出，这种模型只能粗略地仿真器件外部最基本的电学特性，如正向导通特性、开关特性等。行为模型仿真速度快，建模简单，但是精度非常差，仅适用于系统级的仿真。

器件级模型则应用在专业的半导体仿真软件 TCAD（technology computer aided design）中，如 Sentaurus、Silvaco 和 COMSOL Multiphysics 等，基于二维和三维的有限元方法进行实现。这种模型能够考虑器件内部复杂的物理机制，并且精准地预测器件的内部物理特性和外部电学特性。但是由于器件级模型的一些缺点，该模型很少用于电路仿真。首先，建立这种模型需要知道器件内部详尽的工艺特性，如掺杂浓度\元胞结构等信息。而这种信息一般不能通过器件进行提取，只能从半导体器件生产厂家直接获取。而普通用户很难获取这些信息。其次，器件级模型的仿真比较耗时。特别是当器件级模型应用在逆变器等大型电路仿真的时候，需要多个器件一起协同仿真，这会使仿真时间长到难以接受的程度。

物理基模型基于器件内部半导体物理机制进行建模。该模型可以应用在大型电路仿真，并且参数提取较为容易，仿真速度快，精度高。除了器件的外部电学特性，这种模型还能对器件内部的特性，如电场强度分布、少数载流子的分布等进行仿真。模型计算处理方法主要包括傅里叶基方法、有限元方法、集总元件法。其中，傅里叶基方法更好地平衡了计算准确性与计算效率，是热电建模的主要解决途径。因此，本书采用傅里叶基方法建立功率器件模型。

考虑到 IGBT 在功率器件中的功能和结构最为复杂，本书将以具有高速缓冲层的 IGBT 器件为例，介绍功率器件的热电模型建模方法。

8.2 功率器件物理基电学模型

8.2.1 稳瞬态过程及其关键物理特性

1. 器件元胞结构及内部寄生参数

广泛应用的 IGBT 芯片技术主要沿着 3 个方面发展革新，即表面栅极结构、垂直结构和芯片加工工艺，其目的是优化饱和压降、关断损耗与安全工作区之间的折中关系。最新的场终止型 FS IGBT 在传统 IGBT 器件中引入场中止层，使器件的正向饱和压降和关断损耗达到最优的折中。另一种新型的载流子存储槽栅晶体管（carrier stored trench-gate bipolar transistor，CSTBT）引入了一种薄穿通垂直结构（light punch through，LPT），掩埋层存储载流子使得载流子分布接近于理想状态，同时提高了 N 层电导率，降低了导通压降。

FS 型 IGBT 和 CSTBT 都属于具有高速缓冲层的新型 IGBT 器件，两者结构如图 8-1 所示。器件发热导致的温度变化对特性参数影响很大，由于高速缓冲层的引入，带来了新的电热耦合效应机制，如场中止层大注入效应导致缓冲层内载流子分布变化，CSTBT 内部 MOS 端载流子存储层的引入使载流子浓度升高等。因此，有必要进行新型功率 IGBT 器件的电热耦合效应分析并建立器件电热模型，所建模型一方面可以仿真确定最优工艺参数，改善器件的设计可靠性，另一方面可实时提供器件特性参数基准，为状态监测与评估奠定基础，具有一定的理论价值和现实意义。

具有缓冲层的 FS IGBT 器件结构如图 8-1（a）所示。在 FS IGBT 中，器件的设计引入了场终止的概念，在第三代 IGBT 的工艺基础上，引入了 FS 层。通过对 FS 层的宽度和掺杂浓度进行优化，就能够使得 FS IGBT 的正向饱和压降和关断损耗达到最优平衡。为了达到这个设计目的，FS 层必须设计得很窄，并且掺杂浓度不能很高。一般来说，FS 层的宽度大概为 4～8μm，掺杂浓度为 10^{15}～10^{16}cm^{-3}。因为较低的掺杂浓度，在反向截止状态时 FS 层不能像 PT 层那样垂直地阻断电场。如图 8-2 所示，通过对 FS 层的宽度和掺杂浓度的优化设

计，可以使电场在 FS 层中降到零，这就是 Field Stop 名称的由来。

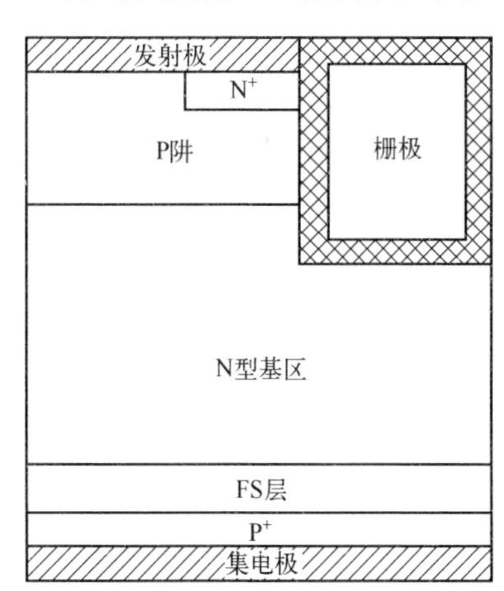

(a) FS型IGBT元胞结构

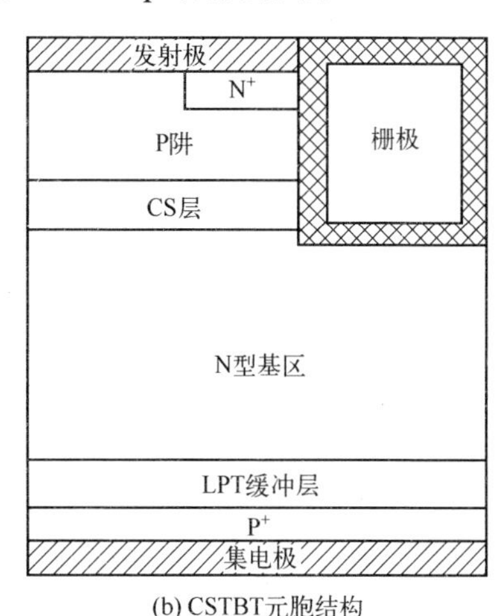

(b) CSTBT元胞结构

图 8-1　具有高速缓冲层的 IGBT 元胞结构

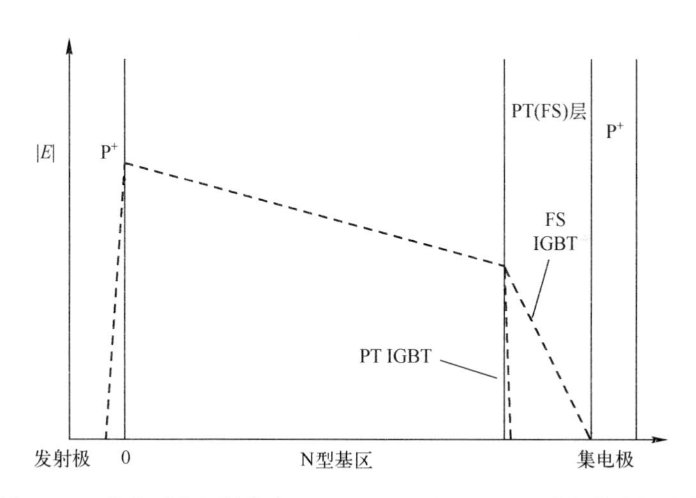

图 8-2　工作在反向阻断模式下，FS IGBT 和 PT IGBT 内部的电场分布

FS 层的引入使得在 FS 层以外的 N 型基区中电场强度的降低可以忽略不计。因此，FS IGBT 的阻断电压与 N 型基区的厚度不再有关系。N 型基区可以做得很薄，这就使得 IGBT 具有很低的正向饱和压降。

另一方面，在硬关断应用中，FS IGBT 相比传统的 IGBT 关断速度快得多。基本没有电流拖尾，这能够大大减少器件的功耗。因为拖尾电流造成的损耗在开关损耗中占有很大的比例。

FS IGBT 的另一个技术创新是沟道栅的引入。在传统的平面栅 IGBT（planar

gate IGBT）中，为了能保证额定的阻断电压，栅极下的沟道长度要足够长。这就限制了 IGBT 芯片内部的元胞密度和沟道的总宽度，使得器件的正向饱和压降不能降到很低。而使用沟道栅技术的 FS IGBT 采用垂直方向的栅极，如图 8-1（a）所示。因为沟道栅占据芯片的表面积很小，栅极的面积可以做得很大。通过对沟道宽度的优化设计，可以极大地增强发射极附近的 N 型基区载流子浓度。这能够大大地降低 IGBT 的导通压降。同时能够保证足够高的阻断电压。

在器件的开通关断过程中，寄生电容起着很重要的作用。IGBT 内部的寄生电容分布如图 8-3 所示。在 IGBT 开通关断时，由耗尽层宽度变化引起的位移电流分为两部分：集电极-栅极位移电流 I_{CG} 和集电极-发射极位移电流 I_{disp}。I_{CG} 流过米勒电容 C_{GC}。而 I_{disp} 流过集电极-发射极寄生电容 C_{CE}。米勒电容 C_{GC} 是由耗尽层电容 C_{dep} 和栅氧电容 C_{OX} 串联而成的。在栅极和发射极之间还有一个栅极-发射极电容 C_{GE}，它与米勒电容 C_{GC} 是并联的关系。

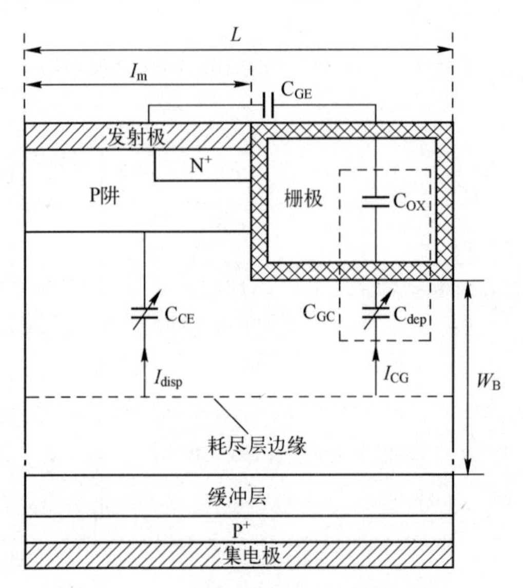

图 8-3　IGBT 内部的寄生电容分布

CSTBT 的器件结构如图 8-1（b）所示。在 CSTBT 中，引入了一种 LPT 结构。在这种结构中，引入了一个具有低掺杂浓度的缓冲层，称为 LPT 缓冲层。LPT 缓冲层的引入极大地改善了 CSTBT 的性能。一方面，相较于 NPT IGBT，LPT 缓冲层能够显著地降低 CSTBT 的饱和压降。另一方面，LPT 缓冲层能够优化集电极的载流子注入效率。这使得 CSTBT 无需运用少子寿命控制就可以极大地提高器件的关断速度，从而降低关断损耗。通过对 LPT 缓冲层的优化，CSTBT 能够得到饱和压降和关断损耗达到最优平衡。与 FS 层类似，LPT 缓冲层的掺杂浓度不高，其值大概为 $10^{15}\sim10^{16}\text{cm}^{-3}$。

在 CSTBT 的 MOS 端，CS 层能够增加沟道栅的电子注入，同时能够阻挡空穴的输运。空穴被迫储存在 CS 层内以及 CS 层和 N 型基区的交界附近。如图 8-4 所示，相较于 FS IGBT，CSTBT 的基区载流子分布和 PIN 二极管非常接近。这会增加基区的电导率调制作用，减少基区电阻和器件的饱和压降。

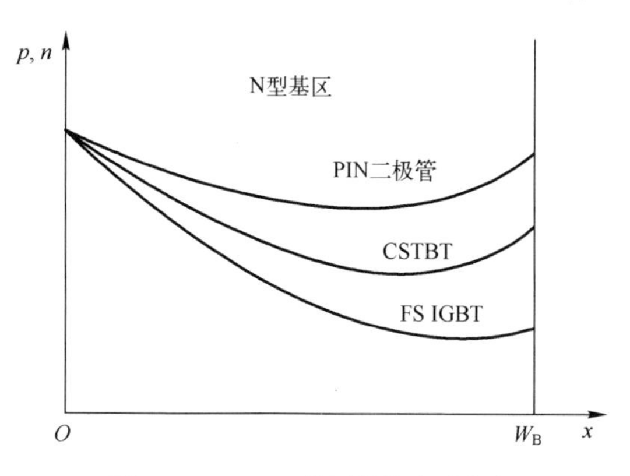

图 8-4　CSTBT 基区的载流子分布

2．高速缓冲层 IGBT 瞬态过程

1）开通过程

在 IGBT 开通时，续流二极管会进行反向恢复。因此 IGBT 与续流二极管会产生强烈的相互作用。典型的具有高速缓冲层 IGBT 器件钳位感性开通和二极管反向恢复波形如图 8-5 所示，开通过程可分为 6 个阶段：

阶段①：IGBT 处于关断状态，栅极电压 V_{GE} 小于阈值电压 V_{th}。由于耗尽层还很宽，耗尽层电容 C_{dep} 非常小，米勒电容 C_{GC}（耗尽层电容 C_{dep} 与栅氧电容 C_{OX} 串联而成的电容）比栅极-发射极电容 C_{GE} 要小很多。在这个阶段，只有电容 C_{GE} 充电，才能引起栅极电压 V_{GE} 的不断升高。

阶段②：当 V_{GE} 增加到阈值电压 V_{th} 时，第二阶段开始。在该阶段中，金属-氧化物半导体（MOS）端的导电沟道开始形成，电子注入 N 型基区。载流子注入等级开始升高，但未耗尽的 N 型基区仍然处于小注入状态。在此阶段，负载电流 I_L 开始由续流二极管转移到 IGBT，IGBT 集电极电流 I_C 开始逐渐增加。同时，电路寄生电感 L_S 两端的电压不断增长，而集电极电压 V_{CE} 不断减小，集电极电流 I_C 的增加率为常数，由下式决定：

$$\frac{\mathrm{d}I_C}{\mathrm{d}t}=\frac{V_{DC}-V_{CE}}{L_S}$$

式中：V_{DC} 为电源电压。在本阶段，由于续流二极管仍然处于正向导通状态，二极管上的电压和电流仍然处于其正向导通阶段的稳态值。

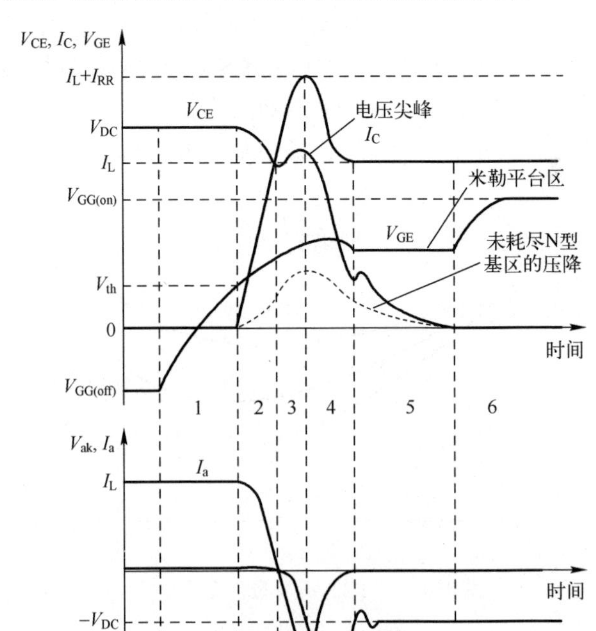

图 8-5　具有高速缓冲层 IGBT 器件感性开通和二极管反向恢复波形

阶段③：当 IGBT 集电极电流 I_c 达到输出电流 I_L 时，第三阶段开始。此时，续流二极管电流 I_A 已经降为零，二极管开始反向恢复。在此之后，二极管电流 I_A 继续降低，变为反向峰值电流 I_{RR}，同时，IGBT 集电极电流 I_C 增加到峰值 I_L+I_{RR}。在此阶段，二极管需要一定时间进行反向恢复，无法立即承受很大的反向阻断电压。因此，二极管电压开始缓慢减少至 $-V_{DC}$。另外，由于未耗尽 N 型基区在此时处于低注入状态，其电导调制还没有形成，集电极电流 I_C 的大幅增加导致 N 型基区两端电压有明显过冲，V_{CE} 出现电压尖峰现象。

阶段④：当 I_C 达到最大值 I_L+I_{RR} 时，阶段④开始。在此阶段，二极管反向阻断电压迅速增大导致 V_{CE} 迅速下降。二极管的电流开始从负峰值向零减小，集电极电流 I_C 也随之减少。在这个阶段，基区电导调制还没有完全形成，基区还处在小注入状态，但是基区电压已经开始快速下降了。

阶段⑤：当 MOS 端附近的耗尽层渐渐消失时，耗尽层电容 C_{dep} 极大增加。米勒电容 C_{GC} 因此变大并开始充电，栅极电压 V_{GE} 平台区域形成，即米勒效应。在本阶段初期，除了 MOS 端附近，N 型基区大部分区域已经形成了电导调制，

V_{CE}不断下降。在本阶段末期，基区完全形成电导调制，V_{CE}降到稳态时的值。

阶段⑥：C_{dep}变得很大，因此米勒电容C_{GC}的值与栅氧电容C_{OX}的值近似。此时，C_{OX}和C_{GE}开始充电，V_{GE}增大到栅极开通电压$V_{GG,on}$。V_{CE}和I_C还是停留在稳态时的值。

2）关断过程

与开通过程不同，IGBT 的关断过程由 IGBT 器件本身的物理特性所决定。典型的 IGBT 的关断波形如图 8-6 所示，关断波形共分为 5 个阶段：

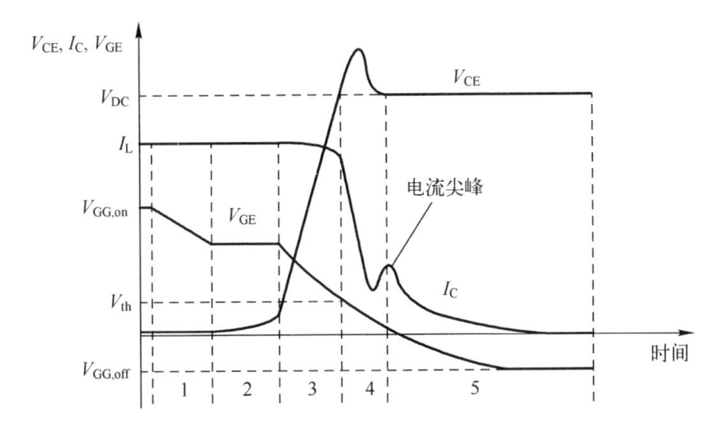

图 8-6　具有高速缓冲层 IGBT 器件感性关断波形

阶段①：V_{GE}开始减少，电容C_{OX}和C_{GE}开始放电，而V_{CE}和I_C仍保持在稳态开通时的值。

阶段②：当V_{GE}下降到刚刚能支持I_C时，阶段②开始。在这个阶段，耗尽层开始扩展，V_{CE}因此开始缓慢地增加。因为米勒效应，在这个阶段V_{GE}保持恒定。因为续流二极管还处在反向阻断状态，IGBT 的集电极电流I_C和集电极-发射极电压V_{CE}还是保持其稳态时的值。

阶段③：当V_{CE}升高 3～4V 左右时，阶段③开始。由于栅极反型层下的载流子开始被抽走，耗尽电容C_{dep}大幅增加。米勒效应不再起作用，V_{GE}开始向关断电压$V_{GG,off}$下降，而V_{CE}开始上升。在此阶段，集电极-发射极电容C_{CE}开始充电，充电电流补偿了由于 MOS 端导电沟道消失引起的集电极电流的损失，集电极电流I_C因此开始缓慢地下降。

阶段④：当V_{CE}达到电源电压V_{DC}时，阶段④开始。此时，续流二极管开始正向恢复，负载电流开始向二极管转移。由于V_{GE}已经低于阈值电压V_{th}，MOS 端的电子电流以及和其耦合的空穴电流全部消失了。I_C开始快速下降。因为耗尽层的快速增长，大量的过剩载流子被扫入未耗尽的基区和缓冲层，载流子会有一个重分布的过程。这个过程会使 I_C 产生一个小的电流尖峰。

阶段⑤：当 V_{CE} 回到 V_{DC}，阶段 5 开始。此时 V_{CE} 维持恒定，由于基区和缓冲层中剩余的载流子需要缓慢地复合，I_C 开始缓慢减小，直至降到零。

3）瞬态过程建模中的关键物理特性

对于 IGBT 的开通过程，需要在 IGBT 电学模型建模过程中重点考虑的物理特性有下面几个方面：

（1）小注入下基区内过剩载流子的动态特性：在 IGBT 的开通过程中，除了第⑤阶段末期，N 型基区总是处于小注入状态。因此，如果要仿真 IGBT 的开通过程，就要对小注入状态下 N 型基区内过剩载流子的动态特性进行建模。在求解双极扩散方程时，不但需要考虑关断时的大注入特性，也要考虑开通时的小注入特性。

（2）小注入时，N 型基区的低电导特性：在 IGBT 的开通过程中，由于处于小注入状态，N 型基区的电导很低。这一点在计算基区导通压降时必须加以考虑。

（3）续流二极管的反向恢复：在开通过程中，续流二极管的反向恢复电流会导致 IGBT 的集电极电流的过冲。因此，对续流二极管的反向恢复过程进行准确描述对于 IGBT 的开通建模至关重要。在 IGBT 模块中，通常用高速 PIN 二极管作为续流二极管。这种高速 PIN 二极管通常采用了少子寿命控制（local lifetime control）、集电极控制（emitter control）和深场终止（deep field stop），被广泛应用以实现器件“软”的反向恢复特性。因此，建立一个准确的高速 PIN 二极管的模型对于 IGBT 的开通建模也是至关重要的。为了精确地仿真高速缓冲层 IGBT 开通过程，建立了一个包含少子寿命控制、集电极控制和深场终止等新特性的高速 PIN 二极管模型。

对于高速缓冲层 IGBT 的关断过程，在建模中要重点考虑的特性包括：

（1）大注入下缓冲层内过剩载流子的动态特性：在关断过程中的前 3 个阶段，IGBT 缓冲层内过剩载流子密度非常接近缓冲层的掺杂浓度，两者在同一个数量级。在 IGBT 关断过程的第④和第⑤阶段，由于 N 型基区中大量的过剩载流子被扫入了缓冲层。缓冲层内部过剩载流子浓度急剧上升，从而大大超过缓冲层的掺杂浓度。因此，在 IGBT 关断的过程中，缓冲层始终处于大注入状态。大注入下缓冲层内载流子的动态特性应当包含在模型之中。另外，由于在大部分的关断过程中，缓冲层的掺杂浓度与载流子的浓度在同一个数量级。因此，缓冲层的高掺杂浓度在建模中也应该加以考虑。

（2）耗尽层内的自由空穴：在 IGBT 关断过程的第④和第⑤阶段，MOS 端的电子电流急剧地萎缩，空穴电流占了集电极电流中的绝大多数。当集电极电流流过器件时，在耗尽层内部会充满大量的空穴。当关断电流很大时，自由空穴的密度和 N 型基区很接近。这一点必须在耗尽层的建模中加以考虑。

另外，在器件开通关断的时候，由于瞬时的高电压与大电流，器件会有强烈的自加热效应。由于器件中的很多参数如本征载流子浓度，空穴与电子的迁移率，少数载流子寿命，发射极的复合系数，MOS 端阈值电压以及跨导和温度存在强烈的相关关系，因此，IGBT 内部参数的温度敏感性也应该在建模中加以考虑。

3．高速缓冲层 IGBT 稳态特性

1）稳态特性

器件的稳态特性就是导通压降随着电流变化的过程，如图 8-7 所示。

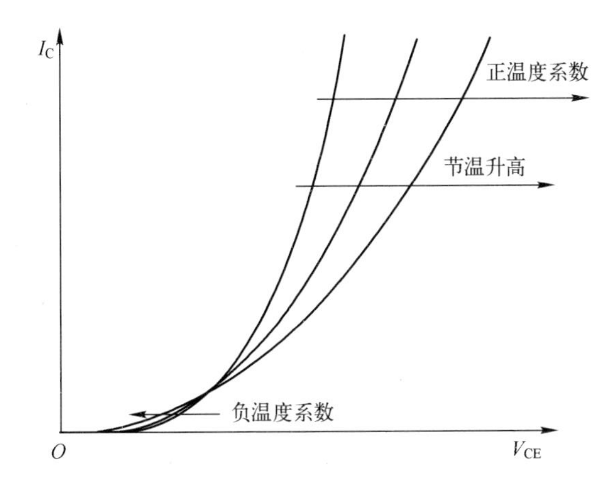

图 8-7　高速缓冲层 IGBT 的稳态 I-V 特性

对于高速缓冲层 IGBT，其导通压降 V_{sat} 可以表示为

$$V_{sat} = V_j + V_w + V_{DE} \tag{8-1}$$

式中：V_j 为缓冲层的结电压；V_w 为基区电阻电压，是由 N 型基区电阻效应引起的压降；V_{DE} 为基区丹倍电压。在器件正向导通时，由于基区空穴和电子迁移率的不同会造成载流子分布梯度的不对称，丹倍电压就是由这种不对称的载流子分布梯度产生的。其中，N 型基区的导通压降（包括基区电阻电压 V_w 和基区丹倍电压 V_{DE}）占了 IGBT 正向导通压降的绝大部分。

另一方面，器件的导通稳态特性强烈依赖于温度特性，如图 8-7 所示。这是由于载流子寿命、迁移率等物理参数和温度强烈相关。而这些参数的变化会影响缓冲层结电压和基区的电阻电压和丹倍电压，从而改变 IGBT 的导通压降。

2）稳态过程建模中的关键物理特性

为了准确地预测器件的稳态特性，需要在建模中重点考虑的物理特性包括以下几个方面：

（1）大注入时，N 型基区的导通压降：在器件稳态时，N 型基区的电阻电压和丹倍电压降占了器件稳态电压的绝大部分。由于器件在正向导通时一直处于大注入状态，因此大注入下基区导通压降的计算是稳态特性建模的关键。

（2）MOS 端二维特性建模：在 CSTBT 中，由于 CS 层能够增加沟道栅的电子注入和阻挡空穴的输运，空穴被迫储存在 MOS 端，这会增加基区的电导率调制作用，极大地减少基区电阻和器件的稳态导通压降。因此，在高速缓冲层 IGBT 稳态特性建模中，需要开展 MOS 端二维特性建模来准确地描述 CS 层引起的 MOS 端空穴分布的二维效应。

（3）稳态特性的温度敏感性：在器件运行时，产生的功耗会使器件的结温迅速升高。由于载流子寿命、迁移率等物理参数和温度强烈相关，温度的变化会显著地影响器件的导通稳态特性。这一点也应该在建模的时候加以考虑。

8.2.2 电学特性模型

1. N 型基区建模

N 型基区的过剩载流子分布由双极扩散方程（ambipolar diffusion equation, ADE）来表征载流子在基区的分布：

$$D\frac{\partial^2 p(x,t)}{\partial x^2}=\frac{p(x,t)}{\tau_{\mathrm{SRH}}}+\frac{\partial p(x,t)}{\partial t} \tag{8-2}$$

式中：$D=2D_nD_p/(D_n+D_p)$ 为双极扩散系数，D_p 和 D_n 分别为空穴和电子扩散系数；τ_{SRH} 为 N 型基区的过剩载流子寿命；$p(x,t)$ 为 N 型基区过剩载流子浓度。假设求解双极扩散方程需要 M 个傅里叶系数，双极扩散方程的解 $p(x,t)$ 可以表示为

$$p(x,t)=p_0(t)+\sum_{k=1}^{M-1}p_k(t)\cos\left[\frac{\pi k(x-x_1)}{x_2-x_1}\right] \tag{8-3}$$

其中

$$p_0(t)=\frac{1}{(x_2-x_1)}\int_{x_1}^{x_2}p(x,t)\mathrm{d}x \tag{8-4}$$

$$p_k(t)=\frac{2}{(x_2-x_1)}\int_{x_1}^{x_2}p(x,t)\cos\left[\frac{\pi k(x-x_1)}{x_2-x_1}\right]\mathrm{d}x \tag{8-5}$$

其中 x_1 和 x_2 为 N 型基区的边界，x_1 为 $x=0$ 处，x_2 为 $x=W_{\mathrm{L}}$ 处，图 8-8 所示为

N 型基区的边界。而未耗尽的 N 型基区宽度为

$$W_L = W_B - W_d \tag{8-6}$$

式中：W_B 为 N 型基区宽度；W_d 为耗尽层宽度。

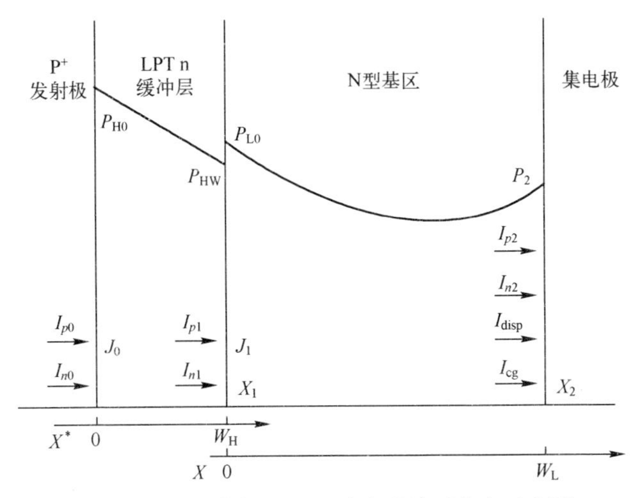

图 8-8　高速缓冲层 IGBT 内部载流子分布示意图

为了描述 N 型基区的载流子在大注入和小注入时的分布，需要建立考虑基区注入状态的过剩载流子寿命 τ_{SRH} 和双极扩散系数 D 的表达式。基于 Shockley-Read-Hall 模型，过剩载流子寿命表示为

$$\tau_{SRH} = \frac{p\tau_H + N_B\tau_L}{p + N_B} \tag{8-7}$$

式中：τ_H 和 τ_L 为基区载流子的大注入寿命和小注入寿命；N_B 为基区的掺杂浓度。

建立考虑基区注入状态，双极扩散系数可以表示为

$$D = D_n \frac{2p + N_B}{(1+b)p + bN_B} \tag{8-8}$$

式中：$b = \mu_n / \mu_p = D_n / D_p$ 为双极迁移率；μ_n 和 μ_p 为电子和空穴的迁移率；D_n 和 D_p 为电子和空穴的扩散系数。

为了求解同时考虑大注入和小注入双极扩散方程，过剩载流子寿命 τ_{SRH} 和双极扩散系数 D 的关系应该表示为

$$\frac{1}{\tau_{SRH}(x,t)} = \tau'(x,t) = \sum_{n=0}^{M-1} \tau_n'(t)\cos\left[\frac{\pi n(x - x_1)}{x_2 - x_1}\right] \tag{8-9}$$

$$D(x,t) = \sum_{n=0}^{M-1} D_n(t)\cos\left[\frac{\pi n(x - x_1)}{x_2 - x_1}\right] \tag{8-10}$$

式中：$\tau_n'(t)$ 和 $D_n(t)$ 为傅里叶系数的第 n_i 项。

将式（8-9）和式（8-10）代入到双极扩散方程（8-2）中，对双极扩散方程的两端进行积分，并将式（8-4）代入方程，可以得到 k=0 时的双极扩散方程的解：

$$\sum_{n=0}^{M-1} D_n\left[(-1)^n \frac{\partial p}{\partial x}\bigg|_{x_1}\right]=(x_2-x_1)\frac{\mathrm{d}p_0}{\mathrm{d}t}-\sum_{n=1}^{M-1} p_n\left[(-1)^n\frac{\partial x_2}{\partial t}\right] + \frac{x_2-x_1}{2}\left\{2\tau_0' p_0+\sum_{n=1}^{M-1} p_n\left[\tau'+D_n\left(\frac{\pi n}{x_2-x_1}\right)^2\right]\right\} \tag{8-11}$$

当 k>0 时，将式（8-9）和式（8-10）代入到双极扩散方程（8-2）中，将方程的两端乘以 $\cos\left[\frac{\pi n(x-x_1)}{x_2-x_1}\right]$，并进行积分。最后将式（8-4）和式（8-5）代入方程，就可以得到双极扩散方程在 k>0 时的解。

当 $0<k<M-1$ 时，有

$$\sum_{n=0}^{M-1} D_n\left[(-1)^{n+k}\frac{\partial p}{\partial x}\bigg|_{x_2}-\frac{\partial p}{\partial x}\bigg|_{x_1}\right]=\frac{x_2-x_1}{2}\cdot\frac{\mathrm{d}p_k}{\mathrm{d}t}-\frac{\mathrm{d}x_2}{\mathrm{d}t}\left[\frac{p_k}{4}+\sum_{\substack{n=1\\n\neq k}}^{M-1}(-1)^{n+k} p_n\frac{n^2}{n^2-k^2}\right] + \frac{x_2-x_1}{2}\left\{\sum_{n=0}^{M-1} p_{I(n+k)}\left[\frac{D_n}{2}\left(\frac{\pi I(n+k)}{x_2-x_1}\right)^2+\frac{\tau_n'}{2}\right]\right\} + \frac{x_2-x_1}{2}\left\{\sum_{n=0}^{M-1} p_{I(n+k)}\left[\frac{D_n}{2}\left(\frac{\pi I(n-k)}{x_2-x_1}\right)^2+\frac{\tau'_n}{2}\right]+\tau_k' p_0\right\} \tag{8-12}$$

当 $k=M-1$ 时，有

$$\sum_{n=0}^{M-1} D_n\left[(-1)^{n+k}\frac{\partial p}{\partial x}\bigg|_{x_2}-\frac{\partial p}{\partial x}\bigg|_{x_1}\right]=\frac{x_2-x_1}{2}\frac{\mathrm{d}p_k}{\mathrm{d}t}-\frac{\mathrm{d}x_2}{\mathrm{d}t}\left[\frac{p_k}{4}+\sum_{\substack{n=1\\n\neq k}}^{M-1}(-1)^{n+k} p_n\frac{n^2}{n^2-k^2}\right] + \frac{x_2-x_1}{2}\left\{\sum_{n=0}^{M-2} p_{I(n+k)}\left[\frac{D_n}{2}\left(\frac{\pi I(n+k)}{x_2-x_1}\right)^2+\frac{\tau_n'}{2}\right]+\tau_k' p_0\right\} + \frac{x_2-x_1}{2}\left\{\sum_{n=0}^{M-2} p_{I(n+k)}\left[\frac{D_n}{2}\left(\frac{\pi I(n-k)}{x_2-x_1}\right)^2+\frac{\tau_n'}{2}\right]+\tau_k' p_0\right\} \tag{8-13}$$

因为式（8-9）和式（8-10）应用的是余弦傅里叶级数，由于余弦函数是偶函数，当系数 $n-k$ 和 $n+k$ 大于 $M-1$ 或者小于零时，该系数值应变为 $I(n-k)$ 和 $I(n+k)$。对于 $x\in[-(M-1),2M-2]$，$I(x)$ 的定义为

$$I(x)=\begin{cases}2(M-1)-x & (x>M-1)\\ x & (0\leqslant x\leqslant M-1)\\ -x & (x<0)\end{cases} \tag{8-14}$$

式（8-11）～式（8-13）中的傅里叶系数 $\tau_n'(t)$ 和 $D_n(t)$ 可以用式（8-9）和式（8-10）的逆变换来求解。

$$\begin{bmatrix}\tau_0'(t)\\ \tau_1'(t)\\ \tau_2'(t)\\ \vdots\end{bmatrix}=\begin{bmatrix}1 & 1 & 1 & \cdots\\ 1 & \cos\left(\frac{\pi}{M-1}\right) & \cos\left(\frac{2\pi}{M-1}\right) & \cdots\\ 1 & \cos\left(\frac{2\pi}{M-1}\right) & \cos\left(\frac{4\pi}{M-1}\right) & \cdots\\ \vdots & \vdots & \vdots & \ddots\end{bmatrix}^{-1}\times\begin{bmatrix}\tau'(x_1,t)\\ \tau'(x_1+\Delta x,t)\\ \tau'(x_1+2\Delta x,t)\\ \vdots\end{bmatrix} \tag{8-15}$$

$$\begin{bmatrix}D_0(t)\\ D_1(t)\\ D_2(t)\\ \vdots\end{bmatrix}=\begin{bmatrix}1 & 1 & 1 & \cdots\\ 1 & \cos\left(\frac{\pi}{M-1}\right) & \cos\left(\frac{2\pi}{M-1}\right) & \cdots\\ 1 & \cos\left(\frac{2\pi}{M-1}\right) & \cos\left(\frac{4\pi}{M-1}\right) & \cdots\\ \vdots & \vdots & \vdots & \ddots\end{bmatrix}^{-1}\times\begin{bmatrix}D(x_1,t)\\ D(x_1+\Delta x,t)\\ D(x_1+2\Delta x,t)\\ \vdots\end{bmatrix} \tag{8-16}$$

要求解式（8-11）～式（8-13），需要在 x_1 和 x_2 上的载流子浓度梯度作为边界条件，x_1 和 x_2 由下式确定：

$$\frac{\partial p}{\partial x}\Big|_{x_1}=\frac{1}{2qA}\left(\frac{I_{n1}}{D_n}-\frac{I_{p1}}{D_p}\right) \tag{8-17}$$

$$\frac{\partial p}{\partial x}\Big|_{x_2}=\frac{1}{2qA}\left(\frac{I_{n2}}{D_n}-\frac{I_{p2}}{D_p}\right) \tag{8-18}$$

式中：A 为芯片有效面积；I_{n1} 和 I_{p1} 为 x_1 处的电子和空穴电流；I_{n2} 和 I_{p2} 为 x_2 处的电子和空穴电流。由电流的连续性可以得到

$$I_{\mathrm{C}}=I_{p1}+I_{n1}=I_{p2}+I_{n2}+I_{\mathrm{disp}}+I_{\mathrm{CG}} \tag{8-19}$$

式中：I_{C} 为集电极电流；I_{disp} 为 MOS 端位移电流；I_{CG} 为栅极-集电极位移电流。

为了达到仿真速度和精度的最佳折中，设置 M=7。由式（8-17）～式（8-19）可以得到式（8-11）～式（8-13）左边的值。当 k 为奇数或偶数时，其值为

$$L_{\text{even}} = [I_0 \quad I_1 \quad I_0 \quad I_1 \quad I_0 \quad I_1 \quad I_0] \times \begin{bmatrix} D_0 \\ D_1 \\ \vdots \end{bmatrix} \tag{8-20}$$

$$L_{\text{odd}} = [I_1 \quad I_0 \quad I_1 \quad I_0 \quad I_1 \quad I_0 \quad I_1] \times \begin{bmatrix} D_0 \\ D_1 \\ \vdots \end{bmatrix} \tag{8-21}$$

其中

$$I_0 = \frac{1}{2qAD}\begin{bmatrix} -2 & 2 & 0 & \dfrac{D}{D_p} & \dfrac{D}{D_p} \end{bmatrix} \times \begin{bmatrix} I_{n1} \\ I_{n2} \\ I_{\text{C}} \\ I_{\text{disp}} \\ I_{\text{cg}} \end{bmatrix} \tag{8-22}$$

$$I_1 = \frac{1}{2qAD}\begin{bmatrix} -2 & -2 & \dfrac{2D}{D_p} & -\dfrac{D}{D_p} & -\dfrac{D}{D_p} \end{bmatrix} \times \begin{bmatrix} I_{n1} \\ I_{n2} \\ I_{\text{C}} \\ I_{\text{disp}} \\ I_{\text{cg}} \end{bmatrix} \tag{8-23}$$

假设 N 型基区是准中性的 $(n = p + N_B)$，则其电场强度可以表示为

$$E(x) = \frac{J_D / q - (D_n - D_p)(\mathrm{d}p / \mathrm{d}x)}{(\mu_p + \mu_n)p + \mu_n N_B} \tag{8-24}$$

则未耗尽的 N 型基区两端的电压为

$$V_b = \int_{x_1}^{x_2} E(x) = \frac{I_{\text{C}}}{qA(\mu_p + \mu_n)} \frac{x_2 - x_1}{M - 1} \sum_{k=0}^{M-1} \left[\frac{1}{p_{T_k} - p_{T_{k-1}}} \ln\left(\frac{p_{T_k}}{p_{T_{k-1}}} \right) \right] + V_T \left(\frac{b-1}{b+1} \right) \ln\left(\frac{p_{T_0}}{p_{T_{M-1}}} \right) \tag{8-25}$$

其中，p_{T_k} 为

$$p_{T_k} = p\left(x_1 + \frac{x_2 - x_1}{M - 1}, t \right) + \frac{N_B}{1 + b} \tag{8-26}$$

式（8-25）给出的电压 V_b 包含两个分量，第一个分量是由轻掺杂 N 型基区的电阻电压。而第二个分量是由于基区内由空穴和电子迁移率不同而产生的基区丹倍电压。注意到式（8-25）中考虑了 N 型基区的掺杂浓度。这是由于开通时 N 型基区处于小注入状态，N 型基区的掺杂浓度和过剩载流子浓度在一个数量级上。因此，必须将 N 型基区的掺杂浓度包含在 N 型基区的建模之中。

2．缓冲层建模

在缓冲层中，与时间相关的双极扩散方程可以表示为

$$\frac{\partial^2 \delta p}{\partial x^2} = \frac{\delta p}{L_{\mathrm{H}}^2} + \frac{1}{D_a}\frac{\partial \delta p}{\partial t} \tag{8-27}$$

式中：$L_{\mathrm{H}} = \sqrt{D_a \tau_{BF}}$ 为缓冲层的双极扩散长度。$D_a = 2D_n D_p / (D_n + D_p)$ 为缓冲层的双极扩散系数；τ_{BF} 为缓冲层中过剩载流子寿命。

双极扩散方程（8–27）的边界条件为 $p(0,t) = P_{\mathrm{H0}}$ 和 $p(W_{\mathrm{H}},t) = P_{\mathrm{HW}}$，求解式（8–27）可以得到稳态下的过剩载流子浓度为

$$\delta p(x^*) = \frac{P_{\mathrm{H0}}\sinh\left(\frac{W_{\mathrm{H}} - x^*}{L_{\mathrm{H}}}\right) - P_{\mathrm{HW}}\sinh\left(\frac{x^*}{L_{\mathrm{H}}}\right)}{\sinh\left(\frac{W_{\mathrm{H}}}{L_{\mathrm{H}}}\right)} \tag{8-28}$$

式中：P_{H0} 和 P_{HW} 分别为 $x^* = 0$ 和 $x^* = W_{\mathrm{H}}$ 的过剩空穴浓度；W_{H} 为缓冲层宽度。

在高速缓冲层 IGBT 中，为了达到开通关断速度，缓冲层的宽度设计得很窄，掺杂浓度也相对较高，因此，在缓冲层内部有：$L_{\mathrm{H}} = \sqrt{D_a \tau_{\mathrm{BF}}} > W_{\mathrm{H}}$。由于 $x < 1$ 时，$\sinh(x) \approx x$，稳态时过剩载流子浓度表达式（8–28）可以写为

$$\delta p(x^*) = P_{\mathrm{H0}} - \frac{P_{\mathrm{H0}} - P_{\mathrm{HW}}}{W_{\mathrm{H}}} x^* \tag{8-29}$$

式（8–29）只给出了稳态时过剩载流子浓度表达式。但是由于没有考虑载流子的复合和重分布，该式不能表征瞬态时的载流子分布特性。将式（8–29）代入式（8–27）中，可以得到完整的过剩载流子浓度表达式：

$$\frac{\partial^2 \delta p}{\partial x^2} = \frac{\delta p}{L_{\mathrm{H}}^2} + \frac{1}{D}\left[\frac{(W_{\mathrm{H}} - x^*)}{W_{\mathrm{H}}}\frac{\mathrm{d}P_{\mathrm{H0}}}{\mathrm{d}t} + \frac{x^*}{W_{\mathrm{H}}}\frac{\mathrm{d}P_{\mathrm{HW}}}{\mathrm{d}t}\right] \tag{8-30}$$

将式（8–30）利用边界条件 $p(0,t) = P_{\mathrm{H0}}$ 和 $p(W_{\mathrm{H}},t) = P_{\mathrm{HW}}$ 进行两次积分，则缓冲层瞬态下的内部过剩载流子浓度表达式为

$$\begin{aligned}\delta p(x^*,t) = &\left[P_{\mathrm{H0}} - \frac{P_{\mathrm{H0}} - P_{\mathrm{HW}}}{W_{\mathrm{H}}} x^*\right] \\ &+ \frac{1}{L_{\mathrm{H}}^2}\left[\frac{P_{\mathrm{H0}}}{2} x^{*2} - \frac{(P_{\mathrm{H0}} - P_{\mathrm{HW}})}{W_{\mathrm{H}}}\frac{x^{*3}}{6} - \frac{(2P_{\mathrm{H0}}W_{\mathrm{H}} + P_{\mathrm{HW}}W_{\mathrm{H}})}{6} x^*\right] \\ &+ \frac{1}{D}\left[\frac{\mathrm{d}P_{\mathrm{H0}}}{\mathrm{d}t}\frac{x^{*2}}{2} - \left(\frac{\mathrm{d}P_{\mathrm{H0}}}{\mathrm{d}t} - \frac{\mathrm{d}P_{\mathrm{HW}}}{\mathrm{d}t}\right)\frac{x^{*3}}{6W_{\mathrm{H}}} - \left(\frac{\mathrm{d}P_{\mathrm{H0}}}{\mathrm{d}t}\frac{W_{\mathrm{H}}}{3} + \frac{\mathrm{d}P_{\mathrm{HW}}}{\mathrm{d}t}\frac{W_{\mathrm{H}}}{6}\right)x^*\right]\end{aligned} \tag{8-31}$$

其中第一项为线性电荷项，第二项为载流子的复合项，第三项为载流子的重分

布项。在传统的PT IGBT模型中，载流子的第二个复合项总是被忽略掉，因此并不能正确地表征缓冲层内部的载流子分布。

在缓冲层中，空穴和电子电流的一般表达式为

$$I_n = q\mu_n AnE + qAD_n \frac{\mathrm{d}n}{\mathrm{d}x} \tag{8-32}$$

$$I_p = q\mu_p ApE - qAD_p \frac{\mathrm{d}p}{\mathrm{d}x} \tag{8-33}$$

由于缓冲层内部是准中性的，即可以假设$n = p + N_{\mathrm{H}}$。由式（8-32）和式（8-33），可以将空穴电流表示为

$$I_P = \frac{pI_{\mathrm{C}}}{p(1+b)+bN_{\mathrm{H}}} - qAD_p \frac{(2p+N_{\mathrm{H}})b}{p(1+b)+bN_{\mathrm{H}}} \frac{\mathrm{d}p}{\mathrm{d}x} \tag{8-34}$$

式中：N_{H}为缓冲层的掺杂浓度。因为N_{H}与缓冲层内部的载流子浓度是一个数量级的，式（8-34）中考虑了缓冲层掺杂浓度N_{H}的影响。

将式（8-31）代入到式（8-34），在$x=0$和$x=W_{\mathrm{H}}$时，空穴电流I_{p0}和I_{p1}可以获得，如式（8-35）和式（8-36）所示。

$$I_{p0} = \frac{qAD}{W_{\mathrm{H}}}(P_{\mathrm{H0}} - P_{\mathrm{HW}}) + \frac{qAW_{\mathrm{H}}}{6\tau_{\mathrm{H}}}(2P_{\mathrm{H0}} + P_{\mathrm{HW}}) + qAW_{\mathrm{H}}\left(\frac{1}{3}\frac{\mathrm{d}P_{\mathrm{H0}}}{\mathrm{d}t} + \frac{1}{6}\frac{\mathrm{d}P_{\mathrm{HW}}}{\mathrm{d}t}\right) + \frac{I_{\mathrm{C}}}{1+b_{\mathrm{L}}} \tag{8-35}$$

$$I_{p1} = \frac{qAD}{W_{\mathrm{H}}}(P_{\mathrm{H0}} - P_{\mathrm{HW}}) - \frac{qAW_{\mathrm{H}}}{6\tau_{\mathrm{H}}}(P_{\mathrm{H0}} + 2P_{\mathrm{HW}}) - qAW_{\mathrm{H}}\left(\frac{1}{6}\frac{\mathrm{d}P_{\mathrm{H0}}}{\mathrm{d}t} + \frac{1}{3}\frac{\mathrm{d}P_{\mathrm{HW}}}{\mathrm{d}t}\right) + \frac{I_{\mathrm{C}}}{1+b_L} \tag{8-36}$$

在式（8-35）和式（8-36）中，$\mathrm{d}P_{\mathrm{HW}}/\mathrm{d}t$和$\mathrm{d}P_{\mathrm{H0}}/\mathrm{d}t$项对应着由载流子重分布引起的电容电流。在传统的PT型IGBT模型中，这种电容电流被认为只是I_{p1}的分量。在本书中，基于对重分布项的重新推导，可以看到电容电流对I_{p0}和I_{p1}都有所贡献。

对于缓冲层的边界，在J_1结使用的准平衡假设（quasi-equilibrium simplification）可以得到

$$P_{\mathrm{HW}}(P_{\mathrm{HW}} + N_{\mathrm{H}}) = P_{L0}(P_{L0} + N_B) \approx P_{L0}^2 \tag{8-37}$$

式中：N_{H}为缓冲层的掺杂浓度。

J_0结处电子电流I_{n0}为

$$I_{n0} = qAh_p N_{\mathrm{H}} P_{\mathrm{H0}} \tag{8-38}$$

式中：h_p为发射极的空穴复合系数。

J_0结的压降为

$$V_{j0} = V_T \ln\left(\frac{P_{H0} N_H}{n_i^2}\right) \tag{8-39}$$

J_1 结的压降为

$$V_{j1} = V_T \ln\left(1 + \frac{P_{L0}}{N_B}\right) \tag{8-40}$$

式中：V_T 为热电压。

3．MOS 端建模

IGBT 的 MOS 端电流等效于电子电流 I_{n2}，因此

$$I_{n2} = I_{\text{MOS}} \tag{8-41}$$

式中：I_{MOS} 为 MOS 电流，由肖特基方程（Shockley equations）给出。在线性区（$V_{\text{GE}} \geqslant V_{\text{th}}, V_{\text{GE}} - V_{\text{th}} \geqslant V_d$），$I_{\text{MOS}}$ 由下式给出

$$I_{\text{MOS}} = K_p \left[V_d (V_{\text{GE}} - V_{\text{th}}) - \frac{V_d^2}{2}\right] \tag{8-42}$$

在饱和区（$V_{\text{GE}} \geqslant V_{\text{th}}, V_{\text{GE}} - V_{\text{th}} < V_d$），$I_{\text{MOS}}$ 由下式给出

$$I_{\text{MOS}} = \frac{K_p}{2} (V_{\text{GE}} - V_{\text{th}})^2 (1 + \lambda V_d) \tag{8-43}$$

式中：K_p 为 MOS 跨导；V_{th} 为 MOS 阈值电压；V_{GE} 为栅极−发射极电压；λ 为 MOS 短沟道系数；V_d 为 MOS 端电压。由于 MOS 端电容 C_{CE} 充放电产生的位移电流为

$$I_{\text{disp}} = \frac{\varepsilon_{\text{si}} A (1 - a_i)}{W_d} \frac{\mathrm{d}V_d}{\mathrm{d}t} \tag{8-44}$$

式中：W_d 为耗尽层宽度；a_i 为元胞间距比例，由图 8−9 中定义的元胞宽度 L 和元胞间距 l_m，a_i 可以表示为

$$a_i = \frac{(L - l_m)}{L} \tag{8-45}$$

耗尽层宽度为

$$W_d = \sqrt{\frac{2\varepsilon_{\text{si}} V_d}{q N_{\text{eff}}}} \tag{8-46}$$

N_{eff} 为耗尽层的有效掺杂浓度，由下式给出

$$N_{\text{eff}} = N_B + \frac{|I_{p1}|}{q v_{\text{sat}} A} \tag{8-47}$$

式中：v_{sat} 为饱和迁移率。在关断瞬间，自由的空穴流过耗尽层。当器件通过大电流时，电子和空穴的浓度非常接近于 N 型基区的掺杂浓度。因此，非常有必要包括式（8-50）中的空穴电流。

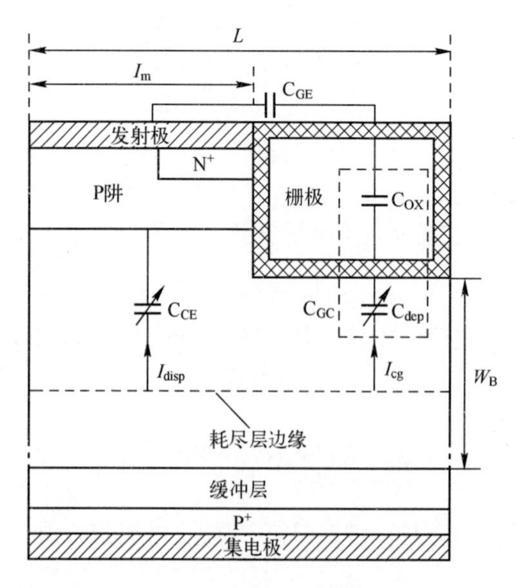

图 8-9　FS IGBT 元胞结构

栅极下的耗尽电容为

$$C_{\mathrm{dep}} = \frac{\varepsilon_{\mathrm{si}} A a_i}{W_d} \tag{8-48}$$

米勒电容 C_{GC} 是由栅氧电容 C_{OX} 和耗尽电容 C_{dep} 的串联得到

$$C_{\mathrm{GC}} = \frac{C_{\mathrm{OX}} A a_i}{1 + \dfrac{C_{\mathrm{OX}}}{\varepsilon_{\mathrm{si}}} W_d} \tag{8-49}$$

由于米勒电容的变化导致的栅极电极位移电流为

$$I_{\mathrm{CG}} = C_{\mathrm{GC}} \left(\frac{\mathrm{d}V_d}{\mathrm{d}t} - \frac{\mathrm{d}V_{\mathrm{GE}}}{\mathrm{d}t} \right) \tag{8-50}$$

其中

$$\frac{\mathrm{d}V_{\mathrm{GE}}}{\mathrm{d}t} = \frac{1}{C_{\mathrm{GC}} + C_{\mathrm{GE}}} \left(I_{\mathrm{G}} + C_{\mathrm{GC}} \frac{\mathrm{d}V_d}{\mathrm{d}t} \right) \tag{8-51}$$

式中：C_{GE} 为栅极-发射极电容；I_{G} 为栅极电流。

MOS 端的电流 I_{n2}、位移电流 I_{disp} 和 I_{cg} 是求解 ADE 的必要边界条件。为

了计算这些电流，需要得到 MOS 端电压 V_d 的值：

$$\begin{cases} V_d = 0 & (p_w \geqslant 0) \\ V_d = -K \cdot p_w & (p_w < 0) \end{cases} \tag{8-52}$$

其中 K 是一个大的常数（一般为 1000），而边界载流子浓度为

$$p_w = p_{x2} - p_{2xT} \tag{8-53}$$

式中：p_{x2} 为 $x = W_l$ 处的载流子浓度；p_{2xT} 为考虑二维效应的栅极平均载流子浓度。MOS 端的二维特性，以及 p_{2xT} 的计算方法在下一节给出。

4．MOS 端的二维特性建模

FS IGBT 的 MOS 端采用了沟道栅结构，沟道栅结构的栅极平均载流子浓度 p_{2xT} 的表达式为

$$p_{2xT} = \frac{I_{p2}}{qAD_p l_m}\left\{\frac{W_p}{2}\left[1+\left(1-\frac{l_m}{L}\right)^2\right]+\frac{L}{3}\left(1-\frac{l_m}{L}\right)^3\right\} \tag{8-54}$$

对于 CSTBT，因为在栅极引入了 CS 层，使得栅极载流子的分布与沟道栅发生了变化。为了计算 p_{2xT}，CSTBT 中栅极载流子的二维分布需要重新计算。如图 8-10 所示，载流子沿着切线 L_0 和 L_1 的分布是我们应当关心的。切线 L_1 可以分为 α 和 β 两段。切线 α 对应着栅极，而切线 β 对应着发射极。J_{n21} 和 J_{p21} 为流过切线 L_1 的电子和空穴电流。

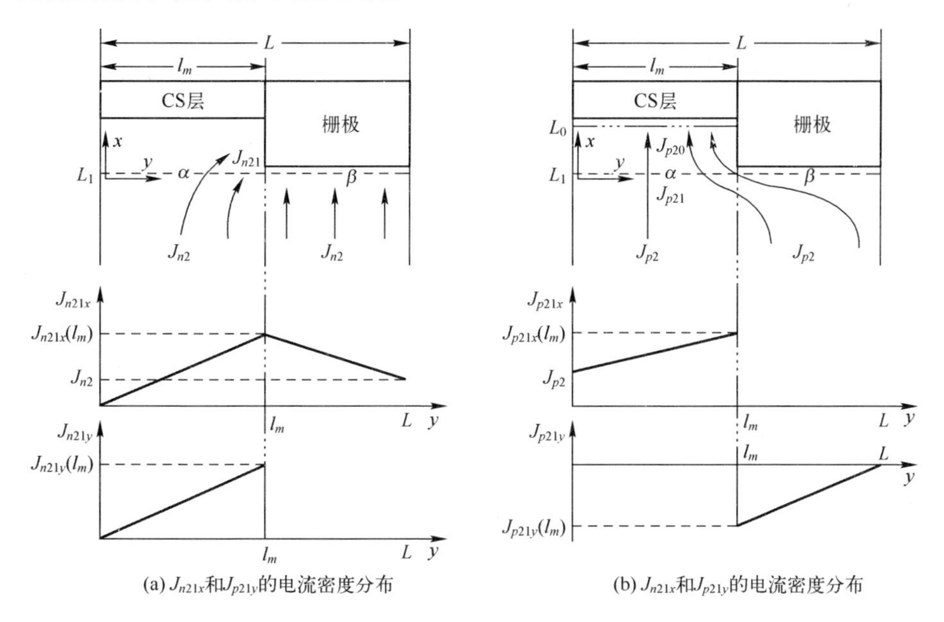

(a) J_{n21x}和J_{p21y}的电流密度分布　(b) J_{n21x}和J_{p21y}的电流密度分布

图 8-10　沿着切线 L_1 的空穴和电子的电流分布

对于 MOS 端空穴电流二维效应，采用的假设如图 8-10（b）所示，假设 MOS 端的空穴电流绕过了栅极下的反型层，而垂直地流向了发射极。因此，空穴电流沿着切线β的 x 分量为零，y 分量为线性变化的。空穴电流沿着切线α的 y 分量为零，x 分量为线性变化的。

另一方面，由于栅极下的反型层的存在，MOS 端的电子电流都流向栅极底部，如图 8-10（a）所示。沿着切线β，电子电流垂直地流向栅极底部，即 y 分量为零。沿着切线α，y 分量为线性分布。在$y=l_m$处，因为所有的电子都水平流向反型层，电子电流的 x 分量达到最大值。在集电极底部，由于 CS 层的存在，电子电流既有 x 分量又有 y 分量，且为线性分布。

基于上面的分析，我们可以得到 MOS 端空穴电流分布的解析表达式。如图 8-10（b）所示，J_{p21}沿着切线没有x分量。沿着切线，x 分量J_{p21x}线性地由 y=0 处的 J_{p2} 增长到$y=l_m$处的$J_{p21x}(l_m)$。由空穴电流的连续性可以得到

$$J_{p21x}(l_m)=J_{p2}\left(\frac{2L}{l_m}-1\right) \tag{8-55}$$

空穴J_{p21}沿着切线的 y 分量为零。沿着切线，y 分量J_{p21y}线性地由$y=l_m$处的$J_{p21y}(l_m)$变为$y=L$处的零，如图 8-10（b）所示。其中$J_{p21y}(l_m)$的值为

$$J_{p21y}(l_m)=-[J_{p21x}(l_m)-J_{p2}]=-J_{p2}\left(\frac{2L}{l_m}-2\right) \tag{8-56}$$

另一方面，电子电流 J_{n21} 垂直地流过切线。电子电流 J_{n21} 的 x 分量 J_{n21x} 线性地从 y=0 的零到 $y=l_m$ 的 $J_{n21x}(l_m)$，最后降低到 $y=L$ 的 J_{n2}。由电子电流的连续性可以得到

$$J_{n21x}(l_m)=J_{n2}\left(1+\frac{l_m}{L}\right) \tag{8-57}$$

在 y 方向上，电子电流 J_{n21y} 沿着切线 β 的值为零。沿着切线 α，J_{n21y} 线性地从 y=0 处的零增加到 $y=l_m$ 处的 $J_{n21y}(l_m)$。电子电流 $J_{n21y}(l_m)$的值为

$$J_{n21y}(l_m)=J_{n21x}(l_m)-J_{n2}=J_{n2}\left(\frac{l_m}{L}\right) \tag{8-58}$$

在大注入状态下，空穴和电子电流有如下关系：

$$\mu_n J_p-\mu_p J_n=-2q\mu_n\mu_p\frac{kT}{q}\nabla p \tag{8-59}$$

沿着切线α，J_{p21y} 为零。则对于空穴电流 J_{p21}，式（8-59）中的 y 分量为

$$J_{n21y}=2qD_n\frac{\partial p}{\partial y} \tag{8-60}$$

沿着切线对式（8-60）两边从 y=0 到 y=l_m 进行积分，并且代入图 8-10（a）所示的 J_{n21y} 的边界条件。则从 y=0 到 y=l_m 的载流子浓度 p_{x2} 可以计算为

$$p_{x2}(y) = p_{x2}(0) + \frac{J_{n21y}(l_m)y^2}{4qD_n l_m} \tag{8-61}$$

式中：p_{x2} 为沿着切线 L_1 的载流子密度。

对于穿过切线 L_0 的空穴电流 J_{p20}，其 x 分量 J_{p20x} 的值为

$$J_{p20x}(y) = qh_n(p_{x0}(y))^2 \tag{8-62}$$

式中：p_{x0} 为沿着切线 L_0 的载流子浓度；h_n 为电子的复合系数。

从 MOS 端的 CS 层向器件的下方看去，CSTBT 有着与 PIN 二极管相类似的结构，而 CS 层附近类似于 PIN 二极管 N^+集电极。由于 CS 层阻碍了载流子在垂直方向上的输运，因此在 x 方向上式（8-59）近似为零。在 $y=0$ 处，式（8-59）变为

$$p_{x2}(0) = p_{x0}(0) \tag{8-63}$$

假设 $J_{p20x(0)}$=$J_{p21x(0)}$=J_{p2}，由式（8-63）和式（8-62）可以计算出 $p_{x2(0)}$：

$$p_{x2(0)} = \sqrt{\frac{J_{p2}}{qh_n}} \tag{8-64}$$

沿着切线，J_{n21y} 为零。则（8-59）的 y 分量为

$$J_{p21y} = -2qD_p \frac{\partial p}{\partial y} \tag{8-65}$$

沿着切线对式（8-65）从 y=l_m 到 y=L 进行积分，代入图 8-10（b）所示的 J_{p21y} 的边界条件，则从 y=l_m 到 y=L 的载流子浓度为

$$p_{x2}(y) = \frac{J_{p21y}(l_m)}{4qD_p(L-l_m)}(2l_m L - l_m^2 + y^2 - 2Ly) + p_{x2}(l_m) \tag{8-66}$$

由式（8-61）、式（8-64）和式（8-66），可以计算得到载流子浓度 p_{x2} 的解析式。通过简单的推导即可以得到平均载流子浓度的表达式：

$$p_{x2T} = \int_0^L p_{x2}(y) = \frac{J_{n2}l_m^3}{12qD_n L^2} + \frac{J_{n2}l_m^2(L-l_m)}{4qD_n L^2} + \sqrt{\frac{J_{p2}}{qh_n}} + \frac{J_{p2}L^2}{3qD_p l_m}\left(1-\frac{l_m}{L}\right)^3 \tag{8-67}$$

式中：$J_{n2} = J_{p2bL}$。

8.2.3　模型参数提取方法

1．过剩载流子寿命提取方法

对于缓冲层的载流子寿命 τ_{bf}，需要在很大的关断电压下（一般需要接近器

件的击穿电压）进行感性关断，提取拖尾电流的衰减速率 $\mathrm{d}\ln I_T/(\mathrm{d}t)$，然后基于式（8-68），就可以提取 τ_{bf} 的值。

$$\tau_{bf} = -\frac{1+b_L}{b_L}\left|\frac{\mathrm{d}\ln I_T}{\mathrm{d}t}\right|^{-1} \tag{8-68}$$

在低的关断电压下，提取拖尾电流的最大衰减速率 $\mathrm{d}\ln I_T/(\mathrm{d}t_{\max})$，然后基于式（8-69），就可以提取基区有效载流子寿命 τ_{eff}^f 的值。

$$\frac{\mathrm{d}\ln I_T}{\mathrm{d}t_{\max}} = -\frac{1}{\tau_{\mathrm{eff}}^f}\left(1+\frac{I_T}{I_k^f}\right) \tag{8-69}$$

2. 少子寿命提取方法

钳位电感负载关断时的电流拖尾衰减率可以用来提取参数 τ_L 和 τ_H。对于图 8-11 中显示的钳位电感负载的电路，切换栅极电压到低于 IGBT 的阈值电压时 MOSFET 的沟道电流将迅速被移除，此时阳极电压上升以维持恒定的电感电流。阳极电压达到钳位电压时，阳极电压保持在钳位供给电压。随着集电极-基极结耗损电容电流、移动边界再分配电容电流，以及双极输运中与基极电流相关联的空穴电流的组成部分这三者的移除，阳极电流急速下降。经过电流的初期快速下降阶段，轻掺杂基区（LDB）中的复合率、重掺杂基区（HDB）中的复合率，以及发射极电子电流的注入功能共同决定阳极电流衰减率。

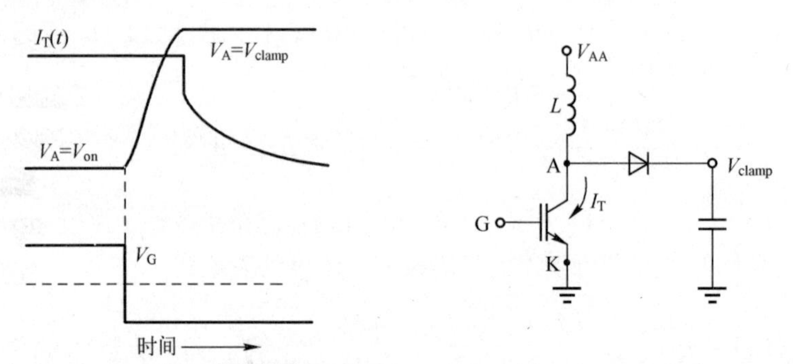

图 8-11　典型的 IGBT 关断阳极电流和阳极电压的波形的钳位电感负载电路

因为阳极电压是恒定的，MOSFET 电流在阳极电压达到钳位后变为 0，$I_C = I_T$，可以获得提取方程：

$$\frac{\mathrm{d}\ln(I_T)}{\mathrm{d}t} = -\frac{1}{\tau_{\mathrm{eff}}}\left(1+\frac{I_T}{I_K^\tau}\right) \tag{8-70}$$

其中

$$\frac{1}{\tau_{\text{eff}}} \equiv \left[\frac{W^2}{\tau_L} + \left(\frac{2D_{pL}}{D_{pH}}\right)\frac{W_H^2}{\tau'_H}\right] \Big/ \left[W^2 + \left(\frac{2D_{pL}}{D_{pH}}\right)W_H^2\right] \tag{8-71}$$

$$\frac{1}{I_k^{\tau}\tau_{\text{eff}}} \equiv \left[\frac{W^2 I'_{\text{sne}}}{q^2 n_i^2 A^2 D_{pL}}\right] \Big/ \left[W^2 + \left(\frac{2D_{pL}}{D_{pH}}\right)W_H^2\right] \tag{8-72}$$

由上述公式知 $\mathrm{d}\ln(I_T)/\mathrm{d}t$ 与电流线性关系式的斜率可用来提取少子寿命。由上述公式以及图 8-12 可知，钳位电压低的时候可以提取 τ_L，钳位电压高的时候可以提取 τ'_H，而 τ'_H 与 τ_H 存在如下关系式：

$$\frac{1}{\tau'_H} \equiv \frac{1}{\tau_H} + \frac{2N_H I_{\text{sne}}}{qAW_H n_i^2} \tag{8-73}$$

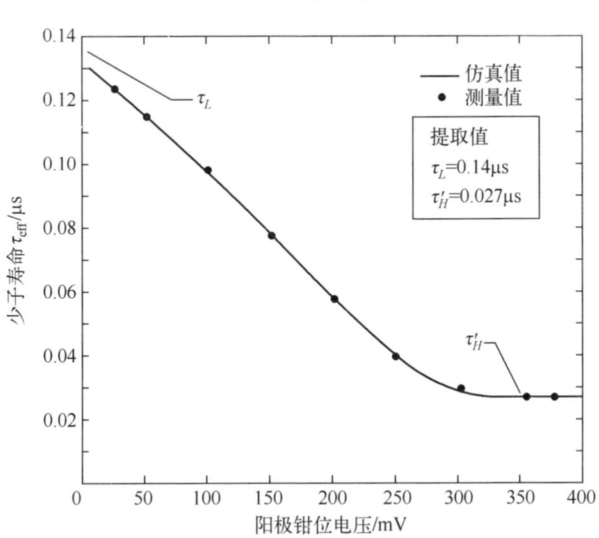

图 8-12　钳位电压与少子寿命关系图

根据上述理论分析，确定仿真试验电路图如图 8-13 所示。

3．栅-漏重叠区提取方法

内部电容的充放电过程将产生位移电流，尽管栅极电压小于阈值电压。试验电路如图 8-14 所示，下方的 IGBT 为栅极短路的被测器件，上方 IGBT 为控制器件，当上方 IGBT 器件导通时，下方 IGBT 器件的终端电压上升，通过上方 IGBT 的栅极电容可以控制 $\mathrm{d}v/\mathrm{d}t$，图 8-14 中栅-漏电容 C_{gd} 由重叠氧化层电容 C_{oxd} 和栅-漏耗尽层电容 C_{gdj} 串联组成，表达式为

$$\begin{cases} C_{\mathrm{gd}}=C_{\mathrm{oxd}} & (V_{\mathrm{AC}} \leqslant V_{\mathrm{gs}}) \\ C_{\mathrm{gd}}=C_{\mathrm{oxd}}C_{\mathrm{gdj}}/(C_{\mathrm{oxd}}+C_{\mathrm{gdj}}) & (V_{\mathrm{AC}} > V_{\mathrm{gs}}) \end{cases} \tag{8-74}$$

式中：V_{AC} 为 IGBT 正负极间的电压，由于 $V_{\mathrm{AC}} \geqslant V_{\mathrm{gs}}$，$C_{\mathrm{oxd}} \geqslant C_{\mathrm{gdj}}$，并且栅-源电容被短路，所有的 IGBT 电容值为 C_{gdj} 和漏-源耗尽层电容 C_{dsj} 的并联值，表达式分别为

$$C_{\mathrm{gdj}}=(A_{\mathrm{gd}}\times\varepsilon_{\mathrm{si}})\Big/\sqrt{2\varepsilon_{\mathrm{si}}(V-V_{\mathrm{gs}})/qN_L} \tag{8-75}$$

$$C_{\mathrm{gdj}}=((A-A_{\mathrm{gd}})\times\varepsilon_{\mathrm{si}})\Big/\sqrt{2\varepsilon_{\mathrm{si}}V/qN_B} \tag{8-76}$$

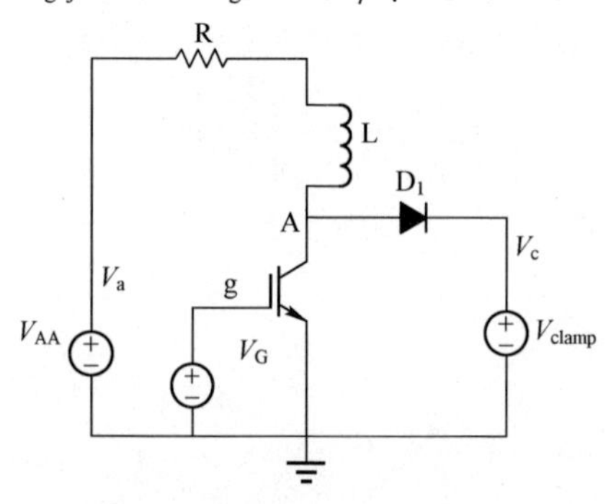

图 8-13　过剩载流子寿命 τ_{HL} 参数提取试验电路图

根据上式，在 $V_{\mathrm{AC}} \geqslant V_{\mathrm{gs}}$ 条件下可以得到

$$\frac{A_{\mathrm{gd}}}{A}=\frac{C_{\mathrm{gdj}}}{C_{\mathrm{dsj}}+C_{\mathrm{gdj}}} \tag{8-77}$$

测试电路如图 8-14 所示。

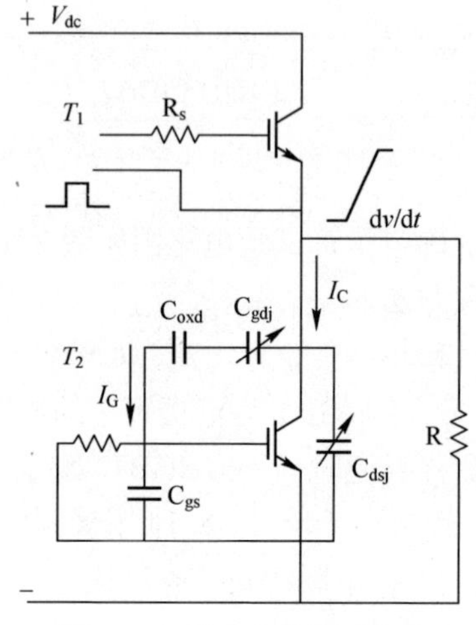

图 8-14　放电电流测试电路

4．MOSFET 跨导、基区本地掺杂浓度和冶金基区宽度的提取方法

因为 MOSFET 的行为模型可用于 IGBT 的 MOS 栅极，MOS 的相关参数可按下述提取过程来提取。跨导系数 K_{pl} 可以从图 8-15 中的 I-V 特性曲线中获得。通过 MOSFET 部分的电子电流 I_{MOS} 是 IGBT 电流 I_C 的一部分，可以按下式计算：

$$I_{MOS} = \frac{b}{1+b} I_C \tag{8-78}$$

式中：b 为电子和空穴迁移率的比值。MOS 沟道电压约等于沟道饱和工作期的集电极-发射极电压 V_{CE}。

同时 I_{MOS} 和 K_{pl}（图 8-15）之间存在如下关系式：

$$I_{MOS} = K_{pl} \cdot V_{DS}^2 \tag{8-79}$$

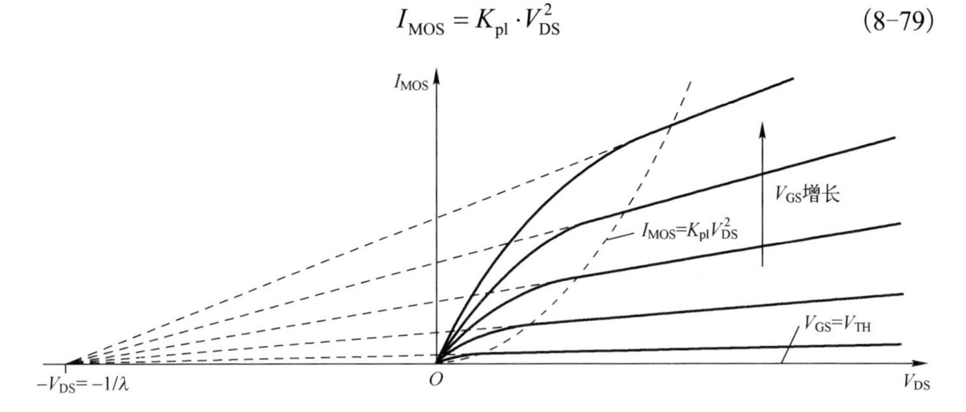

图 8-15　正向 MOS 栅 I-V 特性曲线

基区掺杂浓度 N_B 与击穿电压 V_{BR} 之间关系如下：

$$N_B = 2.88 \times 10^{17} V_{BR}^{-1} \tag{8-80}$$

式中：V_{BR} 为击穿电压。

提取扩散区（基区）宽度 W_B 对于 PT 和 NPT 型器件提取方法是不同的。NPT 型器件有一个三角形形状电场分布，并且它被设计为 PT 在同一电压下的雪崩击穿。

在 NPT 型 IGBT 器件三角形形状的电场分布下，PT 的击穿电压为

$$V_{PT} = \frac{qN_B(W_B)^2}{2\varepsilon} \tag{8-81}$$

对 PT 器件而言，电场形状为梯形，雪崩造成的击穿电压为

$$V_{BR} = E_C W_B - \frac{qN_B}{2\varepsilon} w_B^2 \tag{8-82}$$

式中：E_C 为硅的临界电场值 $[E_C \approx (2\times10^5 \sim 3\times10^5)\text{V}\cdot\text{cm}^{-1}]$。求解二次方程中

给出的表达式为

$$\begin{cases} W_{\mathrm{B}} = \dfrac{\varepsilon E_{\mathrm{c}}}{qN_{\mathrm{B}}} & \text{(PT型)} \\ W_{\mathrm{B}} = \dfrac{\varepsilon}{qN_{\mathrm{B}}}\left(E_{\mathrm{C}} - \sqrt{E_{\mathrm{C}}^2 - \dfrac{2qN_{\mathrm{B}}V_{\mathrm{BR}}}{\varepsilon}}\right) & \text{(NPT型)} \end{cases} \tag{8-83}$$

由于 FS 型 IGBT 与 PT 型 IGBT 结构上的相似性，本书选用 PT 型器件的关系式来提取冶金基区宽度 W_{B}。

5．发射区反向电子饱和电流的提取方法

为获得发射区反向电子饱和电流 I_{sne}，需测量不同的阳极电压下的拖尾电流大小与阳极电流值。关断期间的初始电流迅速下降后，过剩载流子会在缓慢电流拖尾开始前进行复合。简单地说，如图 8-16（b）中显示的那样，初始电流较大时，可以将拖尾电流外推回曲线的 MOSFET 部分，得到 $I_T(0^+)$。

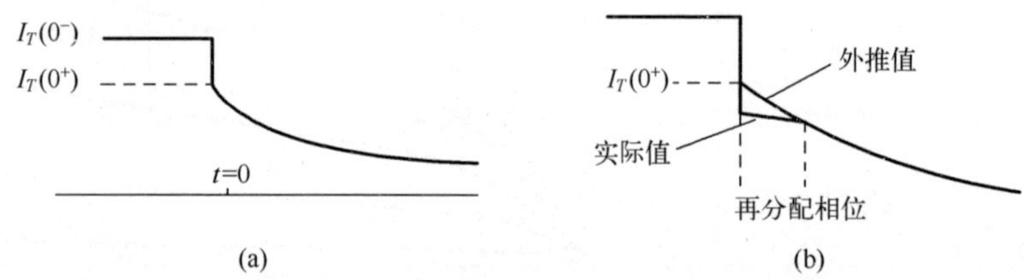

图 8-16　恒定阳极电压关断与（a）电流波形，表示 MOSFET 电流迅速下降前后的电流水平和（b）复合相位的外推法得到的 $I_T(0^+)$

外推拖尾电流的相对值为

$$\beta_{\mathrm{tr,v}} = \left.\frac{I_T(0^+)}{I_T(0^-) - I_T(0^+)}\right|_{\mathrm{VA=常数}} \tag{8-84}$$

$$\beta_{\mathrm{tr,v}} = \beta^{\max}{}_{\mathrm{tr,v}}\left[1 + \frac{I_T(0^+)}{I_K}\right]^{-1} \tag{8-85}$$

$$\beta^{\max}{}_{\mathrm{tr,v}} = \left(\left(\frac{W}{L}\right)^2 \frac{\coth\left(\frac{W}{L}\right)}{2\tanh\left(\frac{W}{2L}\right)} - 1\right)^{-1} \tag{8-86}$$

$$\frac{1}{\beta_{\mathrm{tr,v}}} = \frac{1}{\beta_{\mathrm{tr,v}}^{\max}} + \frac{1}{\beta_{\mathrm{tr,v}}^{\max} I_K} I_T(0^+) \tag{8-87}$$

$$I_{\mathrm{sne}} \equiv \frac{\tanh^2\left(\frac{W}{2L}\right)}{\left(\frac{W}{L}\right)^4}\left[\frac{(4qn_i AD_p)^2}{L^2\left(1+\frac{1}{b}\right)}\right]\frac{1}{\beta^{\max}{}_{\mathrm{tr,v}} I_k} \tag{8-88}$$

在阳极电压取不同值时使用式（8-84），$1/\beta_{tr,v}$ 与初始拖尾电流 $I_T(0^+)$ 之间的关系可以拟合成图 8-17 所示的曲线，求得 I_{sne}。

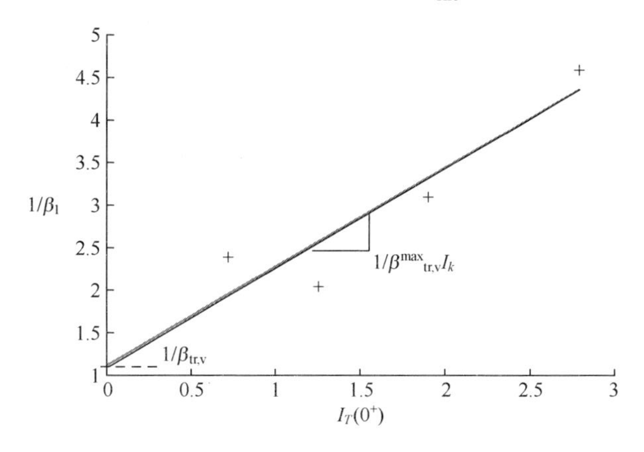

图 8-17　125V 阳极电压下的 $1/\beta_{tr,v}$ 以及 $I_T(0^+)$，零点电流截距可求得 $\beta_{tr,v}^{max}$ 值

根据上述理论分析，确定了仿真电路如图 8-18 所示。

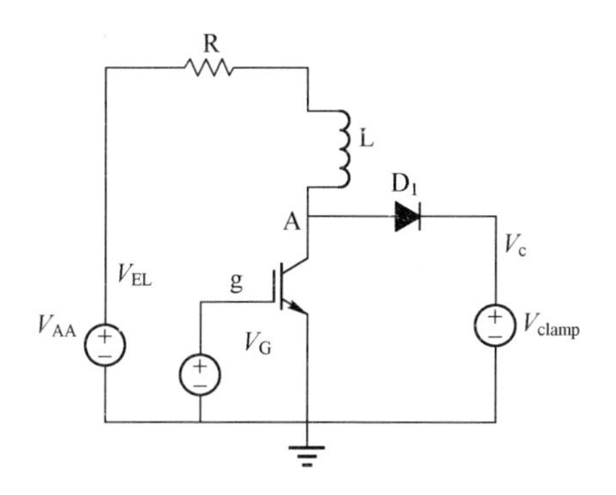

图 8-18　提取发射区反向电子饱和电流 I_{sne} 电路图

6. 栅漏交叠氧化电容、栅源电容、栅漏交叠耗尽区阈值电压提取方法

IGBT 栅极充电时电压 V_{GS} 的上升过程中分为 3 个阶段，两个上升阶段和中间恒定阶段，如图 8-19 所示。

为方便解释栅漏交叠氧化电容 C_{OXD}、栅源电容 C_{GS}、栅漏交叠耗尽区阈值电压 V_T 的提取原理，在此引入 IGBT 的等效电路图，如图 8-20 所示。

图中栅-源极间电容为 C_{GS}，栅-漏极间电容（反馈电容）C_{GD} 由交叠氧化电容 C_{OXD} 以及耗尽层电容 C_{GDJ} 串联构成，其中 C_{GS} 和 C_{OXD} 都为固定值。在第一个上升阶段，电压 V_{CE} 基本不变，由于此时电压很高，$C_{OXD} \gg C_{GDJ}$，可以认为 C_{GD} 就等于 C_{GDJ} 且比 C_{GS} 要小得多，恒流源基本都向 C_{GS} 充电，因此可以利用下式电容充电公式计算得到C_{GS}：

$$C(V)=\frac{I}{\mathrm{d}V/(\mathrm{d}t)} \tag{8-89}$$

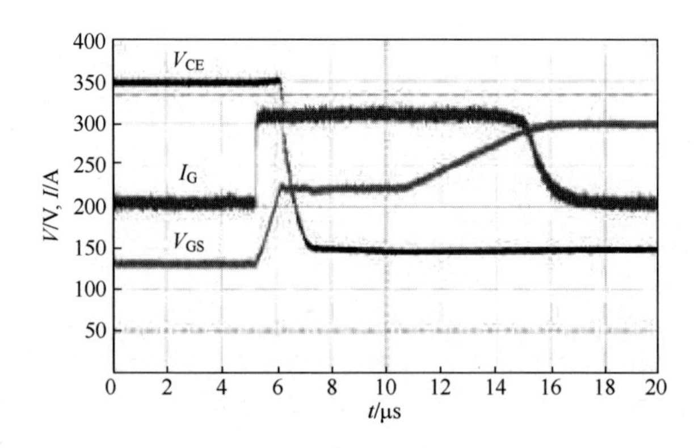

图 8-19　栅极充电波形

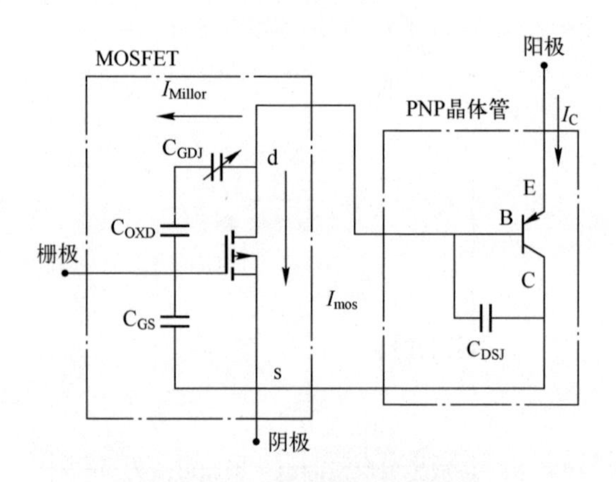

图 8-20　IGBT 的等效电路图

图 8-21 展示了不同电流下栅极充电电压波形。在栅极充电的第二阶段由于导通电流非常小，栅极电压刚超过阈值电压就被钳位住并保持恒定，因此可以认为此时的栅极电压就等于其开通阈值电压。在充电的第二个阶段由于V_{GS}保持恒定，C_{GS}不再充电，恒流源全部向C_{GD}充电。在充电的第三阶段，随着电压V_{CE}的降低，C_{GDJ}急剧变大，$C_{GD}=C_{OXD}$，此时恒流源同时向恒定电容C_{GS}和C_{OXD}充电，利用电容充电公式即可计算出电容$C_{OXD}+C_{GS}$的大小。由于前面已经计算得到了电容C_{GS}的值，从而也可以求得电容C_{OXD}的值。

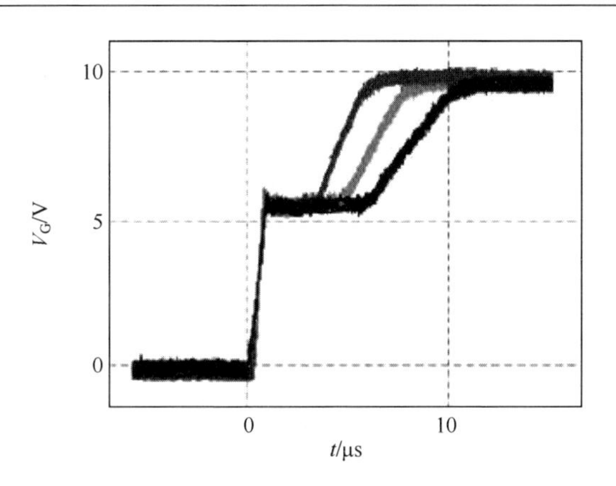

图 8-21　不同充电电流下栅极电压波形

根据上述理论分析，确定仿真电路图如图 8-22 所示。

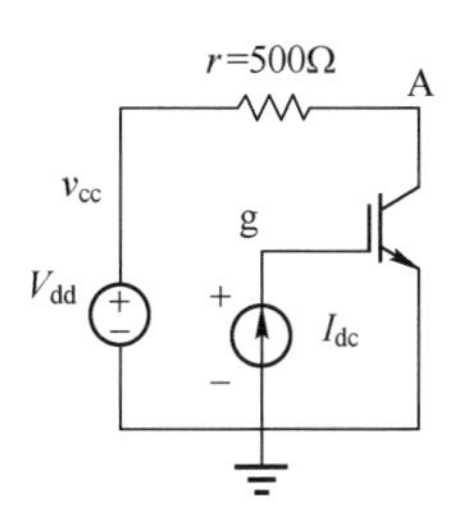

图 8-22　栅极特性参数提取电路图

8.3　功率器件物理基热学模型

8.3.1　功率器件产热机理模型

IGBT 器件的损耗由导通损耗、开通和关断损耗构成，其平均损耗可以表示为

$$P_{ac}=\frac{1}{T_0}\times(E_{cond}+E_{on}+E_{off})=P_{cond}+P_{sw} \tag{8-90}$$

式中：T_0 为周期；E_{cond} 为 IGBT 在导通期间产生的损耗；E_{on} 和 E_{off} 分别为 IGBT 开通和关断产生的损耗，也可以用 P_{cond}（通态损耗）和 P_{sw}（开关损耗，又称动态损耗）表示。

1．导通阶段

对于 IGBT 的导通损耗，可以通过下式表达：

$$P_{cond\_IGBT}=\frac{1}{T_0}\times\int_0^{T_0/2}V_{CE}(t)\times i(t)\times\tau'(t)dt \tag{8-91}$$

式中：P_{cond_IGBT}为导通器件的损耗；T_0为周期；$V_{CE}(t)$为导通器件的压降函数；$i(t)$为导通期间的电流；$\tau'(t)$表示器件导通与否，当器件导通时，该值取1，否则取0。当采用PWM控制时，$\tau'(t)$可以表示如下

$$\tau'(t)=\frac{1}{2}\times[1+m\times\sin(\omega t+\varphi)] \tag{8-92}$$

其中m为调制比，最终得到

$$P_{cond\_IGBT}=\frac{1}{T_0}\times\int_0^{T_0/2}\left\{V_{CE0}+R_{CE}\times i\times\sin(\omega t)\times\frac{1}{2}\times[1+m\times\sin(\omega t+\varphi)]\right\}dt \tag{8-93}$$

在上式中，当电流为正弦电流时，$i(t)=\hat{i}\times\sin(\omega t)$，其中$\hat{i}$为电流峰值；器件压降可以表示为$V_{CE}(t)=V_{CE0}+r\times i(t)$，其中，$V_{CE0}$和$r$分别为器件的开启电压和斜率电阻，上式可以写成

$$P_{cond\_IGBT}=\frac{1}{2}\left(V_{CE0}\cdot\frac{i}{\pi}+R_{CE}\cdot\frac{i^2}{4}\right)+m\cdot\cos\varphi\cdot\left(V_{CE0}\cdot\frac{i}{8}+\frac{1}{3\pi}\cdot R_{CE}\cdot i^2\right) \tag{8-94}$$

式中：P_{cond_IGBT}为器件导通损耗；V_{CE0}为器件的开启电压；R_{CE}为器件在该条件下的斜率电阻；i为电流有效值；$\cos\varphi$为功率因数；m为调制比。

在实际应用中，器件的工作温度通常介于常温和最高结温之间，对于特定温度下的通态损耗，在需要精确计算时，常引入修正系数，该修正系数可以表示为

$$\text{scale factor}=\frac{V_{CE,sat}(T_{j,operate})}{V_{CE,sat}(T_{j,max})} \tag{8-95}$$

式中：$V_{CE,sat}(T_{j,operate})$为工作温度下的压降值；$V_{CE,sat}(T_{j,max})$为器件数据手册中给出的最高温度下的压降值。

在精确的计算中，导通压降可以表示为

$$V_{CE}=(V_0+R_{CE}\times i)\times\frac{V_{CE,sat}(T_{j,operate})}{V_{CE,sat}(T_{j,max})} \tag{8-96}$$

IGBT 电流端子到内部芯片之间的电阻，称为封装电阻。当电流流过时，将产生压降，该压降不在器件数据给出的通态压降之内。该电阻的存在，在有电流导通时，存在损耗，该损耗通常认为通过器件的底座传导到散热器，对器件工作温度产生影响。封装电阻产生的压降可以表示为$R_{CC'+EE'}\times i$；其中，$R_{CC'+EE'}$为封装电阻，i为导通电流。该部分产生的损耗将通过IGBT器件传导到散热器。

$$V_{\mathrm{CE}}=(V_0+R_{\mathrm{CE}}\times i)\times\frac{V_{\mathrm{CE,sat}}(T_{\mathrm{j,operate}})}{V_{\mathrm{CE,sat}}(T_{\mathrm{j,max}})}+R_{\mathrm{CC'+EE'}}\times i \tag{8-97}$$

最终可以得到

$$P_{\mathrm{cond\_IGBT}}=\frac{1}{2}\left(V_{\mathrm{CE0}}\cdot\frac{i}{\pi}+R_{\mathrm{CE}}\cdot\frac{i^2}{4}\right)+m\cdot S_{\mathrm{sf}}\cdot\cos\varphi\cdot\left(V_{\mathrm{CE0}}\cdot\frac{i}{8}+\frac{1}{3\pi}\cdot R_{\mathrm{CE}}\cdot i^2\right)+R_{\mathrm{CC'+EE'}}\times i^2 \tag{8-98}$$

上式表示 IGBT 的导通损耗。式中 $S_{\mathrm{sf}}=\dfrac{V_{\mathrm{CE,sat}}(T_{\mathrm{j,operate}})}{V_{\mathrm{CE,sat}}(T_{\mathrm{j,max}})}$，表示工作温度下的压降模型修正系数。

2．开关过程

功率器件在开关过程中会产生热量，如图 8-23 所示。

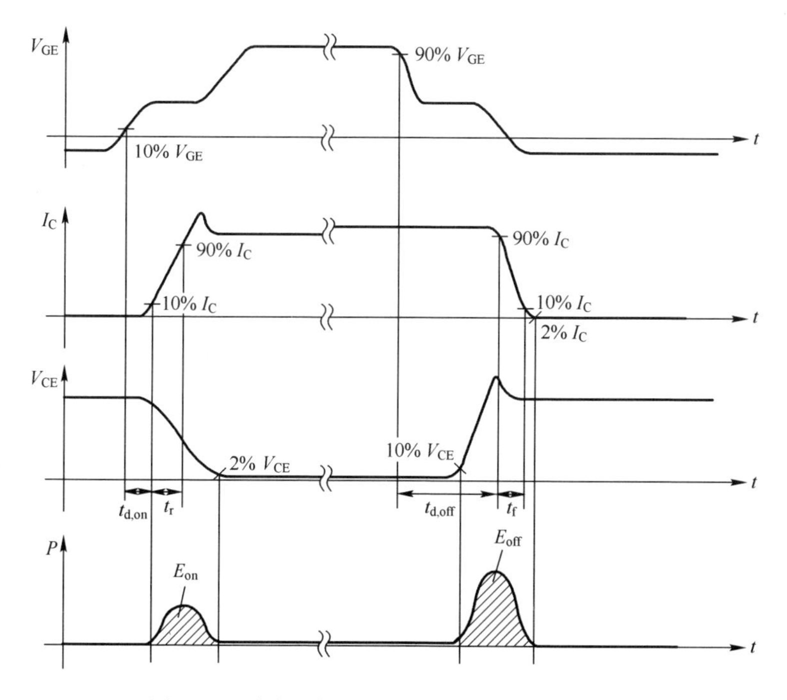

图 8-23　功率器件在开关过程中产生热量示意图

器件的开关损耗可分为开通损耗和关断损耗，可以使用一次函数来描述开通损耗和关断损耗，如下：

$$E_{\mathrm{on}}=A_{\mathrm{on}}\times i+B_{\mathrm{on}} \tag{8-99}$$

$$E_{\mathrm{off}}=A_{\mathrm{off}}\times i+B_{\mathrm{off}} \tag{8-100}$$

式中：E_{on}和E_{off}分别为器件的开通损耗和关断损耗；A_{on}/A_{off}，B_{on}/B_{off}分别为从器件数据手册得来的损耗曲线的系数和常数；i为电流。

更精确的计算，可以使用二次函数来描述，如下：

$$E_{on}=C_{on}\times i^2+A_{on}\times i+B_{on} \tag{8-101}$$

$$E_{off}=C_{off}\times i^2+A_{off}\times i+B_{off} \tag{8-102}$$

式中：A_{on}/A_{off}、B_{on}/B_{off}、C_{on}/C_{off}分别为从器件数据手册的开通/关断损耗曲线中得到的系数及常数，i为电流。数学模型中的参数，可以在器件数据手册中，依照相关的开通/关断损耗图表，利用解方程的方法求得。

在选择数学模型时，需要结合具体电流值，考虑模型的适用性，如果选择不当，可能造成较大的误差。在实际使用时，由于 IGBT 栅极电阻的不同，实际的开通/关断损耗与器件数据手册中给出的值会有差异，为了体现这种差异，需要加入修正系数，修正系数可以描述为

$$S_{sw,on}=\frac{E_{on}(R_{g,user})}{E_{on}(R_{g,datasheet})} \tag{8-103}$$

$$S_{sw,off}=\frac{E_{off}(R_{g,user})}{E_{off}(R_{g,datasheet})} \tag{8-104}$$

式中：$E_{on}(R_{g,user})/E_{off}(R_{g,user})$为实际使用的栅极电阻下，器件的开通/关断损耗；$E_{on}(R_{g,datasheet})/E_{off}(R_{g,datasheet})$为数据手册上标定的栅极电阻下，器件的开通/关断损耗。

实际应用中，直流电压也可能和数据手册上标出的直流电压不同，直流电压不同，IGBT 的开关损耗也就不同了。为了体现直流电压的不同，而造成 IGBT 开关损耗的差异，需要引入修正系数，通过试验，该系数可以表示为

$$S_{voltage}=\frac{V_{dc,user}}{V_{dc,datasheet}} \tag{8-105}$$

当使用一次函数来描述器件的单次开关损耗时，器件的开关损耗可以表示为

$$\begin{aligned}E_{sw}&=E_{on}+E_{off}\\&=\left[(A_{on}\times i+B_{on})\times\frac{E_{on}(R_{g,user})}{E_{on}(R_{g,datasheet})}+(A_{off}\times i+B_{off})\times\frac{E_{off}(R_{g,user})}{E_{off}(R_{g,datasheet})}\right]\times\frac{V_{dc,user}}{V_{dc,datasheet}}\end{aligned} \tag{8-106}$$

当使用二次函数来描述器件的单次开关损耗时，器件的开关损耗可以表示为

$$
\begin{aligned}
E_{\mathrm{sw}} &= E_{\mathrm{on}} + E_{\mathrm{off}} \\
&= \left[(C_{\mathrm{on}} \times i^2 + A_{\mathrm{on}} \times i + B_{\mathrm{on}}) \times \frac{E_{\mathrm{on}}(R_{\mathrm{g,user}})}{E_{\mathrm{on}}(R_{\mathrm{g,datasheet}})} + (C_{\mathrm{off}} \times i^2 + A_{\mathrm{off}} \times i + B_{\mathrm{off}}) \right. \\
&\quad \left. \times \frac{E_{\mathrm{off}}(R_{\mathrm{g,user}})}{E_{\mathrm{off}}(R_{\mathrm{g,datasheet}})} \right] \times \frac{V_{\mathrm{dc,user}}}{V_{\mathrm{dc,datasheet}}}
\end{aligned} \tag{8-107}
$$

功率器件总的开关损耗可以表示为

$$
P_{\mathrm{sw}} = f_{\mathrm{sw}} \times \frac{1}{T_0} \times \int_0^{T_0/2} \left(E_{\mathrm{on}} + E_{\mathrm{off}} \right) \times i(t) \mathrm{d}t \tag{8-108}
$$

在实际应用中，工作电压、电流、栅极驱动电阻等因素可能与器件的测试条件不同，故而引入相关修正因素，得到

$$
\begin{aligned}
P_{\mathrm{sw}} &= \frac{1}{\pi} \times f_{\mathrm{sw}} \times \left[(A_{\mathrm{on}} \times i + B_{\mathrm{on}}) \times \frac{E_{\mathrm{on}}(R_{\mathrm{g,user}})}{E_{\mathrm{on}}(R_{\mathrm{g,datasheet}})} + (A_{\mathrm{off}} \times i + B_{\mathrm{off}}) \times \frac{E_{\mathrm{off}}(R_{\mathrm{g,user}})}{E_{\mathrm{off}}(R_{\mathrm{g,datasheet}})} \right] \\
&\quad \times \frac{\sqrt{2} \times I}{I_{\mathrm{nom}}} \times \frac{V_{\mathrm{dc,user}}}{V_{\mathrm{dc,datasheet}}}
\end{aligned} \tag{8-109}
$$

式中：P_{sw} 为器件的开关损耗；f_{sw} 为器件的开关频率；$A_{\mathrm{on}}/A_{\mathrm{off}}$，$B_{\mathrm{on}}/B_{\mathrm{off}}$ 分别为从器件数据手册得来的损耗曲线的系数和常数；i 为电流有效值；I 为实际电流值；I_{nom} 为额定电流值。

当器件的开关损耗使用二次函数来描述时，器件的开关损耗可以表示为

$$
\begin{aligned}
E_{\mathrm{sw}} &= E_{\mathrm{on,user}} + E_{\mathrm{off,user}} \\
&= E_{\mathrm{on,nom}} \times \frac{E_{\mathrm{on}}(R_{\mathrm{g,user}})}{E_{\mathrm{on}}(R_{\mathrm{g,datasheet}})} + E_{\mathrm{off,nom}} \times \frac{E_{\mathrm{off}}(R_{\mathrm{g,user}})}{E_{\mathrm{off}}(R_{\mathrm{g,datasheet}})} \\
&= a \times I^2 + b \times I + c
\end{aligned} \tag{8-110}
$$

式中：E_{sw} 为器件的开关损耗；a、b、c 为根据损耗曲线拟合出的系数和常数。

最终可以得到

$$
P_{\mathrm{sw}} = f_{\mathrm{sw}} \times \left(\frac{a}{2} + \frac{\sqrt{2} \times b \times I}{\pi} + \frac{c \times I^2}{2} \right) \times \frac{V_{\mathrm{dc,user}}}{V_{\mathrm{dc,datasheet}}} \tag{8-111}
$$

式中：P_{sw} 为器件的开关损耗；f_{sw} 为器件开关频率；a、b、c 为根据损耗曲线拟合出的系数和常数；I 为电流有效值；$V_{\mathrm{dc,user}}$ 为器件工作时的电压；$V_{\mathrm{dc,datasheet}}$ 为器件测试条件下的电压。

通过以上分析和计算，我们可以清楚地了解 IGBT 的瞬态特性，并且根据 IGBT 的具体参数计算出给定条件下的各种损耗。

8.3.2 功率器件传热原理模型

1. 基本传热原理

直角坐标系中热传导方程的一般形式为

$$\frac{\partial}{\partial x}\left(k\frac{\partial T}{\partial x}\right)+\frac{\partial}{\partial y}\left(k\frac{\partial T}{\partial y}\right)+\frac{\partial}{\partial z}\left(k\frac{\partial T}{\partial z}\right)+\dot{q}=\rho c_p\frac{\partial T}{\partial t} \tag{8-112}$$

它提供了分析导热过程的基本方法，根据该式的解，可以得到作为时间函数的温度分布$T(x,y,z)$。其中T为温度；k为热导率，单位为 W/(m·K)；$\dot{q}$是单位体积介质的产能速率，单位为W/m^3；ρc_p为体积比热容，用于度量材料储存热能的能力，单位为J/（m^3·K）。

在瞬态、物性为常数且不存在内热源的情况下，二维系统中相应的导热方程可简化为

$$\alpha\left(\frac{\partial^2 T(x,z,t)}{\partial x^2}+\frac{\partial^2 T(x,z,t)}{\partial z^2}\right)=\frac{\partial T(x,z,t)}{\partial t} \tag{8-113}$$

式中：$\alpha=k/\rho c_p$为扩散系数；ρ为材料的密度；c_p为材料的比热容；t为时间变量。空间变量x和z的定义在图8-24中给出。

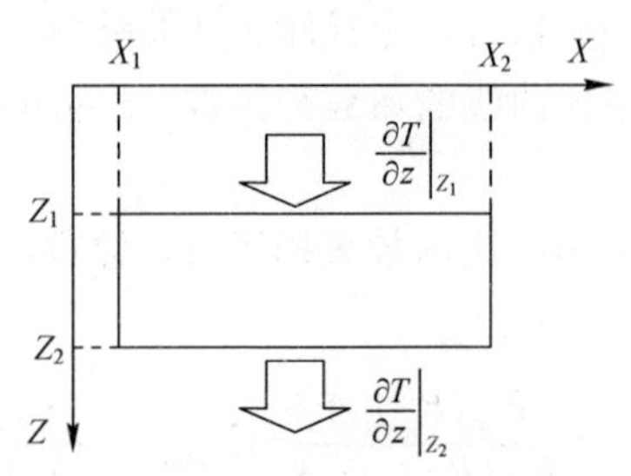

图8-24 单层结构的热传导

$T=T_R-T_A$为相对温度。其中T_A为环境温度，T_R为器件的实际温度，则$T(x,z,t)$的基于傅里叶级数的解为

$$T(x,z,t)=\sum_{k=0}^{\infty}\sum_{m=0}^{\infty}T_{km}(t)\times\cos\left[\frac{\pi m(x-x_1)}{x_2-x_1}\right]\cos\left[\frac{\pi k(z-z_1)}{z_2-z_1}\right] \tag{8-114}$$

其中

$$T_{00}(t)=\frac{1}{(x_2-x_1)(z_2-z_1)}\int_{x_1}^{x_2}\int_{z_1}^{z_2}T(x,z,t)\,\mathrm{d}x\mathrm{d}z \tag{8-115}$$

$$T_{k0}(t)=\frac{2}{(x_2-x_1)(z_2-z_1)}\int_{x_1}^{x_2}\int_{z_1}^{z_2}T(x,z,t)\times\cos\left[\frac{\pi k(z-z_1)}{z_2-z_1}\right]\mathrm{d}x\mathrm{d}z \tag{8-116}$$

$$T_{0m}(t)=\frac{2}{(x_2-x_1)(z_2-z_1)}\int_{x_1}^{x_2}\int_{z_1}^{z_2}T(x,z,t)\times\cos\left[\frac{\pi m(x-x_1)}{x_2-x_1}\right]\mathrm{d}x\mathrm{d}z \tag{8-117}$$

$$T_{km}(t)=\frac{4}{(x_2-x_1)(z_2-z_1)}\int_{x_1}^{x_2}\int_{z_1}^{z_2}T(x,z,t)\times\cos\left[\frac{\pi m(x-x_1)}{x_2-x_1}\right]\cos\left[\frac{\pi k(z-z_1)}{z_2-z_1}\right]\mathrm{d}x\mathrm{d}z \tag{8-118}$$

其中，x_1、x_2、z_1 以及 z_2 为封装的维度，在图 8-24 中给出了定义。

为了引入热扩散系数 α 随温度的变化，将 α 表达为

$$\alpha=\sum_{n=0}^{\infty}\sum_{s=0}^{\infty}\alpha_{ns}(t)\cos\left[\frac{\pi s(x-x_1)}{x_2-x_1}\right]\cos\left[\frac{\pi n(z-z_1)}{z_2-z_1}\right] \tag{8-119}$$

式中：$\alpha_{ns}(t)$ 为只随时间变化的傅里叶系数。

将式（8-119）代入到热传导方程（8-113）中，将方程两端对于 z 从 z_1 到 z_2，对于 x 从 x_1 到 x_2 进行积分，并代入到式（8-115）中。可以得到 k=0，m=0 时的热传导方程的解：

$$\begin{aligned}\frac{\partial T_{00}}{\partial t}=&\sum_{n=0}^{\infty}\frac{\alpha_{n0}}{z_2-z_1}\left[(-1)^n\frac{\partial T_0}{\partial z}\bigg|_{z_2}-\frac{\partial T_0}{\partial z}\bigg|_{z_1}\right]\\&+\sum_{n=0}^{\infty}\sum_{s=1}^{\infty}\frac{\alpha_{ns}}{2(z_2-z_1)}\left[(-1)^n\frac{\partial T_s}{\partial z}\bigg|_{z_2}-\frac{\partial T_s}{\partial z}\bigg|_{z_1}\right]\\&-\sum_{s=0}^{\infty}\frac{\alpha_{0s}}{2}\frac{(\pi s)^2}{(x_2-x_1)^2}T_{0s}-\sum_{n=0}^{\infty}\frac{\alpha_{n0}}{2}\frac{(\pi n)^2}{(z_2-z_1)^2}T_{n0}\\&-\sum_{n=1}^{\infty}\sum_{s=1}^{\infty}\frac{\alpha_{ns}}{4}\left(\frac{(\pi n)^2}{(z_2-z_1)^2}+\frac{(\pi s)^2}{(x_2-x_1)^2}\right)T_{ns}\end{aligned} \tag{8-120}$$

当 k=0，$m\geqslant 1$ 时，将式（8-119）代入到热传导方程（8-113）中，将方程的两端乘以 $\cos\left[\frac{m\pi(x-x_1)}{x_2-x_1}\right]$，然后将两端对 z 从 z_1 到 z_2，对于 x 从 x_1 到 x_2 进行积分，最后将式（8-117）代入到方程中，得到

$$\begin{aligned}\frac{\partial T_{0m}}{\partial t}=&\sum_{n=0}^{\infty}\frac{\alpha_{nm}}{z_2-z_1}\left[(-1)^n\frac{\partial T_0}{\partial z}\bigg|_{z_2}-\frac{\partial T_0}{\partial z}\bigg|_{z_1}\right]\\&+\sum_{n=0}^{\infty}\sum_{s=0}^{\infty}\frac{\alpha_{ns}}{2(z_2-z_1)}\left[(-1)^n\frac{\partial T_{I(m+s)}}{\partial z}\bigg|_{z_2}-\frac{\partial T_{I(m+s)}}{\partial z}\bigg|_{z_1}\right]\\&+\sum_{n=0}^{\infty}\sum_{\substack{s=0\\s\neq m}}^{\infty}\frac{\alpha_{ns}}{2(z_2-z_1)}\left[(-1)^n\frac{\partial T_{I(m-s)}}{\partial z}\bigg|_{z_2}-\frac{\partial T_{I(m-s)}}{\partial z}\bigg|_{z_1}\right]\end{aligned}$$

$$
\begin{aligned}
&-\sum_{s=0}^{\infty}\frac{\alpha_{0s}}{2}\frac{[\pi I(m+s)]^2}{(x_2-x_1)^2}T_{0I(m+s)}-\sum_{n=1}^{\infty}\frac{\alpha_{nm}}{2}\frac{(\pi n)^2}{(z_2-z_1)^2}T_{n0}\\
&-\sum_{\substack{s=0\\ s\neq m}}^{\infty}\frac{\alpha_{0s}}{2}\frac{[\pi I(m-s)]^2}{(x_2-x_1)^2}T_{0I(m-s)}\\
&-\sum_{n=1}^{\infty}\sum_{s=0}^{\infty}\frac{\alpha_{ns}}{4}\left\{\frac{(\pi n)^2}{(z_2-z_1)^2}+\frac{[\pi I(m+s)]^2}{(x_2-x_1)^2}\right\}T_{nI(m+s)}\\
&-\sum_{n=1}^{\infty}\sum_{\substack{s=0\\ s\neq m}}^{\infty}\frac{\alpha_{ns}}{4}\left\{\frac{(\pi n)^2}{(z_2-z_1)^2}+\frac{[\pi I(m-s)]^2}{(x_2-x_1)^2}\right\}T_{nI(m-s)}
\end{aligned}
\tag{8-121}
$$

当 $k\geqslant 0$，$m=1$ 时，将式（8-119）代入到热传导方程（8-113）中，将方程的两端乘以 $\cos\left[\dfrac{m\pi(z-z_1)}{z_2-z_1}\right]$，然后将两端对 z 从 z_1 到 z_2，对于 x 从 x_1 到 x_2 进行积分，最后将式（8-116）代入到方程中，得到

$$
\begin{aligned}
\frac{\partial T_{k0}}{\partial t}=&\sum_{n=0}^{\infty}\frac{2\alpha_{n0}}{z_2-z_1}\left[(-1)^{k+n}\left.\frac{\partial T_0}{\partial z}\right|_{z_2}-\left.\frac{\partial T_0}{\partial z}\right|_{z_1}\right]\\
&+\sum_{n=0}^{\infty}\sum_{s=1}^{\infty}\frac{\alpha_{ns}}{(z_2-z_1)}\left[(-1)^{k+n}\left.\frac{\partial T_s}{\partial z}\right|_{z_2}-\left.\frac{\partial T_s}{\partial z}\right|_{z_1}\right]\\
&-\sum_{n=0}^{\infty}\frac{\alpha_{n0}}{2}\frac{[\pi I(k+n)]^2}{(z_2-z_1)^2}T_{I(k+n)0}-\sum_{s=1}^{\infty}\frac{\alpha_{ks}}{2}\frac{(\pi s)^2}{(x_2-x_1)^2}T_{0s}\\
&-\sum_{\substack{n=0\\ n\neq k}}^{\infty}\frac{\alpha_{n0}}{2}\frac{[\pi I(k-n)]^2}{(z_2-z_1)^2}T_{I(k-n)0}\\
&-\sum_{n=0}^{\infty}\sum_{s=1}^{\infty}\frac{\alpha_{ns}}{4}\left\{\frac{[\pi I(k+n)]^2}{(z_2-z_1)^2}+\frac{(\pi s)^2}{(x_2-x_1)^2}\right\}T_{I(k+n)s}\\
&-\sum_{\substack{n=0\\ n\neq k}}^{\infty}\sum_{s=1}^{\infty}\frac{\alpha_{ns}}{4}\left\{\frac{[\pi I(k-n)]^2}{(z_2-z_1)^2}+\frac{(\pi s)^2}{(x_2-x_1)^2}\right\}T_{I(k-n)s}
\end{aligned}
\tag{8-122}
$$

当 $k\geqslant 0$，$m\geqslant 1$ 时，将式（8-119）代入到热传导方程（8-113）中，将方程的两端乘以 $\cos\left[\dfrac{\pi m(x-x_1)}{x_2-x_1}\right]\cos\left[\dfrac{\pi m(z-z_1)}{z_2-z_1}\right]$，然后将两端对 z 从 z_1 到 z_2，对于 x 从 x_1 到 x_2 进行积分，最后将式（8-118）代入到方程中，得到

$$
\begin{aligned}
\frac{\partial T_{km}}{\partial t} = & \sum_{n=0}^{\infty}\frac{2\alpha_{nm}}{z_2 - z_1}\left[(-1)^{k+n}\frac{\partial T_0}{\partial z}\bigg|_{z_2} - \frac{\partial T_0}{\partial z}\bigg|_{z_1}\right] \\
& + \sum_{n=0}^{\infty}\sum_{s=0}^{\infty}\frac{\alpha_{ns}}{(z_2 - z_1)}\left[(-1)^{k+n}\frac{\partial T_{I(m+s)}}{\partial z}\bigg|_{z_2} - \frac{\partial T_{I(m+s)}}{\partial z}\bigg|_{z_1}\right] \\
& + \sum_{n=0}^{\infty}\sum_{\substack{s=0 \\ s\neq m}}^{\infty}\frac{\alpha_{ns}}{(z_2 - z_1)}\left[(-1)^{k+n}\frac{\partial T_{I(m-s)}}{\partial z}\bigg|_{z_2} - \frac{\partial T_{I(m-s)}}{\partial z}\bigg|_{z_1}\right] \\
& - \sum_{n=0}^{\infty}\frac{\alpha_{nm}}{2}\frac{[\pi I(k+n)]^2}{(z_2 - z_1)^2}T_{I(k+n)0} - \sum_{s=0}^{\infty}\frac{\alpha_{ks}}{2}\frac{[\pi I(m+s)]^2}{(x_2 - x_1)^2}T_{0I(m+s)} \\
& - \sum_{\substack{s=0 \\ s\neq m}}^{\infty}\frac{\alpha_{ks}}{2}\frac{[\pi I(m-s)]^2}{(x_2 - x_1)^2}T_{0I(m-s)} - \sum_{\substack{n=0 \\ n\neq k}}^{\infty}\frac{\alpha_{nm}}{2}\frac{[\pi I(k-n)]^2}{(z_2 - z_1)^2}T_{I(k-n)0} \\
& - \sum_{n=0}^{\infty}\sum_{s=0}^{\infty}\frac{\alpha_{ns}}{4}\left\{\frac{[\pi I(k+n)]^2}{(z_2 - z_1)^2} + \frac{[\pi I(m+s)]^2}{(x_2 - x_1)^2}\right\}T_{I(k+n)I(m+s)} \\
& - \sum_{n=0}^{\infty}\sum_{\substack{s=0 \\ s\neq m}}^{\infty}\frac{\alpha_{ns}}{4}\left\{\frac{[\pi I(k+n)]^2}{(z_2 - z_1)^2} + \frac{[\pi I(m-s)]^2}{(x_2 - x_1)^2}\right\}T_{I(k+n)I(m-s)} \\
& - \sum_{\substack{n=0 \\ n\neq k}}^{\infty}\sum_{s=0}^{\infty}\frac{\alpha_{ns}}{4}\left\{\frac{[\pi I(k-n)]^2}{(z_2 - z_1)^2} + \frac{[\pi I(m+s)]^2}{(x_2 - x_1)^2}\right\}T_{I(k-n)I(m+s)} \\
& - \sum_{\substack{n=0 \\ n\neq k}}^{\infty}\sum_{\substack{s=0 \\ s\neq m}}^{\infty}\frac{\alpha_{ns}}{4}\left\{\frac{[\pi I(k-n)]^2}{(z_2 - z_1)^2} + \frac{[\pi I(m-s)]^2}{(x_2 - x_1)^2}\right\}T_{I(k-n)I(m-s)}
\end{aligned} \tag{8-123}
$$

在上述 4 个方程中，傅里叶系数 α_{ns} 可以由式（8-119）的逆转换得到。$\frac{\partial T_m}{\partial z}\Big|_{z_1(z_2)}$ 为边界热通量 $\frac{\partial T}{\partial z}\Big|_{z_1(z_2)}$ 的第 m 项分量，其值的计算方法在下一节给出。

假设对于 k、n、m 和 s 需要 M 个傅里叶分量，在 $x\in[-(M-1), 2M-2]$ 上，$I(x)$ 的定义为

$$
\begin{cases}
I(x) = 2(M-1) - x & (x > M-1) \\
I(x) = x & (0 \leqslant x \leqslant M-1) \\
I(x) = -x & (x < 0)
\end{cases} \tag{8-124}
$$

2. 层间的热边界条件

反馈方法（virtual earth feedback）常用来保持边界热流量和温度的连续性。如图 8-25 所示，对于层 1 底部热流向的 m 项傅里叶谐波分量 $\left.\frac{\partial T_m}{\partial z}\right|_{\mathrm{bot1}}$ ，其值为

$$\left.\frac{\partial T_m}{\partial z}\right|_{\mathrm{bot1}} = \mathrm{gain} * (T_{m,\mathrm{top2}} - T_{m,\mathrm{bot1}}) \tag{8-125}$$

其中 gain 为增益变量；$T_{m,\mathrm{bot1}}$ 和 $T_{m,\mathrm{top2}}$ 为层 1 底部和层 2 顶部温度的 m 项的傅里叶谐波分量。$T_{m,\mathrm{top}}$ 和 $T_{m,\mathrm{bot}}$ 的表达式为

$$T_{m,\mathrm{top}} = \sum_{k=0}^{\infty} T_{km}(t) \tag{8-126}$$

$$T_{m,\mathrm{bot}} = \sum_{k=0}^{\infty} (-1)^k T_{km}(t) \tag{8-127}$$

为了使 $T_{m,\mathrm{top2}} \approx T_{m,\mathrm{bot1}}$ ，式（8-125）中的增益变量 gain 必须很大（一般为 10000）。

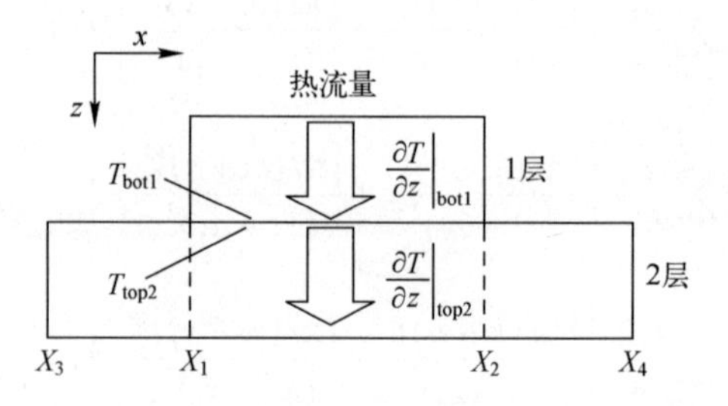

图 8-25　IGBT 模块两个相邻层之间的热边界

如图 8-25 所示，在功率模块之中，相邻的层之间有着相同的 z 坐标，但是 x 坐标并不相同。为了用式（8-125）计算热流量的傅里叶谐波分量，必须转化 x 方向的傅里叶谐波分量。如图 8-25 所示，层 1 底部和层 2 表面温度的傅里叶展开式为

$$T_{\mathrm{bot1}} = \sum_{i=0}^{I} T_{i,\mathrm{bot}} \cos\left[\frac{\pi m(x - x_1)}{x_2 - x_1}\right] \tag{8-128}$$

$$T_{\mathrm{top2}} = \sum_{m=0}^{M} T_{m,\mathrm{top}} \cos\left[\frac{\pi i(x - x_3)}{x_4 - x_3}\right] \tag{8-129}$$

在 $x \in [x_1, x_2]$ 的区间内，$T_{\mathrm{bot1}}=T_{\mathrm{top2}}$。则 $T_{\mathrm{i,\,bot1}}$ 可以用 $T_{m,\,\mathrm{top2}}$ 表达为

$$\begin{cases} T_{i,\text{bot1}} = T_{0,\text{top}2} + \sum_{m=1}^{4} \dfrac{x_4 - x_3}{\pi m(x_2 - x_1)} T_{\text{m,top}2} \\ \qquad \times \left[\sin\left(\dfrac{\pi m(x_2 - x_3)}{x_4 - x_3} \right) - \sin\left(\dfrac{\pi m(x_1 - x_3)}{x_4 - x_3} \right) \right] \quad (i = 0) \\ T_{i,\text{bot1}} = \sum_{m=1}^{M} F_{im} T_{m,\text{top}2} \quad (i < 0) \end{cases} \tag{8-130}$$

其中

$$\begin{cases} F_{im} = \dfrac{-2m(x_4 - x_3)(x_2 - x_1)}{\pi i^2 (x_4 - x_3)^2 - \pi m^2 (x_2 - x_1)^2} \\ \qquad \times \left[(-1)^i \sin\left(\dfrac{\pi m(x_2 - x_3)}{x_4 - x_3} \right) - \sin\left(\dfrac{\pi m(x_1 - x_3)}{x_4 - x_3} \right) \right] \quad \left(\dfrac{i}{x_2 - x_1} \neq \dfrac{m}{x_4 - x_3} \right) \\ F_{im} = \cos\left(\dfrac{\pi i(x_1 - x_3)}{x_2 - x_1} \right) + \dfrac{x_2 - x_1}{\pi i(x_4 - x_3) + \pi m(x_2 - x_1)} \\ \qquad \times \left[(-1)^i \sin\left(\dfrac{\pi m(x_2 - x_3)}{x_4 - x_3} \right) - \sin\left(\dfrac{\pi m(x_1 - x_3)}{x_4 - x_3} \right) \right] \quad \left(\dfrac{i}{x_2 - x_1} = \dfrac{m}{x_4 - x_3} \right) \end{cases} \tag{8-131}$$

当层 1 底部热流量的傅里叶谐波分量由式（8-125）得到后，需要将其沿着 x 坐标转换到层 2。如图 8-25 所示，在层 1 的底部，热流量的傅里叶展开式为

$$\left. \frac{\partial T}{\partial z} \right|_{\text{bot1}} = \sum_{i=0}^{I} \left. \frac{\partial T_i}{\partial z} \right|_{\text{bot1}} \cos\left(\frac{\pi i(x - x_1)}{x_2 - x_1} \right) \tag{8-132}$$

在层 2 的顶部，热流量的傅里叶展开式为

$$\left. \frac{\partial T}{\partial z} \right|_{\text{top}2} = \sum_{m=0}^{M} \left. \frac{\partial T_m}{\partial z} \right|_{\text{top}2} \cos\left(\frac{\pi m(x - x_3)}{x_4 - x_3} \right) \tag{8-133}$$

式中：$\left. \dfrac{\partial T}{\partial z} \right|_{\text{bot1}}$ 和 $\left. \dfrac{\partial T}{\partial z} \right|_{\text{top}2}$ 为层 1 底部和层 2 顶部热流量的傅里叶谐波。

在 $x \in [x_1, x_2]$ 的区间内，$\left. \dfrac{\partial T}{\partial z} \right|_{\text{bot1}} = \left. \dfrac{\partial T}{\partial z} \right|_{\text{top}2}$。则 $\left. \dfrac{\partial T_m}{\partial z} \right|_{\text{top}2}$ 可以用表达为

$$\begin{cases} \left. \dfrac{\partial T_m}{\partial z} \right|_{\text{top}2} = \dfrac{x_2 - x_1}{x_4 - x_3} \left. \dfrac{\partial T_0}{\partial z} \right|_{\text{bot1}} \quad (m = 0) \\ \left. \dfrac{\partial T_m}{\partial z} \right|_{\text{top}2} = \dfrac{2}{mn} \left. \dfrac{\partial T_0}{\partial z} \right|_{\text{bot1}} \begin{bmatrix} \sin\left(\dfrac{\pi m(x_2 - x_3)}{x_4 - x_3} \right) \\ -\sin\left(\dfrac{\pi m(x_1 - x_3)}{x_4 - x_3} \right) \end{bmatrix} + \sum_{i=1}^{I} B_{im} \left. \dfrac{\partial T_i}{\partial z} \right|_{\text{bot1}} \quad (m > 0) \end{cases} \tag{8-134}$$

其中

$$
\begin{cases}
B_{im} = \dfrac{-2m(x_2-x_1)^2}{\pi i^2(x_4-x_3)^2-\pi m^2(x_2-x_1)^2} \\
\quad \times\left[(-1)^i\sin\left(\dfrac{\pi m(x_2-x_3)}{x_4-x_3}\right)-\sin\left(\dfrac{\pi m(x_1-x_3)}{x_4-x_3}\right)\right] \qquad \left(\dfrac{i}{x_2-x_1}\neq\dfrac{m}{x_4-x_3}\right) \\
B_{im} = \dfrac{x_2-x_1}{\pi i(x_4-x_3)+\pi m(x_2-x_1)} \\
\quad \times\left[(-1)^i\sin\left(\dfrac{\pi m(x_2-x_3)}{x_4-x_3}\right)-\sin\left(\dfrac{\pi m(x_1-x_3)}{x_4-x_3}\right)\right] \\
\quad +\dfrac{x_2-x_1}{x_4-x_3}\cos\left(\dfrac{\pi i(x_1-x_3)}{x_2-x_1}\right) \qquad \left(\dfrac{i}{x_2-x_1}=\dfrac{m}{x_4-x_3}\right)
\end{cases}
\tag{8-131}
$$

通过以上的反馈系统，我们可以得到封装内每个层边界热流量。从而为每个层内傅里叶方程的求解建立了条件，IGBT 模块封装的热模型因而得以建立。

3．封装材料温度效应

器件封装材料的导热率和比热容是随温度变化的。我们针对封装各层材料建立了导热率和比热容的温度模型，如表 8-1 所列。

表 8-1　IGBT 器件中各材料的导热率和比热容

材料	导热率/(W/m·K) ($K=aT^b$)	比热容/(J/kg·K) ($C=a+bx+cx^2+dx^3$)
硅	$a=2.23\times10^5$ $b=-1.285$	$a=-108.1$，$b=4.77$ $c=-8.43\times10^{-3}$，$d=5.27\times10^{-6}$
铜	$a=631.4$ $b=-0.079$	$a=282.5$，$b=0.58$ $c=-9.76\times10^{-4}$，$d=6.44\times10^{-7}$
AlN 陶瓷	$a=2.31\times10^6$ $b=-1.578$	$a=819.7$ $b=c=d=0$
SnAgCu 焊料	$a=529.5$ $b=-0.379$	$a=220.7$ $b=c=d=0$

8.4　功率器件热电耦合仿真分析

8.4.1　功率器件热电耦合建模方法

基于 8.2 节和 8.3 节的 IGBT 电学模型和封装热模型分析，将两者耦合起来建立 IGBT 的热电耦合模型，IGBT 热电耦合模型的耦合关系如图 8-26 所示。IGBT 电学模型表征的是硅芯片顶端的很薄的一层芯片元胞结构，由实际工作的元胞结构组成的区域称为有效硅芯片，在器件的工作过程中，IGBT 的功耗是由有效硅芯片产生的。IGBT 热模型表征的是 IGBT 模块的封装结构。器件的功耗在硅芯片的表面产生，热量会通过硅芯片、焊层、DBC 层等结构传导到铜基板上。

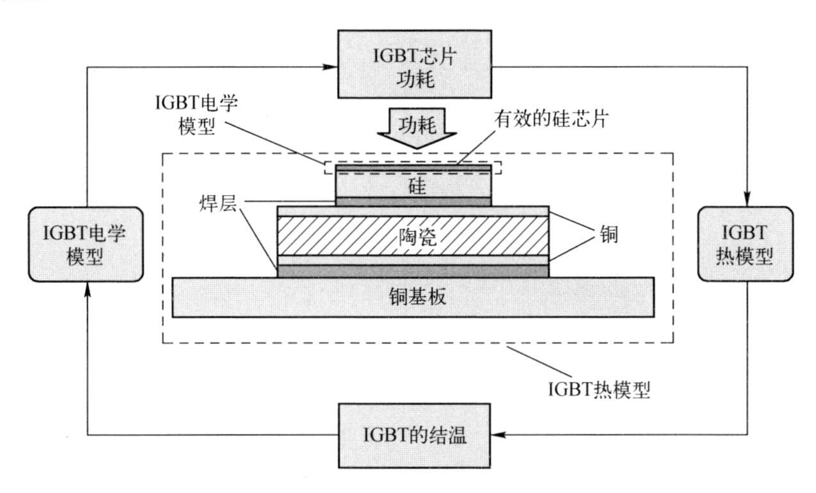

图 8-26　IGBT 热电耦合模型耦合关系示意图

IGBT 热电耦合模型建模主要是将 IGBT 电学模型计算得到器件的功耗传递到 IGBT 热模型，通过热模型求解结温并反馈回电学模型的温度敏感参数中，通过反复迭代得到最终的器件热电特性，IGBT 物理基电学模型和热学模型可以使用 Simulink 软件实现。

在电学模型中，根据负载电流、温度等条件，通过半导体物理方程，计算得到器件功耗。电学简化模型的输入分为温度敏感参数和非温度敏感参数。根据 IGBT 的组成结构，电学仿真模型又划分为 MOS 区、N 型基区和 FS 层 3 个模块，三者之间存在着电压、电流等因素的耦合关系。由电学简化模型输出可以得到集电极电压，结合外部电路计算得到损耗功率。损耗功率输入到热模型中去，进一步影响结温。

在热模型中，基于热传导方程，就可以求解得到整个 IGBT 封装的温度分布，并将求解得到的 IGBT 结温反向输入到 IGBT 电学模型中。由于结温会影响 IGBT 电学模型内部参数，如本征载流子浓度、空穴与电子的迁移率、少数载流子寿命、发射极的复合系数、MOS 端阈值电压以及跨导的值，结温的变化会改变 IGBT 电学模型的输出功耗。

由此，通过这个反复迭代直到平衡的过程，IGBT 封装热模型和 IGBT 电学模型就相互耦合了起来，形成电-热耦合模型。在这里由于外部电路的存在电学简化模型的输入与输出之间有一定的反馈关系。在 Simulink 中建立的模型其各部分的关系如图 8-27 所示。

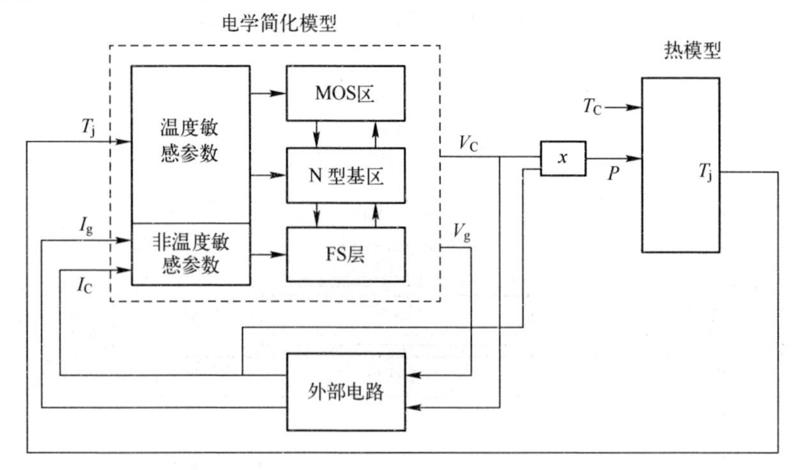

图 8-27 IGBT 热电耦合模型参数传递示意图

8.4.2 功率器件热电耦合仿真实例

1. 在 Simulink 中建立 IGBT 模块的电学简化模型

基于 IGBT 电学模型的建模方法，在 Matlab/Simulink 中建立 IGBT 的电学模型如图 8-28 所示。该 IGBT 模型有 3 个输入端（器件结温 T_j，集电极电流 I_C 和栅极电流 I_G）和两个输出端（集电极-发射极电压 V_{CE} 和栅极-集电极电压 V_{GE}）。模型包含 8 个子模块：Temperature parameter 模块、MOSFET 模块、Buffer layer 模块、Carrier storage region 模块、Feedback 模块、N-base voltage drop 模块、Miller capacitance 模块和 Displacement current 模块。最后用加法器 Add 计算 IGBT 器件的集电极-发射极电压 V_{CE}。

Temperature parameter 模块用式（8-138）～式（8-145）计算 IGBT 模型的热敏感参数，包括本征载流子浓度、空穴与电子的迁移率、少数载流子寿命、发射极的复合系数、MOS 端阈值电压以及跨导。MOSFET 模块采用式（8-42）和式（8-43）来计算 MOS 端电流 I_{MOS}。Displacement current 模块应用式（8-44）来计算位移电流 I_{disp}，Miller capacitance 模块应用式（8-48），式（8-50）和式（8-51）来计算栅极电流 I_{CG} 和栅极电压 V_{GE}。N-base voltage drop 模块应用式（8-25）和式（8-26）计算电压 V_b。Feedback 模块应用式（8-67）计算 p_{x2T}，应用式（8-53）计算 p_w。最后应用式（8-52）和式（8-46）分别计算电压 V_d 和 W_d。剩下的 Buffer layer 模块和 Carrier storage region 模块是 IGBT 模型中最重要的两个模块。因此将在下文做详尽的介绍。

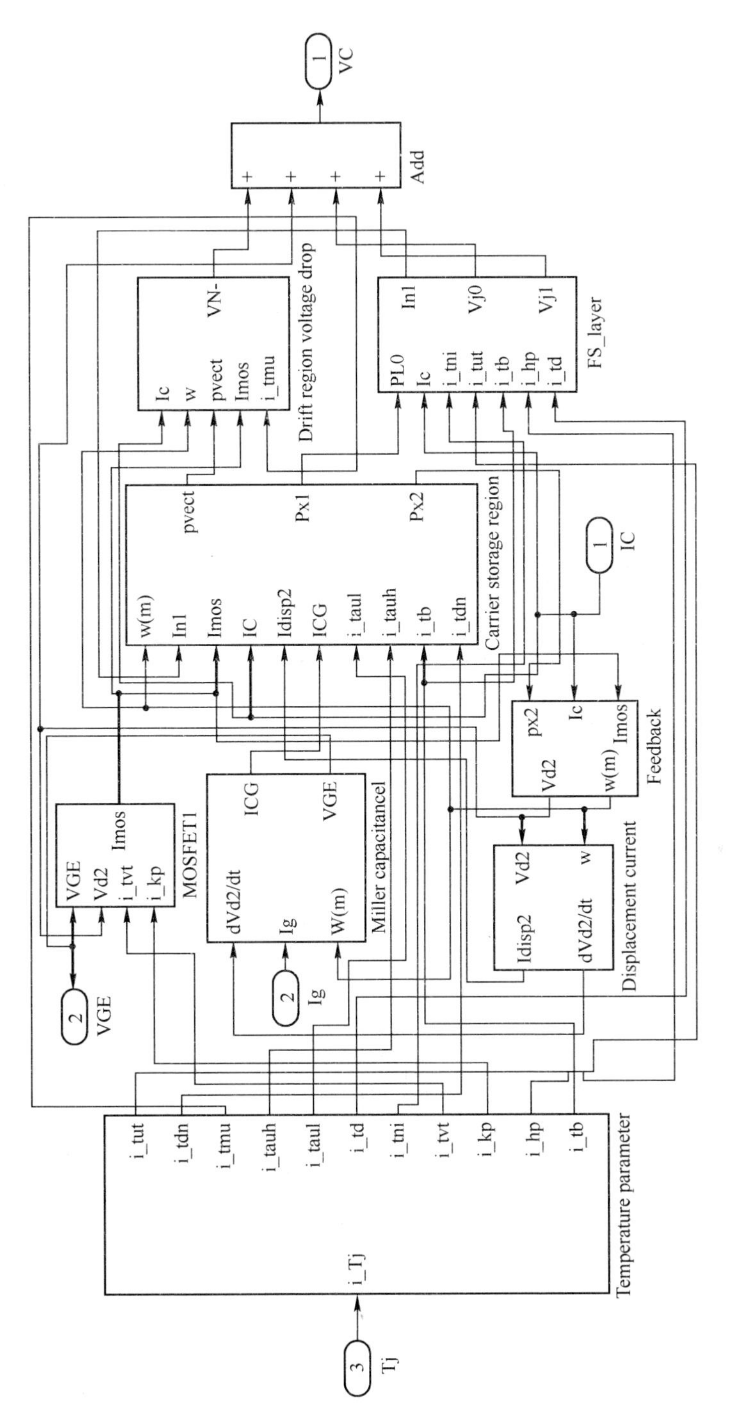

图 8-28　Simulink 中 IGBT 电学简化模型框图

Simulink 中的 Buffer layer 模块如图 8-29 所示。在 Buffer layer 模块中，电流 I_{n1} 和 I_{p1} 通过以下途径获得：

（1）PHW 子模块：应用式（8-37）计算 PHW；

（2）PH0 子模块：联合式（8-35）和式（8-38），可以得到：

$$
\begin{aligned}
I_{\mathrm{C}} = & qAD_p \frac{(2P_{\mathrm{H0}}+N_{\mathrm{H}})b}{P_{\mathrm{H0}}(1+b)+bN_{\mathrm{H}}} \\
& \times\left[\frac{P_{\mathrm{H0}}-P_{\mathrm{HW}}}{W_{\mathrm{H}}}+\frac{W_{\mathrm{H}}}{6D\tau_{\mathrm{H}}}(2P_{\mathrm{H0}}+P_{\mathrm{HW}})+\frac{W_{\mathrm{H}}}{D}\left(\frac{1}{3}\frac{\mathrm{d}P_{\mathrm{H0}}}{\mathrm{d}t}+\frac{1}{6}\frac{\mathrm{d}P_{\mathrm{HW}}}{\mathrm{d}t}\right)\right] \\
& +\frac{I_{\mathrm{C}}P_{\mathrm{H0}}}{P_{\mathrm{H0}}(1+b)+bN_{\mathrm{H}}}+qAh_pN_{\mathrm{H}}P_{\mathrm{H0}}
\end{aligned}
$$

基于上式计算 P_{H0}；

（3）IN1 子模块：基于式（8-36）以及式（8-19），模块 IN1 就可以计算得到电子电流 I_{n1}。

另外，在 Buffer layer 模块中，还分别应用式（8-39）和式（8-40）来计算得到了 V_{j0} 和 V_{j1}。

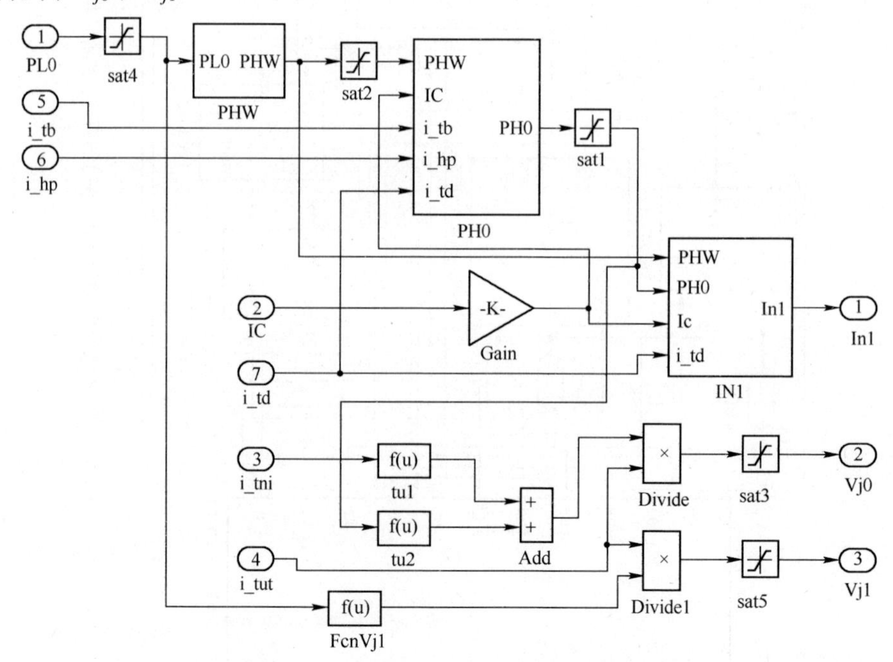

图 8-29　Simulink 中的 Buffer layer 模块

Carrier storage region 模块应用式（8-11）～式（8-14）来求解双极扩散方程（8-2），如图 8-30 所示。在该模块中，为了改善模型的鲁棒性，应用转移方程

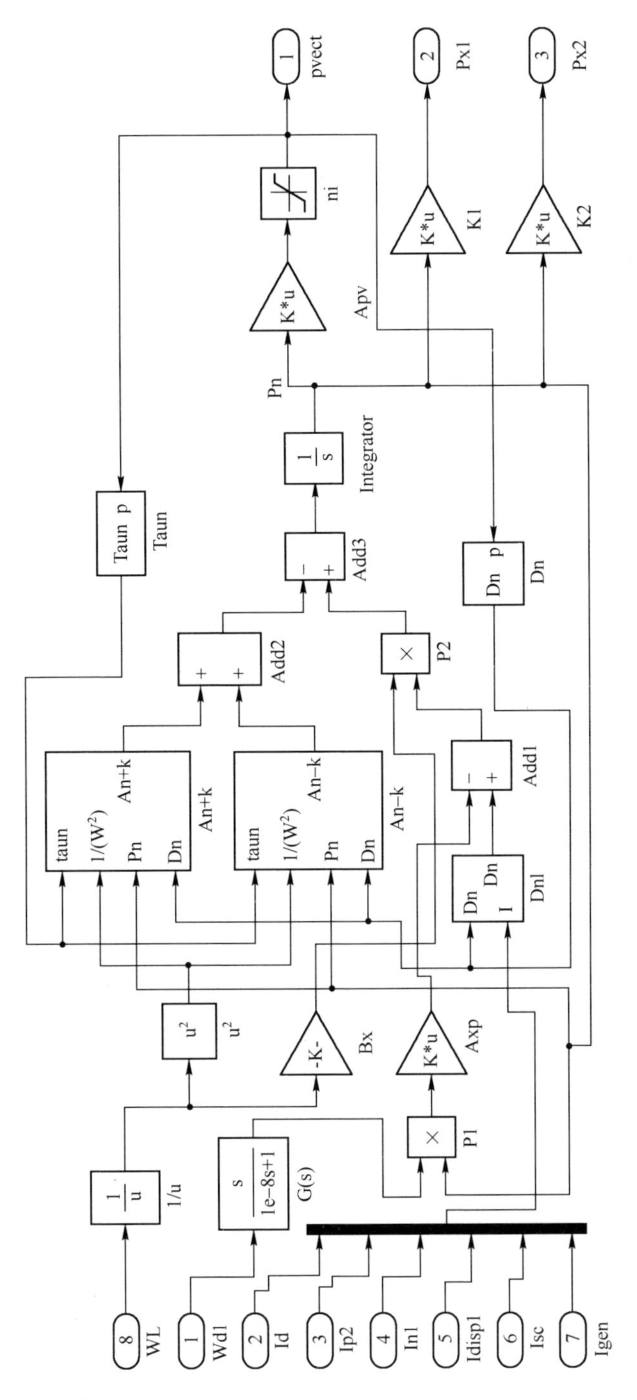

图 8-30 Simulink 中的 Carrier storage region 模块

$$G_{(s)}=\frac{1}{10^{-8}s+1} \tag{8-136}$$

来计算 dx_2/dt。从而使得模型更容易收敛，在模块里，dx_2/dt 直接乘以 p_k 与矩阵 Ax2 来得到式（8-11）～式（8-13）的右边第二项。p_k 也乘以矩阵 Apv，K1 和 K2 来计算 N 型基区的载流子，以及边界载流子浓度 P_{x1} 和 P_{x2}。矩阵 Apv，K1 和 K2 是从式中提取得到的。

Carrier storage region 模块包含 5 个子模块。子模块 Dn 应用式（8-8）和式（8-16）计算傅里叶系数 D_n。子模块 TSRH 应用式（8-7）和式（8-15）计算傅里叶系数 R_n。而 DnI 子模块应用式（8-20）～式（8-23）来计算式（8-11）、式（8-12）和式（8-13）的左边各项。An+k 子模块计算式（8-11）、式（8-12）和式（8-13）的右边第三项。An-k 子模块计算式（8-12）和式（8-13）的右边第四项。

最后，将所有的电压分量加起来，即可得到器件的集电极-发射极电压 V_{CE}：

$$V_{CE}=V_{j0}+V_{j1}+V_b+V_d \tag{8-137}$$

根据表 8-2 可以看出，该 IGBT 器件的电学简化模型能够输出栅极-发射极电压 V_{GE} 和导通压降 V_{CE}，用于和外部电路交换以及计算损耗功率，用作 IGBT 热模型的输入。

表 8-2　IGBT 电学简化模型各模块或子模块功能

模块	子模块	实现的功能
温度效应仿真模块	—	输入结温参量，计算温度敏感变量作为电学模型的输入
MOS 区模块	—	计算 MOSFET 沟道电流 I_{MOS}
N 型基区模块	米勒电容电流	计算栅极-集电极电流 I_{CG} 栅极-发射极电压 V_{GE}
	位移电流	计算 IGBT 芯片集电极和发射极之间的位移电流 I_{disp2}
	反馈	计算耗尽层部分电压 V_{d2} 和耗尽层宽度 W_{d2}
	载流子存储区	采用傅里叶级数法求解双极扩散方程，得到载流子浓度
	漂移区压降	计算轻掺杂漂移区的压降 V_{N^-}
FS 层模块	—	考虑 FS 层的大注入效应对载流子浓度的影响，计算器件 PN 结压降 V_j

1）IGBT 温度效应仿真模块

IGBT 温度效应主要研究 IGBT 微观物理层面受温度影响的性能参数。温度效应仿真模块的输入是一个结温参量 T_j，该值可根据热阻网络模型得到，温度效应模型输出 10 个变量，可为电学模型输入参量。其在 Matlab/Simulink 中的框图如图 8-31 所示。

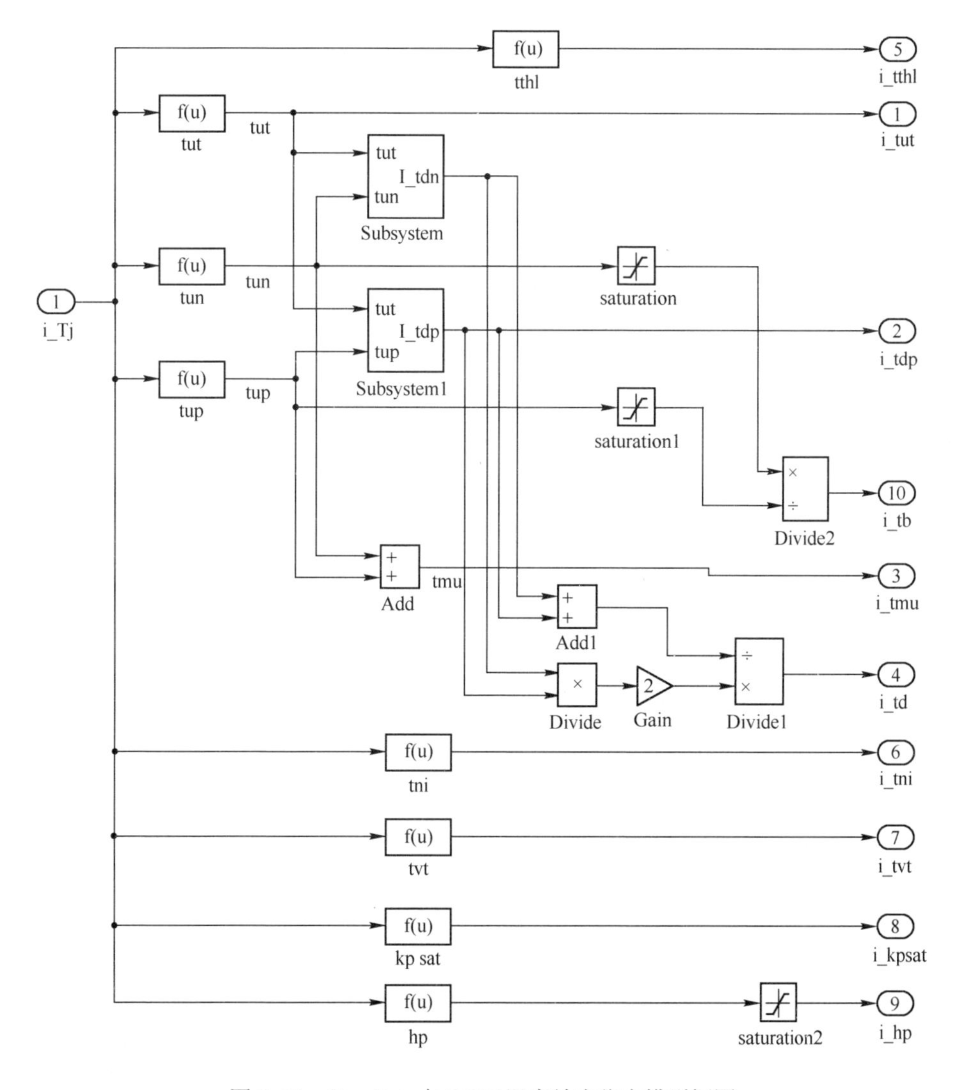

图 8-31　Simulink 中 IGBT 温度效应仿真模型框图

主要温度敏感参数同温度相关的计算公式如表 8-3 所列。

表 8-3　IGBT 温度效应计算公式

参数	计算公式
禁带宽度	$E_g = E_g(0) - \beta_g \cdot T$
本征载流子浓度	$n_i = 4.82\times10^{15}\left(\frac{m_n \cdot m_p}{m_0^2}\right)^{3/4} T^{3/2}\mathrm{e}^{-E_g/2KT}$
迁移率	$\mu_n = 2.92\times10^3\left(\frac{T}{300}\right)^{-1.21}$　$\mu_p = 603\times\left(\frac{T}{300}\right)^{-1.94}$
剩余载流子寿命	$\tau_{HL} = \tau_0\left(\frac{T}{300}\right)^{0.57}\left[1+\frac{\left(\frac{T}{300}\right)^{1.2}-1}{0.6276+149\tau_0+\sqrt{2.22\times10^4(\tau_0^2-5\times10^{-3}\tau_0)+0.3938}}\right]$
热导率	$K(T) = 1.5486\left(\frac{300}{T}\right)^{4/3}$
载流子扩散系数	$D_A = \frac{2k}{q}\times\frac{11.2\times10^7 T^{-0.94}}{2.9+38.452T^{-0.73}}$
沟道迁移率	$\mu(T) = \mu(T_0)\cdot T^{-2.5}$
沟道电阻	$R_{ch} = \frac{L}{Z\mu_{ns}(T)C_{ax}\left[V_g - V_{th}(T)\right]}$

2）MOS 区模块

MOS 区主要用来计算 MOS 电流，由式（8-45）和式（8-46）可以得到。在 Simulink 下该模块的内部框图如图 8-32 所示。

3）N 型基区模块

N 型基区模块在 Simulink 下的框图如图 8-33 所示。在该 FS 型 IGBT 的电学简化模型中，这个模块也是最重要和最复杂的。它包括 5 个子模块，分别是载流子存储区、反馈、位移电流、米勒电容和漂移区压降。

该 FS 型 IGBT 的载流子存储区（CSR）子模块见图 8-34。它提供了式（8-22）所示的双极扩散方程的傅里叶级数解法，即式（8-22）以及边界条件式（8-27）和式（8-28）。一共使用了 6 个谐波来求解该双极扩散方程。

经过该 CSR 子模块计算，可以得到 IGBT 芯片在基区内载流子浓度分布情况。反馈模块使用从该 CSR 模块计算得到的电荷载流子密度 p_{x2} 作为输入，被用于使用式（8-55）计算耗尽层部分电压。耗尽层宽度也易计算得出。这两个输出都被用作位移电流模块的输入。位移电流模块是用来计算 IGBT 芯片的位移电流 I_{disp2}，用式（8-47）计算得到。

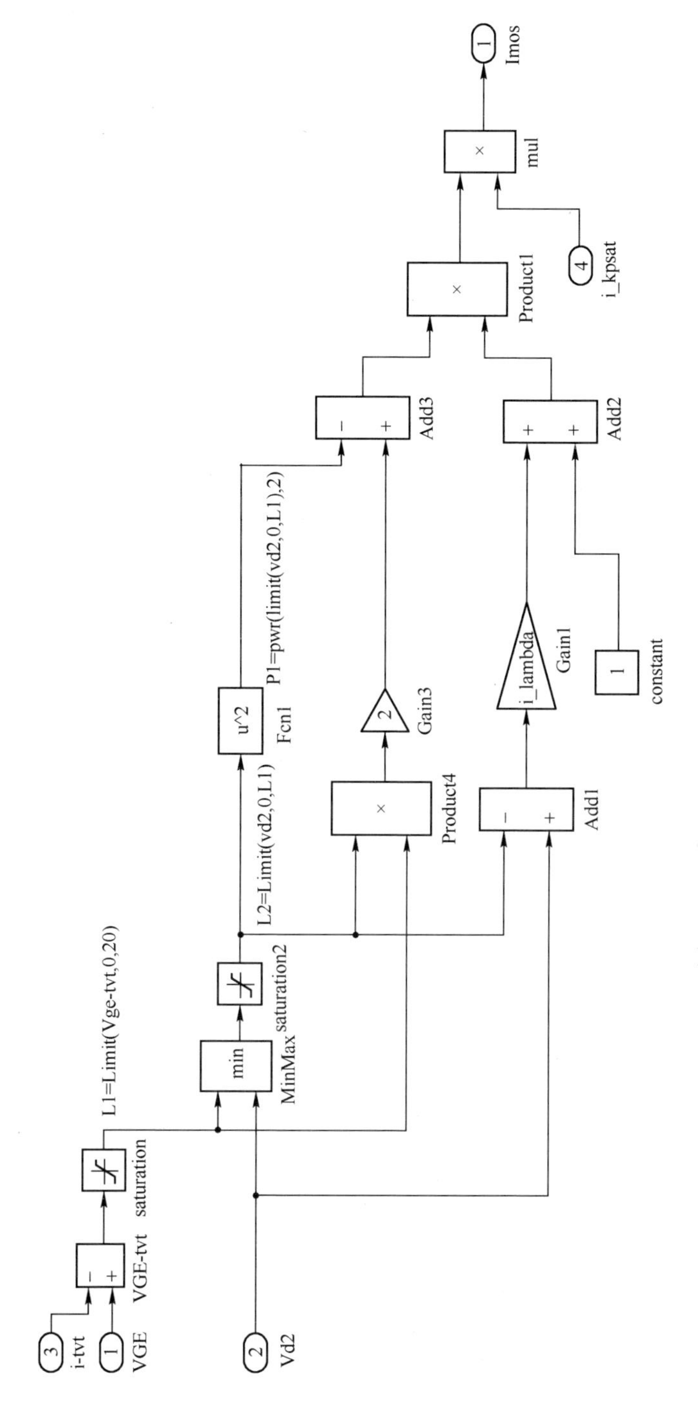

图 8-32　Simulink 下 MOS 区模块框图

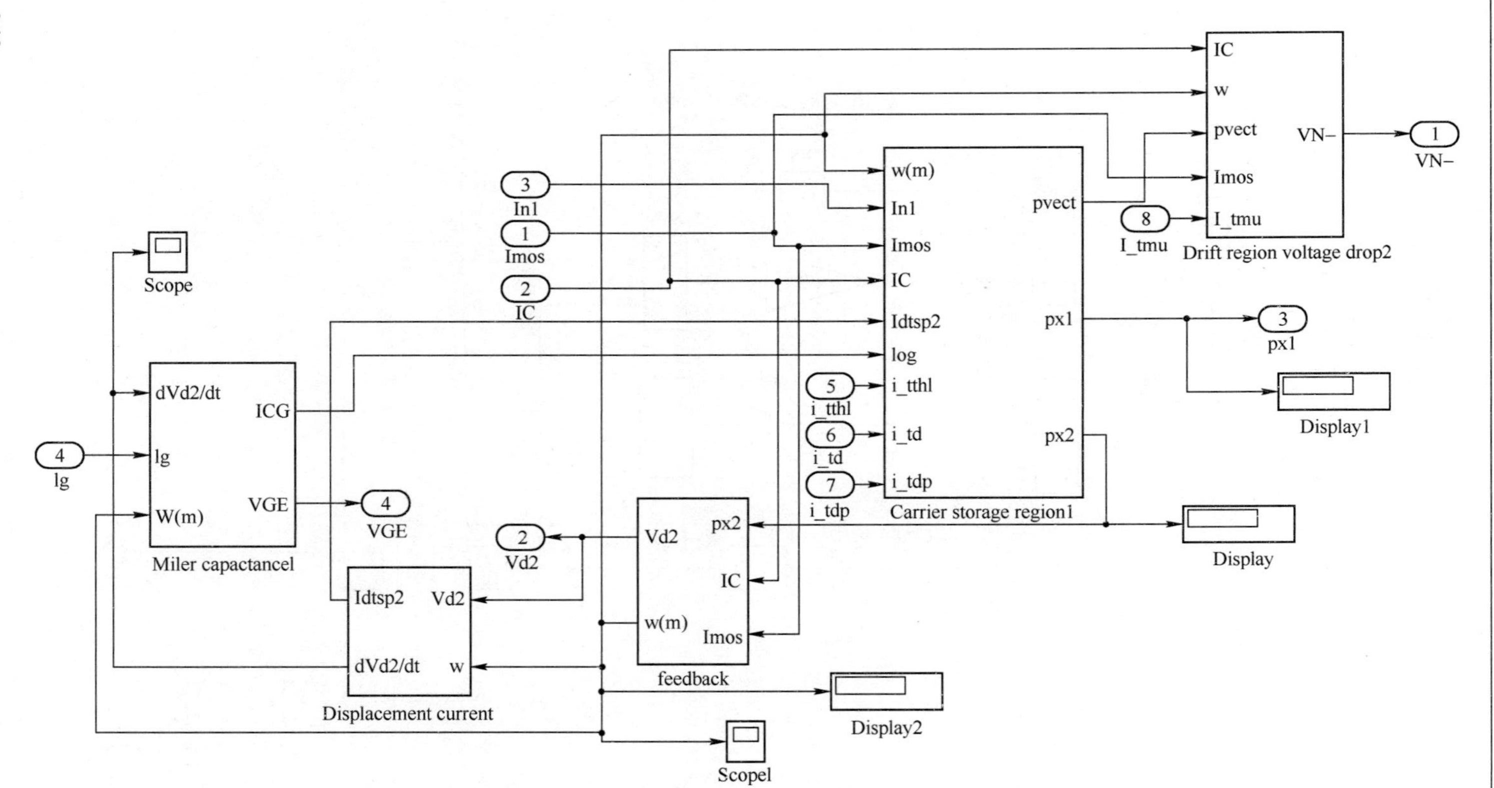

图 8-33　Simulink 中 N 型基区模块框图

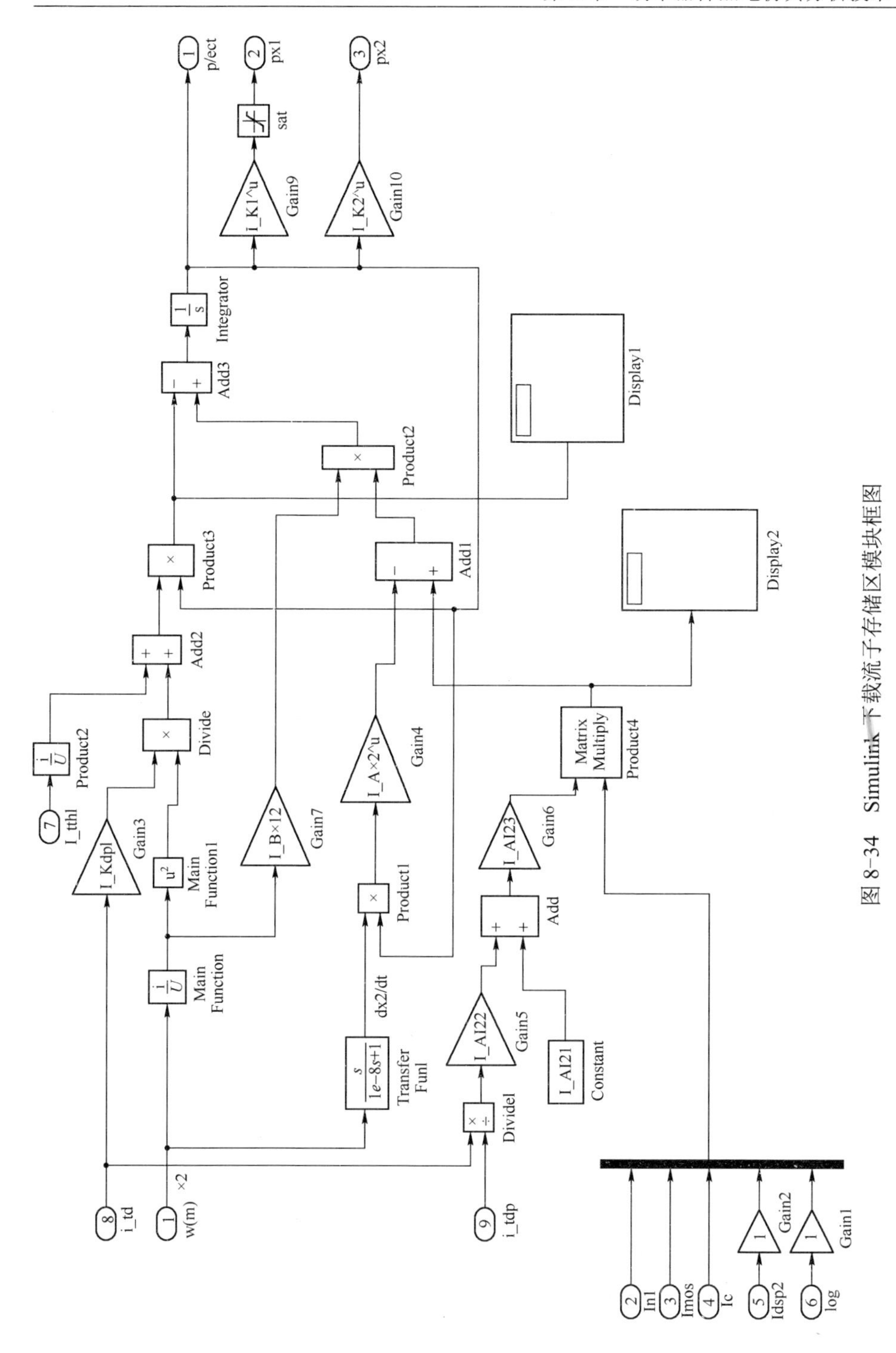

图 8-34　Simulink 下载流子存储区模块框图

米勒电容电流模块在 Simulink 下实现的框图见图 8-35。它有 3 个输入：栅极电流 I_G，耗尽层电压 V_{d2} 导数 dV_{d2}/dt 以及耗尽层宽度 W_{d2}。该模块包括 3 个子模块，最终计算得到栅极-集电极电流 I_{CG} 和栅极-发射极电压 V_{GE}。

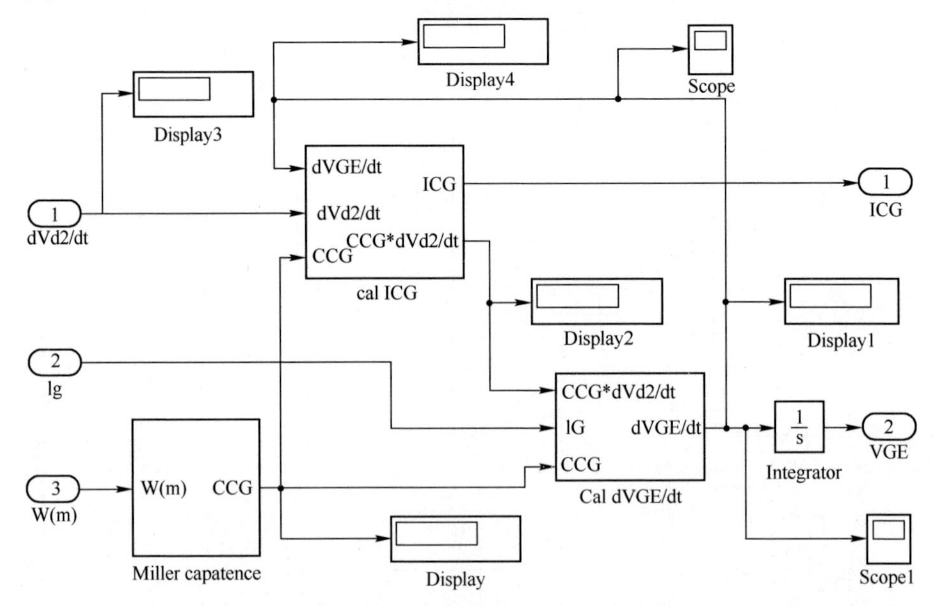

图 8-35　Simulink 下米勒电容电流模块框图

4）FS 层模块

FS 层模块主要考虑由于 FS 层存在大注入效应，对载流子浓度有影响，来计算 IGBT 器件 PN 结的压降 V_j。该压降 V_j 由结 J_0 和结 J_1 两部分组成，分别由式（8-42）和式（8-43）计算得出。在 Matlab/Simulink 中实现该 FS 层模块的内部框图见图 8-36。

2．半导体材料温度效应

1）本征载流子浓度

在本征半导体材料中，由于价键破裂而产生成对的自由电子和自由空穴，当自由电子和自由空穴浓度达到平衡时，该浓度被称为半导体的本征载流子浓度 n_i。n_i 是与温度相关的函数，它与温度和禁带宽度有密切的关系，理论表达式如下：

$$n_i = 4.82\times10^{15}\left(\frac{m_n\cdot m_p}{m_0^2}\right)^{3/4} T^{3/2}\mathrm{e}^{-E_g/2KT} \tag{8-138}$$

式中：E_g 为禁带宽度；K 为玻耳兹曼常量，代入禁带宽度与温度关系式于式（8-138）中，可得表达式如下：

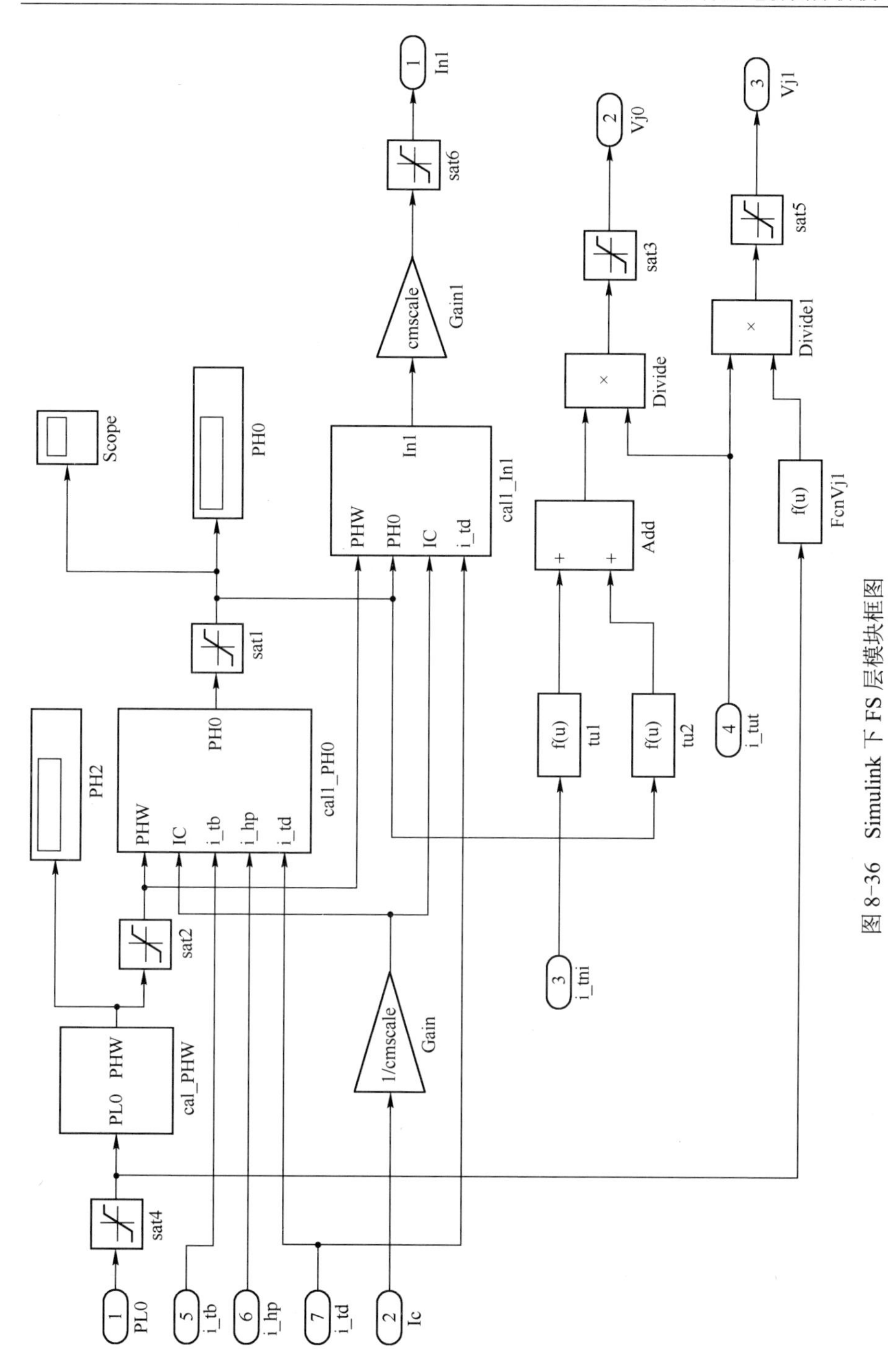

图 8-36　Simulink 下 FS 层模块框图

$$n_i = 4.82 \times 10^{15} \left(\frac{m_n \cdot m_p}{m_0^2} \right)^{3/4} T^{3/2} \mathrm{e}^{\beta_g/2K} \mathrm{e}^{-E_g(0)/2KT} \tag{8-139}$$

式中：m_p 和 m_n 分别为空穴、电子的有效质量；m_0 为自由电子质量。在热平衡条件下，任何非简并半导体载流子浓度的乘积等于本征半导体载流子浓度的平方，与杂质含量无关。由表达式分析可知，本征载流子浓度 n_i 与温度和禁带宽度相关：同样材质的半导体，温度越高，热激发越强烈，本征载流子浓度越高；相同的温度下，禁带宽度越窄，电子或空穴更容易从价带跃迁到导带，本征载流子浓度越高。

2）载流子迁移率

载流子（电子和空穴）在单位电场作用下的平均漂移速度被称为迁移率，迁移率不仅受到电场力的作用，而且受杂质、晶格缺陷和晶格热振动等形成的内摩擦力作用。半导体迁移率随温度的变化，主要取决于晶格振动散射和电离杂质散射两种因素。晶格振动散射使迁移率随着温度的升高而下降；但电离杂质散射使迁移率随着温度的升高而增大。对于一般掺杂的半导体，温度较低时，晶格振动散射起主导作用，迁移率随温度的升高而下降；但是对于重掺杂半导体，迁移率要到较高的温度时，晶格振动散射才开始起作用，因此也要在较高的温度时迁移率才开始下降。电子迁移率和温度的关系为

$$\mu_n = 1400 \times \left(\frac{300}{T} \right)^{2.5} \tag{8-140}$$

空穴迁移率可以表示为

$$\mu_p = 450 \times \left(\frac{300}{T} \right)^{2.5} \tag{8-141}$$

3）少数载流子寿命

非平衡载流子经复合恢复到平衡状态所用的时间就是剩余载流子寿命，其大小取决于少子电子和空穴的寿命。对于低掺杂基区来说，载流子寿命的理论简化公式为

$$\tau_{\mathrm{HL}} = \tau_0 \left(\frac{T}{300} \right)^{0.57} \left[1 + \frac{\left(\frac{T}{300} \right)^{1.2} - 1}{0.6276 + 149\tau_0 + \sqrt{2.22 \times 10^4 (\tau_0^2 - 5 \times 10^{-3} \tau_0) + 0.3938}} \right] \tag{8-142}$$

式中：τ_0 为室温下的载流子寿命。分析可知，剩余载流子寿命 τ_{HL} 会随着温度的升高而增加。

4）发射极复合系数

发射极的复合系数 h_p 和 h_n 与温度有关，其温度表达式为

$$h_n = h_{n0}\left(\frac{300}{T}\right)^{2.5} \tag{8-143}$$

$$h_p = h_{p0}\left(\frac{300}{T}\right)^{2.5} \tag{8-144}$$

式中：h_{n0} 和 h_{p0} 为常温（300K）下电子和空穴的发射极复合系数。

5）阈值电压和跨导

阈值电压和跨导也是与温度强相关的系数，阈值电压的温度表达式为

$$V_{\mathrm{th}} = V_{\mathrm{th0}} - 9\times10^{-3}(T - T_{\mathrm{a}}) \tag{8-145}$$

式中：V_{th0} 为常温（300K）下的阈值电压。

3．在 Simulink 中建立 IGBT 模块的热模型

图 8-37 给出了在 Matlab/Simulink 中建立的 IGBT 模块单层的热模型。整个模块的热模型如图 8-38 所示。IGBT 模块单层的热模型有两个输入：流入该层的热通量 HFin 和流出该层的热通量 HFout。并且有 3 个输出：该层的温度分布 temp、该层顶部温度的傅里叶谐波分量 T_{it} 和该层底部温度的傅里叶谐波分量 T_{ib}。单层热模型包含了以下几个子模块：H00 模块，H01 模块、H10 模块、H11 模块、D00 模块、D01 模块、D10 模块、D11 模块、Concatenate 模块以及 Alpha 模块。

模块 H00 和模块 H10 分别计算式（8-120）和式（8-122）的右边前两项之和。模块 H01 和模块 H11 分别计算式（8-121）和式（8-123）右边的前三项之和。模块 D00 计算式（8-120）右边的后三项之和。模块 D01 和 D10 分别计算式（8-121）和式（8-122）右边的后五项之和。模块 D11 计算式（8-123）右边的最后 8 项。Concatenate 模块将计算出的值重组为 $\left[\frac{\partial \boldsymbol{T}_{\mathrm{km}}}{\partial t}\right]$ 矩阵。用积分器对该矩阵积分，即可求得温度的傅里叶分量 $\boldsymbol{T}_{\mathrm{km}}$。

矩阵 $\boldsymbol{T}_{\mathrm{km}}$ 乘以两个矩阵 **Kt1** 和 **Kt2** 已得到温度分布。这里得到的温度仅为相对温度。因此需要加上环境温度 Abt 来获取实际的温度。矩阵 **Kt1** 和 **Kt2** 可以从式（8-114）来获取。另一方面，矩阵 $\boldsymbol{T}_{\mathrm{km}}$ 也分别乘以 Ktop 和 Kbot 来获取 Tit 和 Tib。Alpha 模块应用表 8-1 中给出的热导和比热容的温度模型计算热扩散系数 α。α 乘以另两个矩阵 **Ka1** 和 **Ka2** 来获取热扩散系数的傅里叶系数矩阵 α_{ns}。矩阵 **Ka1** 和 **Ka2** 可以由式（8-119）的逆变换得到。

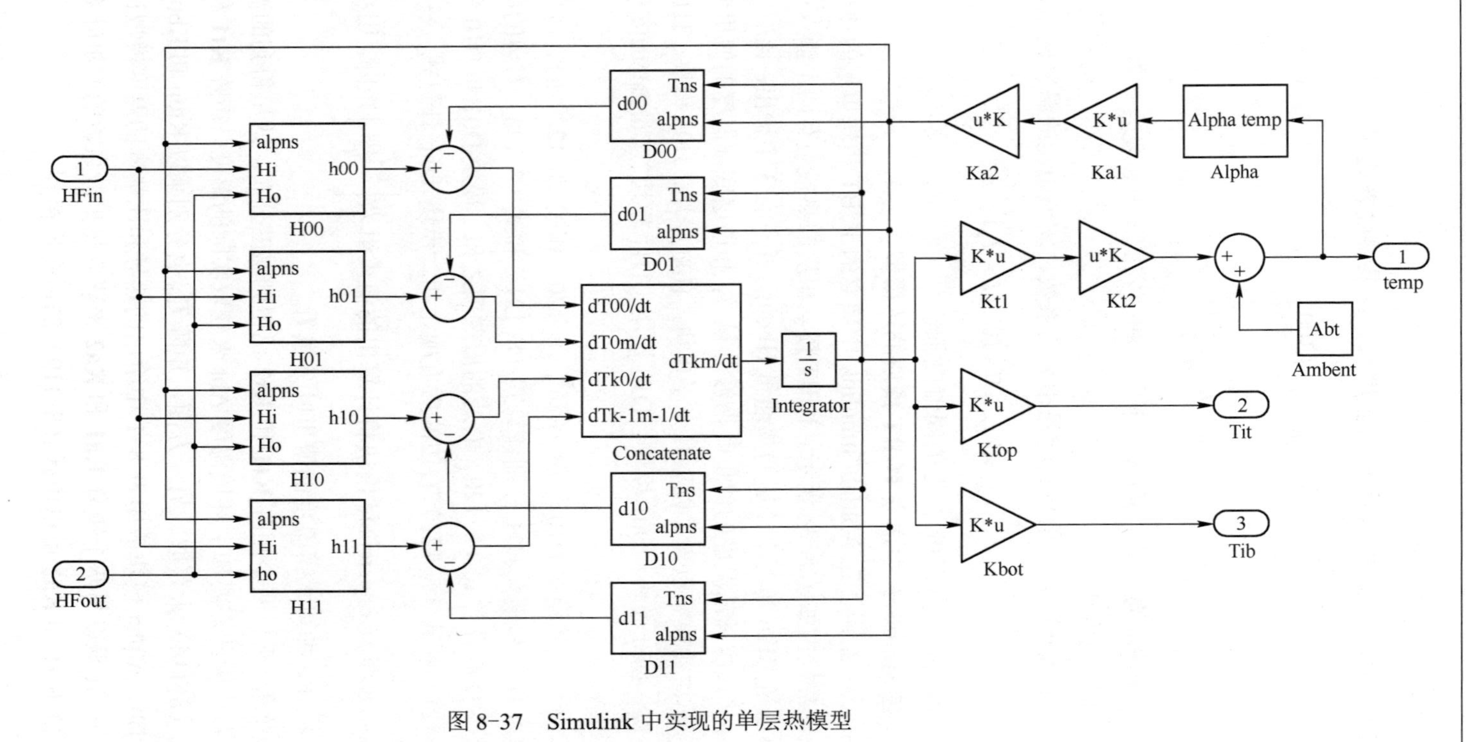

图 8-37 Simulink 中实现的单层热模型

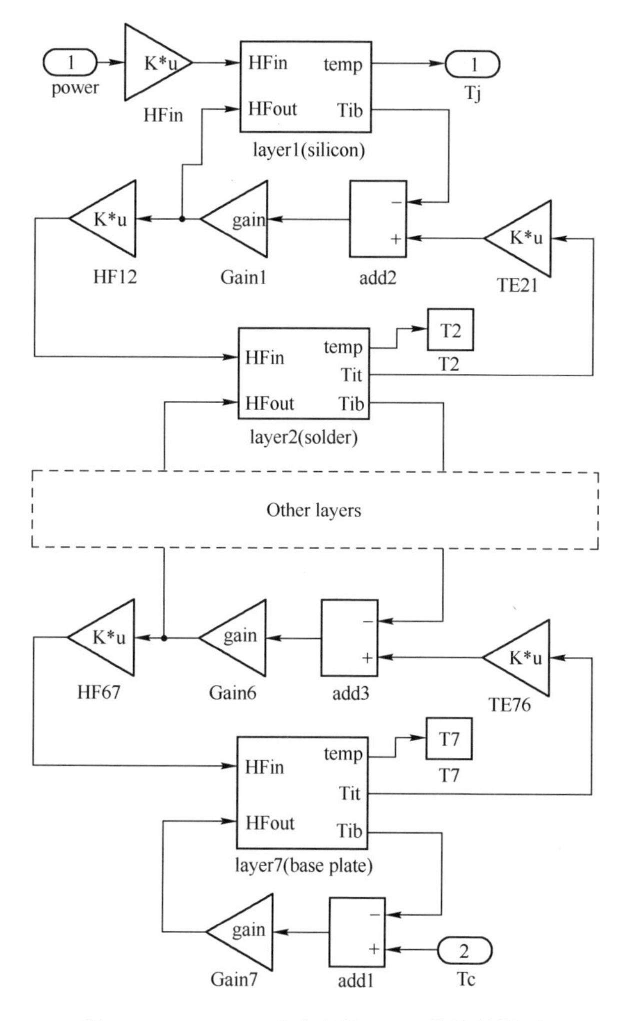

图 8-38　Simulink 中实现的 IGBT 模块热模型

有了单层的热模型，就可以用反馈回路将其组成模块的热模型，如图 8-38 所示。反馈回路是基于式（8-125）建立的。在反馈回路中，矩阵 **TE21** 和 **TE76** 被用来转换相邻层之间的温度谐波。矩阵 **TE21** 和 **TE76** 分别由式（8-130）和式（8-131）得到。另一方面，反馈回路通过矩阵 HF12 和 HF67 来转换相邻层之间的热流量谐波。HF12 和 HF67 可以分别由式（8-134）和式（8-135）得到。HFin=$-q/k_{si}$ 为模块热模型的输入热流量。其中 q 为硅芯片上的功率密度。k_{si} 为硅芯片的热导率。$T_{base}=T_S-T_A$ 为底座的相对温度。其中 T_S 为散热底座的温度。为了能够简明扼要地展示器件的 IGBT 热模型，图 8-38 所给出的模型只包含了模型中顶部和底部主要的几层结构。其他层用类似的反馈回路连接在封装热模型之中。

4. IGBT 电学模型和封装热模型在 Simulink 上的耦合

在热电耦合模型中，一旦 IGBT 电学模型仿真完毕，其计算得到的功耗就被输入到热模型中计算器件结温。在结温输入电学模型并更新热敏感参数之后，热电耦合模型才能进行下一步的仿真。但是，由于 IGBT 封装热模型采用了多级的反馈系统，IGBT 热模型的收敛速度比电学模型慢得多。这会导致热电耦合模型在仿真中不能收敛的问题，可用一个结温同步模块来实现，如图 8-39 所示。

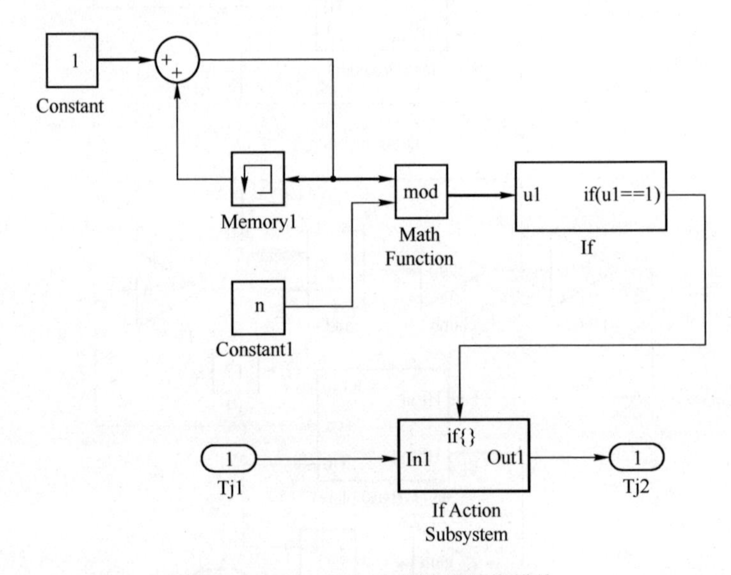

图 8-39 Simulink 中的结温同步模块

该同步器是基于 Simulink 中的 If 函数构建的。其中同步常数 n 用来控制结温的更新频率。在热电耦合模型中，每经过 n 个仿真步长，结温更新一次。IGBT 电学模型通过结温计算出热敏感参数后，会使得电学模型的电学特性随之改变。通过调节同步器中的同步常数 n，就能够使热电耦合模型中的电学模型和热模型的步长达到一致。

基于 Simulink 中建立的热模型、电学模型和结温同步模块，就可以将热模型和电学模型耦合起来。如图 8-40 所示，电学模型输出器件的功耗，热模型基于功耗计算结温，并将其反向输入到电学模型中。而结温同步模块将电学模型和热模型的步长调整达到一致。

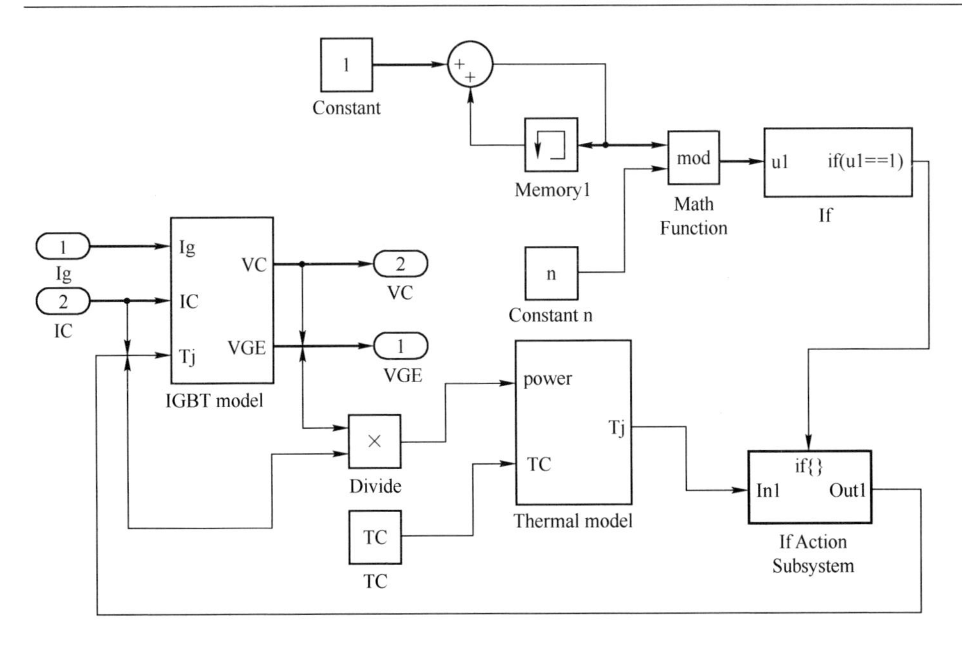

图 8-40　Simulink 中的热电耦合模型

5. 热电耦合模型仿真结果

1）稳态电学特性

在 Simulink 中建立的模型对稳态特性的仿真电路进行了仿真，建立的模型如图 8-41 所示。

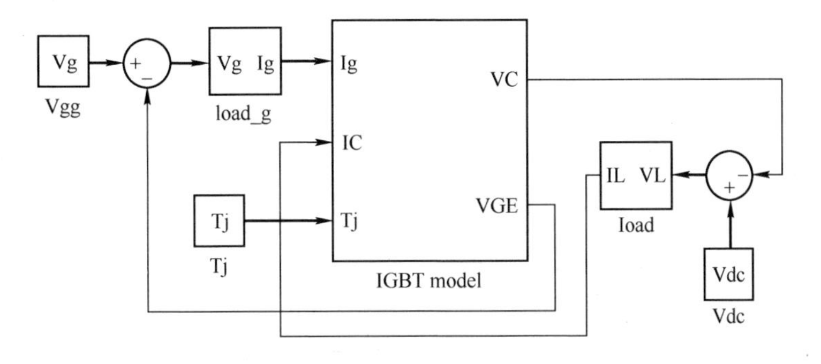

图 8-41　稳态仿真电路

Simulink 中的稳态特性仿真模型与试验测试得到的器件特性如图 8-42 所示，CSTBT 模块在 25℃和 125℃，FS IGBT 模块在 25℃、125℃、150℃的仿真与试验的稳态特性曲线都是基本一致的。

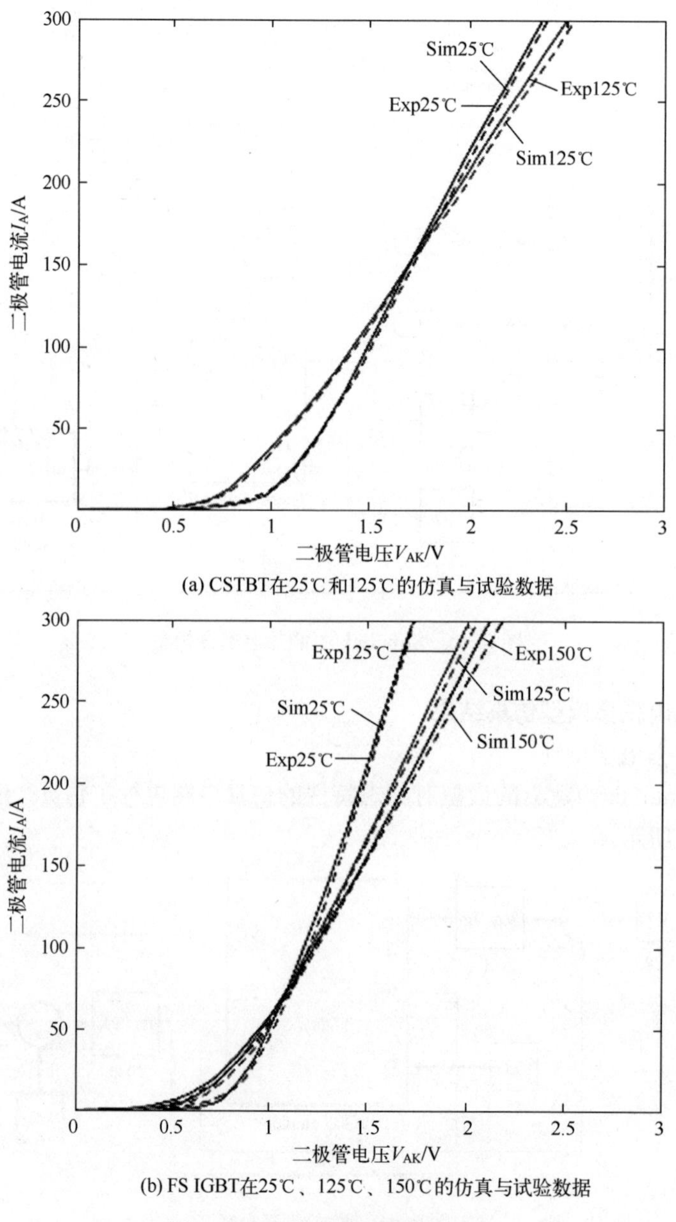

图 8-42　仿真与试验的稳态特性

2）瞬态电学特性

瞬态试验的电路及典型波形分别如图 8-43 和图 8-44 所示。T 表示待测的 IGBT，$D1$ 表示续流二极管，L_0 为电路中的负载电感。电感 L_0 的值需要很大。因为在 IGBT 开通关断时，L_0 需要维持电路中的电流的近似恒定。L_0 的内

阻为 R_0，将其等效为串联电阻。R_g 为栅极电阻。L_s 为测试电路的寄生电感，设备内部测试电路的寄生电感为 L_s=200nH。

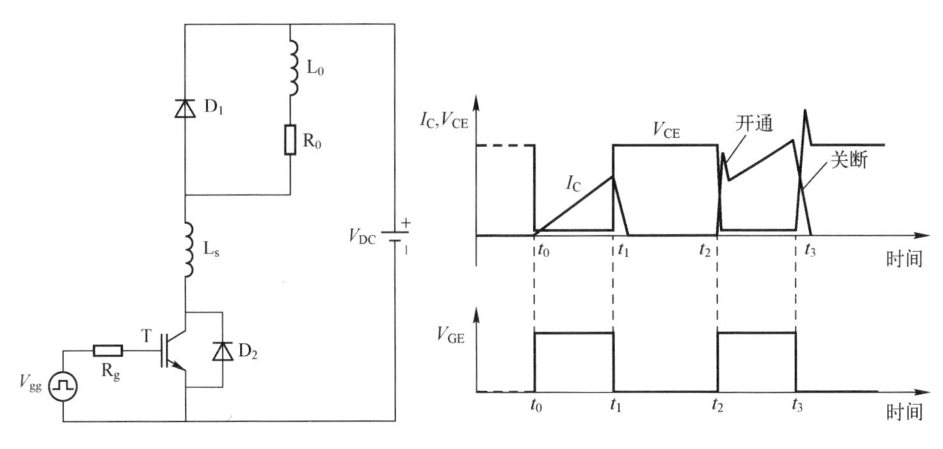

图 8-43　瞬态试验电路　　　　图 8-44　瞬态试验中的 IGBT 典型波形

IGBT 瞬态测试采用的测试平台为 LEMSYS 功率晶体管测试台，如图 8-45 所示。图 8-45（a）为试验设备。图 8-45（b）为待测器件的接线与设置。测试与仿真结果如图 8-46 所示。

(a) 试验设备

(b) 器件接线与设置

图 8-45　瞬态测试设备

3）热特性

采用红外热像仪对 IGBT 硅芯片表面实际温度进行测量，红外温度测量装置如图 8-47 所示。功率器件开封后安装在水冷底板装置上，使用导热硅脂填充器件与底板之间的间隙，环境温度控制为 292K，水冷装置控制底板温度为 295K。试验过程中，采用 100A 集电极电流流过 IGBT 器件芯片，此时器件耗散功率约为 170W（集电极电流为 100A 时，导通压降为 1.7V），器件加热过程被红外热像仪完整记录下来。IGBT 芯片表面温度测量结果如图 8-48 所示。

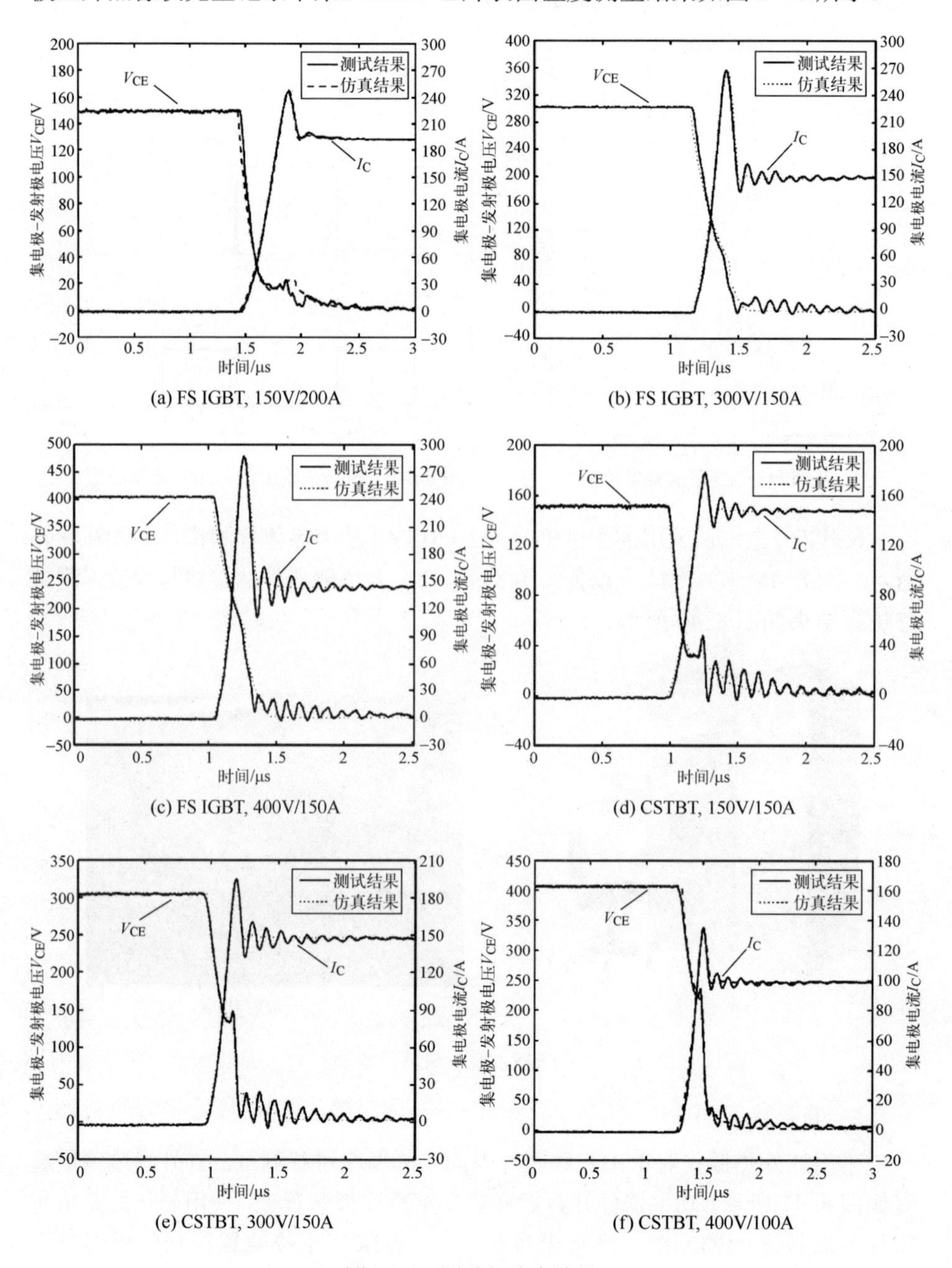

(a) FS IGBT, 150V/200A

(b) FS IGBT, 300V/150A

(c) FS IGBT, 400V/150A

(d) CSTBT, 150V/150A

(e) CSTBT, 300V/150A

(f) CSTBT, 400V/100A

图 8-46　测试与仿真结果

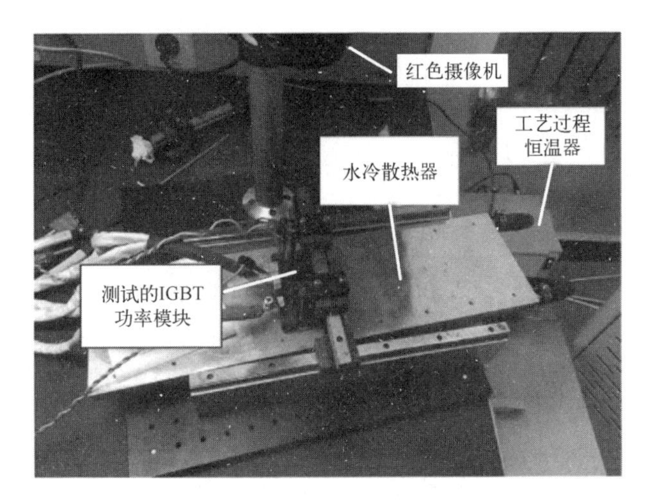

图 8-47　红外热像温度测量装置

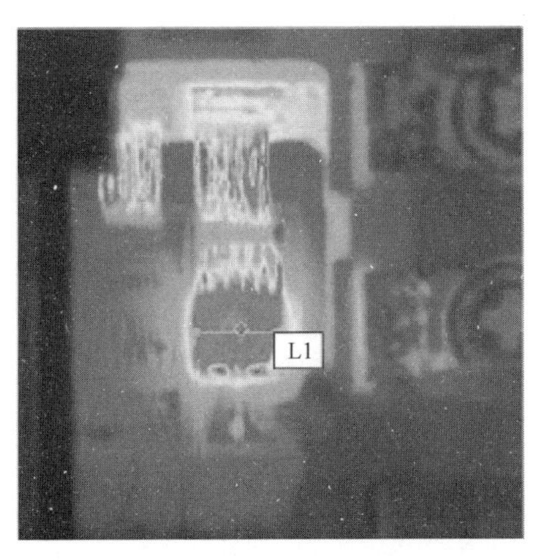

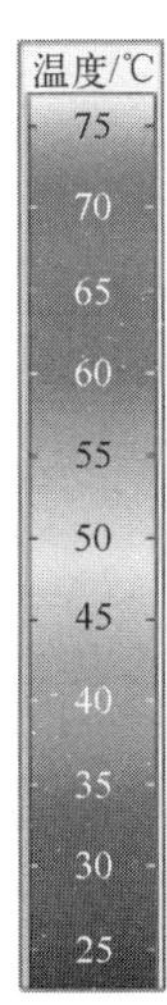

图 8-48　IGBT 芯片红外测量结果

获取图 8-48 中芯片中心线 L1 的温度剖面与仿真结果进行对比，如图 8-49 所示。从中可以看出，除了左右边界附近区域以外，仿真结果与试验结果有较好的一致性，因此证明了所建立模型能够较准确地进行结温预测。边界部分出现较大误差的原因主要是由于边界区域功率耗散较少，由于电流通过键合引线流入芯片，远离键合引线根部的边界区域电流密度更低。

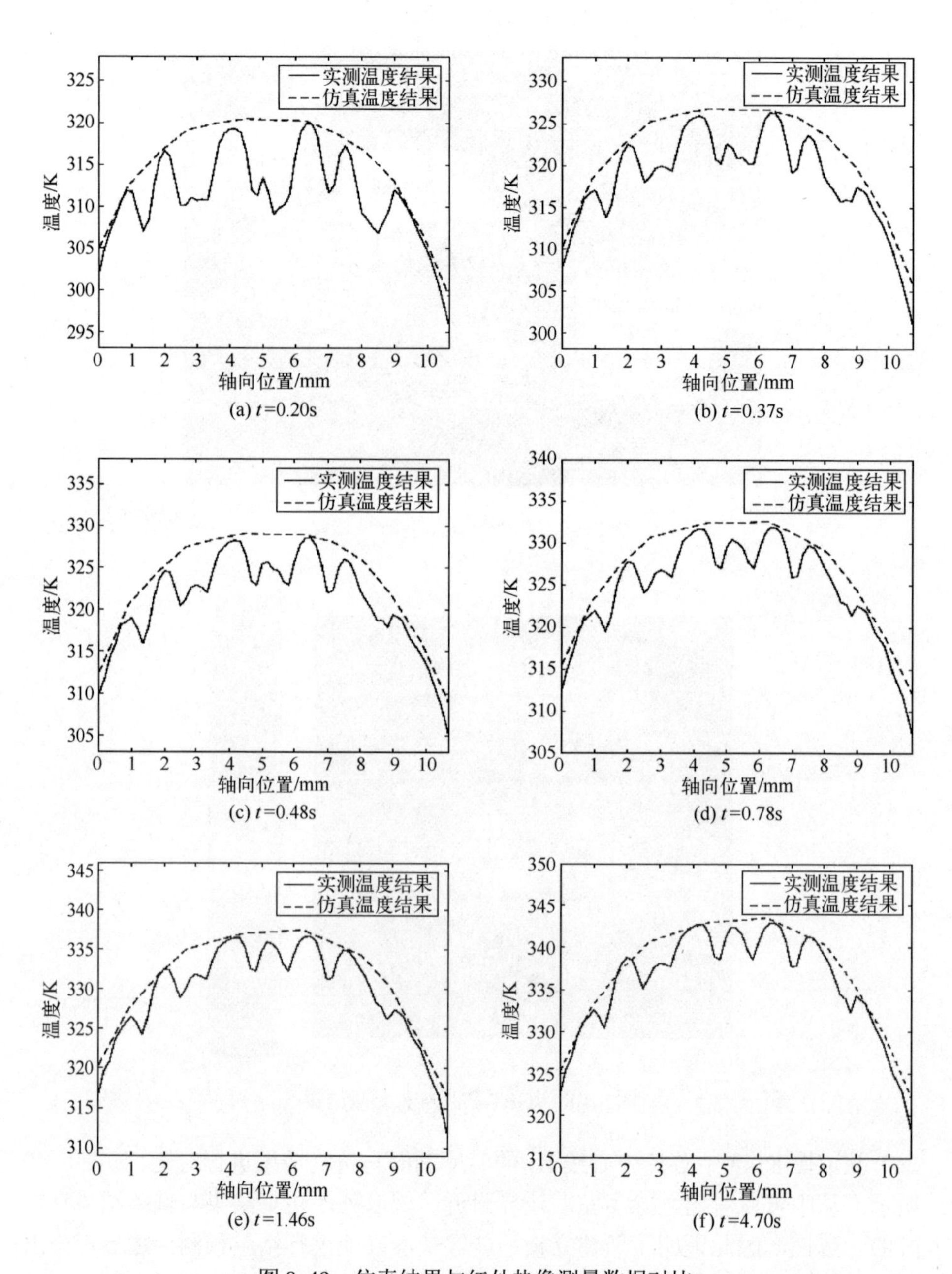

图 8-49 仿真结果与红外热像测量数据对比

参 考 文 献

[1] BALIGA B J. Fundamental of power semiconductor devices[M]. New York:Springer Science & Business Media, 2010.

[2] KANG X, WANG X, LU L, et al. Physical modeling of IGBT turn on behavior[C].38th IAS Annual Meeting on Conference Record of the Industry Applications Conference, IEEE, 2003, 2:988-994.

[3] BRYANT A T, LU L, SANTI E, et al. Physical Modeling of fast PIN Diodes with Carrier Lifetime Zoning, Part I: Device Model[J]. IEEE Transactions on Power Electronics, 2008, 23(1) :189-197.

[4] BRYANT A T, PALMER P R, SANTI E, et al. Simulation and Optimization of Diode and Insulated Gate Bipolar Transistor Interaction in a Chopper Cell Using MATLAB and Simulink[J]. IEEE Transactions on Industry Applications, 2007, 43(4) :874-883.

[5] HEFNER JR A R. Modeling buffer layer IGBT's for circuit simulation[J]. IEEE Transactions on Power Electronics, 1995, 10(2): 111-123.

[6] HEFNER A R, BLACKBURN D L. A Performance Trade-Off for the Insulated Gate Bipolar Transistor: Buffer Layer Versus Base Lifetime Reduction[J]. IEEE Transactions on Power Electronics, 1987, PE-2(3): 194-207.

[7] HEFNER A R, BLACKBURN D L. An analytical model for the steady-state and transient characteristics of the power insulated-gate bipolar transistor[J]. Solid-State Electronics, 1988, 31(10): 1513-1532.

[8] LU L, BRYANT A, HUDGINS J L, et al. Physics-Based Model of Planar-Gate IGBT Including MOS Side Two-Dimensional Effects[J]. IEEE Transactions on Industry Applications, 2010, 46(6): 2556-2567.

[9] Lu L, Chen Z, Bryant A, et al. Modeling of MOS-Side Carrier Injection in Trench-Gate IGBTs[J]. IEEE Transactions on Industry Applications, 2010, 46(2): 875-883.

[10] Castellazzi A, Ciappa M. Novel simulation approach for transient analysis and reliable thermal management of power devices[J]. Microelectronics Reliability, 2008, 48(8): 1500-1504.

[11] Bryant A, Parker-Allotey N A, Hamilton D, et al. A Fast Loss and Temperature Simulation Method for Power Converters, Part I: Electrothermal Modeling and Validation[J]. IEEE Transactions on Power Electronics, 2012, 27(1/2): 248-257.

[12] Igic P M, Mawby P A, Towers M S, et al. Investigation of the power dissipation during IGBT turn-off using a new physics-based IGBT compact model[J]. Microelectronics Reliability, 2002, 42(7): 1045-1052.

[13] 鲁光祝. IGBT 功率模块寿命预测技术研究[D]. 重庆：重庆大学, 2013.

[14] Morozumi A, Yamada K, Miyasaka T, et al. Reliability of power cycling for IGBT power semiconductor modules[C]//Conference Record of the 2001 IEEE Industry Applications Conference. 36th IAS Annual Meeting(Cat. No. 01CH37248). IEEE, 2001, 3: 1912-1918.

[15] Hamidi A, Kaufmann S, Herr E. Increased lifetime of wire bonding connections for IGBT power modules[C]//APEC 2001. Sixteenth Annual IEEE Applied Power Electronics Conference and Exposition(Cat. No. 01CH37181). IEEE, 2001, 2: 1040-1044.

[16] 赵燕峰. 风电变流器中 IGBT 的可靠性研究[D]. 成都：西南交通大学, 2013.

第 9 章

考虑封装缺陷的功率器件封装结构仿真分析技术

由于在封装完成后，材料的性能检测难度大大增加，因此我们通常采用仿真的方式，对封装结构进行分析。由于缺陷的存在，材料的导热、弹性、强度等性能都会下降。为了提高仿真分析的准确性，需要建立考虑宏观及微观缺陷的封装结构模型。在本章中，首先在前两节介绍了缺陷的分类、缺陷检测数据转化及其定量描述。以此为依据，可以建立较为精确的考虑宏观及微观缺陷的封装结构模型，作为仿真分析的基础。然后通过仿真分析，可以确认带缺陷焊接结构的性能。

9.1 封装缺陷检测数据的转化

9.1.1 宏观缺陷和微观缺陷的分类

为了方便对缺陷进行描述，根据缺陷的尺寸和随机性的不同，可以将封装缺陷分为宏观缺陷和微观缺陷两类，如图 9-1 所示。宏观缺陷与封装结构尺寸接近，而微观缺陷相对尺寸较小且分布较为均匀。同时缺陷的不同尺寸还决定了检测手段，如缺陷尺寸在微米以下，往往较难以无损检测的方式确定具体的形貌和分布。

封装缺陷除了在尺寸上的区别外，两种缺陷在空间分布上也存在不同。这些空间分布上的特征在一定程度上反映了缺陷产生的过程。宏观缺陷由于存在较大的集中性、偏倚性，不同样本间空间分布不具有稳定性，无法进行随机性的建模，进而也无法套用空间随机模型。针对宏观缺陷建议采用无模型的方法，直接采用定量描述函数进行各类型缺陷的分类和评价。同时，宏观缺陷的集中性和偏倚性，也会导致其影响存在较大的集中，采用无模型的方法可以保留较多的空间信息，方便后续对于散热、机械影响的定位评价。

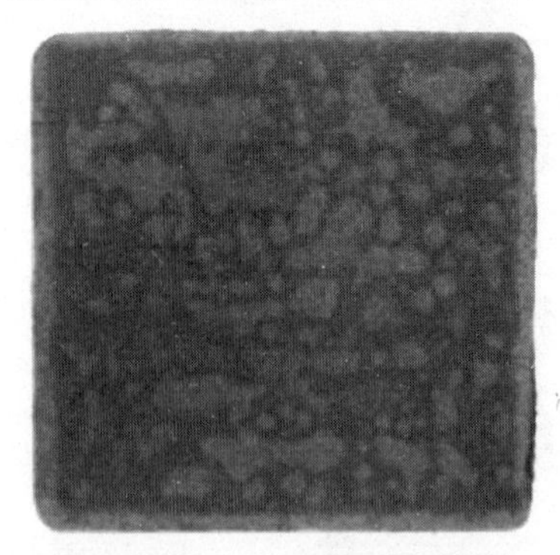

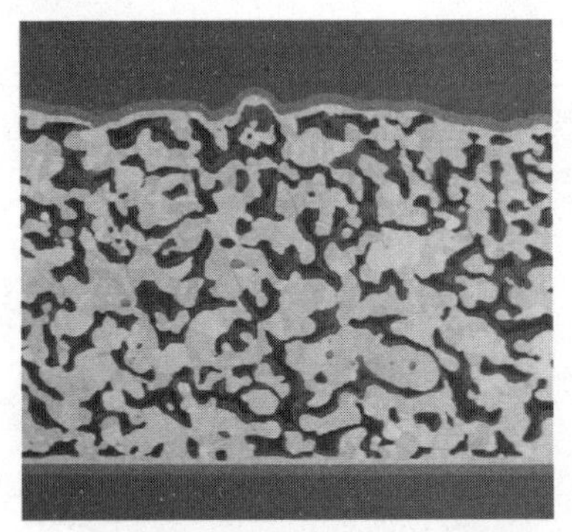

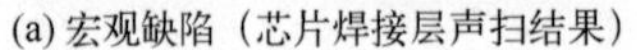

(a) 宏观缺陷（芯片焊接层声扫结果）　(b) 微观缺陷（材料截面SEM检测结果）

图 9-1　不同类型缺陷检测结果

相对于宏观缺陷，微观缺陷的空间分布较为均匀、异质性较弱，可以作为材料的属性进行处理。考虑到微观缺陷尺寸较于整个封装尺寸具有很大的差距，在分析建模过程中保留大量的微观检测数据会造成计算和分析的困难。因此，可以采用随机建模的方法，通过随机模型将微观检测结果进行简化建模，再在分析过程中进行大量仿真生成随机样本。

9.1.2　宏观缺陷空间数据转化

宏观缺陷检测数据包括但不限于以下检测结果：SAM 和 X 射线 CT（针对较大尺寸的宏观缺陷），以及分层切除（如使用 FIB）后分层扫描数据重组（针对微米级和纳米级的微观缺陷）。对于分层扫描数据重组，可以采用现有比较成熟的反向工程软件，如 Simpleware、Geomagic Studio 等。获得的检测数据一般可分为空间矩阵数据和线面数据两类，如图 9-2 所示。其中线面数据可以直接导入对应的有限元等分析软件进行分析，但不利于缺陷的定量分析；空间矩阵数据既可以转化成实体模型，同时也便于开展直接定量分析。

对于部分缺陷检测数据，只能假设缺陷具有贯穿或者均匀随机分布特征。以图 9-3 中的芯片焊接层检测结果为例，检测对象为采用金锡焊料的焊接层，检测方法为 SAM。图片中黑色的区域是连接良好、结构致密的部分，白色或者灰色区域为存在缺陷部分。考虑到扫描深度的不同，这些缺陷可能是贯通的空洞，也有可能是内部分层或者内嵌的气孔。为了便于分析，这里假设所有的缺陷部分都是在焊接层贯通的。首先对获得的检测图片进行预处理，去除存在的检测噪声以及器件倾斜导致的亮度或灰度的倾斜，采用的方法包括中值滤波和小波去噪。由于本部分讨论重点并不是图片处理，因此此部分不再进行详细描述。考虑到图片实际由像素矩阵组成，可直接将 RGB 像素矩阵转化为灰度像素矩阵。为便于处理，再对灰度矩阵进行归一化得到范围在 0～1 之间的实值像素矩阵。

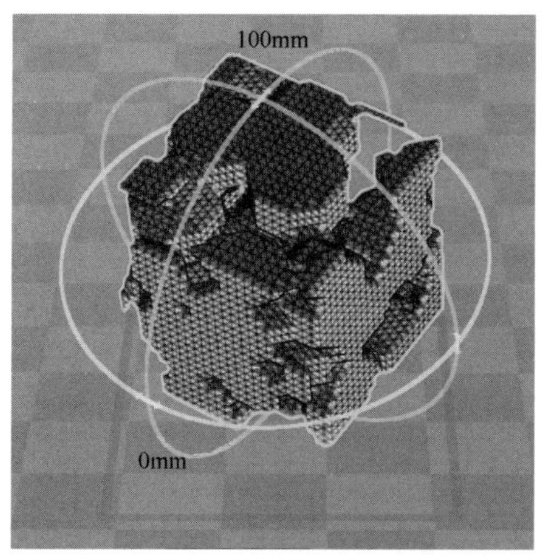

(a) 线面数据重构　　(b) 空间矩阵数据重构

图 9-2　两种检测数据的重构结果

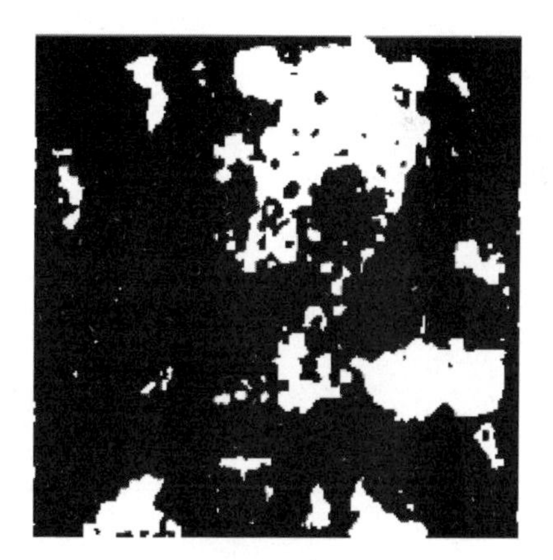

(a) 原始图像　　(b) 转换二值图像

图 9-3　宏观缺陷图像转换成空间数据

9.1.3　微观缺陷空间数据转化

相对于宏观缺陷，微观缺陷的空间分布较为均匀、异质性较弱（即存在明显的空间周期性），因此可以作为封装材料的属性进行处理。在封装结构分析建模过程中重现所有的缺陷，会造成计算和分析的困难。因此，可以采用随机建模的方法，通过随机模型将微观检测结果进行统计上的简化，再在分析过程中进行小尺寸的微观结构的仿真生成。考虑到微观缺陷存在空间周期性，可以利用小尺寸的微观结构进行性能预测。对于不具有空间周期性的缺陷，则可以通过尺寸效应的分析结果，将小尺寸微观结构进行放大，预测实际封装结构的物理特性。与宏观缺陷一对一的处理方法相比，虽然无法得到单一检测结果的确切影响预测结果，但可以估计同类型封装结构的性能波动范围。同时，建立微观模型相较于无模型方法更便于进行发展过程的预测，有助于相关可靠性的评估。

与宏观缺陷近似，首先需要将检测图像数据转化为二值矩阵（空间栅格数据），流程与之前类似在此不再赘述。当缺陷区域远小于封装材料区域且相互离散时，可以在二值矩阵的基础上，计算得到缺陷的几何中心和尺寸。将其缺陷区域数据转化为包含区域中心坐标和尺寸属性特性的随机空间点数据，转换前后图像如图 9-4 和图 9-5 所示。

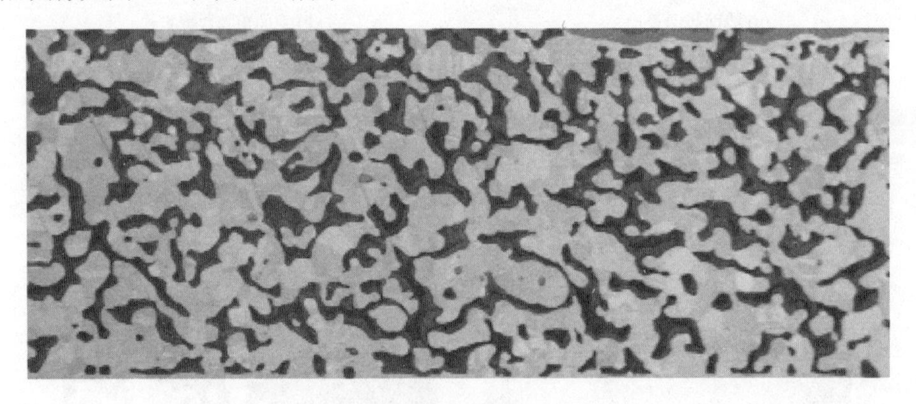

图 9-4　微观缺陷检测图像

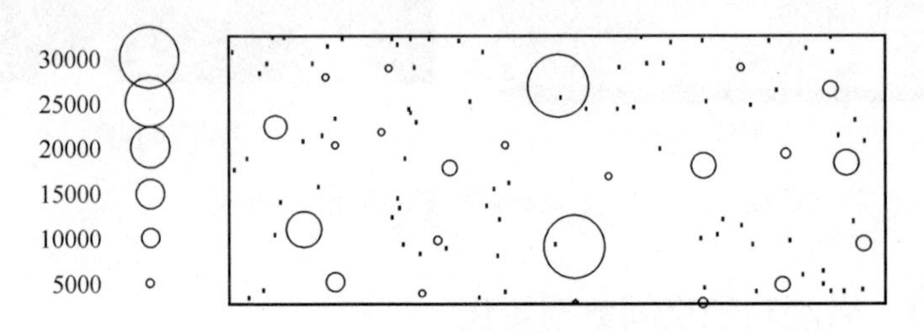

图 9-5　微观缺陷图像转换后点数据

9.2 封装缺陷的定量描述

9.2.1 宏观缺陷的定量描述

对于封装缺陷有时需要提取其定量指标，用于封装质量的评价、封装工艺缺陷的分析，以及封装性能的仿真分析。现有民用和军用标准对于封装缺陷已有不少定量的评价指标和判据。如 GJB 548B，方法 2030 芯片黏接的超声检测方法就针对芯片黏接缺陷给出了以下定量判据：

（1）接触区多个空洞总和超过应该具有的总接触区的 50%；

（2）超过预计接触区 15%的单个空洞，或超过总预计接触区 10%的单个拐角空洞（图 9-6）；

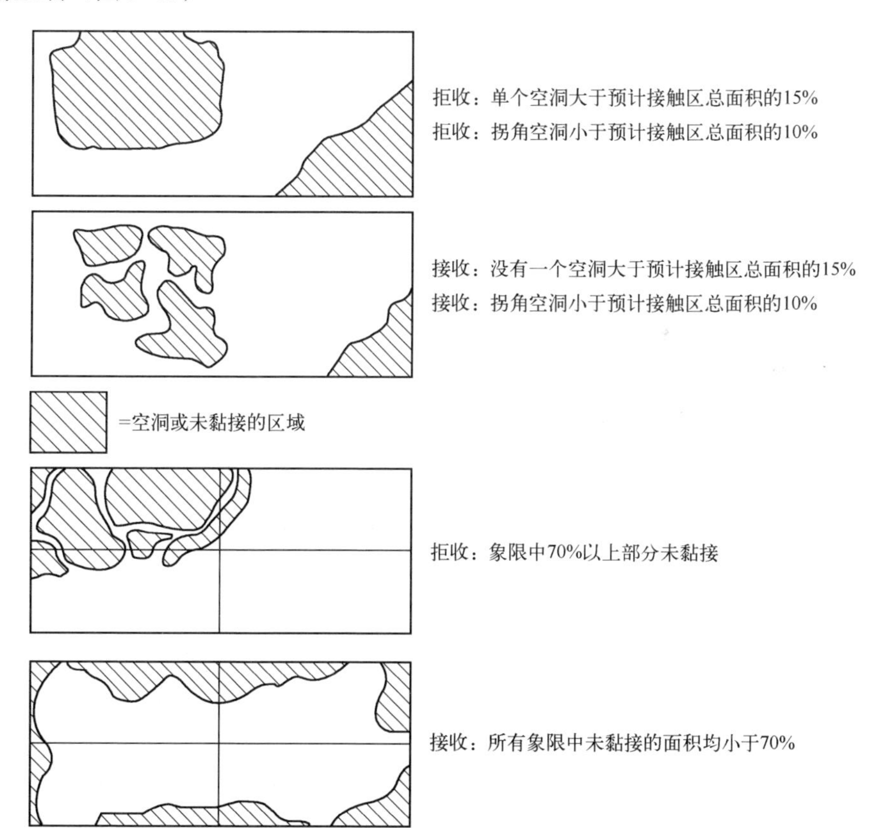

图 9-6　GJB 548B 中对芯片黏接缺陷空间分布的判据

（3）当用平分两对边方法把图像分成 4 个面积相等的象限时，任一象限中的空洞超过了该象限预计的接触区面积的 70%（图 9-6）。

上述指标虽然可以从一定程度上评判封装质量，但如果想要精确地评价封装缺陷的影响，还是需要建立更加精细的参数指标体系，对封装缺陷进行定量描述。除此之外，考虑到封装缺陷具有随机性，而大部分检测不可能对所有产品开展，因此针对封装缺陷随机性的分析也有助于对质量波动性的预测，节省试验样本和成本。

一般宏观缺陷定量描述包含以下几个关键步骤：

（1）预处理：是图像处理中经常需要的环节，图像预处理的主要目的是改善图像数据，增强对后续处理重要的图像特征。

（2）确定缺陷区域：射线检测图像中，缺陷只占据了整幅图像的少部分区域，因此，进行缺陷提取时先确定缺陷区域是必要的，即首先确定缺陷所在大致区域，然后在此区域内进一步确定缺陷边界。

（3）缺陷定量描述和分类：对缺陷区域进行定量描述，根据定量描述方法进行分类，并对分类后的结果进行分析，确定现有质量状态或分析存在的工艺问题。

上述缺陷分类过程中，图像预处理和确定缺陷区域技术主要涉及计算机算法领域，不在本书的讨论范围之内。此处仅对几种常用的缺陷提取方法的研究现状进行介绍。常见缺陷提取算法包括图像突出方法、特征提取方法和分类算法 3 个部分。

1. 图像突出方法

图像突出提取主要以检测图像为输入，基于图像处理技术，输出仅为分类缺陷的突出显示，不包含对缺陷的定量特征的提取。此类方法根据缺陷的形态特征进行分类，具体可分为区域缺陷和线性缺陷两类。

区域缺陷主要包括气孔、夹杂等。从图像处理的角度来看，区域缺陷的提取问题属于图像分割的研究范畴。图像分割一般是指依据图像亮度值的不连续性和相似性，将图像中感兴趣的目标提取出来。已经提出的图像分割算法很多，根据所使用主要特征的不同可划分为 3 类，即基于图像全局知识的分割、基于边缘的分割、基于区域的分割；根据使用知识的特点与层次的不同可划分为两类，即数据驱动的分割与模型驱动的分割。

线性缺陷主要以裂纹缺陷为主。裂纹类缺陷主要包括纵向裂纹、横向裂纹、放射状裂纹、枝状裂纹等。鉴于裂纹缺陷提取比较困难，因而，在缺陷检测方面对裂纹缺陷检测提取的研究相对较少。从图像处理的角度来看，裂纹类缺陷的提取问题属于图像分割中线检测的研究范畴。传统的线检测方法包括 Hough

变换、松弛法等方法。

2．特征提取方法

除了直接图像提取外，还有大量缺陷分类研究基于缺陷的定量特征分析开展。特征提取就是基于各类型缺陷的形态特点，对定性或者定量的描述进行评价。现有封装缺陷在图像上呈现的主要特征如下：

（1）裂纹的主要特征。裂纹在图像上的特征分明，呈现为笔直或弯曲延伸的线条，其端部较细，灰度由中部向端部逐渐变低。

（2）气孔的主要特征。气孔在图像上呈现为暗色斑点，形状有圆形、椭圆形等，其轮廓较圆滑，但并不明显，灰度由中心向边缘逐渐变低。

（3）夹杂的主要特征。夹杂在图像上呈现为形状不规则的块状或条状，其轮廓不圆滑，内部灰度变化无规律，分布呈单个或密集群状态。

除了上述空间外形特征外，缺陷特征还存在以下定量描述方法：

（1）凹凸性（SOL）。凹凸性分析可以了解对象的形状特征，这里凹凸性定义为区域面积与凸包面积的比值。通过凹凸性可以描述缺陷的形状特征，对于相同面积的缺陷对象，该比值越小，形状往往越不规则。

（2）紧凑性（PAR）。紧凑性定义为区域周长与面积的比值，可以用于描述缺陷的形状特征。对于相同面积的缺陷对象，该比值越小，越紧凑，形状往往也越简单；该比值越大，越分散，形状往往也越复杂。

（3）椭圆性（ECC）。椭圆性定义为与区域有相同二阶中心矩的椭圆的离心率，在对象特征描述方面，椭圆性是经常使用的特征描述子。

（4）平坦性（FLT）。缺陷的平坦性参数定义如下，如图 9-7 所示。

$$\mathrm{FLT}=\frac{\iint r^2 f(x,y)\mathrm{d}x\mathrm{d}y}{S^2}\quad [(x,y)\notin \mathrm{AR}] \tag{9-1}$$

式中：AR 为缺陷区域所有像素点的集合；r 为像素点到重心的距离；S 为缺陷区域的面积。

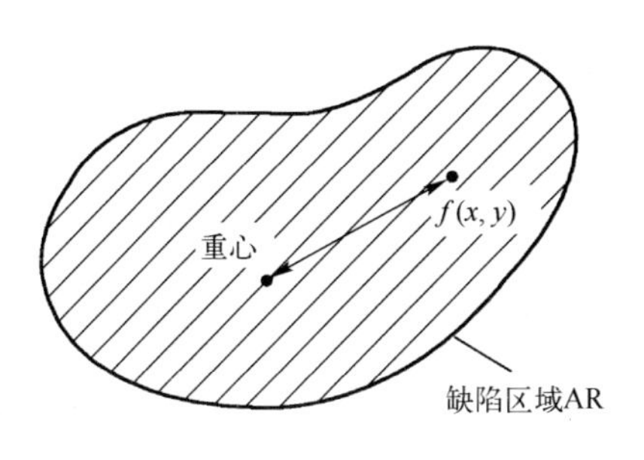

图 9-7　平坦性示意图

（5）对称性（SYM）。缺陷的对称性参数定义如下，如图 9-8 所示。

$$\mathrm{SYM}=\begin{cases} S_2 / S_1 & (S_1 \geqslant S_2) \\ S_1 / S_2 & (S_1 < S_2) \end{cases} \tag{9-2}$$

式中：S_1、S_2 为缺陷两端惯性主轴 1/4 部的面积。

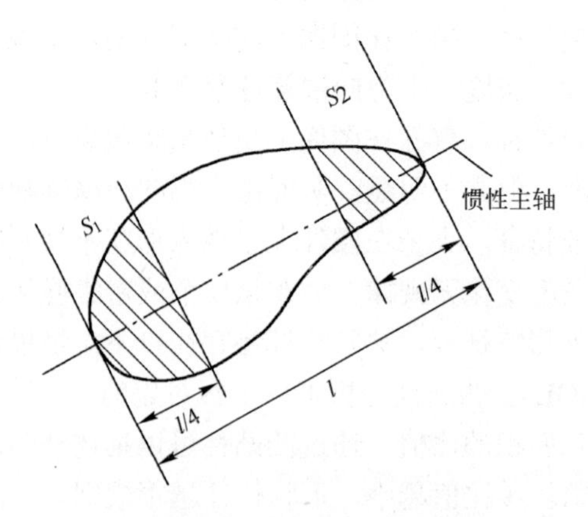

图 9-8　对称性示意图

（6）不尖锐性（USP）。缺陷的不尖锐性参数定义如下：

$$\mathrm{USP}=\frac{S_1+S_2}{S} \tag{9-3}$$

式中：S_1、S_2 为缺陷两端惯性主轴 1/4 部的面积；S 为缺陷区域的面积。

（7）倾角（ANG）。缺陷的倾角参数定义为缺陷惯性主轴与熔接带方向的夹角（图 9-9），该参数可以用于描述缺陷的延伸方向。

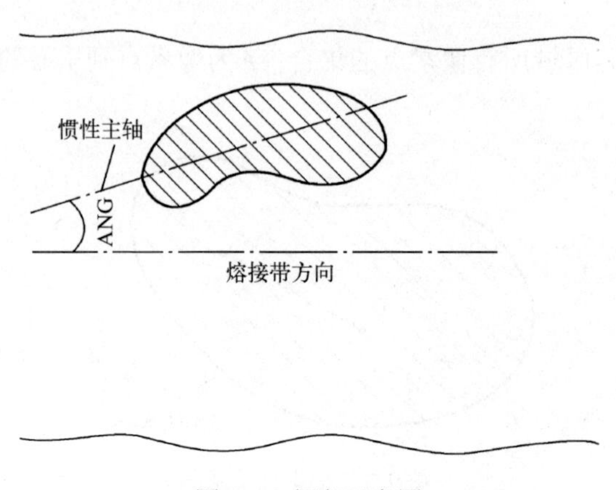

图 9-9　倾角示意图

（8）位置（PST）。不同性质的缺陷在焊缝中出现的位置通常有一定的规律性，特定性质的缺陷往往出现在焊缝的特定位置，如未焊透缺陷常出现在焊缝的中心线附近，因此，缺陷的位置是这类缺陷的分类依据。缺陷的位置参数定义如下，如图 9-10 所示。

$$\mathrm{PST} = \frac{d}{\mathrm{BW}} \tag{9-4}$$

式中：d 为缺陷重心到局部熔接带中心线的距离；BW 为缺陷所在局部熔接带的宽度。

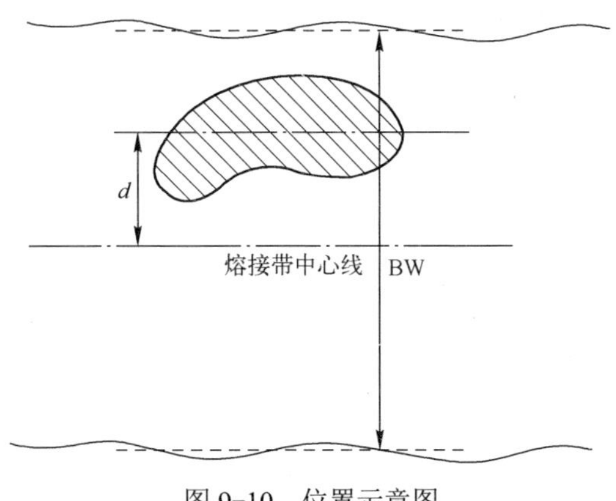

图 9-10　位置示意图

（9）灰度分布（DME）。对于不同性质的缺陷，其构成成分是不相同的，如气孔的内部含气体，夹杂物含不同于封装材料的物质等。由于不同性质的缺陷对射线的吸收不同，形成的缺陷图像灰度分布也就存在一定的差异，因此缺陷灰度分布是判断缺陷性质的依据。

缺陷的灰度分布参数定义如下，如图 9-11 所示。

$$\mathrm{DME} = \frac{A - B}{B} \tag{9-5}$$

式中：A 为缺陷内部区域的灰度平均值；B 为缺陷周边区域的灰度平均值。

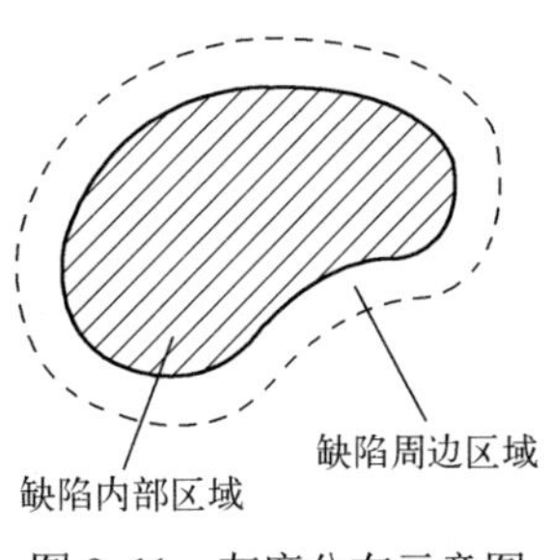

图 9-11　灰度分布示意图

3. 分类算法

在获得上述缺陷特征描述后，还需要使用聚类算法，实现缺陷的分类。常见的聚类算法包括模糊聚类、遗传算法、阈值滤波、神经网络等，现有针对分类的计算机算法很多，方法也不统一，考虑到本书篇幅的限制在这里不再进行具体说明。

9.2.2 微观缺陷的定量描述

1. 基于空间点过程的微观缺陷定量描述

封装结构中最常见的微观缺陷包括空洞、杂质、析出物等。其中空洞缺陷适合采用空间点过程的方法进行处理，其他不规则缺陷可以采用空间随机场的方法进行处理。典型基于空间点数据的微观缺陷建模流程如图 9-12 所示。

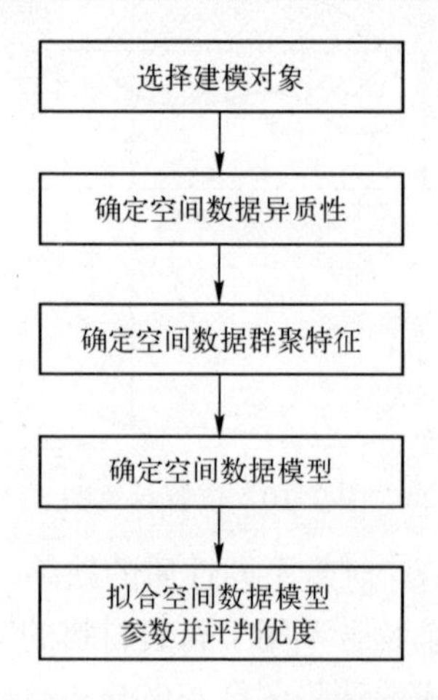

图 9-12 典型基于空间点数据的微观缺陷建模流程图

1）选取建模对象

首先选择建模对象，即选择空间数据所对应的实际对象。实际对象将决定空间数据的形式，如点数据、面数据、栅格数据，连续或者非连续数据。考虑到现有空间数据分析理论研究成果主要集中在空间点数据方面，以下将主要利用空间点数据进行建模。

对于大部分封装材料，主要的缺陷类型为内部空洞，而空洞的形状主要以球形为主。对于这种规则的空洞可以将其等效为空间点数据，空洞几何中心坐标作为点坐标，空洞尺寸作为点的标度，如图 9-5 所示。

2）确定空间点数据异质性

在对空间点数据进行空间群聚性分析前，首先需要对空间异质性进行分析，即确定空间数据特征在空间上是否有明显的倾斜。对于采集的空间数据尺度小于整体尺度的情况，还可以进行多个位置的空间数据的采集，然后再对这些空间数据特征的平稳性进行检验。密度是空间数据最主要的特征，首先可以利用核函数的方法，对空间密度进行估计，并判断空间密度是否存在明显的集中或者梯度趋势。对于上述包含缺陷的封装结构空间数据，其密度分布如图 9-13 所示。可以看出此缺陷在空间上并没有明显的异质性。除密度之外，二阶矩（方差）以及下面将会提到的基于距离的统计量也可以作为空间点数据异质性的检验对象。

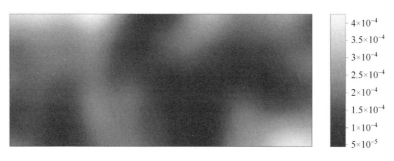

图 9-13　基于核函数的空间密度估计

3）确定空间点数据是否具有群聚特征

对于空间点数据的群聚特征，一般采用基于距离的统计量进行分析。比较常见的统计量函数有：F-函数和 G-函数。

（1）F-函数：在使用最近邻距离测度空间点模式中的最近邻指数法（NNI），通过距离概念揭示了分布模式的特征，但是只用一个距离的平均值概括所有邻近距离是有问题的。在点的空间分布中，简单的平均最近邻距离概念忽略了最近邻距离的分布信息在揭示模式特征中的作用。在 NNI 中，模式的显著性信息被忽略了。F-函数就是用最近邻距离分布信息揭示空间点模式的 F-函数是一阶临近分析方法，与 G-函数一样，是关于最近邻距离分布的函数。

F-函数是一种使用最近邻距离的累积频率分布描述空间点模式类型的一阶临近测度方法，F-函数记为 $F(d)$。

F-函数首先在被研究的区域中产生一新的随机点集 $P(p_1,p_2,\cdots,p_i,\cdots,p_m)$，其中 p_i 是第 i 个随机点的位置。然后计算随机点到事件点 S 之间的最近邻距离，再使用所有的最近邻事件的距离构造出一个最近邻距离的累积频率函数，计算不同最近邻距离上的累积点数和累积频率。其计算公式可表示为

$$F(d)=\frac{\#[d_{\min}(p_i,S)\leqslant d]}{m} \tag{9-6}$$

式中：$d_{\min}(p_i,S)$ 表示从随机选择的 p_i 点到事件点 S 的最近邻距离，即计算任

意一个随机点到其最近邻的事件点的距离；$\#[d_{\min}(p_i,S)\leqslant d]$ 表示距离小于 d 的最近邻点的计数；m 是事件的数量。随着距离的增大，$F(d)$也相应增大，因此 $F(d)$为累积分布。随着距离 d 的增大，最近邻距离点累计个数也会增加，$F(d)$也随之增加，直到 d 等于最大的最近邻距离，这时最近邻距离点个数最多，$F(d)$的值为 1，于是 $F(d)$是取值介于 0 和 1 之间的函数。

按照上式的定义，计算 $F(d)$的一般过程如下：

① 计算任意一点到其最近邻点的距离（$d_{\min}$）。

② 将所有的最近邻距离列表，并按照大小排序。

③ 计算最近邻距离的变程 R 和组距 D，其 $R=\max(d_{\max})-\min(d_{\min})$，组距 D 可按照以下公式确定：

$$D=[1+\log_2 n] \tag{9-7}$$

式中：D 表示行数；$[\cdot]$表示取整数。

④ 根据组距上限值，累积计数点的数量，并计算累积频率数 $F(d)$。

⑤ 画出 $F(d)$关于 d 的曲线图。

F-函数采用了最近邻距离的思想描述分布模式。F-函数主要通过选择的随机点和事件之间的分散程度来描述分布模式。在 F-函数中，若 F-函数曲线缓慢增加到最大表明是聚集分布模式，若 F-函数快速增加到最大则表明是均匀分布模式。

（2）G-函数：它是 R.Health 于 1962 年提出并建立的一种映射，用来刻画可展空间和层空间。20 世纪 70 年代，R.E.Hodel 系统地开展了对这种映射的研究，并用 G-函数刻画了许多广义度量空间。20 世纪 80 年代起，Nagata 和其他一些拓扑学家开始用 G-函数系统地研究度量空间，给出了许多新的度量化定理。对 G-函数的研究加深了人们对于度量空间及广义度量空间之间差别的认识。

G-函数选取的是研究区域的任意一点 S_i。其定义如下：

$$G(d)=\#[d_{s_i}(s_i,S\setminus\{s_i\})\leqslant d|s_i\in S] \tag{9-8}$$

式中：$S\setminus\{s_i\}$ 表示点模式 S 中除去 s_i 之外的所有点。G-函数能够更加清楚地表明点模式中各个点互相之间的距离关系。

上述示例的 F-函数和 G-函数的计算结果如图 9-14 所示。

4）确定空间点数据对应的空间点过程

在确定空间点数据的群聚特征之后，即可选取对应的空间点过程进行拟合。空间点过程类型的划分依据是空间中点之间的相互作用。空间中点的相互作用可分为：完全随机、相互吸引和相互抑制。空间马尔可夫（Markov）性是指：相邻点之间存在相互作用关系，可以是吸引，也可以是排斥。可以将具有相互作用的空间点过程分为两大类：相互吸引（aggressive）呈簇生（cluster）状态的点过程和相互排斥（exclusive）呈规则（regularity）状态的点过程。因此，空间点过程类型主要分为 3 类：空间齐次泊松过程、Cox 过程和 Gibbs 过程。

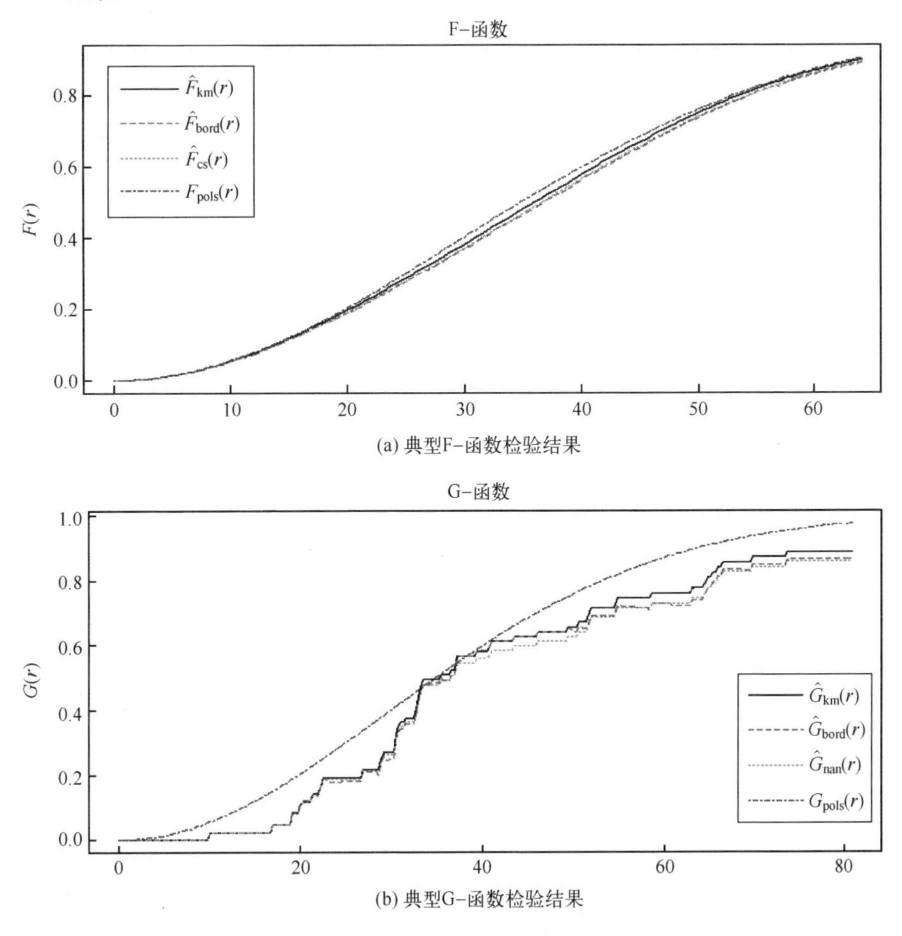

(a) 典型F−函数检验结果

(b) 典型G−函数检验结果

图 9−14　基于距离的统计函数示意图

（1）空间齐次泊松过程：在空间点过程理论中，最常用的理论模型是空间泊松过程。在人们日常生活中，许多自然现象都可以用空间泊松点过程进行分析和拟合，比如天空中星星的分布，空气中的分子以及图像处理中的黑白噪点的分布。而在无线通信领域，空间泊松点过程提供了一种计算多小区干扰的方法，利用空间泊松点过程的相关特性，可以得到系统中断概率和频谱效率的解析表达式。

根据空间中各个点的独立性和马尔可夫性，可以将点模式划分为3种基本模型：①各个点之间完全独立、完全随机，这种情况常见的模型有空间齐次泊松过程模型；②空间中各个点相互吸引，呈现簇生的状态，常见的模型有空间泊松簇过程和Cox过程；③空间中各个点之间相互排斥从而呈现出规则的状态，常见的模型有硬核过程。后面的两种模型都是空间非齐次泊松点过程。

一个空间点过程X如果满足如下两个条件，则称此空间点过程为空间齐次泊松点过程。

① 对任意有界区域$B \subseteq R^2$，$N(B_1)$服从均值为$\lambda v_d(B)(\lambda > 0)$的泊松分布。即$P(N(B)=m)=(\lambda v_d(B))^m \exp\left(\dfrac{-\lambda v_d(B)}{m!}\right)$。

② 如果有界区域$B_1, B_2, \cdots, B_n$互不相交，那么$N(B_1)$，$N(B_2)$,…，$N(B_n)$是相互独立的。其中，$N(B)$是区域B中点的个数，密度λ为一个常数，表示单位面积上的平均点的个数，$\lambda v_d(B)$代表有界区域的面积。根据上述定义，可以发现空间齐次泊松点过程具有以下几个特点：①在空间上点的分布具有完全随机性；②单位面积上点的个数的期望值μ_B是一个常数，不随空间的变化而变化。空间齐次泊松点过程奠定了假设检验的基础，并且空间非齐次泊松点过程是由空间齐次泊松点过程进一步延伸得到的结果。

对于平稳的空间齐次泊松点过程，还有如下几个性质：

① 有限维分布特性，从空间齐次泊松点过程的两个条件（1）和（2）可以得到如下结论。如果有界区域$B_1, B_2, \cdots, B_k$互斥，并且$N(B_1)$，$N(B_2)$,…，$N(B_k)$是相互独立的计数过程，它们服从密度为$\lambda v_d(B_1)$，$\lambda v_d(B_2)$,…，$\lambda v_d(B_k)$的泊松分布。那么可以得到

$$[P(N(B_1)=n_1, P(N(B_2))=n_2, \cdots, P(N(B_k))=n_k] = \frac{\lambda^{n_1+n_2+\cdots+n_k}[v_d(B_2)]^{n_1}[v_d(B_1)]^{n_2}\cdots[v_d(B_1)]^{n_k}}{n_1!n_2!\cdots n_k!}\exp\left(-\sum_{i=1}^{k}\lambda v_d(B_i)\right) \quad (9\text{-}9)$$

② 平稳性和各向同性。平稳性是指对于一个平稳点过程$\Phi=\{x_n\}$，它平移$x(x \in R^2)$后的结果$\Phi_x=\{x_n + x\}$必然具有相同的分布。如果一个过程同时具有平稳性和各向同性的性质，那么可以称这一个过程具有运动不变性。由于空间齐次泊松点过程的密度λ是一个常数，所以明显可以看出空间齐次泊松点过程一定具有平稳性和各向同性，因此它具有运动不变性。

由此，可以得到一个更具有一般性的结论，如果A是一个非奇异性的线性映射，那么对一个密度为λ的空间齐次泊松点过程$\Phi=\{x_n\}$进行线性映射，得到了一个新的过程$A\Phi=\{Ax : x \in \Phi\}$，这一新的空间点过程仍然是一个平稳的空间

齐次泊松点过程，并且它的密度是 $\lambda\det(A^{-1})$。

（2）Cox 过程：在统计学理论中，Cox 过程也被称为双重随机泊松点过程或混合泊松过程。空间齐次泊松点过程中的密度 λ 是一个常量，和空间无关，而在 Cox 过程中 λ 是一个自变量，具有空间依赖性。

对任意 $k\geqslant 1$，$B_1,B_2,\cdots,B_k$ 为两两不相交的空间集合，m 为 Lebesgue 测度，若

$$P\left(\bigcap_{i=1}^{k}\{N(B_i=k_i)\}\right)$$
$$=\int_{-\infty}^{+\infty}\prod_{i=1}^{k}\left\{\frac{m\left[B_i\exp\left(-x-r+\sqrt{2rz}\right)\right]^{k_i}}{k_i!}\exp\left[-m\left(B_i\mathrm{e}^{-x-r+\sqrt{2rz}}\right)\right]\right\}\phi(z)\mathrm{d}z \quad (9\text{-}10)$$

则称 N 为密度为 $\lambda=\exp\left(-x-r+\sqrt{2r}\xi\right)$ 的 Cox 过程，其中 ξ 为标准正态随机变量。

Cox 过程具有以下几个基本性质：①虽然密度 λ 会随着空间变化而变化，但是只要 λ 平稳，那么 Cox 点过程也是平稳过程；②Cox 过程的似然函数通常都是未知的。

常用的 Cox 过程有对数高斯 Cox 过程（log-Gaussian Cox process，LGCP）。当一个 Cox 过程的密度满足 $\log[\lambda(\mu)]$ 服从高斯分布时，这一过程就是 LGCP 过程。该模型的优点体现在它的密度函数比较容易得到，并且它不存在边缘效应。

（3）Gibbs 过程：如果无向图模型能够表示成一系列在 G 的最大团上的非负函数乘积的形式，这个无向图模型的概率分布 $P(X)$就称为 Gibbs 分布，又称为 Gibbs 随机场。

Gibbs 随机场理论是在研究格子邻域系统的基础上发展起来的。设一个定义在 L 上的随机场 $X=X_i$ 是一个关于邻域系统 η 的 Gibbs 随机场，当且仅当它的联合分布具有如下形式：

$$g(x)=P(X=x)=\frac{1}{Z}\mathrm{e}^{-U(x)} \quad (9\text{-}11)$$

$$U(x)=\sum_{c\in C}V_c(x) \quad (9\text{-}12)$$

$$Z=\sum_{x\cup\Omega}\mathrm{e}^{-U(x)} \quad (9\text{-}13)$$

式中：L 为将格子编号的集合，即 $L=\{1,2,\cdots,N\}$；η 为定义在有限格子系统 L

上的邻域系统；$U(x)$为能量函数；$V_c(x)$为与簇c有关联的位势函数，称为势；Z为归一化函数；Ω为随机场所有可能的结构x所构成的集合；c为集团；C是某邻域系统η上所有集团的集合。势的严格定义如下：

一个势是X上的一个函数族$\{V_A : A \in S\}$，使得

① $V_{空集}=0$；

② 如果$X_A(x)=X_A(y)$，则$V_A(x)=V_A(y)$。

对于一个给定的邻域系统η，如果A不是一个η集团，就有$V_A=0$，则称为η上的邻域势。与此对应，如果$|A|>2$（即集团中的元素个数大于2）时，有$V_A=0$，则称V_A为势偶。由于势定义了能量函数，因此也定义了随机场。Gibbs分布与Markov随机场之间存在一定的关联，即Hammersley-Clifford定理。在给定概率为正的条件下，某Markov随机场的联合概率分布可由Gibbs概率分布来表示。Gibbs形式表示的随机场在计算条件概率时非常方便，解决了利用Markov随机场理论进行图像分析时计算条件概率十分困难的问题。

对于确定的空间点过程，可以通过上述的统计函数，进行统计量函数的对比，以初步确定空间点数据与对应空间点过程是否一致。

5）进行空间点数据空间点过程拟合并评判拟合优度

考虑本书篇幅限制，以下仅以空间齐次泊松过程为例，进行空间点过程拟合和拟合优度评价。对于空间齐次泊松过程，其需要估计的参数只有强度λ一个。该参数可以直接使用整个观测区域内的平均密度进行估计。

在获得强度λ后，可以使用马尔可夫链蒙特卡罗（Markov chain Monte Carlo，MCMC）方法生成随机结果，通过包络检验的方法进行校验。基于马尔可夫链蒙特卡罗方法产生大量来自空间齐次泊松过程的模拟过程。然后分别计算观测模式与模拟模式的K-函数，以模拟模式的值来形成某个统计函数（如K-函数）的拟合包迹，观察观测模式函数估计与拟合包迹的相对位置：如果在每一个研究尺度上，观测模式的估计均位于拟合包迹区域内部，则认为观测模式具有完全随机性，不拒绝空间齐次泊松过程的假设。

6）分析空间点数据位置和标度的相关性

空间点数据的标度可以分为连续变量和类别变量两类，对于缺陷评价和模拟来说，大部分空间标度都属于连续数值的标度。对于空间位置与标度的相关性存在两个基本假设：①随机标记，即标记与空间点所处的位置无关；②相互独立，即标记和标记之间不存在点距离方面的影响。上述假设可以采用相关性分析进行检验，具体检验方法可参考数理统计方面的相关文献。

考虑到空间数据分析方法的复杂性和数据量的巨大性，分析过程一般可采

用空间分析软件进行。开源空间数据分析软件 R 语言在此方面应用最为广泛。该软件提供了大部分二维空间点数据的分析和拟合工具，但对于三维点数据的支持尚显不足。针对一些空间点数据模式，可能还需要分析者在对应软件上进行二次开发才能完成对应的建模。

2．基于空间随机场的微观缺陷定量描述

除了采用上述以空间点过程为基础的方法外，空间随机场也被大量应用于带有缺陷材料的建模。空间随机场建模的实质就是，通过调整相关系数函数形成对应的空间分布。

首先给出随机场的定义。对于任意给定的空间集合 $D \subset \Omega^d$（其中 d 为空间维度），随机场 $Z(x, \omega)$为概率空间(Ω, F, P)上集合 D 的概率集合。对于任一 $\omega \in \Omega$，从空间集合 D 到概率集合 P 称作一个实现（对应于某分布下的一个样本）。

如果有

$$E[Z(x,\omega)^2] = \int_{\Omega} Z(x,\omega)^2 \mathrm{d}P(\omega) < \infty \tag{9-14}$$

则称 $Z(x, \omega)$存在二阶矩。对于存在二阶矩的随机场有如下均值函数和方差函数的定义

$$\mu(x) = E[Z(x,\omega)] = \int_{\Omega} Z(x,\omega)\mathrm{d}P(\omega) \tag{9-15}$$

$$\begin{aligned} C(x,y) &= \mathrm{cov}(Z(x,\omega), Z(y,\omega)) \\ &= E[(Z(x,\omega) - \mu(x))(Z(y,\omega) - \mu(y))] \end{aligned} \tag{9-16}$$

为方便起见，可以对随机场 $Z(x, \omega)$进行如下坐标平移，以获得 0 均值随机场

$$Z_0(x,\omega) = Z(x,\omega) - \mu(x) \tag{9-17}$$

相似地，离散随机场定义如下：

$$\boldsymbol{Z} = [Z(x_1,\omega), Z(x_2,\omega), \cdots, Z(x_M,\omega)] \tag{9-18}$$

式中：$x_1, x_2, \cdots, x_M$ 为离散点的空间坐标。若随机场 $Z(x, \omega)$二阶矩存在，且对于所有点 x 均满足如下正态分布关系：

$$\boldsymbol{Z} \sim N(\mu, C) \tag{9-19}$$

则称该随机场为高斯随机场。

根据方差函数的不同，高斯随机场可以分为以下几种

（1）指数方差高斯随机场：

$$C(x,y)=\sigma^2\exp\left(-\frac{\|x-y\|_2}{l}\right)\quad(l>0) \tag{9-20}$$

（2）高斯方差高斯随机场：

$$C(x,y)=\sigma^2\exp\left(-\frac{\|x-y\|_2^2}{l^2}\right)\quad(l>0) \tag{9-21}$$

（3）正弦方差高斯随机场：

$$C(x,y)=\sigma^2\exp\left(-\|x-y\|_2\right)\frac{\sin\left(v\|x-y\|_2\right)}{v\|x-y\|_2} \tag{9-22}$$

式中：$\|x-y\|_2$ 为空间两点的二阶范式。

在式（9-20）～式（9-22）中，参数 σ 用于控制相邻点之间的作用。换言之，参数 σ 越大，相邻区域的相关度越高，曲线也越平滑；相反，参数 σ 越小，相邻区域相关度越小，整体区域将会呈现出近似于泊松分布的随机自由趋势。参数 l 或者 v 主要控制随机场的尺度。参数 l 和 v 越小，同一观测区域内显示的特征越多，频率越高；相反，参数 l 和 v 越大，显示的特征较小，周期较大。图 9-15 中显示了不同参数下不同模型的二维随机场（l=0.1 和 l=0.001）。

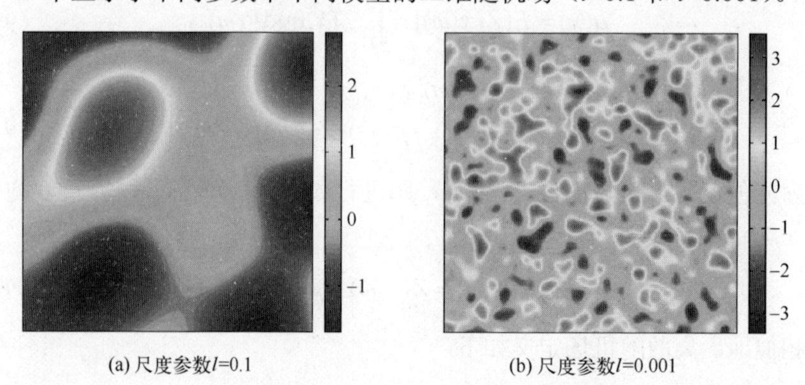

(a) 尺度参数l=0.1　　(b) 尺度参数l=0.001

图 9-15　不同尺度参数下高斯方差高斯随机场

在利用高斯随机场生成带有缺陷的封装结构的过程中，共涉及 3 类参数：①函数形式和方差系数 σ；②尺度参数 l 或者 v；③阈值 Z_{th}。其中，阈值 Z_{th} 用于确定缺陷所占空间比例，因此可以通过与实际检测结果的缺陷所占空间比例的对比，插值调整确定。与之相似，通过比较模拟和检测结果的缺陷尺寸，插值调整确定合适的尺度参数。

函数形式和相关强度主要用于控制相界面的形态。与其他参数使用单一数值的判据相比，表征形态的评价方法较为复杂。理论上，与统计量相近似，利用有限信息的评价函数对整个形态进行描述，本身就可能存在失真的问题。现有常用的空间分布评价函数只能从某个侧面对形态进行描述，但对其进行组合可以达到较好的区分效果。例如 Cule 和 Torquato 等就指出结合使用两点概率函数和线路径概率函数可以有效地确定相界面的形貌。为方便说明，以下将对两点概率函数和线路径概率函数的定义进行说明。

两点概率函数 $S_2(r)$定义如下：在观测区域内，任选距离相距 r 的两个任意点 x_1 和 x_2，两点均在某一相的概率。对应的数学表达式为

$$S_2^i(r)=\left\langle I^i(x_1)I^i(x_2)\right\rangle=P\left\{I^i(x_1)=1,I^i(x_2)=1\right\} \tag{9-23}$$

式中：i 为多相结构中的某一相（如封装材料或缺陷）。

理论上，任意点的数量也可以是从 1～n 的任意值。当取 1 点时，$S(r)$则退化成某相的分布概率密度。两点概率函数 $S_2(r)$有如下渐进关系：

$$\begin{cases}S_2^i(r)=\phi_i & (r=0)\\ S_2^i(r)=\phi_i^2 & (r\to\infty)\end{cases} \tag{9-24}$$

式中：ϕ_i 为第 i 相所占的比例。

不同分布的两点概率函数 $S_2(r)$曲线如图 9-16 所示（上图不允许交叉圆盘，下图允许交叉圆盘）。可以看出虽然渐进规律不变，但不同分布的下降曲线形状不同，因此可以利用其进行界面形貌的判断。

线路径概率函数 $L_2(r)$的定义如下：在观测区域内任选距离相距 r 的两个任意点 x_1 和 x_2，两点均在某一相且其连线不通过另一相的概率。理论上，任意点的数量也可以是从 1～n 的任意值，对应的路径则变成了多个顶点围成的凸多边形或者多面体。线路径概率函数 $L_2(r)$有如下渐进关系：

$$\begin{cases}L_2^i(r)=\phi_i & (r=0)\\ L_2^i(r)=0 & (r\to\infty)\end{cases} \tag{9-25}$$

与 $S_2(r)$相似，线路径概率函数 $L_2(r)$的曲线也与界面形貌有关。因此可以结合两者，进行界面形貌的描述。

为了能够定量评价上述函数曲线，给出函数误差能量定义如下：

$$\begin{cases}E_S=\sum\limits_r[\hat{S}_2(r)-S_2(r)]^2\\ E_L=\sum\limits_r[\hat{L}_2(r)-L_2(r)]^2\end{cases} \tag{9-26}$$

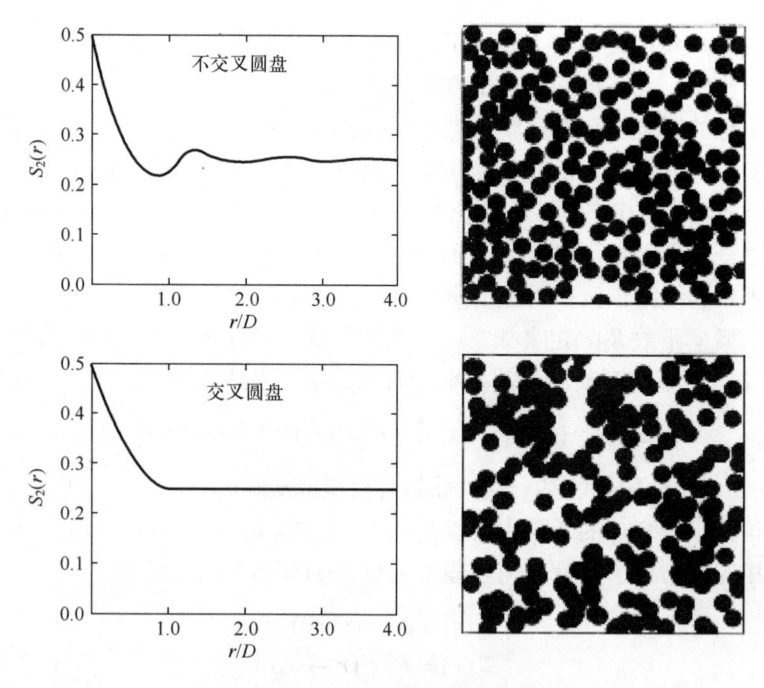

图 9-16 不同形貌的两点概率函数

通过遍历插值即可获得最优的方差系数 σ。通过比较不同模型的函数误差能量，即可确定最佳的方差函数形式。

9.3 考虑封装缺陷的封装结构仿真分析

9.3.1 宏观缺陷的封装结构仿真分析

封装结构对于功率器件热可靠性的影响主要体现在散热和机械性能两方面，主要分析的结果是结构热阻和内部最大应力。对于大部分宏观缺陷，可以直接利用完全缺陷检测数据，在封装结构散热模型中直接注入对应缺陷。针对焊接层和包封层中的宏观缺陷，可以在具有编程语言的 CAD（computer aided design）软件环境下，直接生成对应的 CAD 模型。例如可以使用 UG 或者 ANSYS APDL 的编程语言直接生成缺陷的实体，再进行布尔运算获得对应的三维模型。这种方法的缺陷是，无法自动对模型实行平滑处理，获得三维模型可能存在较多的奇点（如尖角、不连续点），导致分析结果出现异常。这一问题可以通过增大网格和简化模型的方法进行一定的改进。将上述缺陷模型导入有限元分析软件，并补充其他封装结构和材料属性，即可分析获得考虑缺陷的功率器件实际温度分布，进而可以评价封装缺陷对于功率器件散热的影响。

以某功率芯片的散热分析为例，其简化的散热结构包括芯片、焊接层和基板 3 个部分。对其焊接层进行 C-SAM 检测后，焊接层缺陷分布如图 9-17（a）所示。由于只有二维检测结果，故假定所有空洞均为贯穿上下界面通孔。通过图片灰度处理后将检测结果转为二值矩阵，导入 ANSYS APDL 生成还有空洞缺陷的焊接层，如图 9-17（b）所示。将焊接层导入到典型结构中，分析获得芯片的表面温度分布，如图 9-18 所示。

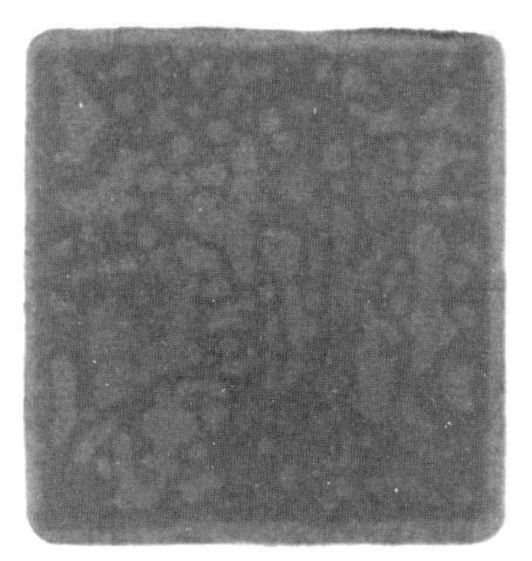

(a) 芯片宏观焊接缺陷的检测结果

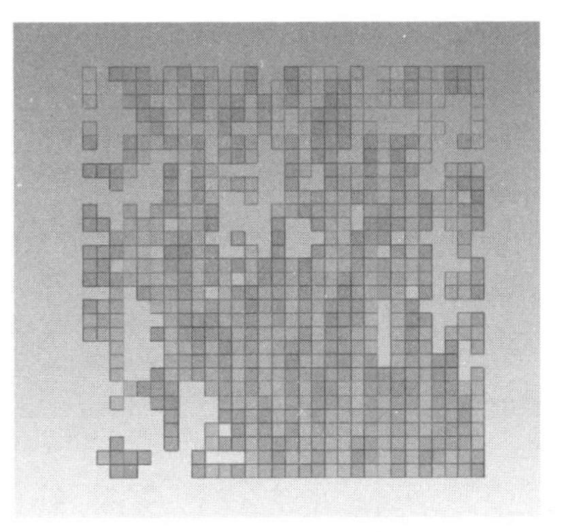

(b) 转化后的二维CAD矩阵

图 9-17　芯片宏观焊接缺陷的 CAD 转化

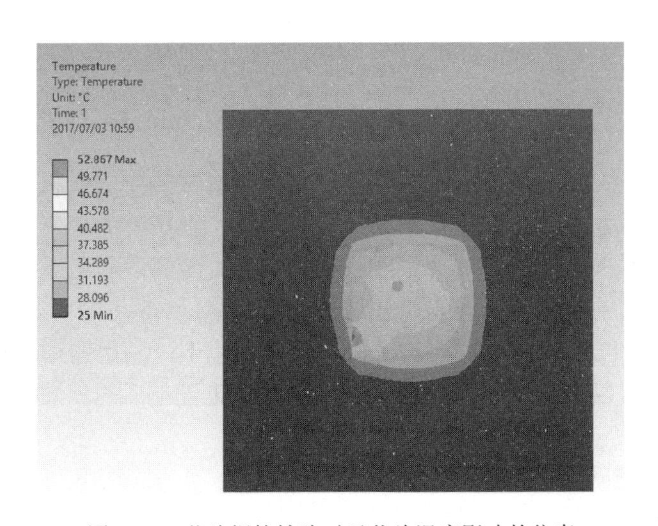

图 9-18　芯片焊接缺陷对于芯片温度影响的仿真

9.3.2 微观缺陷的封装结构仿真分析

1. 基于空间点数据的分析模型的建立

现有空间点数据的模拟生成主要依据的是 Metropolis-Hastings 算法。其中 Metropolis-Hastings 算法主要包括 3 个过程：随机点的产生、移动和删除，即通过上述操作产生并调整出满足最大概率存在的点过程。在进行上述操作判断时，采用 Metropolis-Hastings 算法保证概率上的对等性，使得整个点过程可以遍历的同时能够达到收敛。开源空间数据分析软件 R 语言提供了现有所有常见类型点过程的二维生成算法，但对于三维生成仅支持空间齐次泊松过程。通过上述模拟即可获得所有空间点的位置，再利用空间点数据位置和标度之间的关系，最终就可以获得缺陷的三维模型。利用软件 Matlab 建立缺陷三维分布如图 9-19 所示。

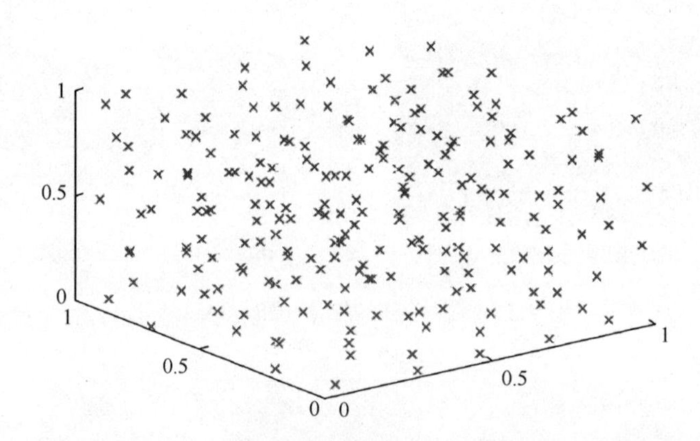

图 9-19 基于 Metropolis-Hastings 算法的 Strauss-Hardcore 过程模拟结果

对于微观缺陷，考虑到其主要通过仿真模拟方法生成，所以可利用缺陷生成的软件环境（如 R 语言、Matlab）下完成三维矩阵的建立，然后再进行从三维矩阵到三维模型的自动生成。以 Matlab 为例，利用模拟生成的封装材料数据，生成对应的三维 0-1 矩阵。再利用 Matlab 下的函数 stlwrite.m，导出对应的 STL 线面文件。在 Matlab 软件环境下，利用图形学闭运算函数 imclose.m 还可以实现三维 0-1 矩阵的平滑处理，处理前后的三维模型如图 9-20 所示。

2. 基于空间随机场的分析模型的建立

对于高斯随机场，其模拟生成算法主要包括 Cholesky 分解和谱分解（又称作 Karhunen –Loève 分解）两种。其中谱分解速度更快，同时允许一些病态矩阵的分解。基于谱分解的高斯随机场生成算法如下：

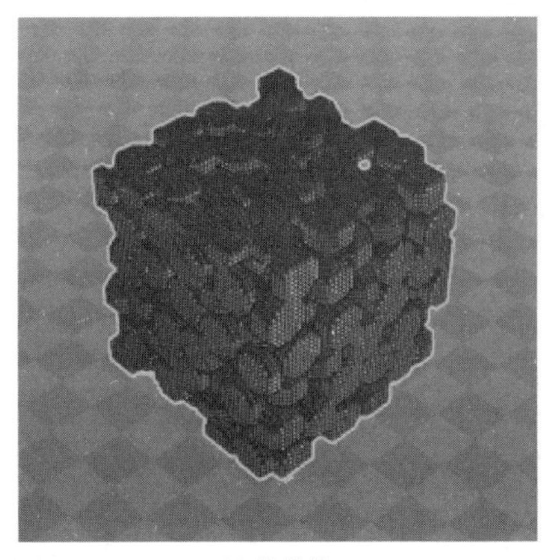

(a) 处理前

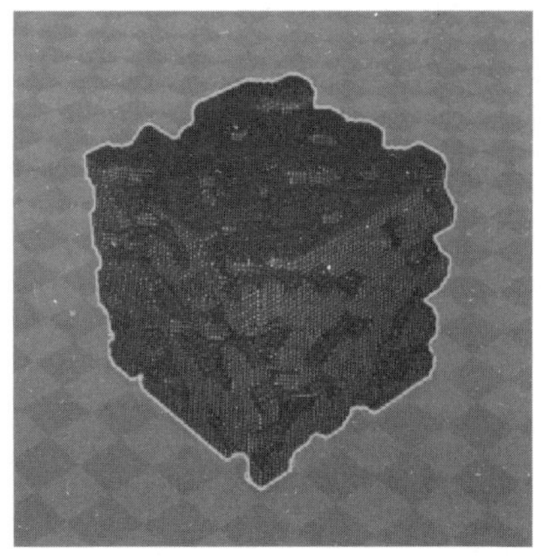

(b) 处理后

图 9-20　进行闭运算前后 CAD 模型

（1）对方差矩阵 $\boldsymbol{C}$ 进行谱分解，获得特征向量 $U\boldsymbol{\Lambda}$。

$$\boldsymbol{C} = U\boldsymbol{\Lambda}^{1/2}\boldsymbol{\Lambda}^{1/2}U^{T} = (U\boldsymbol{\Lambda}^{1/2})(U\boldsymbol{\Lambda}^{1/2})^{\mathrm{T}} \tag{9-27}$$

（2）生成与观测矩阵特征尺寸 M 相等个数的随机数向量 ξ，并与谱分解后的特征向量 $U\boldsymbol{\Lambda}$ 相乘获得随机场数值：

$$\boldsymbol{Z} = U\boldsymbol{\Lambda}^{1/2}\boldsymbol{\xi} = \sum_{i=1}^{M}\sqrt{\lambda_i}\boldsymbol{u}_i\xi_i, \xi_i \sim N(0,1)iid \tag{9-28}$$

对于非零均值的情况，有

$$\boldsymbol{Z} = \mu + U\boldsymbol{\Lambda}^{1/2}\boldsymbol{\xi} = \mu + \sum_{i=1}^{M}\sqrt{\lambda_i}\boldsymbol{u}_i\xi_i, \xi_i \sim N(0,1)iid \tag{9-29}$$

为了方便计算，有时还会对谱分解进行截断，则

$$\hat{\boldsymbol{Z}} = \mu + \sum_{i=1}^{m}\sqrt{\lambda_i}u_i\xi_i, \xi_i \sim N(0,1)iid \tag{9-30}$$

其中，$m \ll M$。

获得的空间随机场本身即为离散化的实值矩阵。当选取不同的阈值时，就可以将随机场分为不同相区（Phase），形成对应的二值矩阵。对应只有单一缺陷类型的情况，不同相区可对应实际封装结构中的封装材料和缺陷，如下式所示：

$$\begin{cases} A(x)=1 & [Z(x,\omega_0)<Z_{\text{th}}] \\ A(x)=0 & [Z(x,\omega_0)\geqslant Z_{\text{th}}] \end{cases} \tag{9-31}$$

式中：ω_0为任意分布实现；Z_{th}为阈值；1 为封装材料；0 为缺陷。阈值所对应的面，即为不同相的界面。

在获得二值矩阵 A 的基础上，可以采用与基于空间点数据相似的方法，生成 CAD 模型，并导入到有限元分析软件。如图 9-21 所示，即为基于空间随机场数据的三维实体模型。

3. 材料性能仿真分析

在获得三维二值矩阵后，还需要将其转化为有限元分析软件可以导入的 CAD 格式。在这里我们使用了基于 Matlab 软件二次开发的 stlwrite.m 程序，将实值矩阵转化成为了线面 stl 格式的 CAD 模型。再通过中间 CAD 软件将 stl 格式转化成实体 step 格式，并导入到 ANSYS Workbench 里进行分析。考虑到包含缺陷的三维模型的尺寸会受到生成软件以及分析软件最大处理能力的限制（例如最大数据存储空间和最大划分网格数量），直接建立整个封装结构可能无法实现。

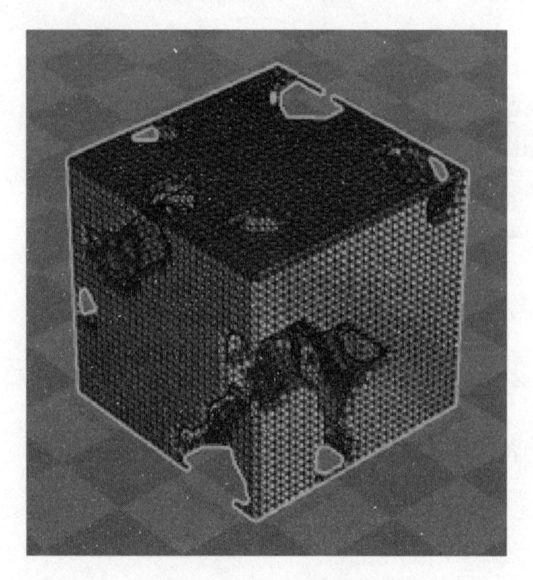

图 9-21 基于空间随机场数据的三维实体模型

如果缺陷具有空间一致性，可以针对小尺寸的缺陷模型进行有限元分析，获得缺陷条件下的等效宏观材料属性。以封装的结构热阻分析为例，在对小尺寸缺陷模型进行仿真获得等效宏观材料属性的过程中，可以保持一侧温度和热流固定，另一侧施加相同数值的反向热流，并保证其他面绝热，通过计算两侧面温度的平均差值，结合通过的热流数值，即可计算得到封装材料的等效宏观热导率，如图 9-22 所示。最后将等效宏观热导率导入到实际尺寸的封装结构中，推导出封装结构的热阻数值。同时通过大量地生成小尺寸的样本，即可消除不同样本存在的随机影响，获得精确的材料属性预测数值。

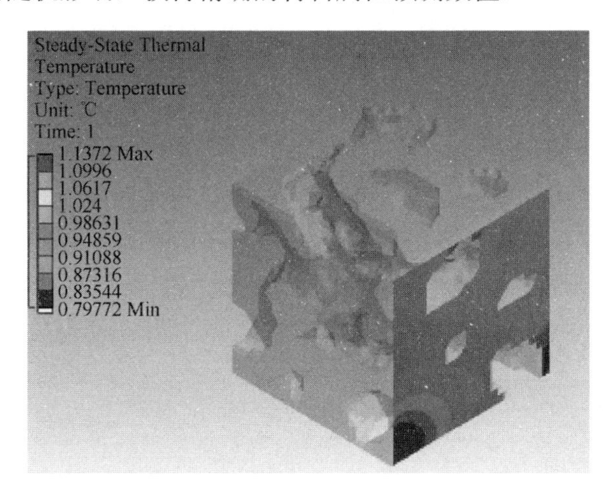

图 9-22　缺陷对于封装结构热阻影响的仿真分析

参 考 文 献

[1] 中国人民解放军总装备部. 微电子器件试验方法和程序：GJB 548B—2005[S]. 北京：标准化研究所, 2005.

[2] 王爱民, 沈兰荪. 图像分割研究综述 [J]. 测控技术, 2000, 19(5): 1-6.

[3] 张晓光, 徐健健, 任世锦. 基于字典的概率松弛法对焊缝图像中裂纹缺陷的提取 [J]. 华东理工大学学报, 2004, 30(5): 605-608.

[4] 高木雄干, 下田阳久. 图像处理技术手册 [M]. 孙卫东, 等译. 北京: 科学教育出版社, 2007.

[5] 焦李成, 侯彪, 王爽. 图像多尺度几何分析理论与应用-后小波分析理论与应用 [M]. 西安: 西安电子科技大学出版社, 2008.

[6] 罗爱民. 基于数学形态学的射线检测数字图像处理技术 [D]. 成都: 四川大学, 2007.

[7] WANG Y, SUN Y, LV P. Detection of line weld defects based on multiple thresholds and support vector machine [J]. NDT & International, 2008, 41: 517-524.

[8] CLIFF A D, ORD J K. Spatial Process: Models & Applications [M]. New York: Pion, 1981.

[9] RIPLEY B D. Modelling spatial patterns(with discussion)[J]. Journal of the Royal Statistical Society, series B, 1977, 39:172-212.

[10] VAN LIESHOUT M N M, BADDELEY A J. A nonparametric measure of spatial interaction in point patterns [J]. Statistica Neerlandica, 1996, 50:344-361.

[11] LU B, TORQUATO S. Lineal-Path Function for Random Heterogeneous Materials [J]. 1992, 45(2): 922-929.

附录

功率器件热可靠性试验条件

附表 1　GJB 试验方法及试验条件

GJB 128A 方法	试验名称	试验条件
方法 1031	高温贮存	340h，环境最高温度
方法 1036	间歇工作寿命	器件应当在规定的时间周期间歇地承受规定的工作和非工作条件。施加或去除规定的工作条件应是突然地而不是缓慢地
方法 1038	高温反偏	加反偏至少 48h； 0.5～0.85 倍额定工作峰值反向电压； 电压调整和电压基准管：0.8 倍最小雪崩电压反向偏置(≤2.5kV 除外)； 环境或管壳试验温度按规定(硅器件通常为 150℃)
方法 1039	高温反偏	反向偏置至少 48h； 对 PNP 双极型晶体管 24h，环境温度按规定(通常为 150℃)，集电极-基极电压为最大额定值的 0.8 倍； 对双极型晶体管，V_{CB} 偏置≤V_{CEmax}
方法 1040	高温反偏	以 50Hz 半正弦波脉冲交替施加额定正反向阻断电压
方法 1042	高温反偏	0.8 倍漏-源电压的最大额定值； 工作至少 160h； T_A =150℃； 对 GIBT 器件，T_j =150℃； 至少 96h
	高温栅极偏置	0.8 倍最大额定栅-源电压； 至少工作 48h； 对功率 MOSFET，温度和电压按照规定，通常 T_A =150℃
方法 1051	温度循环	条件 A：−55(+0，−10)，85(+10，−0)； 条件 B：−55(+10，−10)，125(+15，−0)； 条件 C：−55(+0，−10)，175(+15，−0)； 条件 D：−65(+0，−10)，200(+15，−0)； 条件 E：−65(+0，−10)，300(+15，−0)； 条件 F：−65(+0，−10)，150(+15，−0)； 条件 G：−55(+0，−10)，150(+15，−0)； 保持时间不少于 10min； 条件 C 至少进行 20 次循环

附表 2　JESD 试验方法及试验条件

标准	试验名称	试验条件
JESD 22 A103C	高温贮存	条件 A：+125(−0/+10)℃ 条件 B：+150(−0/+10)℃ 条件 C：+175(−0/+10)℃ 条件 D：+200(−0/+10)℃ 条件 E：+250(−0/+10)℃ 条件 F：+300(−0/+10)℃ 条件 G：+85(−0/+10)℃ 鉴定试验和可靠性检测测试条件一般要求时间为 1000h
JESD 22 A108F	高温反偏试验	125℃； 最大工作电压； 高压器件(>10V)在试验后 96h 内测试； 其他器件在试验后 168h 内测试
	高温栅极偏置试验	125℃； 最大工作电压； 高压器件(>10V)在试验后 96h 内测试； 其他器件在试验后 168h 内测试
JESD 22 A104E	温度循环试验	条件 A：−55(+0，−10)，85(+10，−0)； 条件 B：−55(+0，−10)，125(+15，−0)； 条件 C：−65(+0，−10)，150(+15，−0)； 条件 G：−40(+0，−10)，125(+15，−0)； 条件 H：−55(+0，−10)，150(+15，−0)； 条件 I：−40(+0，−10)，115(+15，−0)； 条件 J：−0(+0，−10)，100(+15，−0)； 条件 K：−0(+0，−10)，125(+15，−0)； 条件 L：−55(+0，−10)，110(+15，−0)； 条件 M：−40(+0，−10)，150(+15，−0)； 条件 N：−40(+0，−10)，85(+10，−0)； 每小时 1～3 个循环 最小高低温沉浸时间：1 min
JESD 22 A122A	功率循环试验	条件 A：25(+5，−5)，100(+5，−5)； 条件 B：25(+5，−5)，125(+5，−5)； 条件 C：10(+5，−5)，100(+5，−5)； 条件 D：10(+5，−5)，125(+5，−5)； 条件 E：40(+5，−5)，100(+5，−5)； 每小时 2～6 个循环

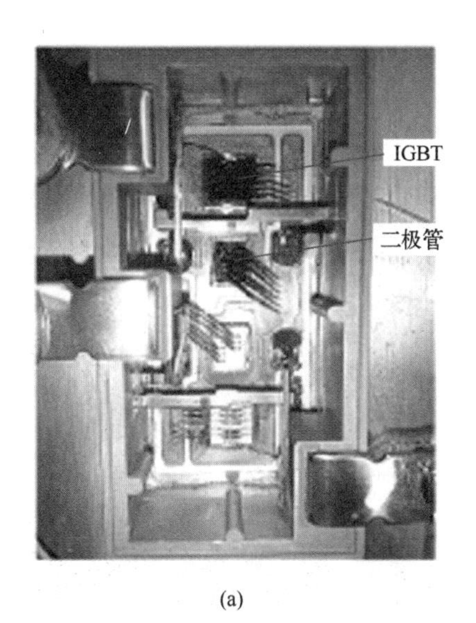

(a)

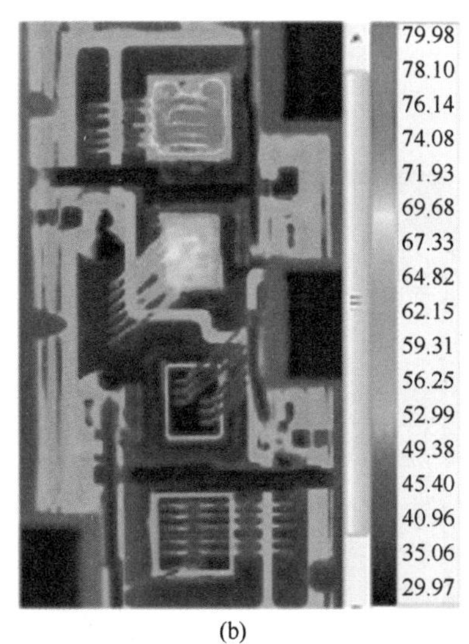

(b)

图 7-17 开封功率器件内部结构与红外成像结果

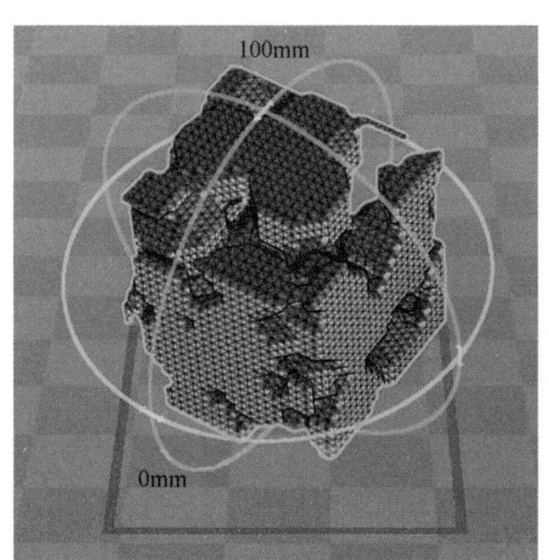

(a) 线面数据重构

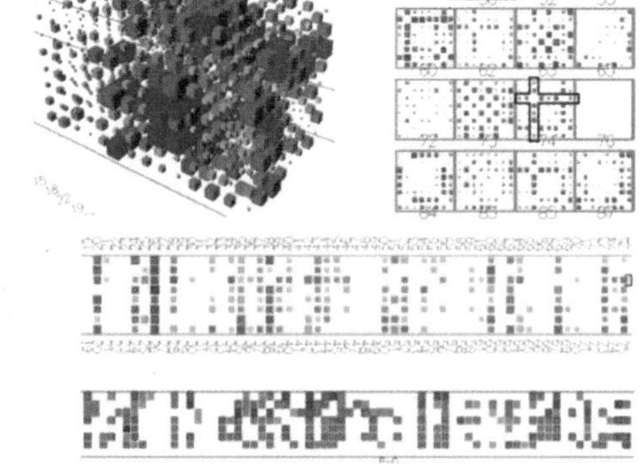

(b) 空间矩阵数据重构

图 9-2 两种检测数据的重构结果

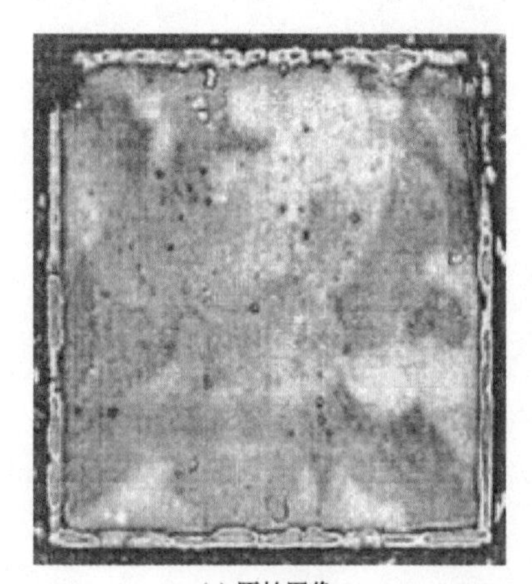

(a) 原始图像

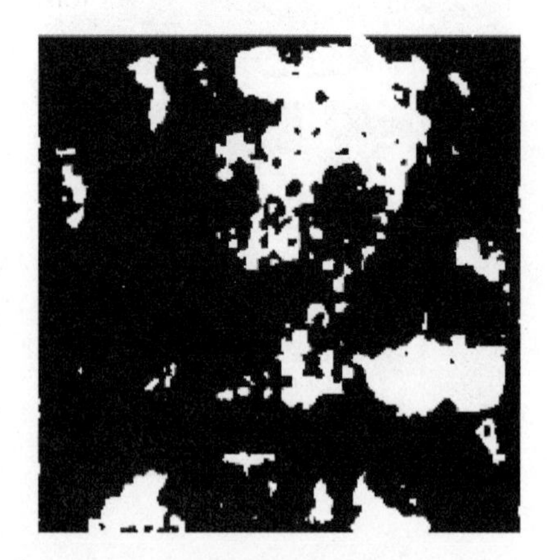

(b) 转换二值图像

图 9-3 宏观缺陷图像转换成空间数据

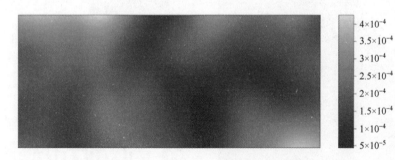

图 9-13 基于核函数的空间密度估计

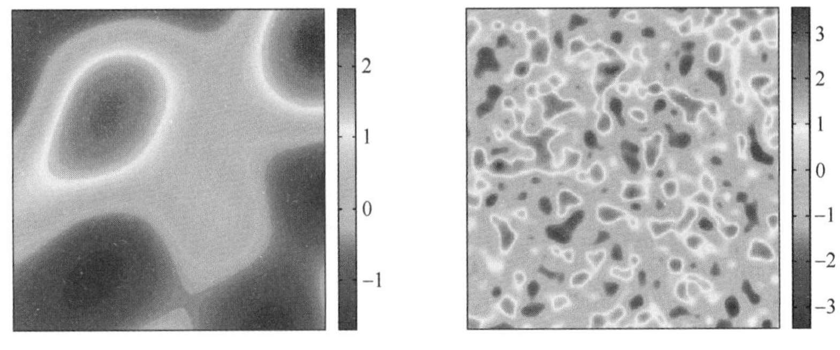

(a) 尺度参数l=0.1　　(b) 尺度参数l=0.001

图 9-15　不同尺度参数下高斯方差高斯随机场

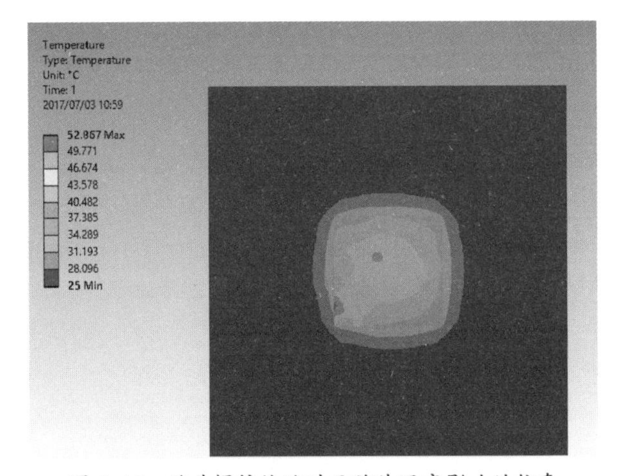

图 9-18　芯片焊接缺陷对于芯片温度影响的仿真

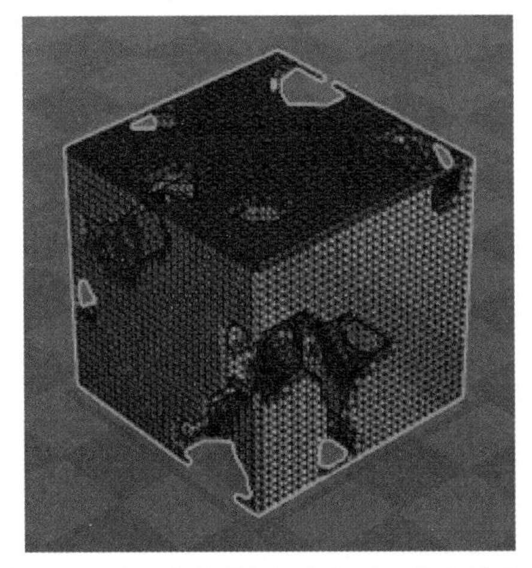

图 9-21　基于空间随机场数据的三维实体模型

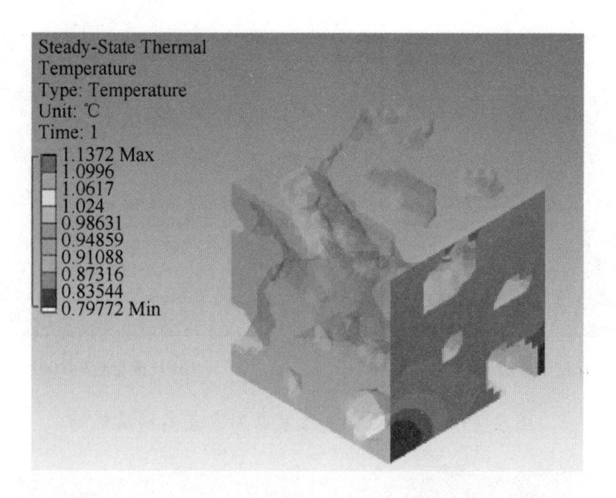

图 9-22　缺陷对于封装结构热阻影响的仿真分析